JN418082

MILITARY LOGISTICS

| 이상진 지음 |

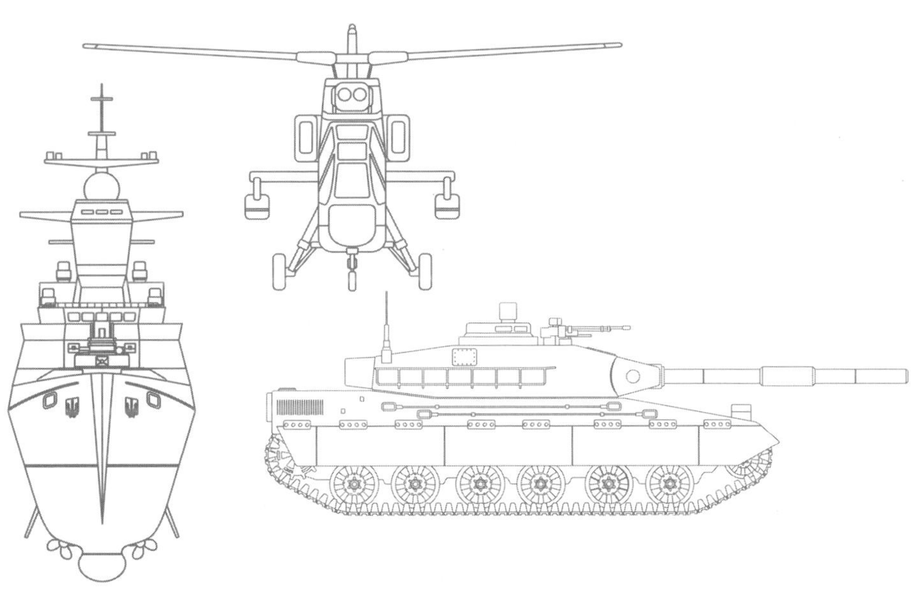

한 경 사

머리말

1993년 국방대학원 교수로 임용되며 군수를 연구하고 가르치게 되었다. 이 과정 중에 'Military Logistics'와 'Business Logistics'의 공통점과 차이점은 무엇인지, 'Logistics'에 있어 군과 민간 부분에 차이점은 존재하는 것인지, 존재한다면 어떤 내용을 중점으로 특화하여 교육할 것인지 등 고민하는 시간이 있었다.

교육, 연구, 실무 현장에서 만난 군수 특기 장교들, 연구자들, 정책 실무자들과 군수의 정의, 범위, 내용, 정책 등을 토론하며 사람들에 따라 군수를 보는 시각이 다르다는 것을 경험하고 있다. 군수를 경험한 분야와 정도에 따라 군수에 대한 정의가 다르고 이에 따라 군수의 범위, 내용, 정책 방향에 대해 시각이 달랐다. 군수의 개념은 진화하고 있다. 전쟁 양상과 군사전략이 변화하고 있기 때문이다. 뿐만 아니라 기업 로지스틱스 개념도 과학기술 발전과 경영전략에 따라 더 경쟁적이며 효율적으로 변화하고 있다. 이에 대응하여 국방 분야에서 더 범위가 다양해진 군수가 무엇이냐에 대해 정리할 필요가 있었다.

이제까지 군수는 야전 전투 현장에서 전투준비태세와 지속 능력 유지에 필요한 장비와 물자의 소요를 파악하여 이를 국가 경제(생산, 동원, 비축을 포함)로부터 획득하여 전투원에게 흘러가는 과정으로 이해하려 하였다. 그러나 전쟁 양상이 달라지고 복합화되는 현실에서 무기체계인 시스템 군수지원의 중요성이 함께 강조되고 있다. 국방전략 목표 달성에 필요한 작전을 위해 무기체계는 필요로 할 때 준비되어야 하고 작전 기간 동안 지속 능력을 갖추어야 한다. 무기체계 수명주기 동안 성능과 활용도를 보장해야만 병력이 잘 훈련되어 전쟁 억지력에 기여할 수 있다. 이를 위해 무기체계는 개념 형성 단계에서 부터 가용도, 신뢰도, 정비도를 고려한 설계, 운영유지 비용을 고려한 설계 등이 통합적으로 이루어져야 한다. 신뢰도가 낮아 고장이 자주 발생하는 무기체계, 운영유지 비용이 많이 발생하여 활용도가 제한되는 무기체계는 보유하고 있다는 수치에만 기여할 뿐이지 강한 군사력에는 결코 도움이 되지 못할 것이다.

이 책은 크게 3부로 구성되었다. 1부는 군수가 무엇이냐는 정의를 도출하기 위해 군수품을 자본재와 소비재로 구분하여 그 특성에 따른 군수지원 내용과 중점을 다룬다. 또한 전쟁에서 군수는 전략군수, 작전군수, 전술군수로 구분할 수 있으며, 이 틀에 근거한 군수 사례를 분석한다. 2부는 시스템의 군수지원을 다루며 학문적으로 로지스틱스 공학의 주제를 다룬다. 운영유지 기간 동안 시스템 군수지원의 부담과 비용을 최적화하기 위한 획득군수 내용을 중점으로 다룬다. 3부는 전통적인 군수 기능을 중심으로 물류와 군수지원을 다룬다. 군수 기능 중에서 소요, 조달, 보급, 수송의 내용과 군수 성과관리에 대해 다룬다.

이 책을 저술하고 발간하기 까지 많은 어려움과 주저함이 있었다. 국방대학교에 교수로 임용된 초반에 군사통계학, 국방의사결정론 사례 연구 등을 저술하여 출판하려고 하였지만 뜻을 이루지 못하였다. 출판 시장의 어려움에도 불구하고 흔쾌하게 출판을 허락해 주신 한경사 이계남 사장님께 감사를 드린다. 이 책을 읽기 가능한 수준으로 편집해 주신 편집실에도 감사를 드린다. 무엇보다 국방과 군수에 대해 많은 것을 가르쳐준 국방대학교 동료 교수들, 강의를 수강한 안보과정 및 석·박사과정 졸업생들에게 감사한다. 논문을 지도했던 안보과정, 석·박사과정 100명이 넘는 장교들의 이름을 하나하나 거명할 수 없음이 미안할 뿐이다. 이들과 작전과 군수에 대한 토론을 통해 군수를 배우고 자료를 수집할 수 있었다. 유학시절과 교수로서 연구하는 동안 학문적 성취를 이루도록 격려해준 가족들에게 깊은 감사를 드린다.

군수 책자를 이해하기 쉽게 작성해 달라는 요청이 많았음에도 불구하고 부족함이 많다. 모든 부족한 것은 저자의 몫이다. 이 책자가 군수의 본질인 전투준비태세와 지속 능력 달성에 조금이라도 도움이 되어 전쟁 억제와 예방에 기여하게 되기를 기도한다.

국방대 연구실에서

이상진

차례

머리말 3

PART 01
군수의 개념

제1장 군수의 정의 11

제1절 로지스틱스 용어의 기원과 발전 12

제2절 로지스틱스 관리와 로지스틱스 공학 13

제3절 로지스틱스 정의 20

제2장 전쟁과 군수 31

제1절 전쟁과 군수의 관련성 32

제2절 전략군수, 작전군수, 전술군수 36

제3절 전략군수 사례 연구: 걸프전과 이라크전쟁 40

PART 02
시스템과 군수

제3장 시스템의 군수지원 61

제1절 시스템 군수지원의 이해를 위한 주요 개념 61

제2절 시스템 수명주기별 군수지원 67

제3절 종합군수지원 77

제4장 군수지원분석: RAM 분석 91

제1절 RAM 분석 정의와 의의 91

제2절 신뢰도 92

제3절 정비도 102

제4절 가용도 108

제5장 시스템 공학과 군수 117

제1절 시스템 공학 목표와 적용 절차 117

제2절 시스템 공학 적용 사례 128

제6장 군수지원분석 방법 141

제1절 군수지원분석 정의와 내용 141

제2절 신뢰도 공학 기반의 분석 방법 147

제3절 정비도 관련한 분석 방법 159

제7장 수명주기비용 분석 177

제1절 수명주기비용 분석의 내용과 의의 177

제2절 수명주기비용 분석 절차 및 방법 184

제3절 수명주기비용 분석 사례 199

제8장 획득군수 사례 연구 217
제1절 사례 개요 218
제2절 해외 정비 능력 구축 타당성 분석 226
제3절 해외 정비 능력 구축 비용 대 효과 분석 230
제4절 결론과 시사점 242

PART 03 물류와 군수

제9장 군수 기능과 군수품 247
제1절 군수 기능과 영역 247
제2절 군수품과 분류 251
제3절 군수품 표준화 및 목록화 256

제10장 소요관리 265
제1절 소요의 정의와 구분 265
제2절 소요 판단 269
제3절 보급 수준 소요 276
제4절 수요예측 284

제11장 조달관리 295
제1절 조달 개념과 구분 295
제2절 국내조달 301
제3절 국외조달 305
제4절 계약관리 310

제12장 보급관리 321

제1절 보급 관련 용어의 정의 321

제2절 공급사슬관리 326

제3절 군 보급 체계 331

제4절 단일단계 보급 체계 추진 전략 336

제13장 재고관리 349

제1절 재고관리 349

제2절 재고관리 모델 352

제3절 수리부속 재고관리 모델 364

제14장 수송관리 381

제1절 수송의 정의와 수송 운용 381

제2절 이동관리 385

제3절 수송 수단 운용 388

제4절 터미널 운용 392

제5절 컨테이너 수송 394

제15장 성과관리와 성과기반군수 401

제1절 군수 성과관리 401

제2절 성과기반군수 413

참고문헌 425

찾아보기 431

PART 01 군수의 개념

제1장 군수의 정의
제2장 전쟁과 군수

군수가 무엇이냐에 대한 혼란이 있다. 군수를 물류 측면에서 이해하는 사람들은 로지스틱스 관리와 여기에서 발전한 공급사슬관리가 군수의 핵심이라고 주장한다. 그런데 어떤 이들은 전쟁 양상의 변화로 무기체계의 중요성이 더 강조되는 현실에서 무기체계 가용도, 신뢰도, 정비도를 위한 로지스틱스 공학이 군수의 핵심이라고 주장한다. 그런데 전쟁에서는 무기체계 준비태세와 지속성을 유지하기 위한 시스템 군수지원뿐 아니라 장비, 물자, 인력으로 구성되는 군사력이 적시·적소에 경제적으로 흘러가야 하는 군수지원 두 가지 모두 전쟁 승패에 영향을 미친다. 군이 취급하고 있는 군수품은 자본재와 소비재를 모두 포함하고 있으며 이에 대한 준비와 지속성을 위해서 흐름 측면의 로지스틱스 관리와 무기체계 군수지원을 위한 로지스틱스 공학이 모두 필요하다.

1부는 군수가 무엇이냐를 탐구하기 위한 내용이다. 1장은 군에서 취급하고 있는 군수품이 자본재와 소비재로 다양하게 구성되어 있기에 로지스틱스 관리와 로지스틱스 공학의 두 학문 분야가 모두 필요함을 보여주며, 군수 정의를 제시한다. 2장은 전쟁 수행을 위한 군사적 요소라는 구조에서 군수가 전략, 전술, 정보, 커뮤케이션과 연계성을 살펴보고 군수를 전략군수, 작전군수, 전술군수로 구분하는 틀을 가지고 군수 사례를 분석한다.

제1장 군수의 정의

고속도로나 국도를 다니다보면 창고나 수송 차량에 "로지스틱스(logistics)"라는 이름이 사용되는 경우를 쉽게 볼 수 있다. 이 용어가 물류나 택배 관련 회사 이름에도 자주 등장하고 있기에 로지스틱스라는 용어가 익숙하게 된 반면에, 그 의미가 몇몇 한정된 분야로 고착화되는 경향이 있다. 로지스틱스와 연관되는 용어가 무엇이냐고 물어보면 물류, 수송, 창고, 택배라고 대답하고 있다. 이렇게 의미가 고정되면 국방 분야에서 사용하는 군수(military logistics) 개념도 단순히 물류, 수송, 보관이라는 의미로 해석하는 오류에 빠질 수 있다. 물류가 군수의 중요한 분야이기는 하지만, 이렇게만 범위를 한정할 때 무기체계 **준비**(ready)와 **지속성**(sustainability)에 관련된 획득군수라는 군수의 중요한 부분은 간과될 우려가 있다.

1장은 군수는 무엇인가에 대한 답을 찾아가는 과정이다. 3절로 구성되어 있으며 1절은 로지스틱스 용어의 기원과 발전을 다룬다. 2절은 로지스틱스 학문의 두 가지 분야인 로지스틱스 관리와 로지스틱스 공학을 다루며 군수에서 왜 이 두 가지 영역이 필요한지를 살펴본다. 3절은 민간과 군에서의 로지스틱스 정의를 통해 군수의 정의를 도출하며 군수의 범위를 살펴본다.

제1절 로지스틱스 용어의 기원과 발전

"로지스틱스" 용어의 어원 유래에는 두 가지 설이 있다. 첫째 로지스틱스는 "계산에 능숙한(skilled in calculating)"이라는 의미를 가진 그리스어 형용사 "logistikos"에서 유래되었다는 설이다. 둘째 로마나 비잔틴 시대의 군대 편제 중 "로지스타(Logista)"라는 직제로부터 유래되었다는 설이다. 로마시대 군의 "로지스타"는 중앙정부에서 파견한 행정관리들로 군의 행정업무를 주로 관장하였다. 두 가지 가설 중에서 로지스틱스 어원은 "그리스"어로부터 유래되었다는 것이 일반적인 정설이다.[1]

로지스틱스라는 용어는 민간 부문보다 군에서 먼저 사용되었다. 로마 시대 군의 직제에 이 용어가 처음 사용되었다. 근세에 사용되기 시작한 것은 19세기 들어서 군사사상가인 조미니(Antoine-Henry Jomini: 1779-1869)에 의해서이다. 그는 나폴레옹 군의 참모 경험을 토대로 당시 군사이론을 저술한 그의 저서 전쟁술 개요(1836)에서 이 용어를 사용하였다. 프랑스군의 "兵站監(Major General de Logis)"이라는 직책 이름에 "Logistigue(Logistics)"를 사용하고 있다.[2] 병참감은 나폴레옹의 일반참모, 특히 참모장으로 이해할 수 있으며 조미니는 참모를 지휘관의 의사결정과 집행을 도와주는 지휘관의 오른팔로 보았다. 병참감은 당시 수송뿐 아니라 군사력을 이동시키고 이를 지속적으로 지원하는 것과 관련한 활동들을 수행했다. 군사력을 이동시키고 지속적으로 지원하기 위해 필요한 계획 수립, 행정, 보급, 야영(billet) 및 숙영(camp), 교량 및 도로건설, 정찰과 정보수집까지 포함한 기능들을 수행하였다.

조미니와 같은 시대의 군사사상가인 클라우제비츠(Carl von Clausewitz: 1780-1831)가 저술한 전쟁론(On War: 1832)에 로지스틱스라는 용어가 사용되지 않는다. 그러나 전쟁론에는 현재 로지스틱스 개념의 일부인 정비 및 유지(maintenance), 숙영, 야영, 기지(base) 등 군수와 관련한 용어들이 사용되고 있다. 19세기 당시 군에서 로지스틱스라는 용어는 생소한 어휘였으며 군수 기능의 일반화된 개념어로 보급(supply)이나 병참(quartermaster)이라는 용어가 사용되었다.

---

1 Encyclopedia Britannica(1988) & C.R. Shrader, *U.S. Military Logistics, 1607-1991: A Research Guide*, (Westport, Conn.: Greenwood Press, 1992) p.2.

2 A.H. Jomini, *The Art of War,* G.H. Mendell and W.P. Craighill (Trans.), (Westport, Conn.: Greenwood Press, 1998) p.252.

미국은 남북전쟁 때인 19세기 중반 이후부터 로지스틱스라는 용어를 사용하기 시작하였다. 영국에서는 1차 세계 대전에 미군과 동반 참전으로 인해 로지스틱스라는 용어가 사용되기 시작했다.[3] 1차 세계 대전 이후 군에서 로지스틱스라는 용어 사용이 늘어났으며, 2차 대전 동안 사용이 보편화되었다.

두 번의 세계 대전을 통해 군의 로지스틱스 개념과 기법들은 괄목할 만한 발전을 이루었다. 2차 대전 이후 군에서 유래한 로지스틱스 관리 개념과 기법들이 기업 경영 분야로 파급되면서 로지스틱스가 경영학의 한 분야로 정착되었다. 기업에서 "Business Logistics"는 "Logistics Management"와 혼용하여 사용되며 종전의 군사 부문 로지스틱스는 "Military Logistics", 즉 군수로 구분하여 사용하게 되었다.

제2절 로지스틱스 관리와 로지스틱스 공학

1. 물류와 로지스틱스 개념

비지니스 로지스틱스는 "민수" 혹은 "기업 로지스틱스"라고 번역할 수 있지만 기업 혹은 대학에서 로지스틱스 관리로 통칭하여 사용하기도 한다. 비지니스 로지스틱스는 로지스틱스를 경영 및 기업 분야에 적용한 것이지만 군수와 별개이거나 대비되는 개념은 아니다. 비지니스 로지스틱스에서 다루는 구매, 재고, 수송·배송, 수요예측 등의 주제와 방법론은 군에서도 필요하기 때문이다. 또한 로지스틱스 관리 방법론과 기법이 군보다 기업에서 최근 상대적으로 더 발전되고 있기 때문에 군은 비지니스 로지스틱스에 대한 이해가 필요하다.

기업에서 로지스틱스 관련 개념은 진화하고 있다. 기업의 로지스틱스 활동과 관련한 명칭은 1980년대 물류(physical distribution)에서 로지스틱스로 변화되었고,[4] 2000년대에는 로지스틱스에서 공급사슬관리(SCM: Supply Chain Management)로 이름이 변화되고 있다. 이에 대한 내용은 〈참고 1-1〉을 참조하라. 이에 따라 대학에서 "로지스틱스 관리" 교과목이 "공급사슬관리"로 이름이 변화하고 있으며 이에 상응하여 교과서 이름도 변화하고 있다.

---

3 Encyclopedia Britannica(1988), p.683.

4 로지스틱스가 제품에 대해 창출하는 효용에 대해서는 〈참고 1-2〉를 참조하라.

참고 1-1 로지스틱스 관련 협회 명칭 변화

① NCPDM(National Council of Physical Distribution Management: 물류관리협회) 미국에서는 1963년 1월 물류 관련 조직과 인력을 중심으로 물류관리협회가 창설되었다. 물류는 물적 유통(物的流通)의 줄임말로서 물품의 시간 가치와 공간 가치를 창출하는 제반 활동을 의미한다. 여기서 물류는 수송, 창고관리, 재고 등의 활동을 말한다.

② CLM(Council of Logistics Management: 로지스틱스 관리협회) 1980년대 초반 당시 물류 용어가 회원들의 변화하는 기대를 충족하지 못한다는 비판에 따라 1985년 물류관리협회에서 로지스틱스 관리협회로 명칭을 변경하였다.

③ CSCMP(Council of Supply Chain Management: 공급사슬관리협회) 2004년 당시 사용하던 로지스틱스 개념으로 기업의 확장된 로지스틱스 활동을 포함하기 힘들고, 공급사슬의 전체 협업과 조정 등 변화를 수용하기 어렵다는 주장이 많았다. 이에 따라 2005년 1월 공급사슬관리협회로 공식적인 명칭을 변경하였다.

그런데 군에서는 군수를 군 공급사슬관리(military SCM)로 명칭을 변경하지 않고 계속 군수(military logistics)라고 사용하고 있다. 군에서 군수라는 용어를 계속 사용하는 것은 공급사슬관리에서 다루지 않는 주제를 포함하고 있는 것이 아닌가?

이 질문에 대답하기 위해 로지스틱스 관리와 로지스틱스 공학(Logistics Engineering)의 차이를 아는 것이 필요하다. 군은 기업과 달리 군이 취급하는 군수품 특성 차이 때문에 과학 측면의 로지스틱스 공학과 물류 측면의 공급사슬관리 두 분야를 모두 이해하는 것이 필요하다.

군에서 군수를 이해하는 데 차이가 있다. 어떤 이들은 군수를 병참, 보급, 물류, 로지스틱스 관리 혹은 공급사슬관리 차원에서 이해하고 있다. 반면에 어떤 이들은 군수를 가용도, 신뢰도, 정비도 등과 연계한 로지스틱스 공학 차원에서 접근하기도 한다. 군수를 전자로 이해하는 사람들은 공급사슬관리, 제3자 물류, 전자상거래 등 로지스틱스 혁신 방법론과 개념을 보다 적극적으로 군에 도입하면 군수 목표를 달성할 수 있다고 주장한다. 후자의 관점에서 접근하는 사람들은 군수 문제를 해결하는 데 있어 무기체계 획득 사업 개념 형성 단계부터 획득군수(Acquisition Logistics), 시스템 공학(SE: System Engineering), RAM(Reliability Availability Maintainability) 분석, 종합군수지원(ILS: Integrated Logistics Support), 군수지원분석(LSA: Logistics Support Analysis) 등을 잘 활용하는 것이 주요 전략이 되어야 한다고 한다. 로지스틱스 공학 관점에서는 시스템의 소요, 획득, 운용, 정비/지원, 폐기라는 수명주기와 신뢰도, 가용도, 정비도, 수명주기비용 분석 등의 주제가 중요하다.

2. 제품 스펙트럼에 따른 로지스틱스 지원의 차이

로지스틱스 관리와 로지스틱스 공학의 차이점을 설명하기 위해 〈그림 1-1〉의 제품(product) 스펙트럼을 고려해보자.

〈그림 1-1〉 제품의 스펙트럼

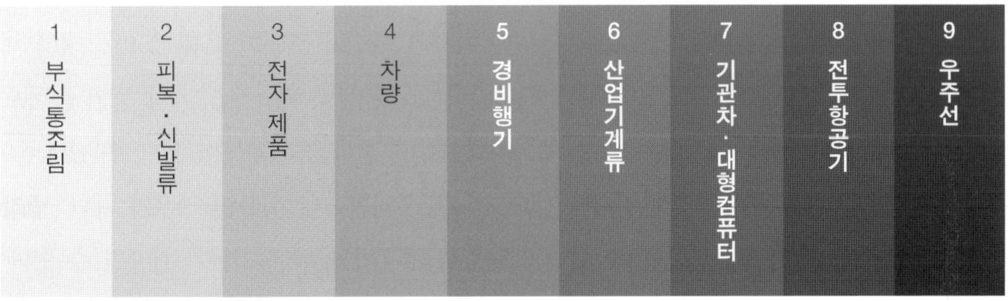

1	2	3	4	5	6	7	8	9
부식통조림	피복·신발류	전자 제품	차량	경비행기	산업기계류	기관차·대형컴퓨터	전투항공기	우주선

〈그림 1-1〉의 스펙트럼에서 왼편으로 갈수록 단순 제품으로 분류할 수 있으며, 이들은 대부분 소비재(consumable goods)이다. 4번을 경계로 오른편에 위치한 제품들은 장비나 시스템으로 자본재(capital goods)라 할 수 있다. 다음과 같은 로지스틱스 지원 기준에서 각 제품에 어떤 특징이 있는지를 살펴보자.

(1) 제품의 수명주기
(2) 수명주기 동안 정비나 수리의 필요성
(3) 수명주기 동안 비용 발생 시점
(4) 획득할 때 성능 및 가용도에 대한 고려가 필요한지 여부
(5) 소요(requirement)를 제기할 때 개념 형성이 필요한지 여부
(6) 생산업자 혹은 공급업자와의 관계 지속성 여부

1번에 속하는 소모성 품목은 통조림, 음료수, 과자 등이다. 이들 제품들은 사용 후 보관기간이 짧고 바로 소비하기 때문에 제품의 수명주기는 아주 짧다. 사용 당시에 사용자를 만족시킨다면 다음에도 이 제품을 구매할 가능성이 높으므로 사용자 품질이 중요하다.[5]

---

5 품질은 사용자 품질, 적합 품질, 설계 품질로 구분할 수 있으며 이에 대한 자세한 내용은 〈참고 1-3〉을 참조하라.

이 제품의 원가는 주로 생산 비용과 유통 비용이 대부분을 차지하고 있기에 로지스틱스 지원 측면에서 본다면 유통 비용 절감이 제품 경쟁력에 많은 영향을 미치게 된다.

2번에 속하는 제품군은 구매한 후 사용 중에 수선이나 정비할 필요가 있으며 구두나 피복 등이 포함된다. 구두는 구두를 닦고 수선하기도 한다. 피복류도 양복점 혹은 세탁소에서 수선하거나 세탁할 필요가 있다. 이 제품들은 유지하는 기간 수선 비용이나 유지 비용이 상대적으로 작지만 발생하기 시작한다. 이런 제품은 수명주기 중 수리나 유지의 필요가 있기에 구매할 때 제품의 필요성(needs)과 제품의 재질이 무엇인지 등 소요에 대한 개념 형성이 어느 정도 필요하다. 1과 2 사이에 위치한 제품들은 책, 칫솔, 치약 등의 품목으로 수선이나 정비할 필요는 없지만 수명주기가 1번보다 장기간인 품목이라 할 수 있다.

3번에 포함되는 제품군은 가전제품 등으로 수명주기가 5년 이상인 경우가 많다. 냉장고나 에어컨 등 가전제품은 사용 중 수리가 필요한 경우가 있어 수리비가 발생할 수 있다. 또한 전기료 등 운영유지비가 수명주기 동안 발생하기 때문에 구매할 때 에너지 효율성 등을 고려한다. 구매 시점에 절전형 여부뿐 아니라, 제품의 고장률, 서비스의 편리성 등을 고려하여 품목을 선택하게 된다. 이들 제품들은 사용자 품질뿐 아니라 설계 과정에서 어느 수준의 성능을 발휘할지 등을 결정해야 하기에 설계 품질에 대한 고려가 필요하다.

4번의 차량은 제품 수명주기가 10년 이상 되는 품목으로 소비재에서 자본재로 전환되는 경계라 할 수 있다. 이 품목은 수명주기 동안 연비에 따른 연료비, 수리부속의 구매 용이성, 정비 비용, 보험료 및 등록세 등에 따라 운영유지 비용의 차이가 크다. 이 품목은 최초 구매 비용보다 수명주기 동안 발생하는 운영유지 비용이 더 많이 발생하여 그 비중이 60% 이상 발생한다.[6] 따라서 차량을 구매할 때 소요에 대한 개념 정립이 상당히 요구되며 비용 대 효과 분석이 필요하다.

5번 이상으로 표시된 제품들은 하나의 시스템(system)으로 간주될 수 있다. 시스템에는 단순히 주장비(primary equipment)로 대별되는 하드웨어와 소프트웨어뿐 아니라 이들을 운영, 유지, 지원할 수 있는 시설, 장비, 인원, 훈련, 교리(사용 방법) 등의 지원 요소가 필요하다.

---

6 B.S. Blanchard, *Logistics Engineering and Management,* 6th ed., (Prentice Hall, 2004), pp.16-19에서는 시스템의 운영, 정비 비용이 수명주기비용의 75%에 이르고 있다고 한다. 디지털 조선일보, "자동차: 폐차 때까지 총비용 중형차가 경차 2배," 2002년 8월 2일을 보면 자동차의 경우 구매 비용은 총비용의 약 27%에 불과하며 나머지 73% 정도는 운영유지에 관련된 연료비와 보험료 등이다. 교량 및 건축물 등의 건축 비용과 수명주기비용에 대해서는 관련 인터넷 자료를 참조하라.

시스템을 획득할 때, 수명주기비용 관점에서 획득 및 설계 대안을 선택할 필요가 있다. 시스템은 수명주기가 장기간이며 이들 중 일부는 성능개량(performance improvement)을 통해 수명을 연장하기도 한다. 항공기, 대형장비, 우주선 등과 같은 시스템은 일부 구매하기도 하지만 연구개발을 통해 자체적으로 생산하는 등 획득 방법이 다양하고 복잡하다. 획득한 후에는 생산업자, 부품업자, 혹은 정비업체가 장비나 시스템의 정비를 위해 장기간 로지스틱스 활동을 지원하는 경우가 많다. 정비 및 수리 시설을 범용이나 전용으로 할 것인지 여부 등에 따라 후속 지원 규모와 내용은 달라진다. 수리부속 공급업자도 제한되어 있어 이들 시스템과 관련한 시장은 독과점의 형태를 가지기도 한다. 따라서 이들 품목에 대해서 수명주기 동안의 신뢰도, 가용도, 정비도에 대한 분석과 아울러 수명주기비용과 총소유비용(TOC: Total Ownership Cost) 등 비용 분석이 중요하다고 할 수 있다. 이들 시스템 중 대다수는 시스템의 획득(구매)자와 사용자가 다르며 또한 사용자와 정비자도 다르다. 따라서 이들 품목은 사용자 관점에서는 사용자 품질이 중요하며, 생산자의 입장에서는 적합품질(제조 품질)이 중요하며, 개발자의 입장에서는 설계 품질이 중요하다고 할 수 있다.

3. 로지스틱스 관리와 로지스틱스 공학의 주요 내용

〈그림 1-1〉에서 제품은 3번 이하 제품들로 구성되는 소비재와 5번 이상 장비나 시스템으로 구성되는 자본재로 크게 구분할 수 있다. 4번은 회색지대에 속하며 소비재와 자본재 특성이 둘 다 나타나고 있다.

다음 〈표 1-1〉은 소비재와 자본재의 로지스틱스 전략 중점, 소요 제기, 수명주기비용 발생 시기, 공급업자와의 관계, 품질관리 등 측면에서 어떠한 차이가 나는지를 보여주고 있다.

소비재와 자본재는 소요를 제기하는 때 제품 사용에 대한 개념 형성과 개념 연구의 필요, 수명주기 동안 비용 발생 비중, 공급업자와 관계 등에서의 차이 때문에 획득과 운영의 방법, 절차, 내용 등이 달라진다. 결과적으로 제품 특성에 따라 로지스틱스 전략 중점은 차이가 날 수밖에 없다.

3번 이하의 제품들은 제품 수명주기 동안 운영유지 비용이 일부 발생하지만 생산 원가에 비해 그 비중이 상대적으로 작은 편이며 오히려 물류 비용이 전체 원가에 비해 비중이 높은 편이다. 따라서 이들 제품은 로지스틱스 전략에 있어 소비자에 대한 적시 공급과

〈표 1-1〉 소비재와 자본재에 따른 로지스틱스 지원 차이

비교기준	소비재	자본재
로지스틱스 전략 중점	• 로지스틱스 관리적 요소가 전략적으로 중요하다. • 제품의 재고관리, 조달/구매, 포장/하역, 수·배송, 정보시스템(수·배송 정보화, 주문처리 정보화) 등이 관심의 초점이다.	• 자본재는 로지스틱스 관리적 요소도 중요하지만 로지스틱스 공학적 요소가 중요하다. • 시스템의 신뢰도, 가용도, 정비도 등을 고려한 설계와 비용 분석이 관심의 초점이다.
소요관리	• 소요 제기 단계에서 제품에 대한 개념 형성이 상대적으로 덜 명확해도 된다.	• 자본재는 소요 제기 단계부터 정확한 개념 형성이 필요하다. • 소요 제기 시 수명주기 동안 RAM 분석, 비용 대 효과 분석 등 연구가 필요하다.
비용	• 수명주기비용 중 생산 비용이 최고의 비중을 차지하지만 유통 과정에서 발생하는 비용 효율화에 관심의 초점이 있다.	• 수명주기 중 획득, 운영유지, 폐기 등 모든 단계에 비용이 발생하나 운영유지 비용의 비중이 높다. • 수명주기비용과 총소유비용 분석이 필요하다.
공급업자와의 관계	• 경쟁 시장의 형태로 신뢰성 있는 조달원의 발굴관리가 중점이다.	• 독과점 시장의 형태로 생산업자 및 공급업자와 지속적인 관계 형성이 중요하다.
품질관리	• 품질 개념 중 사용자 품질이 중요하다.	• 사용자 품질, 설계 품질, 적합 품질의 세 요소가 모두 중요하다.

〈표 1-2〉 로지스틱스 관리와 로지스틱스 공학의 주요 내용

로지스틱스 관리	로지스틱스 공학
• 구매/조달관리 • 보관 및 창고관리 • 포장 및 자재 취급 • 재고통제 및 재고관리 • 수·배송 관리 – 수송 수단 및 수송관리 – 이동관리 • 로지스틱스 정보 체계(LIS) – 주문처리 – IT기술(RF기술, 바코드 등) – 로지스틱스 네트워크/커뮤니케이션 • 판매후 서비스(AS) – 반품처리 및 부속류 공급	• RAM 분석 • 시스템 공학: 군수지원 소요 분석, 신뢰도, 가용도, 정비도 설계 통합 • 지원성 분석(Supportability Analysis) – 수명주기비용 분석 – 신뢰도 분석 – 정비도 분석: 수리수준분석 – 동시조달수리부속 산정 등 지원분석 • 시스템 수명주기별 로지스틱스 중점 – 설계/개발 단계 로지스틱스 – 생산/제조 단계 로지스틱스 – 운영/지원 단계 로지스틱스 – 폐기/리싸이클링 단계 로지스틱스

물류 비용 절감이 관심의 초점이 되고 있으므로 로지스틱스 기능 중 유통, 재고 등 관리적 요소에 중점이 있다. 따라서 기업의 로지스틱스 전략 중점은 〈표 1-2〉에서와 같이 구매 및 분배 과정에서의 비용 절감과 고객에게 도달할 때까지 사이클 타임 단축을 위한 정보화, 재고 감축, 효율적 보관 및 분배관리(수·배송/창고/포장) 등이다. 이러한 주제들이 로지스틱스 관리에서 다루는 주요 내용이다.

이와 상이하게 5번 이상의 자본재들은 필요로 하는 시점에 활용이 가능해야 하며 지속적으로 사용하기 위해 신뢰도, 가용도, 정비도 분석이 중요하다. 또한 장기간 수명주기 동안 적절한 성능 발휘를 위한 지원(support) 요소를 확보하고 수명주기비용을 절감하는 것이 로지스틱스 주요 전략 중점이다. 따라서 로지스틱스 공학은 시스템 개발 및 획득과정에서 주장비 설계와 종합군수지원 요소 간의 상충(trade-off) 관계를 다루기 위해 시스템 공학과 연계되어야 한다. 로지스틱스 공학 의사결정에서 중요한 것은 신뢰도, 가용도, 정비도와 비용 요소 간의 상충 관계를 다루는 여러 설계 대안들을 분석하는 것이다. 물론 자본재도 효율적인 분배를 위해서 저장, 이동, 정보화 등의 관리적 요소가 요구되며 이에 따른 로지스틱스 관리 기능이 필요하다.

이와 같이 조직이 어떤 제품을 주로 취급하느냐에 따라 어떤 조직은 로지스틱스 관리가 필요할 수 있고, 반면에 어떤 조직은 로지스틱스 공학이 더 중요할 수 있다.[7] 기업은 취급하는 품목에 따라 로지스틱스 관리나 공학 분야 중에서 한 분야만 제한하거나 강조해도 된다. 소비재 제품 생산기업은 이 제품을 고객에게 전달하기까지 공급사슬의 최적화를 통해 물류 비용을 절감해야 하기 때문에 로지스틱스 공학 요소보다 관리 영역에 관심을 집중한다. 자본재를 생산하거나 장치 산업 분야에 속한 기업은 장비의 가용도, 신뢰도, 정비도 최적화를 통해 수명주기비용을 절감해야 하기 때문에 로지스틱스 공학에 관심을 더 집중하게 된다.

그런데 군은 자본재와 소비재를 모두 필요로 하며 또한 이들 품목이 수십만 종 이상으로 다양하다. 어떤 품목은 최종 고객인 전투부대에 적시에 경제적으로 흘러가는 것이

---

7 2000년 미국 공군대학원(AFIT: Air Force Institute of Technology) 군수관리 교재는 Glaskowsky et.al.의 *Business Logistics*이었다. 반면에 미 해군대학원(NPS: Naval Postgraduate School) 군수관리(2000년) 교재는 Blanchard의 Logistics Engineering and Management이며 물자관리(2000년) 교재는 D.W. Dobler and D.N. Burt, *Purchasing and Supply Management,* 6th ed., (McGraw-Hill, 1996)였다. 〈표 1-2〉의 로지스틱스 관리와 로지스틱스 공학의 주요 주제는 공대원, 해대원 교재 및 실라버스를 참고하여 만들어졌다.

중요하며, 시스템은 필요할 때 준비되어야 하며 작전 기간 동안 지속성을 보장하는 것이 중요하다. 군은 로지스틱스 관리와 공학이 모두 필요한 조직으로 이런 측면에서 군수는 개별 기업의 로지스틱스와는 다른 복잡성을 내포하고 있다.

제3절 로지스틱스 정의

1. 산업 분야의 정의

물류와 로지스틱스 정의는 시대에 따라 변화하여 왔다.[8] 물류관리협회(NCPDM)에서는 1976년 물류를 다음과 같이 정의하였다. "산출지점에서 소비지점까지 원자재, 재공품, 완제품의 흐름을 계획, 집행, 통제하는 과정이다."[9] 이 정의의 특징은 물류를 〈그림 1-2〉와 같이 원자재를 조달하는 구매 물류, 재공품에 관련한 생산 물류, 완제품과 관련한 판매 물류로 구분하여 물류를 하나의 프로세스로 파악하고 있다.

〈그림 1-2〉 기업의 물류 활동과 내용

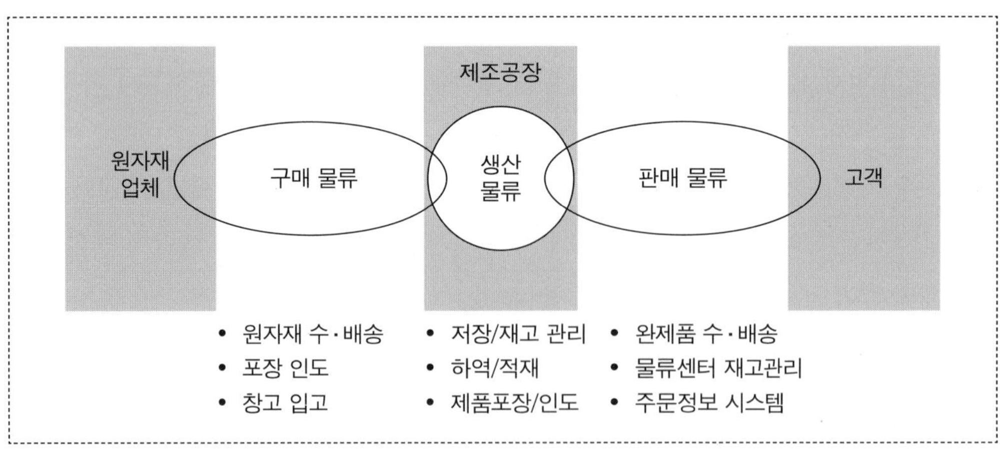

8 김원수(1992)는 기업의 물류 활동을 비지니스 로지스틱스, 마아케팅 로지스틱스, 또는 산업 로지스틱스라고 구분하였다. 그의 견해에 의하면 물류는 다름 아닌 비지니스 로지스틱스이다. 이러한 점에서 물류는 로지스틱스의 舊概念이며 또한 하위 개념이라고 할 수도 있으나 경영 분야에서 두 개념은 혼재되어 사용되고 있다.

9 이 정의는 NCPDM, *Comment 9*, No.6, November-December 1976, pp.4-5를 참조하였다.

물류관리협회에서 개칭된 로지스틱스 관리협회는 1985년에 로지스틱스를 다음과 같이 정의하고 있다. 로지스틱스는 "고객의 소요에 명확하게 대응하기 위해 원자재, 재공품, 완제품 및 그것과 관련된 정보를 산출지점에서 소비지점까지 흐름(flow)과 보관을 효율적으로 최대의 비용 효과로서 계획, 집행, 통제하는 과정이다." 이 정의에서 주제어(key words)는 흐름과 보관으로 이 두 단어는 로지스틱스의 본질을 나타내고 있다. 즉, 로지스틱스는 물자의 흐름이 주요 주제이며 또한 이와 관련한 정보의 흐름이 중요하다고 할 수 있다.

로지스틱스 관리협회는 1992년에 로지스틱스를 좀 더 발전적으로 정의하고 있다. 로지스틱스는 "고객의 소요에 부합하도록 할 목적으로 산출지점에서 소비지점까지 재화, 용역 및 그것과 관련한 정보를 효율적이고 효과적으로 이동(moving)하며 저장하도록 계획, 집행, 통제하는 과정이다."[10]

로지스틱스 관리협회의 로지스틱스 정의는 1976년 물류관리협회의 물류 정의보다 다음과 같은 점에서 시대적 환경 변화에 맞추어 더 발전한 개념이라 할 수 있다.

(1) 고객 소요에 대응한다는 내용을 추가함으로 로지스틱스가 고객 지향적이어야 하며 또한 소요를 충족시켜야 한다는 개념을 명확하게 하고 있다.
(2) 로지스틱스 본질은 이동과 보관을 포함하는 흐름이다. 로지스틱스는 단순히 물자흐름뿐 아니라 그것과 연관된 정보흐름을 포함하여 개념을 확장하고 있다.
(3) 비용 측면에서 효과성 및 효율성을 추구한다는 로지스틱스 목표를 정의에 추가하였다. 이 개념을 추가함으로 로지스틱스에 대한 성과 측정의 척도를 정의에 추가했다.
(4) 로지스틱스는 다른 경영관리 분야와 마찬가지로 계획-집행-통제의 경영 순환구조 속에서 이를 수행하는 단순한 활동(activity)이 아니라 과정(process)으로 표현하고 있다.

로지스틱스 관리협회에서 개칭한 공급사슬관리협회는 공급사슬관리를 다음과 같이 정의하고 있다. "공습사슬관리는 고객 서비스 수준을 만족시키면서 공습사슬 전반적인 비용을 최소화할 수 있도록 제품이 적절한 수량으로, 적절한 장소에, 적절한 시간에 생산과 유통이 가능하게 하기 위하여, 공급자, 제조업자, 창고·보관업자, 소매상들을 효율적으로 통합하는데 이용하는 일련의 접근법이다." 공급사슬관리는 이렇게 점진적으로 개념을

10 로지스틱스 관리협회의 정의는 J.L. Kent Jr. and D.J. Flint, "Perspectives on the Evolution of Logistics Thought," *Journal of Business Logistics*, Vol.18, No.2, 1997, pp.15-29와 CLM, *Logistics Comment,* CLM Newsletter를 참조하라.

확장하여 물자와 연관된 정보의 흐름뿐 아니라 자금(money)의 흐름을 포함시켜 물자·정보·자금의 흐름을 연동하여 고객 특성에 적합한 최적의 공급사슬 구조를 설계하고자 하고 있다.[11]

로지스틱스를 물류의 측면에서 정의한 로지스틱스 관리협회와 대비하여 로지스틱스 공학협회(SOLE: Society Of Logistics Engineering)는 로지스틱스를 보다 공학 지향적으로 정의하고 있다. "로지스틱스는 조직의 목표, 계획, 운영을 지원하기 위한 시스템의 소요, 설계 그리고 운영유지를 위한 보급 및 정비와 관련되어 있는 경영관리, 공학, 기술적 활동에 관한 술이며 과학이다."[12] 여기서 로지스틱스는 조직 활동에 필수적인 자본재인 시스템의 소요, 설계, 운영유지 기간 중의 수리부속 보급지원 및 정비 등을 포함하는 다학제 간(inter-disciplinary) 학문이라고 정의하고 있다.

로지스틱스를 정의한 많은 학자들이 있으나 이 책에서는 군과 연계하여 로지스틱스를 정의한 이클즈(Eccles)와 퀸(Quinn)의 정의를 중심으로 살펴본다.

이클즈는 2차 대전 이후 군수의 고전이라 할 수 있는 "국방군수(National Logistics)"라는 책을 저술하였다. 그는 전쟁에서 전략, 군수, 전술, 정보, 통신의 군사적 요소와 비군사적 요소의 유기적 연결을 강조하였으며, 군수가 군사적 요소 중에서 전략, 전술과 어떻게 연계되어야 하는지를 설명하여 군수 개념 발전에 기여하였다.[13] 그는 이 책에서 **군수는 국가 경제와 야전의 전투력(전투부대 혹은 전투원)을 연결하는 교량이라고 정의**하고 있다. 군수를 국가 경제와 최말단 전투원을 연결하는 교량과 같은 흐름으로 설명한 이 정의는 군수 정의의 고전이라 할 수 있다.

퀸(1971)은 로지스틱스를 "전투력과 무기체계를 창출하고 지원하기 위한 목적으로 인

---

11 공급사슬관리의 정의와 내용 등에 대한 자세한 내용은 제12장 보급관리를 참조하라.

12 로지스틱스 공학협회(SOLE)는 "The Society of Logistics Engineers"의 약어이며 미국 정부와 미군, 방위산업체의 로지스틱스 공학 실무자 등 약 만명으로 구성된 전문 조직이다. 이 정의는 SOLE에서 1974년 8월에 발표되었다. SOLE에 대한 자세한 내용은 http://www.sole.org의 인터넷 사이트를 참조하라.

13 이클즈는 군수의 "클라우제비츠"라 불리고 있다. 클라우제비츠의 전쟁론은 책이 저술된 1880년대 초기에 가치가 잘 알려지지 않았으나 베트남 전쟁과 더불어 책의 진가가 드러나게 되었다. 이클즈가 1959년에 저술한 이 저서는 2차 대전과 냉전시대 군수에 대한 역사적 통찰을 제공하고 있지만 최근 미국의 아프가니스탄 작전에서 책의 가치가 재조명되기 시작하였다. C.R. Paparone and G. Topic Jr., "The "Clausewitz" of Logistics: H.E. Eccles," *Army Sustainment Magazine,* January-February 2014, p.9.

력과 자원의 활용을 지원하는 과정이다"라고 정의하고 있다. 이 정의에서 군수는 전투력을 창출한다는 군수 목적을 제시하고 있으며 또한 로지스틱스 공학 측면에서 군수를 정의하고 있다. 하지만 이 정의는 흐름으로서 군수의 역할과 기능에 대해서 명확하게 표현하지 못하고 있다.[14]

2. 군에서의 군수 정의

이제 군에서 사용하였거나 사용하고 있는 군수의 정의를 살펴보자.

전투근무지원 교범은 군수를 "군사 목표를 달성하기 위하여 보급, 정비, 수송, 시설, 근무 등 제 군수자원을 통합 운용하여 적시에 제공함으로써 전투부대가 최대한 전투력을 발휘하도록 보장해야 한다"[15]라고 정의하고 있다. 이 정의는 보급의 개념에서 진일보한 것으로 정비, 수송 등의 제 기능을 군수에 포함하고 있으며 군사력 목표 달성을 위한 전투력 발휘와 연계하여 정의하고 있다. 그러나 군수의 중요 영역 중의 하나인 획득군수를 포함하지 못하는 협의의 개념으로 볼 수 있다.

육군 군사용어 사전에서는 "군수란 군사 목표를 달성하기 위하여 소요, 연구개발, 생산 및 조달, 보급, 정비, 수송, 시설, 근무 분야에 걸쳐 인원, 장비, 물자, 자금, 시설 및 용역 등 모든 가용 자원을 효과적, 경제적, 능률적으로 통합 운용하여 작전 수행을 지원하는 모든 활동"이라고 정의한다.[16] 이 정의는 전투근무지원 교범의 군수 정의보다는 포괄적이다. 이 정의는 군수 목표를 효과성, 경제성, 능률성으로 설정하고 있으며 군수 9개 기능과 자금의 흐름까지도 포함하고 있다 그러나 시스템 수명주기 동안의 군수지원과 구체적인 역할이 명확하지 못하고 각 기능에 대한 우선순위 없이 나열식으로 정리하고 있다.

육군 군수참모부의 군수용어집에는 군수를 다음과 같이 정의하고 있다. "군정사항으로 무기체계의 연구개발, 장비 및 물자의 소요 판단, 생산 및 조달, 보급, 정비, 수송, 시설, 근무 분야에 걸쳐 물자, 장비, 시설, 자금 및 용역 등 모든 가용 자원을 효과적, 경제적, 능률적으로 관리하여 군사작전을 지원하는 활동을 말한다. 국방 목표 달성을 위하여 군수정책 및 방침을 수립하고 장비 및 물자, 제도 및 관리기법을 연구·개발하여 모든 가용 자원을 효과

14 로지스틱스 개념의 역사적 발전에 대해서는 1장 참고문헌들을 참조하라.

15 육군본부, 『전투근무지원』 (야교 100-10), 1996.6.30., p.119.

16 이 부분은 육군교육사령부, 『군사용어 사전』 (인트라넷: 2000)을 참조하라.

적, 경제적, 능률적으로 관리하기 위한 기획, 집행 및 평가를 위한 군사과학이며, 군사 활동상의 다음 기능을 포함한다. (1) 군수품의 보급, 정비 및 수송(인원의 이동 지원 포함). (2) 시설의 획득, 건설, 유지, 운용 및 처리, (3) 용역 및 근무지원의 계획, 획득 및 제공"[17] 이 정의는 무기체계 연구개발 및 소요 판단의 분야까지 군수 기능에 포함하여 포괄적으로 정의하고 있으나, 정의가 너무 길고 획득군수 내용이 명확하지 못하다는 지적을 받고 있다.

군수관리 교범에서는 군수를 "군사 목표를 달성하기 위하여 연구개발, 소요, 조달, 보급, 정비, 수송, 시설, 근무 제 기능에 가용한 자원, 즉 인원, 물자, 시설, 자금, 용역 등을 획득, 관리, 운영하여 군에 필요한 군사력(무기, 장비, 물자)을 준비, 유지시키는 활동이다"라고 정의하고 있다.[18] 이 정의는 군수에서 물자의 흐름뿐 아니라 군수 관련한 자금, 용역 등의 분야를 포함하고 있으며, 또한 군수가 국방 임무 수행에 필요한 군사력인 장비와 물자를 **준비**(ready), **유지**(sustain)**시킨다**는 부분은 기업 로지스틱스와 차별화된 중요한 핵심 개념이라고 할 수 있다. 즉, 군수의 본질이 기업 로지스틱스와 달리 전투력 발휘를 위한 장비와 물자를 준비, 유지시킨다는 점이다. 그러나 이 정의는 획득군수 요소를 포함하지 않은 정의라고 할 수 있다.

3. 이 책에서의 군수 정의

이제까지 논의를 바탕으로 군수에 대한 정의를 내려 보자.

> "군수란 국방 목표나 임무 수행에 필요한 군사력을 준비하고 유지시키기 위해 ① 장비, 물자, 인력을 생산업자(공급지)로부터 야전 전투부대(사용자)까지 적시에 경제적으로 흐르게 하는 활동이며, 또한 ② 시스템인 장비는 수명주기 동안 성능이 최적의 비용으로 지속적으로 발휘되기 위해 소요·설계 과정부터 필요한 활동으로, 이들 두 활동을 **계획, 집행, 통제**하는 과정이다."

이 정의는 다음과 같은 특징을 갖고 있다.

---

17 US Navy, *Naval Logistics,* Naval Doctrine Publication 4, Department of Navy, 1995.1.10.에는 로지스틱스 프로세스를 획득-분배-지원-폐기의 4단계로 구분하고 있다. 한국군은 군수 기능을 보급, 정비, 건설, 근무, 수송 및 의무 여섯 가지로 구분한다. 그중 보급 기능의 프로세스는 소요-획득-저장-분배-처리이다.

18 육군본부,『군수관리』(야교 38-1), 1998.3.6., p.3-2.

(1) 이 정의는 군수의 본질이 무엇이라는 것을 명확하게 보여주고 있다. 군수는 국방 목표나 주어진 임무 달성을 위해 야전 전투력(장비, 물자, 인력)을 준비하고 유지시키는 것이다. 군수에서 국방 목표나 임무 달성이라는 효과성이 효율성보다 더 중요하며, 이러한 측면에서 군수의 역할은 군사력을 준비하고 유지하는 것이다.

(2) 군사력을 준비하고 유지하기 위해서는 기업 로지스틱스와 같이 야전에 필요한 장비, 물자, 병력을 이동하며 저장하는 흐름(flow)의 군수가 중요하다. 장비, 물자, 병력을 생산업자(공급지)로부터 획득하여 전투 현장 전투원에게까지 적시(right time)에 경제적으로 흘러야 한다. 또한 군수는 물자의 흐름뿐 아니라 병력의 이동을 포함하고 있다.

(3) 현대전에서는 무기체계를 준비하고 유지하는 것이 전쟁 특성상 중요하다. 이를 위해서 로지스틱스 공학 차원의 활동이 필요하다. 즉, 시스템 수명주기 동안 임무가 요구될 때 시스템이 준비되며 성능의 지속적 발휘와 더불어 수명주기비용을 설계에 반영하는 획득군수 활동이 필요하다.

(4) 군수는 단순한 활동이 아니라 흐름으로서의 군수지원과 시스템 군수지원 두 분야를 모두 계획-집행-통제하는 과정으로 묘사하고 있다.

4. 군수의 연구 범위

다음과 같은 이유 때문에 군수의 연구 범위는 다양하고 복잡하다.

첫째, 군이 취급하고 있는 군수품은 소비재와 자본재로 혼합되어 있으며 특성도 다양하다. 자본재와 소비재를 모두 다루기 때문에 로지스틱스 관리와 로지스틱스 공학에 대한 연구가 모두 필요하다.

둘째, 군수는 과학적인 연구도 필요하지만 현실 전쟁에서 장비, 물자, 병력을 어떻게 집중하고 분산하고 임기 응변적으로 운영할 것인지가 중요하다. 이런 측면에서 군수는 軍事術과 연계한 軍需術(logistical art), 軍需史 사례 연구(case study)와 통합되어 확장될 필요가 있다. 기업 로지스틱스 사례 연구와 같이 전쟁에서 군수 사례를 다루는 軍需史 연구나 軍需術 연구가 필요하다. 군수 사례에 대한 연구가 충분하지 못하면, 군수가 전쟁에서 전략, 전술 등과 연계한 작전 계획(OPlan: Operation Plan)으로 통합되지 못할 수 있고, 이에 따라 군수가 작전의 제한요소가 되는 측면이 있다.

셋째, 군수는 평시에도 효과적이며 효율적으로 운영해야 하지만 전시에 잘 작동해야 한다. 평시 군수(peacetime logistics)에서 관리적 요소와 공학적 요소를 잘 결합하여 군수 정책을 수립해야 할 뿐 아니라, 평시 군수 체계가 전시와 연계되어야 하고 전시에 제대로 작동해야 한다. 전시는 평시와 달리 장비, 물자, 인력의 이동과 준비 등 모든 면에서 **소요가 급작스럽게 증가**(surge demand)하며 전쟁 상황 자체가 불연속적이며 불확실하다. 그래서 군수가 전시에 그 역할과 기능을 잘 수행할 수 있도록 전시 군수(wartime logistics)의 강건성(robustness)에 대한 연구를 수행해야 할 것이다.

넷째, 군수는 군수 산업뿐 아니라 국가 경제와 밀접한 관계가 있다. 전쟁에서 군수는 군사적 요소뿐 아니라 한 국가의 경제력, 과학기술 능력 등 비군사적인 요소와 결합하여 수행해야 한다. 전시에 평시 군수가 제대로 작동하기 위해서는 군수가 전략 및 전술 등의 군사적 요소뿐 아니라 국가의 전쟁 수행 능력과 어떻게 연계되어야 할 것인지 연구할 필요가 있다. 따라서 전쟁 비용을 최적화해야 추후 전쟁 수행이 가능하기 때문에 경제성에 대한 강조는 아무리 강조해도 지나침이 없을 것이다. 이런 측면에서 군수는 전쟁을 대비한 전략물자 비축(stockpile), 산업 동원(industrial mobilization), 전쟁 비용에 대한 연구와 연계되어 발전해야 한다.

다섯째, 군수는 전쟁 수행 개념, 즉 군사전략 개념과 밀접한 관계가 있으며 전쟁 수행 개념에 따라 군수전략은 영향을 받게 된다. 군수는 국방 목표와 군사전략과 연계되어야 하며 또한 전쟁 양상에 따라 군수의 내용은 달라져야 한다. 즉, 전쟁 수행 개념에 따라 군수의 내용, 절차 등은 달라지는 것이 당연하다. 그런 점에서 군수는 전시 작전에 대한 이해를 요구하고 있다. 이외에도 동맹국과 함께 군수지원을 위한 연합군수(coalition logistics), 합동 작전을 위한 합동군수(joint logistics) 등에 대한 이해가 필요하다.

이렇게 군수의 범위가 다양하기 때문에 군수를 통합적이고 통섭적으로 이해하는 것이 필요하다. 그럼에도 전쟁 양상의 변화, 무기체계의 복잡성, 과학기술 환경의 변화로 군수 이해에 대한 복잡성이 더 심화되고 있다.

참고 1-2 로지스틱스를 통해 창출하는 제품의 효용

생산, 로지스틱스, 마케팅 등 경제 활동은 각 활동을 통해 각각 형태 효용, 시간 효용, 장소 효용, 소유 효용 등의 가치를 창출하고 있다. 생산 활동은 형태 효용을 창출하고, 로지스틱스 활동은 시간 및 장소 효용을 창출하고, 마케팅 활동은 소유 효용을 창출하고 있다. 이 네 가지 효용을 간단하게 살펴보자.

1. 형태 효용

형태 효용(form utility)은 제조, 생산, 조립 공정을 통해 제품에 부가되는 가치를 일컫는다. 형태 효용은 원재료들이 어떠한 생산 방식을 거쳐 완제품으로 완성되었을 때 생겨나는 것이다. 오늘날 경제 활동에서는 어떤 특정 로지스틱스 활동이 형태 효용을 만들어내는 데 기여하기도 한다. 예를 들면 유통 센터에서 제품 배송에 용이하게 포장을 다시 하거나 혹은 제품의 형태를 변화시켜 형태 효용을 만들어내기도 한다. 하지만 로지스틱스 활동은 1차적으로 장소와 시간 효용을 창출하는 데 더 기여하고 있다.

2. 장소 효용

로지스틱스의 주요한 역할 중 하나는 제품의 잉여가 있는 지역에서 수요가 존재하는 지역으로 제품을 이동시키는 것이다. 로지스틱스는 시장의 물리적 경계를 확장하여 제품에 대한 경제적 가치를 부가하고 있다. 제품이나 서비스에 대한 이와 같은 경제적 가치의 부가를 장소 효용(place utility)이라 부른다. 장소 효용은 수송에 의해 우선적으로 창출된다. 예를 들어 장소 효용은 농산품이 생산되는 농가에서 소비를 위해 필요한 농산물 시장으로 기차와 트럭에 의해 이동될 때 생겨난다.

3. 시간 효용

제품이나 서비스는 필요로 하는 지역에서뿐 아니라 요구되는 시점에 적시적으로 이용 가능해야 한다. 시간 효용(time utility)은 제품이나 서비스가 수요지에서 원하는 특정 시점에 제공될 때에 부가되는 경제적 효용이다. 시간 효용은 제품과 서비스의 적절한 재고 유지와 전략적 입지에 의해 창출된다. 수송이 때로는 시간 효용의 창출에 기여하기도 하는데 예로는 창고를 이용하는 대신 빠른 항공수송을 통해 시간 효용을 창출하는 경우를 들 수 있다.

4. 소유 효용

제품과 서비스의 판매 촉진과 같은 기본적 마케팅 활동을 통해 소유 효용(possession utility)이 창출된다. 판매 촉진은 제품을 소유하거나 서비스로부터 효용을 누리려는 소비자 욕구를 증가시키기 위해 고객과 직접 혹은 간접 접촉을 통한 노력으로 정의된다. 경제에서 로지스틱스는 소유 효용이 존재하는 경우에만 역할을 수행할 수 있다. 즉, 제품이나 서비스에 대한 수요가 존재하는 경우에만 시간이나 장소 효용이 생겨날 수 있다.

요약하면, 로지스틱스에 의해 부가되는 우선적인 경제적 가치는 시간 효용과 장소 효용이다. 역사적으로 살펴보면 초기에는 장소 효용이 시간 효용보다 더 관심이 있었다. 미국에

〈그림 1-3〉 로지스틱스 효용

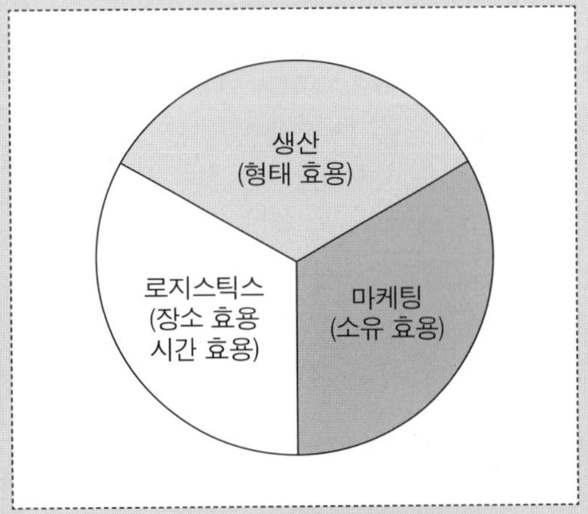

참고 1-2 **로지스틱스를 통해 창출하는 제품의 효용 (계속)**

서 산업화 초기 시대에는 제품을 필요로 하는 여러 수요지들에 가능한 어떤 효율적인 방법으로 수송할 수 있을 것인지 장소 효용의 창출에 강조점이 있었다. 그래서 19세기 말과 20세기 초기에 철도가 수송을 주로 담당하였다. 이는 철도가 많은 물량을 값싸게 수송한다는 이점이 있었으며 생산지향적인 경제에 합당한 것이었다. 20세기 경제가 발전됨에 따라 기업에서는 다양한 제품을 생산할 수 있도록 유연해지고 소비자의 취향이 다양해짐에 따라 시간 효용에 대한 관심이 증대되고 있다. 최근 수송에 있어 비록 값이 비싸다 할지라도 더 빠른 수송 방식이 중요해지고 있다. 창고(warehousing)와 관련된 로지스틱스 활동도 시간 및 장소 효용의 창출에 기여하고 있다. 제품 배달이나 인도의 시점(timing)이 로지스틱스에 있어 상당한 관심을 끌고 있다.

참고 1-3 **설계 품질, 제조 품질, 사용자 품질**

품질을 관리 영역 또는 책임 범위에 따라 분류하면 설계 품질(quality of design), 제조 품질(quality of manufacturing), 사용자 품질(quality of use)로 구분한다. 설계 품질은 소비자의 요구와 기호, 그리고 현재 기술 수준을 감안하여 결정하게 된다. 제조 품질은 적합 품질(quality of conformance)로 불리는 것으로 주어진 설계 규격이나 생산 규격에 어느 정도 일치하는 제품을 생산해내고 있나를 객관적으로 표시해주는 품질이다. 사용자 품질은 생산된 제품을 소비자가 직접 구입·사용하는 과정에서 평가된다.

설계 품질은 기업의 목표 품질을 토대로 시장조사를 통하여 고객의 요구가 구체적으로 결정되면 제품의 설계 단계에서 결정되는 품질 특성이다. 소비자의 요구와 기호, 제품 가격, 생산시스템의 공정 능력 등을 감안하여 결정된다. 설계 품질을 결정한다는 것은 제품의 기술적인 특성, 기능, 수명, 성능, 신뢰도 등을 설계 단계에서 구체화하는 것이다. 설계 품질의 개선은 제조 비용의 상승을 초래할 수 있으나 높은 품질과 그로 인한 높은 가격을 유지할 수 있으므로 기업에 이익을 가져다 줄 수 있다.

제조 품질이란 설계 규격이나 품질 규격에 일치하는 정도를 나타내는 것으로 통상적인 품질관리의 관심 분야이다. 생산 현장에서 생산된 품질이 설계 품질과 어느 정도 일치되는지가 문제되기 때문에 제조 품질은 적합 품질이라 불리기도 한다. 제조 품질은 원자재의 품질, 장비, 작업자의 훈련 정도 및 동기부여 등에 의해 영향을 받게 된다. 그런데 제조 품질이 완전하다 하여 성공적인 제품은 아니다. 소비자에게 인식되는 품질 수준은 제조 과정이 아무리 훌륭하다 해도 설계상의 품질을 초과할 수는 없기 때문이다. 즉, 설계에서 디자인이나 기능상의 문제점은 제조 품질에서 극복할 수는 없다.

설계 품질과 제조 품질이 생산자의 입장에서 주로 고려되는 품질인 데 반해 사용자 품질은 소비자에 의해 결정되는 복합적인 품질 개념이다. 사용자 품질은 구매의 용이성, 서비스의 질, 불만의 처리, 보증 및 보상까지로 품질도 평가되기 때문에 성과 품질이라고도 한다.

토의문제

1. 군수와 로지스틱스라는 용어가 군에서 혼재되어 사용하고 있다. 두 용어의 공통점과 차이점은 무엇인가?

2. 군수, 보급, 병참의 차이는 무엇인가?

3. 로지스틱스 관리와 로지스틱스 공학의 주요 내용은 무엇인가? 두 개념을 비교해보자. 이들 분야가 군에서 어떻게 활용될 수 있을 것인지를 토의해보자.

4. 현대 전쟁에서 로지스틱스 관리적 측면과 공학적 측면이 어떻게 나타날 것인지 전쟁 사례를 살펴보자. 미래 전쟁에서 로지스틱스 관리와 로지스틱스 공학 어느 측면이 더 중요할 것인지 토의해보자.

5. 교과서에 나타난 군수 정의를 비교 평가해보자. 어느 군수 정의가 가장 적절한지 토의해보자.

6. 이 책의 군수 정의를 비판해보자. 어느 측면에서 장단점을 갖고 있는지 토의해보자. 당신은 군수를 어떻게 정의할 것인가?

7. 군수를 통합적으로 이해하기 위해 다음의 군수 분야가 어떻게 연계되고 관련되어야 할지를 토의해보자. (1) 군수관리, (2) 군수공학, (3) 군수 사례와 군수술, (4) 전시 군수, (5) 연합군수, (6) 합동군수.

참고문헌

로지스틱 관리 관련 참고문헌

D. Simchi-Levi, P. Kaminsky, and E. Simchi-Levi, *Designing & Managing the Supply Chain: Concepts, Strategies & Case Studies*, 3rd ed., (McGrow Hill, 2007) 김태현, 문성암 (역), 물류 및 공급체인 관리, 3판, (McGrow Hill Korea, 2008)

R.H. Ballou, *Business Logistics Management*, 4th ed., (Prentice Hall, 1999)

D.J. Bowersox and D.J. Closs, *Logistics Management: The Integrated Supply Chain Process*, (Prentice Hall, 1998)

J.J. Coyle, E.J. Bardi, and C.J. Langley Jr., *The Management of Business Logistics*, 6th ed., (West Publishing Company, 1988)

N.A. Glaskowsky, Jr., D.R. Hudson, and R.M. Ivie, *Business Logistics*, 3rd ed., (The Dryden Press, 1992)

J.W. Langford, *Logistics Principles and Practices*, (McGraw-Hill, 1995)

D.M. Rambert and J.R. Stock, *Strategic Logistics Management*, 3rd ed., (Irwin, 1997)

로지스틱스 공학 관련 참고문헌

T.A. Barnes, *Logistics Support Training: Design and Development*, (McGraw-Hill, 1992)

B.S. Blanchard, *Logistics Engineering and Management*, 6th ed., (Prentice Hall, 2004)

J.J. Jones, *Integrated Logistics Support Handbook*, 2nd ed., (McGraw-Hill, 1995)

J.D. Patton Jr., *Logistics Technology and Management, The New Approach*, (The Solomon Press, 1986)

로지스틱스 정의 관련 참고문헌

김원수, 체계경영학사전, (법문사, 1992)

이상진, "군수의 개념과 영역," 국방연구, 46권2호, 2002.12., pp.231-259.

J.L. Kent, Jr. and D.J. Flint, "Perspectives on the Evolution of Logistics Thought," *Journal of Business Logistics*, Vol.18, No.2, 1997, pp.15-29.

M.A. McGinnis, S.K. Boltic, and C.M. Kochunny, "Trends in Logistic Thought: an Empirical Study," *Journal of Business Logistics*, Vol.15, No.2, 1994, pp.273-303.

R.A. Novack, L.M. Rinehart, and M.V. Wells, "Rethinking Concept Foundations in Logistics Management," *Journal of Business Logistics*, Vol.13, No.2, 1992, pp.233-267.

J.L. Quinn, *Logistics Management Concepts and Cases*, (Wright-Patterson Airforce Base: School of Systems and Logistics, Air Force Institute of Technology, 1971)

전쟁과 군수 관련 참고문헌

권호산, 이상진, "지휘관점에서의 전술군수운용을 위한 원칙고찰," 군수보, 152호, 1995.7., pp.38-78.

이재천, 군사술과 군수, (도서출판 21세기, 1996)

H.E. Eccles, *Logistics in the National Defense*, (Greenwood Press, 1981)

J.K. Mattews and C.J. Holt, *So Many, So Much, So Far, So Fast*, (Research Center US Transportation Command: U.S. Government Printing Office, 1996)

C.R. Shrader, *U.S. Military Logistics*, 1607-1991: *A Research Guide*, (Greenwood Press, 1992)

S.R. Waddell, *United States Army Logistics: The Normandy Campaign*, 1944, (Greenwood Press, 1994)

제2장 전쟁과 군수

기업 로지스틱스는 경제성과 효율성 달성이 최고의 가치일 수 있으나 군수는 국방 목표 달성이라는 효과성이 더 중요할 수 있다. 전쟁에서 전략 및 전술 목표가 효율성과 상충하는 경우, 목표 달성이 군수가 추구해야 할 최고의 가치가 될 수 있다. 군수는 군수 분야 자체의 부분 최적화(sub-optimization)보다 국방 분야가 최종적으로 목표하고 있는 전쟁 예방과 승리를 위하여, 전쟁 준비와 지속성 달성이라는 전체 최적화(global optimization)에 기여하는 것이 보다 중요할 수 있다. 이런 관점에서 군수는 기업 로지스틱스가 지향하는 경제성과 효율성 추구와는 다른 차이가 있다.

2장은 군수가 전쟁에서 전략, 작전, 전술과 어떤 연계를 가지는지 전쟁과 군수에 대한 분석을 하고자 한다. 1절은 전쟁에서 군수의 역할을 분석하기 위한 틀(framework)을 설명한다. 전쟁의 일반적 요소와 군사적 요소가 어떻게 연계되어 있는지 군수를 중심으로 다른 군사적 요소와의 관계를 살펴본다. 2절은 **군수가 국가 경제와 전투 현장을 연결하는 흐름**이라는 측면에서 군수를 전략군수, 작전군수, 전술군수로 구분하는 개념적 틀을 제안한다. 3절은 전략군수 측면에서 걸프전과 이라크전의 군수사례를 살펴본다.[1]

1 작전군수 내용은 M. Kress, *Operational Logistics — The Art and Science of Sustaining Military Operations*, (Springer, 2002), 도응조(역), 『작전적 군수-군사작전을 유지하는 술과 과학』, (연경문화사, 2007)을 참조하라.

제1절 전쟁과 군수의 관련성

1. 전쟁에서 군수의 중요성

> 연합군 사령관 아이젠하워 장군은 1944년 8월 10일부터 22일까지 유럽전선 Falaise에서 전술적 승리로 말미암아 독일에서 승리가 목전에 있는 것처럼 생각하였다. 그러나 9월 말, 브래들리와 패튼 장군이 주도한 공세작전은 석유와 탄약부족으로 중단되었다. 만약 이 공세가 성공했다면 2차 대전 이후의 유럽 정세는 상당 부분 뒤바뀌었을 것이다. 보급 부족으로 작전 계획은 변경되었고, 이로 말미암아 연합국들은 군수의 엄청난 위력을 실감하게 되었다.[2]

2차 대전 유럽전선에서 연합군은 1944년 8월 하계 작전에 고무되어 독일에게 곧 승리를 거둘 수 있으리라 기대하였다. 그러나 브래들리와 패튼 장군의 9월 작전에서 군수 능력 부족으로 작전 계획은 수정을 해야 했고 베를린으로 진격은 늦어지고 말았다. 만약, 추계 작전에서 연합군이 군수에 제한 사항이 없이 예정대로 작전 계획을 수행했다면 유럽 정세는 달라졌을 것이고, 전쟁 이후 세계 정세도 달라졌을 것이다. 군수는 작전뿐 아니라 전쟁 자체와 전쟁 결과에 영향을 미칠 수 있다.

> 전쟁에 개입한 중공군의 최대 약점은 보급문제였다. 처음부터 중국의 어려운 경제사정으로 원활한 보급이 어려웠으며, 유엔 항공기의 끊임없는 후방차단으로 그들의 보급은 최악이었다. 탄약 등 전투물자는 물론이고, 식량마저 조달하지 못해 굶는 부대가 속출하기도 했다. 이로 인해 중공군의 (초기) 6차례 공세는 모두 8일을 넘기지 못했다. 중공군은 공격부대가 공격 대기지점에서 출발하고 나면, 그 이후 재보급이 불가능했기 때문이다. 6차 공세의 경우 공세준비 기간이 짧았기 때문에 각개병사가 최초 공격시 휴대한 1일분과 연대 및 대대가 보유한 4일분 등 5일분의 보급품이 고갈되면, 그들은 공세를 중지하고 안전지대로 철수하는 수밖에 도리가 없었다. 따라서 그들의 작전한계는 작전 기간 상으로 5~10일, 작전거리상으로 50~100km에 불과하였던 것이다.[3]

중국군이 6.25전쟁에 개입하고 난 후, 중국군 공세에서 재보급과 관련한 약점을 유엔군이 조금만 더 일찍 알았다면 전쟁 양상은 어떻게 달라졌을까? 중국군의 2차 공세에서 미 2사단이 궤멸한 이후 유엔군은 평양을 포기하고 200여km를 전격적으로 후퇴하여 임

---

2 H.E. Eccles, *Logistics in the National Defense,* (Westport. Conn.: Greenwood Press, 1981) p.2.

3 육군군사연구소,『6.25전쟁의 실패사례와 교훈(개정판)』, 2013, pp.422-423.

진강을 연하는 38도선으로 철수한다. 중국군의 3차 공세에 대하여 유엔군은 수도 서울을 조기에 포기하고 평택~삼척을 연하는 37도선으로 1.4후퇴를 신속하게 감행한다. 중국군 군수 능력에 대한 정확한 인식이 없이 1, 2차 공세를 통해 받았던 전쟁 충격으로 인하여 작전의 최대 중점을 중국군과의 접촉 단절에 두었던 것이다.

전쟁을 할 줄 아는 국가는 군수의 중요성을 알고 있다. 군수가 전쟁에서 어떠한 제한 사항이 되는지를 이해하고, 군수의 능력과 한계를 인식하는 가운데 전략과 전술을 기획한다. 군수는 전략과 전술의 시녀가 아니다. 전략과 전술을 구상할 때, 군수의 본질과 역량을 이해하지 않으면 결코 실행 가능한 전략과 전술이 나올 수 없다. 물론 군수 역량이 충분하다고 전쟁에서 승리하는 것은 아니다. 군수는 다른 군사적 요소인 전략, 전술, 정보, 커뮤니케이션 요소뿐 아니라 정치, 경제, 지리, 심리, 과학, 기술 등의 일반적 요소와도 함께 결합되고 연계되어야 한다.

전쟁에는 군사적 요소와 더불어 비군사적인 일반적 요소가 영향을 미치고 있으며, 일반적 요소 하나가 전쟁을 지배하기도 한다. 어떤 전쟁에서는 지리적(기후) 상황이, 어떤 때는 과학·기술의 발달로 인한 무기체계가 전쟁의 승패에 결정적 영향을 미친다. 6.25전쟁 사례에서 보여주는 바와 같이 심리적 요소도 전쟁에 큰 영향을 미치게 된다. 6.25전쟁에서 유엔군의 인천상륙작전이 6.25전쟁의 양상을 바꾸고 중국군의 4, 5, 6차 공세에 영향을 준 것처럼, 기대하지 않았던 중국군의 등장은 한국군을 비롯한 유엔군 모두에게 큰 충격을 주었다. 충격을 받게 되면 공포에 빠져 상대방과 자신의 역량에 대해 정확한 판단 능력을 상실하게 된다. 전쟁 충격은 이성을 마비시켜 중국군이 1차 공세 이후 전장에서 갑자기 왜 사라져 버렸는지, 2, 3차 공세 이후 전과를 왜 더 적극적으로 확대하지 않았는지 등을 평가할 수 있는 건전한 판단력을 상실하게 한다.

"전쟁은 우연의 사건이 아니다. 여러 다양한 지식, 연구, 묵상이 전쟁을 성공적으로 수행하는 데 필수적이다."
— 프레드릭 대왕

"실제에 있어 가장 현실적인 사람은 바로 이론에 바탕을 둔 사람이다." — 알프레드 마한

"여러분, 전술뿐 아니라 보급과 커뮤니케이션을 알지 못하는 장교들은 아무 쓸모도 없습니다."
— 패튼 장군

"지난 2차 세계 대전에서 연합군의 80% 가량의 문제는 군수와 관련된 것이었다."
— 몽고메리 장군

2. 전쟁의 구성 요소로서의 군수

전쟁의 모든 문제와 상황에는 국력의 요소인 정치, 경제, 군사, 심리, 지리, 과학·기술 등과 같은 일반적 요소들이 상호 관련되어 있다. 군사적 요소는 전략(strategy), 전술(tactics), 군수(logistics), 정보(intelligence), 커뮤니케이션(communication)이 상호 결합되어 있어야 한다. 전쟁은 군사적 요소들과 비군사적 요소들이 유기적으로 잘 연계되고 통합될 때에 승리나 목표를 달성할 수 있다. 즉, 전략, 군수, 전술 등의 군사적 요소가 일반적 요소인 정치, 경제, 심리, 지리, 과학·기술 등과 상호 작용할 뿐 아니라 유기적으로 통합되어야 전쟁 상황을 잘 해결할 수 있다.

〈그림 2-1〉 전쟁에서의 군사적 요소의 구조와 관계

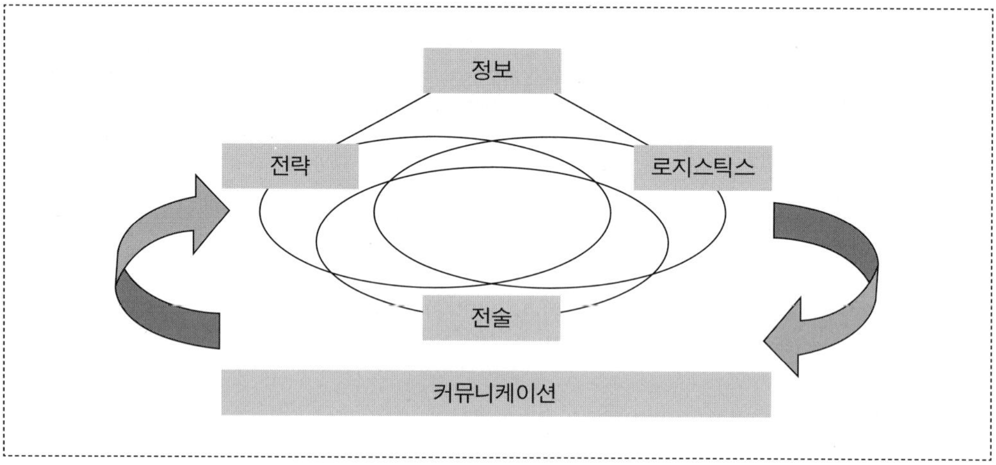

전쟁에 보다 직접적인 영향을 미치는 이들 군사적 요소들을 살펴보자.[4]

(1) 전략은 전쟁의 목표와 목표 수준을 결정하고 이를 달성하기 위한 수단 방법을 제공해 준다.

(2) 전술은 전략 목표의 달성을 위한 즉각적 행동지시, 예를 들면 필요한 무기 및 부대를 어떻게 운용할 것이냐에 관한 것이다.

(3) 군수는 전략 목표를 달성하기 위하여 전술적으로 운용되어야 할 무기체계와 병력의

---

4 H.E. Eccles, *op. cit.*, p.20.

창출과 지속적 유지에 관한 것이다. 전략과 전술은 군사작전의 수행을 위한 책략을 제공하고 군수는 그에 필요한 수단을 제공한다.

(4) 정보는 지휘관이 당면하고 있는 아군과 적군 및 주변 상황과 문제들에 방향을 제공해 주는 것으로 정보를 통해 상황을 파악할 수 있다.

(5) 커뮤니케이션은 지휘관에게 첩보를 전달해주고 결정사항을 부하들에게 전달해주는 역할을 수행한다.

군수는 국가 경제와 전투부대(전투원)를 연결하는 교량과 같은 역할을 수행한다. 군수는 국가 경제에 뿌리를 두고 있으며 군이 필요로 하는 무기체계, 장비, 물자를 산업 동원과 군수 산업을 통해 제공해주는 역할을 수행해야 한다. 또한 군수는 군사 목표나 임무에 부응하기 위해 야전 전투력을 창출하고 지속적으로 유지하는 본질도 갖고 있어야 한다. 전투부대에 임무나 목표가 주어지는 경우를 대비하여 준비태세를 갖추고 작전 기간 동안 지속성을 유지해야 함을 말한다. 국가 경제 측면의 군수는 생산성이나 효율성을 강조하는 반면에 작전 측면의 군수는 군사 목표나 임무의 달성 정도를 측정하는 효과성을 강조하고 있다.

전쟁에서 작전과 지휘권의 행사와 결정은 수준의 차이는 있겠지만 전략, 전술, 군수의 세 가지 요소를 고려하고 결합한 바탕 위에 기초를 두어야 한다. 지휘관이 군사적 문제에 대한 행동과 결정을 해야 할 때 전략, 전술, 군수 세 가지 요소를 각각 독립적으로 고려하여 문제를 분석하고 해결해서는 전쟁 승리를 보장할 수 없다.[5] 그렇다고 전쟁 각각의 상황에서 세 가지 요소 모두가 같은 비중으로 결합되어 나타나지는 않는다. 왜냐하면 전쟁의 각 상황들이 세 요소 모두를 포함하거나 같은 비중으로 구성되어 있지 않고, 또한 전쟁 기획 및 지도에 있어 전쟁 기획가와 지휘부는 무엇이 전략에 관한 것이고, 무엇이 군수에 관련한 것인지 구별이 불가능할 뿐 아니라 구별이 바람직하지 못할 때도 있기 때문이다. 각 요소를 구별하기보다는 주어진 군사 문제에 있어 한 요소가 다른 요소에 어떻게, 얼마만큼 영향을 미치고 있는지와 그 반대의 경우에 상호 관련성과 상호 작용성을 충분히 고려해야 한다. 이것은 전체 전쟁 수행의 전략적 차원에서 뿐 아니라 세부적 전투수행의 전술적 차원에서도 동일하게 적용될 수 있다.

---

5 클라우제비츠의 전쟁론에는 '군대를 유지하는 일(maintenance of armed forces)'과 '군대를 사용하는 일(use of armed forces)'이 구분되어 있다. 이 두 가지 행위는 오늘날 군사적 용어인 '군수(logistics)'와 '작전(operation)'으로 각각 대응시킬 수 있다.

그런데, 일반적으로 지휘관들은 전략적이며 전술적인 작전 문제에만 그들의 관심을 상당 부분 집중시키며 이로 말미암아 작전 수행의 기반을 제공해주는 군수에 대한 관심을 소홀히 하는 경향이 있다. 지휘관이 전략, 전술, 군수 이들 요인들을 개별적으로 또는 분리하여 다루게 될 때 전쟁이나 전투에서 진정으로 추구해야 할 목표를 달성하기 어려울 뿐 아니라 평시에도 관리의 효율성에 문제를 야기할 수 있다.

과거 전쟁 경험은 전쟁이 전략과 전술에 의해서만 승패가 결정되는 것이 아니라 군수의 기본적인 뒷받침 속에서만 승리를 가져올 수 있다는 것을 가르쳐 주고 있다. 기원전 전쟁으로부터 최근 아프가니스탄전쟁에 이르기까지 군수가 전략, 전술과 잘 연계될 때에 작전 목표를 훌륭하게 달성할 수 있었다. 나폴레옹 시대까지만 해도 전쟁 승패의 주요 원인은 군수가 아니라 용병술이었다. 그러나 산업혁명 이후 강선식 소총의 발명, 철도 및 전보의 발달 등을 통하여 순수한 용병술 차원보다는 전쟁 승리의 결정적인 요인으로 군수가 부각되고 있다. 군수가 전쟁 승리의 원인으로 등장하기 시작한 것은 남북전쟁, 걸프전쟁, 이라크전쟁 등을 들 수 있다.

남북전쟁에서 남군의 사령관들인 리(Lee) 장군이나 잭슨(Jackson) 장군은 용병술의 대가들이었다. 이들은 나폴레옹이나 프레데릭 왕과 같은 훌륭한 융통성과 상상력으로 그들의 부대를 다루었지만 남북전쟁 승리는 북군이 차지했다. 북군이 승리한 요인으로 서만(Sherman) 장군이 채택한 '간접접근'이라는 작전적 차원을 주장하는 학자도 있지만, 북부에서 당시 산업혁명의 결과로 월등한 전쟁물자 생산 능력, 철도 및 증기기관선의 발달로 인한 수송 능력, 전보 등 통신 능력을 적용한 군수의 승리로 평가하고 있다.[6]

제2절 전략군수, 작전군수, 전술군수

1. 전쟁 수준에 따른 군수 구분

이클즈의 군수 정의에서 교량(bridge)을 사용한 의미는 군수가 생산이나 획득 현장에서 최종소비지인 전투부대까지 장비, 물자, 인력이 흘러가는(flow) 연결고리라는 면을 강조하기

6 H.E. Eccles, *op. cit.*, pp.6-9.

위함이다. 따라서 군수는 군수지원 계통을 따라 장비, 물자, 인력 등이 이동하는 활동으로 구성되어 있다. 〈그림 2-2〉와 같이 군수는 전략 수준의 전쟁에서, 전역의 주요 작전에서, 전쟁지역 내 전술 수준의 전투에서 필요한 장비, 물자, 인력을 적시와 적소에 흘러 보내야 하는 것이다.

〈그림 2-2〉 전쟁의 수준

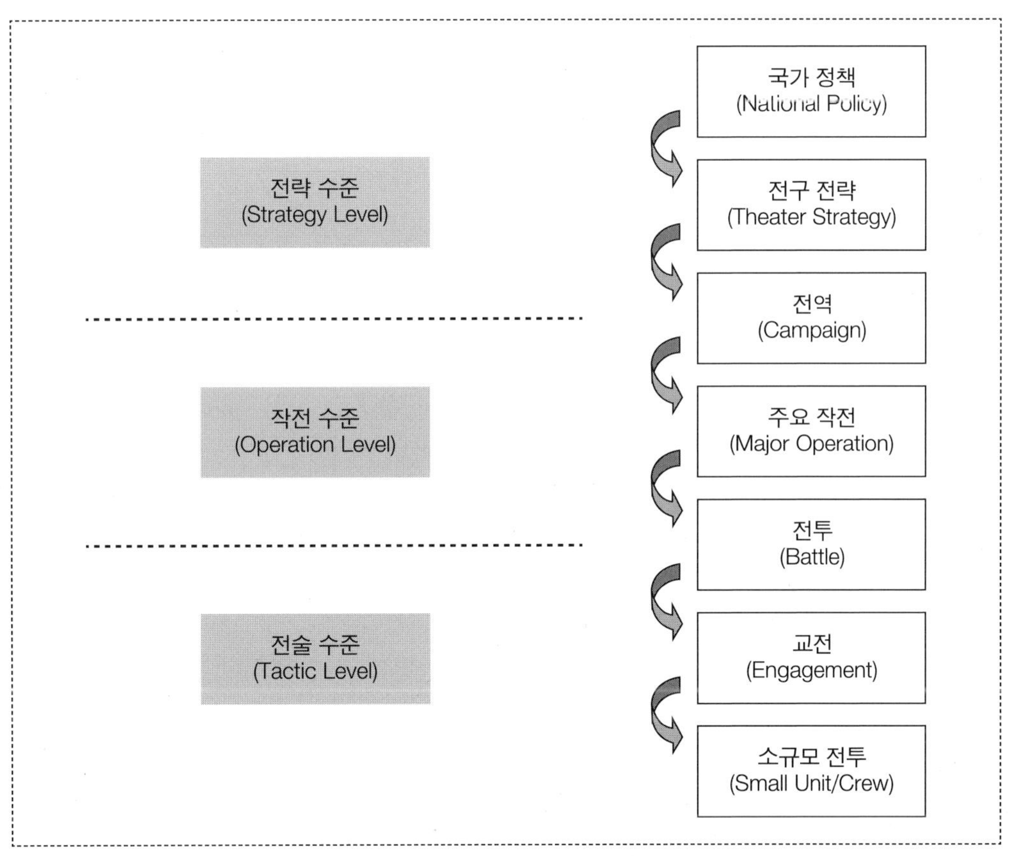

출처: 장기덕, 『군수관리의 이론과 실제』, (한국국방연구원, 2012), p.23.

이런 전쟁 수준에 상응하여 군수를 전략군수(strategic logistics), 작전군수(operational logistics), 전술군수(tactical logistics)의 3단계로 구분할 수 있다. 군수를 이렇게 3단계 틀(framework)로 구분하게 되면 군수 행동의 규모, 군수지원 및 유지의 범위를 전쟁 수준별로 명확히 할 수 있고 장비와 물자 등에 대한 흐름의 양과 속도 등에 대한 분석을 수행할 수 있다. 한편으로, 이러한 구분이 군사술(miliary art) 측면에서도 전략은 전략군수와, 작전술은 작전군수와, 전술은 전술군수와 대응을 이룰 수 있다. 따라서 이러한 구분은 군수가 군사력의 운영 혹은 용병술과 더 잘 연계되어 전략기획가와 군수기획가 모두에게 유용함을 줄 수 있다.

2. 전략군수, 작전군수, 전술군수의 내용

전략군수는 국가의 군사력을 지원하는 데 필요한 자원을 계획하고 제공하는 국가적 차원의 군수 분야이다. 전·평시 전략 목표를 달성하기 위하여 평시 군사력 유지 육성과 전시 군사력 사용을 기획함에 있어서 제반 전력요소를 종합적으로 분석 평가하고 이를 고려해야 하며, 이를 위해 국방자원을 균형적으로 배분해야 한다. 그러므로 전략기획가에게는 군수 능력을 전제한 전략을 기획할 수 있도록 하고 군수기획가에게는 전략 개념에 부응한 군수기획을 할 수 있도록 유도해야 한다. 전략군수는 군수 물자 생산과 조달, 산업 동원과 전략 비축, 전구간(inter-theater) 군수지원의 전략적 집중과 배분, 생산지에서 전구까지 전략수송(strategic transportation) 등의 내용을 다루고 있다.

작전군수는 전략군수에 의해 전구까지 동원이나 수송된 장비, 물자, 인원 등을 전구 내에 위치한 시설부대로부터 전쟁지역의 전투지원부대나 시설부대로 이동시켜 지원하는 군수 분야이다. 작전군수의 역할은 해당 전구 내 주요 작전의 모든 단계에 있어 전투력이

〈그림 2-3〉 군수지원의 범위

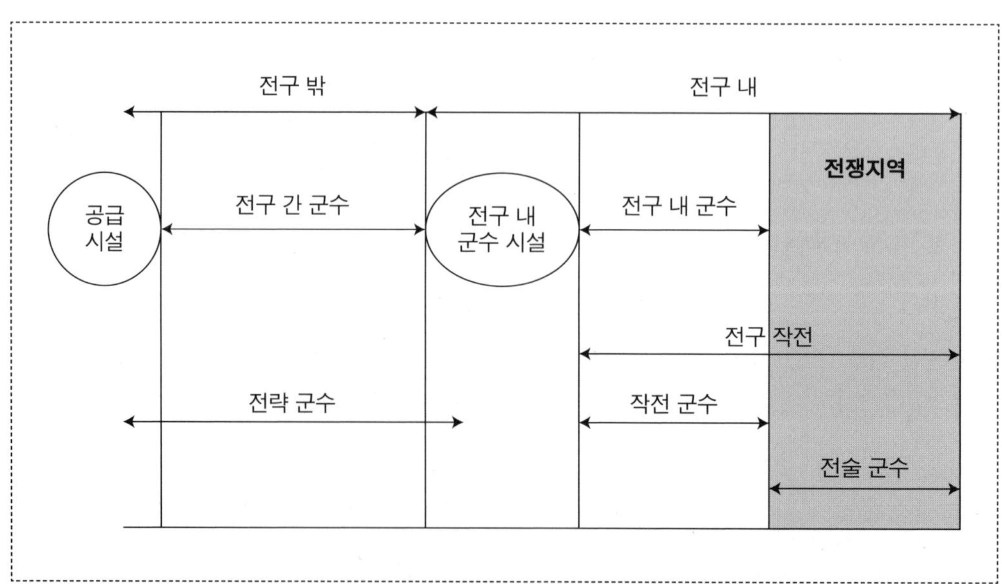

계속 유지되고 발휘되도록 보장하는 것이다. 전구 내에서 군수지원을 적절하게 유지하지 못한다면 주요 작전은 작전적 목표 더 나아가 전략적 목표를 달성하지 못하고 중단될 수 있다. 따라서 작전 운용이 효과적이기 위해서는 연이은 작전의 군수지원을 지속할 수 있도록 현재 작전의 군수 소모와 균형을 이루는 것이 중요하다. 또한 바람직한 작전 속도를 유지하기 위해 군수지원과 커뮤니케이션 요소를 잘 계획해야 한다.

전술군수는 전쟁지역 내에서 전투, 교전이나 다른 전술적 행동을 지속하기 위한 지원책을 계획하고 제공하는 군수 분야이다. 전술군수 역시 전쟁지역에서 군수지원이 원활하지 못하다면 전술적 목표, 더 나아가 작전적 목표와 전략적 목표를 달성하지 못할 수 있다.

여기서 사용하는 분석 틀은 전략군수, 작전군수, 전술군수의 세 단계로 구분하는 것이다. 그런데 일부에서는 군수를 전략군수와 전역군수(campaign logistics) 2단계로 구분하기도 한다.[7] 전역군수라는 용어는 미군이 과거 사용했던 용어이며,[8] 전구작전인 작전군수와 전쟁지역 내의 작전을 지원하기 위한 전술군수 모두를 포함할 수 있다. 전략군수가 무기, 장비, 물자의 생산 현장에서 이를 획득하여 전구까지 이동하여 전쟁을 준비하고 유지시키는 활동이라면 전역군수는 전구 내에서 무기, 장비, 물자, 인력의 흐름을 통해 전투부대를 준비하고 유지시키기 위한 활동이라고 볼 수 있다.

한반도에서 군수를 전략군수, 작전군수, 전술군수로 구분하는 것이 모호할 수 있다. 미군과 같이 미국 본토 밖 원정 전장(expeditionary warfare)에서 수행하는 작전 개념은 3단계 구분이 의미가 있다. 그러나 한국군 입장에서 한반도 전쟁은 전구 자체가 전쟁터이기에 원정 군수 개념인 전략군수에 대한 개념 정립이 더 필요하다. 또한 한반도 전구 자체가 지역적으로 소규모이기에 3단계로 구분하는 것보다 한반도 전구 작전을 지원하는 작전군수와 전술군수를 전역군수로 묶어서 2단계로 구분하는 것도 고려해볼 수 있다.[9] 이렇게 되면 전략군수를 대분배 계통(whole sale pipeline)의 군수지원 체계로 대응시키고, 전역군수를

7 J.M. Shafritz, T.J.A. Shafritz, and D.B. Robinson, *The Facts on File Dictionary of Military Science* (NY, NY: Facts on File, Inc., 1989)에서 전략군수(Strategic logistics: All military action concerned with provision of logistic support to a theater of war)와 전술군수(Tactical logistics: The provision of logistics support to combat force deployed within a theater of operation)의 2단계로 구분하고 있다.

8 미군은 군수를 전략군수(strategic logistics)-전역군수(campaign logistics)-전술군수(tactical logistics) 3단계로 구분하였다. 노르만디 상륙작전 당시 군수를 Normandy Campaign Logistics이라 부른다[Waddel, 1994]. 반면에 구소련은 전략 수준의 군수(central level logistics)-작전군수(operational logistics)-전술군수(tactical logistics)로 명칭하고 있다.

9 전역군수보다 작전군수라는 용어로 통일하는 것도 고려해볼 수 있다.

소분배 계통(retail pipeline)으로 대응시킬 수 있을 것이다.

한국군 전략군수는 (1) 전략물자 해외 도입과 관련한 전략군수, (2) 국내 군수 산업 기반과 동원 및 비축을 통해 국내로부터 획득하여 군 시설부대에 입고될 때까지의 전략군수로 구분할 수 있다. 이들 전략군수 영역을 통합 연계하여 발전시킬 필요가 있다.

제3절 전략군수 사례 연구: 걸프전과 이라크전쟁

한국군이 전쟁에서 군수를 수행한 사례는 6.25전쟁과 월남전쟁 등이 있으나 이러한 전쟁에서 한국군의 전략군수와 관련한 자체적인 역할이 미흡하고 자료가 충분하지 못하다. 그래서 미군이 수행한 전쟁에서 전략군수 사례를 분석하여 한국군에 주는 시사점을 도출하는 것도 의미가 있다. 미군은 걸프전 이후에도 코소보전과 아프가니스탄전 등 여러 전쟁을 수행하였다. 그런데 이 책에서는 작전 환경이 유사한 걸프전과 이라크전을 선정하여 10년 이상의 시간 경과에 따른 미군 전략군수의 변화를 살펴보도록 하겠다.

1. 걸프전의 군수

1990년 걸프전에서 이라크에 대항하여 연합군이 승리할 수 있었던 것은 작전적 요인과 환경적 요인이 기여한 바도 크지만 그 중에서도 군수의 역할을 결코 무시할 수 없다. 사막의 방패작전 동안 미국과 유럽지역에서 걸프만에 전개한 수송량의 규모와 속도는 유래가 없는 것으로 역사상 가장 큰 규모 중 하나였다. 불과 7개월 사이에 인원 약 50만 명, 화물 360만 톤, 유류 610만 톤을 걸프만에 이동하였고 이것을 바탕으로 걸프전의 승리를 달성할 수 있었다. 이러한 군수의 힘에 대해 슈왈츠코프 장군은 이 전개 임무를 불굴의 역사이며 그 결과는 "장관(壯觀)"이었다고 평가하였으며 당시 국방장관이었던 체니는 이 전개를 "군수의 기적"이라고 하였다.[10]

---

10 사막의 방패 및 폭풍 작전 중 수행한 미국의 전략적 전개와 군수의 역할 및 성과에 대한 자세한 내용은 다음을 참조하라. J.J. Matthews and C.J. Holt, *So Many, so Much, so Far, so Fast: U.S. Transportation Command and Strategic Deployment for Operation Desert Shield/Desert Storm,* Research Center of U.S. Transportation Command, pp.11-29.

가. 걸프전 개요

걸프전은 1990년 8월 2일 이라크가 쿠웨이트를 침략함으로 발생하였다. 이라크의 쿠웨이트 점령 후 전쟁은 소강 상태를 이루다가 1991년 1월 17일 미군이 사막의 폭풍작전을 시작하여 쿠웨이트를 해방하고 2월 24일 지상전은 종료되었다. 지상전 종료후 3월 10일 병력 및 물자의 재전개일(R-Day: Redeployment Day)을 선포하였다.

걸프전 당시 냉전 종식으로 세계의 위협 양상은 변화되고 있었고 미국도 당시 그에 걸맞게 전략을 수정하고 있었다. 전략 초점은 유럽에서 강대국들 간의 대결 양상으로부터 전세계 지역적 우발 상황에 대응하는 것으로 변화되었고 이에 따라 전체 미군 감축이 추진되었으며 소수 전투력의 전진 전개라는 결과를 가져왔다. 이러한 환경 변화에 따라 전략적 전개가 강조되고 중요시되는 시점에 걸프전이 발생하였다.

냉전 종식 후 미군의 첫 번째 대규모 군사 행동인 걸프전에서 미군은 이라크의 공격에 대비할만한 대응 기간이 상당히 짧았다. 8월 2일 이라크의 무력 침공 이전까지 미군은 걸프 지역에 병력, 장비, 물자를 전혀 준비하지 못하였다. 전쟁 발발 이후 8월 4일에야 미 공군은 정보 수집과 전략 정찰을 위한 항공기를 미 중부사령부 책임지역으로 파견할 수 있었다. 이후 8월 7일(C-DAY: 전개 시작일)에 사막의 방패작전이 시작되었고 이날 미 항공수송사령부의 수송기가 중부사령부 책임지역에 처음으로 도착하였다.[11] 한 가지 중요한 사실은 8월 7일 사막의 방패작전부터 사막의 폭풍작전을 시작했던 1991년 1월 17일까지 161일 동안 걸프전이 소강 상태를 이루었다는 점이다. 사막의 폭풍작전은 처음 38일 동안 항공 공격을 실시하였으며 지상 작전은 항공 공격의 마지막 물과 100시간 동안에 수행되었고 2월 24일 종료되었다.

이라크의 쿠웨이트 침공 이후 미군은 8월 7일부터 짧은 대응 기간에도 불구하고 미군의 전투력을 미 본토(CONUS) 및 유럽에서부터 걸프 지역까지 투사해야 했다. 비행기로 미국 동부에서 걸프까지 7,000마일, 미국 서부에서 10,000마일, 해상으로 각각 9,000마일과 11,000마일이나 되는 장거리를 전개 예정 종료일 내에 전투력을 투사하는 작업이었다.

---

11 미 수송사령부(TRANSCOM)는 당시 9개 통합사령부 중 하나다. 그 예하에 항공수송사령부(처음에는 MAC(Mobility Airlift Command)이었으나 걸프전 후 AMC(Air Mobility Command)로 개칭), 해상수송사령부(MSC: Military Sealift Command), 이동관리사령부(Military Traffic Management Command)로 구성되었다. 자세한 내용은 US TRANSCOM, *1999 Annual Command Report: Global Transportation in Peace and War*, 2000을 참조하라.

이러한 사정 때문에 걸프 지역까지의 전략적 전개는 최악의 시나리오가 될 것이라고 최초에 평가되었다.

미 수송사령부는 1990년 8월 7일부터 1991년 3월 10일까지 약 7개월 동안 미 중부사령부의 책임구역까지 〈표 2-1〉에서 보는 바와 같이 병력 504,000명, 화물 370만 톤 및 유류 610만 톤을 확보하여 수송하였다.

〈표 2-1〉 사막의 방패/폭풍 작전 전략적 수송 (단위: 톤, 명)

구분	항공수송	해상수송	계
건화물	543,548(15.13%)	3,048,532(84.87%)	3,592,089(100%)
총화물(POL포함)	543,548(5.61%)	9,151,547(94.39%)	9,695,095(100%)
병력	500,720(99.45%)	2,758(0.55%)	503,478(100%)

50만 명 이상의 병력 수송과 970만 톤 이상 화물의 보급 수송은 2개 육군 군단, 2개 해병 원정군, 28개의 전술항공 비행대대를 전개하고 이들을 유지해주는 수준이다. 걸프전에서 이와 같은 전략적 전개의 엄청난 규모는 그 이전의 역사적 사건들과 비교해본다면 엄청난 것이다.[12]

나. 걸프전에서 군수지원 성공요인

1) 환경적 요인

미군은 걸프전 발발 후 전개 시작일로부터 전개 만료일까지 161일 동안 이라크의 공격을 받지 않으면서 사막의 폭풍작전을 위한 군수 준비 시간을 가질 수 있었다. 이라크 군은 쿠웨이트를 점령한 후 사우디아라비아로 더 진격하지 않았으며 미군의 전개 시작일인 8월 7일부터 1991년 1월 17일까지 군사 행동을 더 이상 취하지 않았다. 미군은 1월 17일까지 병력 40만 명 이상과 걸프전에 수송한 총화물의 약 65~75%를 수송하여 비축한 상태에서 사막의 폭풍작전을 시작하였다.

12 걸프전의 전략군수에 대한 평가는 J.K. Matthews and C.J. Holt, *op cit.*, pp.11-18을 참조하라.

2) 평시 동원 체제 및 전략수송 체제의 작동

미군은 걸프전에서 50만 명 이상의 병력과 무려 970만 톤에 달하는 화물을 수송하기 위한 군과 민간 수송 자산의 동원 및 전략수송 체제를 평시부터 잘 준비하여 왔으며 전시에 동원체제를 잘 작동시켰다.

항공수송은 전개 기간 중 병력 수송의 99.5%와 전구 내에 긴급하게 필요한 물자의 특급배달(미국 및 유럽으로부터)을 담당하였다. 항공수송사령부는 C-5 수송기 110대, C-141 수송기 234대, KC-10 급유기 1대, C-9 수송기 9대로 총 12,894회의 전략수송을 담당하였다. 또한 민간 예비항공단(CRAF) 동원제도를 통하여 민간 항공기를 전략수송에 동원하여 총 3,309회의 임무 수행을 통해 321,005명의 병력과 145,225톤의 화물을 수송하였다. 민간 항공기는 총 항공수송량에 비교하여 병력의 64%와 화물량의 27%를 수송하였다.[13] 걸프전 중 CRAF는 2단계까지 발효되었는데 1단계에서 장거리 여객기 17대와 장거리 화물기 21대가 동원되었다. 2단계에서는 장거리 여객기 76대와 장거리 화물기 40대가 동원되었다.

해상수송은 건화물 수송의 약 85%를 담당하고 있으며 유류까지 포함할 경우 94.4%에 해당할 정도로 전략수송에 있어서 비중이 높다. 해상수송이 한참이던 12월 23일에는 해상수송사령부의 선박을 포함하여 217척이 동원되었다. 132척은 중부사령부 책임지역으로 향하고 있었고 57척은 중부사령부 지역으로부터 돌아오고 있었으며 28척은 적·하역 작업 중에 있었다. 해상수송에는 수송사령부의 고속수송선 8척을 비롯하여 미 정부 수송부(DoT) 해상관리청에 속한 예비보유선단(RRF) 96척을 사용하였다.[14] 이뿐 아니라 전시 민간동원협정(VISA) 및 계약에 의하여, 미국적 선박 32척을 동원하고, 34개국으로부터 외국적 선박 177척을 임대하여 사용하였다. 해상수송사령부와 해상관리청에 소속한 선박이 부족한 상황에서 민간 선박을 동원하는 제도를 평시에 운영하여 전시에 그 성과를 거둘 수 있었다.

---

13 민간예비항공단(CRAF: Civil Reserve Air Fleet)은 1951년 미 국방부와 민간 항공사 사이에 발효된 협정으로 정립된 제도이다. 민간 항공사들은 평시에 군 관련 항공사업에 참여하는 조건으로 전시나 위기 시 미군의 작전 전개에 필요한 항공기를 동원해주는 제도로 걸프전에서 최초로 시행되었다.

14 미국은 선박 능력을 제4군으로 표현하며 중요시하고 있다. 전시 해상 수송 동원을 위하여 해상수송사령부 소속 선박 이외에 수송부(Department of Transportation) 해상관리청(MARAD: MARitime ADministration)에 소속된 예비보유선단(RRF: Ready Reserve Force)을 사용할 수 있다. 이외에도 민간 선박 및 항만의 동원을 위하여 VISA(Voluntary Intermodal Sealift Agreement) 제도를 시행하고 있다.

3) 해상 사전배치 선단의 활용

해상 사전배치 선박의 활용으로 초기 군수지원에 유연성을 제공할 수 있었다. 미군은 전쟁 초기 단계에 해상 사전배치 선단(APF)의 군수지원에 상당 부분 의존하였다.[15] 1990년 8월 7일 제2, 제3 해병 사전배치 선단에게 동원 경보가 발령되었고, 이들이 8월 15일 사우디에 최초로 도착한 대규모 부대였다.[16] 1개 해병 사전배치 선단은 해병원정여단 약 16,500여 명의 병력을 30일 동안 지원할 수 있는 장비와 물자를 보유하고 있다. 보유 장비와 물자로는 통상 M-60 전차 50대, 공격용 수륙양용 차량 100대, 경무장 차량 30대, 155mm 포 40문, 5톤 트럭 300대와 150만 명분의 식량 등이다. 해병 사전배치 선단 이외에 미 육군, 공군의 사전배치 선박들도 각 군이 필요로 하는 장비, 물자, 탄약을 적재하고 있으며 국방군수본부 사전배치 선박은 유류를 적재하고 있다.[17] 이들 해상 사전배치 선박들은 중부사령부 책임지역에 최초로 전개할 때 약 28만 톤을 하역하였고 이들 물량은 대부분 장비와 탄약으로 전쟁 초기 단계에서 아주 중요한 역할을 수행하였다. 사전배치 선박들이 첫 번째 하역한 물량과 이후 걸프 지역에 수송한 물량은 총 해상수송 물량의 약 19%를 차지하고 있다.

4) 주변국의 군수지원 및 수송로 보장

미국이나 유럽에서 걸프만까지 수송 보급로가 안전하게 보장되고 걸프지역 주변국으로부터 군수지원이 원활하게 이루어졌다. 이라크의 쿠웨이트 침공은 다른 아랍 국가들의 지지를 받지 못하였으며 침략위기에 있었던 사우디아라비아 등 이웃국가들은 우호적으로 전구 내의 화물양륙 항구를 제공하였으며 유류를 포함한 여러 보급 물자를 지원하였다. 또

---

15 해상 사전배치 선단(APF: Afloat Prepositioning Force)은 걸프전 당시 3개의 해병 사전배치 선단(MPS: Maritime Prepositioning Squadron)과 미 육군, 공군, 국방군수본부(DLA: Defense Logistics Agency)를 지원하는 12척의 사전배치 선단(PREPOS)으로 구성되어 있었다.

16 MPS-1은 제2 해병원정군(MEF: Maritime Expeditionary Force)을 지원하며 대서양에 4척이 주둔하였다. MPS-2는 제7 해병원정여단(MEB: Maritime Expeditionary Brigade)을 지원하며 인도양 디에고가르시아에 5척이 주둔하였다. MPS-3는 제1 해병원정여단을 지원하며 태평양 괌에 4척이 주둔하였다. MPS에 소속된 13척은 자동차운반선(RO/RO)으로 장비와 컨테이너를 동시에 적재할 수 있다. 이들은 목적지에 장비를 하역하고 난 후 전구 내 혹은 미 본토로부터의 수송에 다시 동원된다.

17 해병 이외의 사전 배치 선단(PREPOS)은 MPS-2와 함께 디에고가르시아에 주둔하며 8척은 육군과 공군을 지원하며 4척은 국방군수본부 소속으로 유류를 적재하고 있다. 이들 선박도 걸프 지역에 물자를 하역하고 난 후 전구 내 혹은 미 본토와의 수송에 동원된다.

한 이웃국가들의 우호적 태도와 수에즈 운하의 개방은 보급 수송로 확보를 손쉽게 하였다. 수에즈 운하의 개방으로 아프리카로 우회하는 12,500마일의 여정은 필요하지 않았다.

다. 걸프전에서 군수지원 문제점

1) 작전 기획의 미비로 인한 군수지원 소요 도출의 어려움

걸프전 초기 단계에 작전 기획의 미비로 군수지원 소요가 잘 도출되지 않았다. 걸프전 초기 중부사령부는 시차별부대전개제원(TPFDD)을 가지고 있지 않아 수작업으로 전개 계획을 수립하였다.[18] 미군은 1989년 이래로 시차별부대전개제원의 발전을 위한 도의를 하였으나 이는 태평양사령부를 위한 것이었다. 따라서 미 중부사령부의 책임지역에서 이용할 수 있는 전개제원은 1990년 봄에 중부사령부, 수송사령부 및 지원사령부 참모들이 중부사령관을 위해 준비한 작전 계획의 초안과 개념적 개략계획서뿐이었다. 그래서 중부사령부, 수송사령부, 지원사령부, 합동참모부는 직접 대화를 통해 작전 계획을 수립하면서 전개 계획의 최초 단계를 수작업으로 직접 작성해야 했다.

2) 합동작전 계획에 능통한 군수인의 부족

군수부대에 합동작전 계획 및 집행에 숙달한 전문요원이 부족하여 작전과 연계한 군수 소요정보를 제공해주지 못했다. 걸프전의 초기 전개에 있어 가장 큰 취약점 중의 하나는 군수부대에 합동작전 계획/실행시스템(JOPES)에 능통한 운영 요원이 부족하였다는 것이다.[19] 수송사령부를 포함한 군수부대는 JOPES를 평시 일상적인 활동에 사용하지 않아서 이를 수행하는 절차와 문제점을 이해하지 못했다. 따라서 걸프전 초기 JOPES 집행에 문제가 발생하였을 때 사용자들은 JOPES 절차를 포기하고 평시에 익숙했던 업무 체계로 회귀하였다. 그래서 전시 전개에 필요한 소요예측 등의 중요 정보를 적시에 제공해주지 못했다.

---

18 전략적 전개는 전형적으로 합동작전 계획/실행시스템(JOPES: Joint Operation Planning and Execution System)을 기반으로 작성되는 작전 계획(OPlan)과 이에 수반되는 시차별부대전개제원(TPFDD: Time Phased Force Deployment Data)에 기초하여 이루어진다. 시차별부대전개제원은 특정 부대의 전개 절차, 적하역 항구, 수송 소요 추정치 등을 포함하며 전개 지침서로서의 역할을 수행한다.

19 합동작전 계획/실행시스템(JOPES)은 당시 실제 우발 상황에 한 번도 적용해보지 못한 새로운 시스템이었다. 수송사는 1989~1991년 사이에 합동작전 계획체계(JOPS: Joint Operation Planning System)와 합동전개체계(JDS: Joint Deployment System)를 통합하는 과정에 걸프전이 발생하였다.

3) 청구-수령까지의 장시간 소요와 예측 불확실성

물자의 청구에서 수령까지의 시간이 장기간 소요되고 수령일이 불확실하였다. 청구에서 수령까지 소요시간의 장기간과 불확실성은 중복 및 과다 청구의 원인이 되며 재고관리 측면에서 뿐만 아니라 수송에도 큰 부담이 되었다.

〈그림 2-4〉에는 중부사령부 책임구역에서 물자가 청구된 날로부터 보급창에서 재고 확인, 불출, 통합 컨테이너화, 내륙 수송 등의 과정을 거쳐 미 본토 항구나 공항에 도착하기까지의 조달기간을 보여주고 있다. 조달기간에는 미 본토 항구나 공항에서 적재 시간, 중부사령부 책임구역까지 해상 및 공중 이동 시간, 중부사령부 책임구역에서의 하역 시간, 전구 내에서 보급 시간은 제외하였다. 청구에 있어 보급창에 현재 재고로 없는 청구건수는 제외하여 총 60만 건을 분석한 것이다. 분석 결과 전구에서 청구로부터 미국 본토 항구까지 도착한 기간이 평균 51일이라는 장기간이었다.

〈그림 2-4〉 청구-수령 프로세스 시간 분포(걸프전)

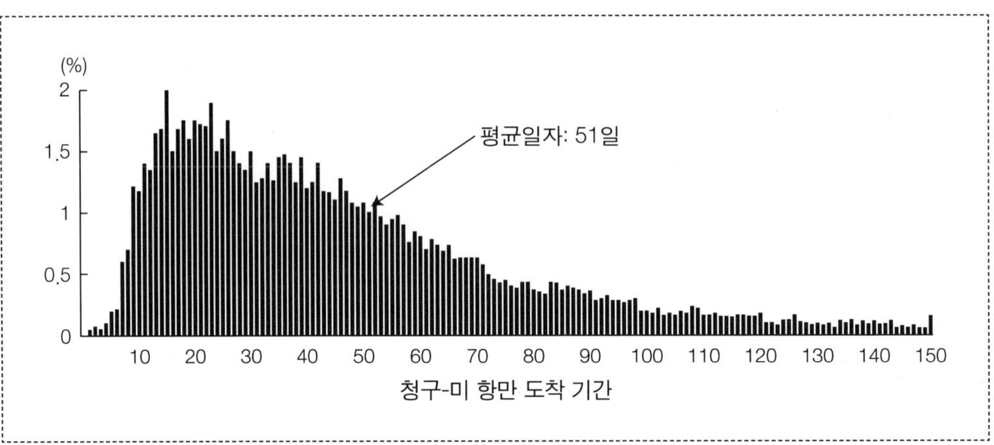

출처: K. Girardini, et. al., *Improving DoD Logistics*, Rand DB-148-CRMAF, 1996, p.20

우선순위가 높은 물자의 경우, 〈그림 2-5〉에서 보는 바와 같이 걸프전 당시 표준으로 약 6일이 소요되도록 계획되어 있었지만 실제 평균 35일이 소요되었다.

이는 일반 물자와 같이 미 본토 내에서 청구 절차, 불출 절차, 컨테이너화, 국내수송 절차에 상당한 시일이 소요되었다. 또한 무엇보다도 청구에서 수령까지 소요 시간에 대한 분산이 커서 청구된 물자를 언제 수령할 것인지에 대한 예측 가능성이 아주 낮다는 것이

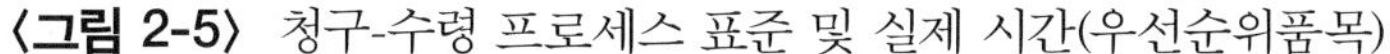

〈그림 2-5〉 청구-수령 프로세스 표준 및 실제 시간(우선순위품목)

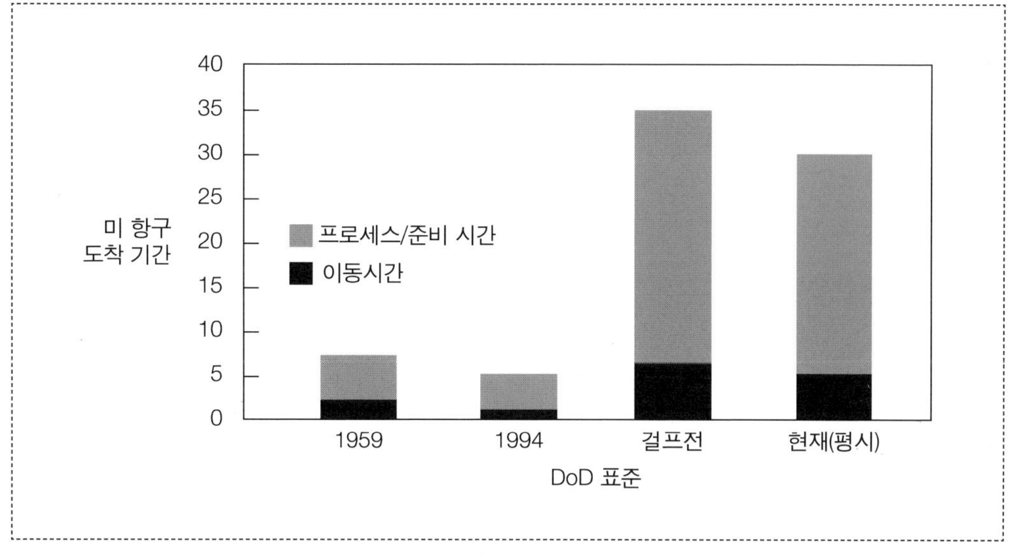

출처: K. Girardini, et. al., *op cit.*, p.37

문제였다. 물자 청구 후 불과 10일 내에 도착하는 경우도 있지만 150일 이후에도 도착할 정도로 미 본토 내 보급 시스템이 불확실하였다. 조달시간 이외에도 미 본토에서 걸프 지역까지 해상수송은 평균 15~20일이 소요될 뿐 아니라 전구 내 보급에도 상당한 지체가 발생하였다. 작전 및 전술 군수 과정 중에 불확실성은 가중되어 사용자 측면에서 청구-수령 사이클 타임의 장기화와 불확실성은 큰 문제라고 할 수 있었다.

4) 군수 소요의 불확실성과 이동 자산의 가시성 확보 실패

군수 소요의 불확실성과 이동 자산의 가시성 확보 실패로 과다 소요가 발생하여 수송 부담이 증가되었다. 소요가 불확실하게 된 것은 앞서 지적하였듯이 걸프전이 발생하였을 때 중부사령부가 시차별부대전개제원을 가지고 있지 못한 상태에서 전개가 진행되었기 때문이다.

전쟁이 끝난 재전개일인 1991년 3월 10일에 469,608톤의 화물을 적재한 70척의 선박이 걸프 지역으로 향하고 있었는데 이 화물 중 아주 일부만이 책임지역에 하역을 하고 나머지는 미 본토, 유럽, 태평양 지역 등으로 다시 수송되었다. 70척 중에서 55척은 418,143톤의 탄약을 적재하고 있었다. 이 분량은 해상으로 수송한 총 탄약 수송량 824,197톤의

51%에 해당한다.[20] 이 때 미 본토 항만에도 철도 차량 1,000대분의 탄약이 적재를 기다리고 있었다.[21] 미국은 전쟁이 장기화될 것을 예측하여 탄약을 더 준비하였던 측면도 있었지만 사용자 부대의 중복 및 과다 청구로 수요가 과다하게 발생한 측면도 있었다.

과다 청구를 하게 된 이유는 한편으로 이동 자산의 가시성이 확보되지 않았기 때문이다. 구체적으로는 화물선적 서류가 불성실하게 작성된 탓이다. 선적 책임자는 군 표준 수송 및 이동절차(MILSTAMP)[22]를 준수하도록 되어 있지만 걸프전 당시 이를 준수하지 못했다. 따라서 사우디 항구에서 목적지가 단순히 사우디로만 명기된 컨테이너화된 화물을 해체하여 내용물이 무엇이며 최종 목적지가 어디인지 파악하여 화물을 재분류하여 컨테이너에 다시 포장하였다.[23] 사우디 항구에서 컨테이너를 개봉하는 사례는 전체 중에 40%를 차지하였고 이 결과 최종 목적지까지 도착을 지연시켰다. 이렇게 됨으로써 최종 소요군은 청구 이후 물자를 기다리는 가운데 중복 혹은 과다 청구하게 되고 결국에는 수송 부담의 증가로 연계된 것이다.

2. 이라크전의 군수

이라크전은 2003년 3월 20일 이라크 자유작전(Operation Iraq Freedom)이라는 이름으로 이라크 공격을 개시한 이래 43일 만인 5월 1일 부시대통령이 항공모함 에이브러햄 링컨호에서 종전 선언을 한 단기 속결전이었다. 토미 프랭크스 장군은 이라크전이 끝난 후 승전 요인

---

20 전쟁이 종료되는 재전개일인 3월 10일 당시 수송 중에 있는 화물 중에서 탄약이 차지하는 비율은 전체 건화물의 89%이었다.

21 걸프전에서 미국의 탄약 적재 항구는 노스캐롤라이나에 소재한 서니포인트(Sunnypoint)로 일일 600 TEU를 취급할 수 있는 군 전용터미널 시설을 갖추고 있었다. 당시 서부 해안에는 탄약 전용 항구 시설이 부족하여 걸프전을 계기로 콩코드항에 탄약 전용 시설 건설을 위한 예산 확보 노력을 하였다. J. Matthews & C. Holt, *op cit.*, pp.163-175.

22 군 표준 수송 및 이동절차(MILSTAMP: Military Standard Transportation and Movement Procedures)는 화물을 관리하고 통제하며 이동 중의 자산가시도(visibility)를 보장하기 위한 필수적 절차를 규정하고 있다. 여기에 컨테이너의 내용물, 우선순위, 프로젝트 코드, 목적지, 이동지원 사항 등을 기록하도록 규정하고 있다.

23 걸프전 동안 미군은 20피트(주로 탄약수송용)와 40피트(주로 일반물자, 식량, 의류, 수리부속품과 일부 소형차량 적재) 컨테이너 박스를 사용하였다. 컨테이너는 20피트용 2,100개, 40피트용 7,000개로 탄약은 주로 미국으로부터, 장비·물자는 유럽으로부터 걸프 지역에 수송되었다. 이외에도 2,000개의 컨테이너가 의무부대 전개를 위해 수송되었다. 걸프전에서 컨테이너화 과정의 어려움과 문제점은 J. Matthews & C. Holt, *op cit.*, pp.181-188을 참고하라.

으로 럼스펠드 국방장관의 획기적 전쟁 시나리오, 부시행정부의 전쟁에 대한 전폭적 지지와 지원, 후세인 친위대의 허를 찌른 대담한 전격 작전을 들고 있다. 프랭크스에 의하면 미 국방부에서 초기 이라크전을 구상할 때 미 지상군 50만 명을 동원하는 장기전을 기획하였다.[24] 그러나 럼스펠드 장관은 이를 백지화하고 소규모 병력을 바탕으로 한 단기전 전략을 요구했다.[25] 이에 따라 프랭크스는 국방부의 전쟁 기획가들과 함께 육·해·공군과 해병대가 첨단 무기 정보 체계 아래 긴밀히 협력하는 유기적 작전 체계를 수립했다. 즉, 합동성에 바탕을 두고 군간 협력을 통해 시너지 효과를 창출할 수 있도록 합동전장 운영에 역점을 두었다.

작전술 측면에서 이라크전의 성공에 기여한 부분으로는 미 합동전력사령부(JFCOM)에서 발전시킨 새로운 작전술 개념인 "신속하고 결정적인 작전(RDO: Rapid Decisive Operation)" 개념을 들고 있다. 신속하고 결정적인 작전 개념은 "요망하는 정치적·군사적 효과를 달성하기 위하여 지식, 지휘 및 통제, 작전을 병합하여 적의 대비가 가장 약한 지역에 다차원의 방향과 방법으로 상대적 우세를 달성하여 신속한 템포로 공격"하는 것이다. 적 군사력의 전반적인 파괴보다는 적의 중심을 식별하고 기능을 마비시키는 효과 기반작전(EBO: Effects Based Operations) 시행이 결정적 작전의 핵심이다. 이라크전쟁에서 정밀유도무기를 통한 선별적 표적 공격은 양적인 파괴보다 파괴의 효과성을 더 배가하여 이라크의 지휘통제 시스템을 마비시켰다. 이러한 선별 정밀 폭격과 더불어 정보심리 작전을 병행함으로 이라크군은 전쟁이탈자가 속출하여 조기에 와해되고 말았다. 신속하고 결정적 작전 개념에 따라 전투부대와 보급부대가 동시에 기동하며 근접지원을 수행하였다.

이라크전쟁 군수 분야는 국제정치, 전략, 작전 측면보다 상대적으로 자료가 빈약하다. 그렇지만 단편적으로 알려진 군수 관련 사실과 최근 미군의 군수지원 능력 판단을 통해

---

24 Newsweek, 2003.5.19.

25 걸프전쟁 당시 이라크 총병력은 100만 명이었고 다국적 군은 총 78만 명이었다. 이라크전에서 이라크 군이 총 47만 명인데 비해 연합군은 30만 명이었다. 전쟁 기획 단계에서 럼스펠드는 육군 2개 여단 및 해병원정대로 구성되는 1만 명 미만의 첨단 지상군 투입을 고려하였다. 럼스펠드는 이라크전쟁을 특수전 부대와 공중 공격 위주로 수행하려고 계획하였으나 최종적으로 지상군은 육군 67,000명 해병대 70,000명 총 137,000명을 투입하였다. 이는 럼스펠드 장관이 미 육군 지휘관들의 요구를 어느 정도 수용했기 때문이다. 미 육군 지휘관들은 전쟁 역사를 볼 때 지상군만이 결정적인 패배를 적에게 안겨줄 수 있으며 유정 보호를 위해서 지상군의 투입이 불가피하다는 주장에 따라 병력 증강과 지상군의 조기 투입이 이루어졌다는 분석이 있다. 공군 전투발전단, 『이라크전쟁 — 항공작전 중심으로 분석』, 2003.6.

이라크전에서의 미군 군수지원 개념과 규모를 분석할 수 있다.[26]

첫째, 이라크전은 미국에 의해 사전에 철저히 기획된 선제 공격 혹은 예방 전쟁의 성격을 띠고 있다. 전쟁 기획을 걸프전보다 상대적으로 철저히 할 수 있었기에 군수 분야의 준비가 잘된 상태에서 전쟁을 수행할 수 있었다.

둘째, 전략군수 측면에서 살펴볼 때 걸프전 이후 강도높게 수행한 군수혁신의 성공으로 전구까지의 병력, 장비, 물자의 보급 수송 절차가 개선되고 사전비축이 잘된 상태에서 전쟁이 시작되었다.

셋째, 작전 및 전술 군수의 측면에서 보면 지상군의 신속기동 작전으로 병참선이 위협받게 되고 이에 따라 작전에 문제가 발생되었다고 볼 수 있다.

가. 전쟁 기획과 군수 준비

미군은 이라크전쟁을 기획하고 전쟁을 시작하기까지 기간이 상대적으로 충분하였다. 이에 따라 외교 및 작전 측면의 사전 준비뿐만 아니라 군수 분야도 상당한 대비태세를 갖출 수 있었다.

미국은 이라크전쟁을 수행하기 훨씬 전부터 이라크전을 대비하고 있었다. 2002년 이전에 미국은 이라크에 대한 공격 의도를 드러내었지만 이는 2002년에 더 구체화되었다. 미국은 2002년 1월초 대통령 연두교서에서 이라크를 악의 축으로 규정하고 이라크가 보유하고 있는 대량살상무기의 위협을 강조하고 후세인 정권을 축출하고자 하는 의지를 표명하였다. 2002년 9월 유엔총회에서 부시대통령은 이라크에 대하여 최후 통첩성 5개항을 요구하고 이를 불이행할 경우 적절한 조치를 취할 것을 천명하였다. 연이어 9월 국가안보전략 보고서에서 테러 국가에 대해 선제 행동으로 정책을 전환하겠다고 선언하였다.[27]

이러한 과정에서 이라크 공격에 대한 전략과 작전 기획이 미 국방부 차원에서 사전에 충분히 이루어졌다. 구체적 예로 미군은 2002년 2월 미 특수 부대에 아랍어를 구사할 줄

---

26 이라크전에서 군수 관련 자료의 부족으로 걸프전에서 제기되었던 군수의 문제점이 이라크전에서 어떻게 개선되고 극복되었는지 분석이 미흡하다. 아직까지 두 전쟁간의 군수 성과 지표에 대한 구체적 분석이 결여되어 있다는 한계가 있다.

27 국가안보전략보고서에 나타난 부시 독트린은 9.11 테러 이후 미국 국민과 재산을 보호하기 위해 테러세력 본거지와 지원세력에 대해 봉쇄와 억제 정책에서 선제 행동과 예방 전쟁을 수행하겠다는 정책이다.

아는 병사를 선발하여 특수 훈련을 실시하였다.[28] 3월에는 이라크 북부 쿠르드족 자치지역에 후세인 반대 심리전을 위하여 라디오 송전탑을 개설하였다. 이 시기에 걸프전쟁 이후 중동지역에 주둔하고 있는 미군을 25,000명에서 70,000명으로 증강하여 배치하였다. 6월에는 미국의 대이라크 정책을 지지하는 바레인과 오만 등의 아랍국가에 미군 전력을 증파하였다.

10월 중반부터 이라크전쟁에 대비한 부대 파견이 본격화되어 육군 제5군단 예하 제3 보병사단과 해병대 제1 해병 원정군에 파견 준비 명령이 내려지고 12월부터 이동이 시작되었다. 12월 9일부터 16일 사이에 미·영 연합군은 이라크전에 대비한 연합 모의훈련을 실시하였다. 이 훈련 이후에도 중동 역내에서 우방이나 동맹국들과 함께 핵·생화학 무기 대응훈련, 대규모 기동훈련, 지휘통신 체계 점검훈련, 시가전 전술 숙달훈련, 화력시범 등을 실시하였다. 이어서 12월 카타르에 이라크전쟁 지휘를 위한 중부사령부를 설치하였다. 이러한 일련의 노력에 따라 2003년 2월 15일까지 걸프지역에 미군은 15만 명 이상으로 증강하여 배치되었다.

군 내부에서 군수 분야 사전 준비가 이루어지고 있었지만 국가적인 동원은 2002년 하반기부터 시작되었다. 제3사단의 이동은 12월부터 본격화되었으며 2003년 1월에 미 국방부는 이라크 공격에 대비하여 예비군 및 장비의 동원령을 선포하였다. 민간 분야에 대해서도 민간 항공기 동원을 위해 CRAF 1단계를 2월 10일 발령하였으며 민간 대형 선박을 동원하였다. 2월에는 미 육군 101공정사단을 위한 헬기 250기를 페르시아 만에 수송하였다.[29] 이러한 사전 준비로 이라크전에 필요한 병력과 물자의 전개를 전쟁 개시일 이전에 상당 부분 실시할 수 있었다.[30]

28 육군기획관리 참모부,『이라크전에 대한 평가와 육군의 전력 증강 방향에 대한 연구』, 2003.6. 육군 보고서.

29 USA TODAY, 2003.2.20. 헬기 등 품목은 염분에 노출될 때 성능 발휘가 어렵다는 판단에서 해상 사전배치가 적절하지 못하다. 해상 사전배치 품목에 대해서는 다음을 참조하라. Congressional Budget Office, *Moving U.S. Forces: Options for Strategic Mobility*, A CBO Study, February 1997, pp.33-44.

30 미 공군의 경우 합동직격탄은 이라크전 사전배치 물량 중 불과 30%밖에 사용하지 않았다(미 7공군의 브리핑(2003.6.11.)에서 발표). 미 국방부 관리도 미군의 이라크에 대한 전면 전쟁에 대한 대비태세를 2월말까지 갖추었다고 보고했다. 이러한 보고를 분석해볼 때 사전 비축이 충분한 상태에서 전쟁이 개시되었음을 예상할 수 있다(USA TODAY, 2003.1.12.).

나. 전구까지의 전략군수

이라크전에서 사용한 물자의 공급원은 크게 두 가지이다. 전개 시작일부터 전쟁 종료일 동안 공중 및 해상 전략수송을 통해 전개한 물자와 2002년 이전 걸프지역에 사전 비축해 놓은 물자와 해상 사전배치 선단 물자가 있다.

미국에서 이라크전쟁의 전개 시작일부터 전쟁 종료일까지의 병력 및 물자의 전략수송에 대한 지원 규모, 수송 내역, 수송 수단의 사용 등에 대한 자료를 아직 공개하지 않고 있어 전략수송의 내용을 현재로서는 정확하게 알 수 없다. 하지만 최근 미 수송사령부와 의회 자료를 종합하여 공중·해상 전략적 전개 능력을 추산할 수 있다. 먼저 수송사령부의 전략적 전개를 위한 능력과 해상 사전배치 선단의 능력을 분석하여 어느 정도의 물자를 비축하고 수송 가능하였을 것인지와 해상 사전배치 부대에 의한 물자 지원 능력을 추산하여 보자.

수송사령부의 전략적 전개는 크게 해상 사전배치 선단의 비축 물자, 전략 해상수송 및 공중수송을 통한 수송으로 구성된다. 2001년에 추산하고 있는 수송사령부의 전략적 전개 능력은 해상 사전배치 선단은 1회 항해 시 430만 스퀘어피트(SQFT), 해상수송은 1,000만 스퀘어피트이며, 전략공중 수송은 일일 49.7MTM이다.

〈그림 2-6〉 미국의 전략적 전개 능력(이라크전)

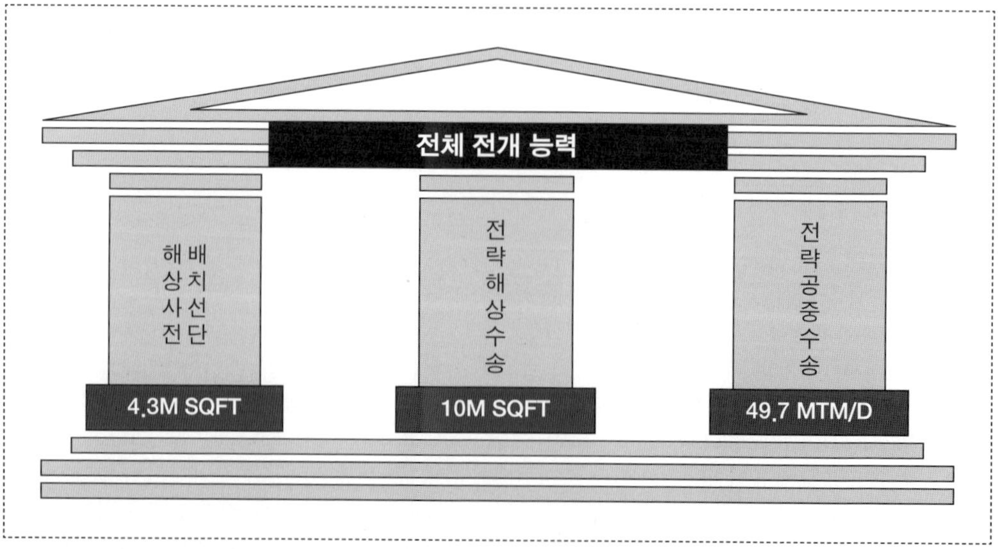

출처: 이동소요연구(MRSBURU)보고서와 2000년도 미 수송사령부의 브리핑 자료를 인용하여 작성

〈그림 2-7〉 미국의 공중수송 전개 능력(이라크전)

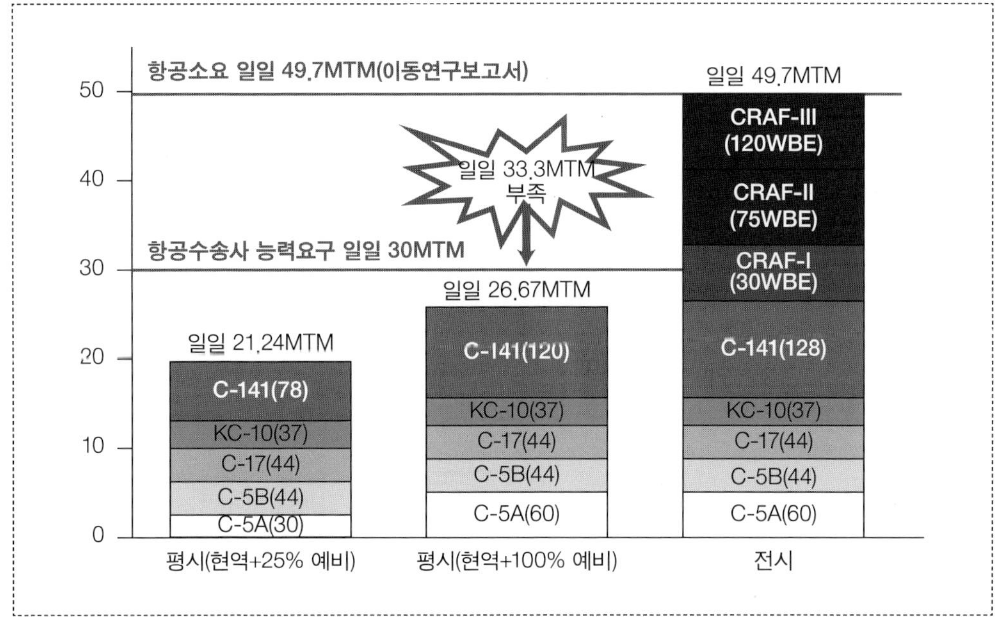

출처: 이동소요연구(MRSBURU)보고서와 2000년도 미 수송사령부의 브리핑 자료를 인용하여 작성

〈그림 2-7〉에서 보는 바와 같이 항공수송사령부는 자체 능력과 항공예비군의 25%를 동원하면 일일 21.2 MTM을 수송할 수 있다.[31] 자체 능력과 항공예비군 능력의 전체 100%를 동원하면 일일 26.7 MTM까지, CRAF 1, 2, 3단계 민간 항공기를 동원하면 일일 49.7 MTM을 수송할 수 있다. 이 능력은 이동소요연구 보고서에서 요구하고 있는 능력에 조금 미달하는 수치이다.

해상수송사령부는 전략적 전개를 위한 해상 자산으로 고속수송선(FSS: Fast Speed Ship) 8척, 대형 RO/RO 12척을 보유하고 있다. 수송부의 해상관리청에서 31척의 RRF RO/RO와 52척의 각종 산물선(breakbulk), 유조선, 컨테이너선 등을 보유하고 있다(사전배치 선단의 선박은 제외). 그 외에도 미 국적선 201척, 해외에서 임차 가능한 170척 등의 상용 선박을 동원할 수 있었다.

31 MTM/D(Million Ton Miles Per Day)는 항공기의 일일 수송 능력 단위이다. 예를 들어 49 MTM/D는 일일 7,000톤을 7,000마일 이동시킬 수 있는 능력이다. 이동소요연구(MRS BURU: Mobility Requirement Study-Bottom Up Review Update) 보고서에서 요구하는 항공수송 능력은 일일 50.0 MTM으로 CRAF 3단계까지 발령한다 하더라도 목표치에는 미달한다. 이동소요연구는 1992년 전략적 전개 능력 달성을 위한 최초 연구 이래로 1994년에 추가된 내용이다. 여기에는 2001년에 요구되는 전투력 투사 구조와 이동 자산의 규모 등을 포함하고 있다.

〈그림 2-8〉 미국의 해상수송 전개 능력(이라크전)

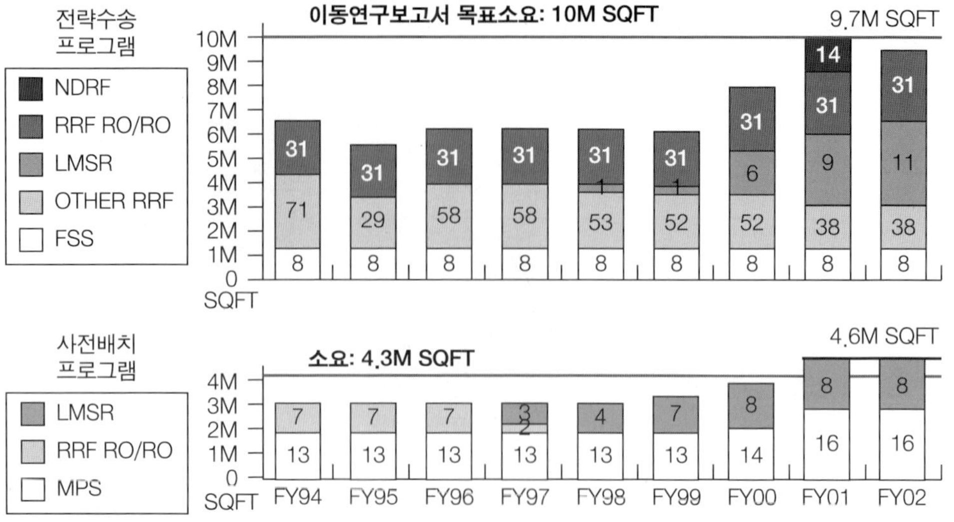

출처: 이동소요연구(MRSBURU)보고서와 2000년도 미 수송사령부의 브리핑 자료를 인용하여 작성

〈그림 2-8〉에서 2002년 해상수송사령부와 해상관리청의 자산 기준으로 1회 항해 시 수송 가능 능력은 930만 스퀘어피트를 운반할 수 있다.[32]

사전배치는 책임구역 작전 지역 육상에 장비와 물자를 미리 비축해 두는 경우와 해상 사전배치 선단에 비축해 놓는 경우이다. 해상 사전배치는 3개 해병 사전배치 선단(MPSRON)과 육군 사전배치 선박(APS)으로 구성된다.

〈그림 2-9〉에서 보는 바와 같이 MPSRON-1은 지중해에 5척이 주둔하고 있으며 공군 탄약선 1척이 함께 사전배치되어 있다. MPSRON-2는 6척으로 인도양 디에고가르시아에 주둔하고 있다. 해병 사전배치 선단이외에 12척의 육군 사전배치 선박과 공군 탄약선 2척, 국방군수본부(DLA) 유조선 2척, 해군 탄약선 1척이 디에고가르시아에 함께 기지를 두고 있다. MPSRON-3은 태평양 괌과 사이판에 기지를 두고 있으며 5척으로 구성되어 있다. 육군 사전배치 선박 3척, 국방군수본부 유조선 1척이 괌에 기지를 두고 있다. 육군 사전배치 선단과 해병 사전배치 선단의 1회 수송 능력은 2002년 기준으로 430만 스퀘어피

32 대형 RO/RO는 LMSR(Large Medium-Speed Roll on-Roll off)으로 1997년에 미군에 최초 인도된 이래 2002년까지 20척이 인도되었다. 미 수송사령부,『브리핑 자료』, 2000

〈그림 2-9〉 미국의 해상 사전배치 선단(이라크전)

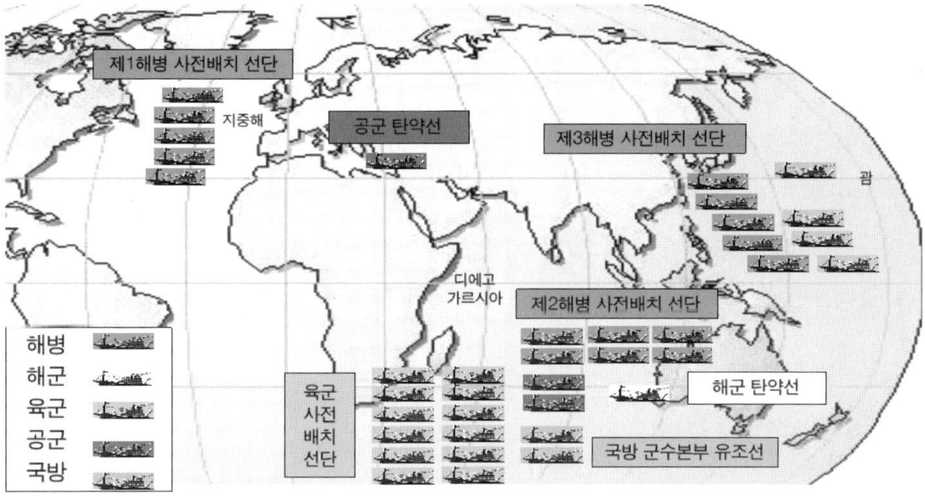

트이다.[33] 1개 해병 사전배치 선단은 M1A1전차 30대(계획상으로 58대), 155mm포 30대(TOW장착), 장갑차 109대, 험비차량 129대, 17,300명을 무장할 수 있는 개인 무장과 장비, 30일분의 지원 물자를 포함하고 있다. 육군 사전배치 선단은 M1A1 전차 123대, 155mm 포 24대, 브래들리 장갑차(TOW 장착) 126대, 장갑차 100대 , 험비차량 40대, 다련장 로켓(MLRS) 9식, 9,900명에서 19,900명을 무장할 수 있는 개인 무장과 장비, 15일분의 지원 물자를 포함하고 있다.[34]

걸프전이 끝난 후인 1993년부터 미군은 중동 육상지역에 장비 등을 사전배치하였다. 쿠웨이트에 1개 육군여단 규모, 카타르에 1개 육군 대대급 임무 부대를 위한 장비, 다른 걸프 지역에 공군 장비를 사전 배치하였다. 1997년 이후 전쟁에 대비하여 디에고가르시아에 소재한 물자하역 처리장의 규모를 87만 스퀘어피트에서 200만 스퀘어피트로 확장하였다. 또한 카타르에 1개 육군여단 및 사단을 위한 장비, 다른 걸프 지역에 중무장 여단을 위한 장비를 더 비축하기 위한 계획을 추진하였다.

이러한 노력의 결과 미 육군은 2002년 말 걸프 지역에 상당량의 중장비, 탄약 등을 사전 비축할 수 있었다. 미 육군은 APS-5 쿠웨이트를 운영하여 이 기지에 2개 기갑/보병 임

33 미 수송사령부, 『브리핑 자료』, 2000
34 Congressional Budget Office, *op cit.*, pp.33-44.

무 부대와 1개 기갑대대를 편성할 수 있는 장비를 비축하고 있었다. 이 장비는 2개 전차대대와 1개 기계화 보병대대를 중심으로 편성하는 기갑여단을 무장시킬 수 있는 능력이다. APS-5 쿠웨이트는 M1A1 전차 100대, M2A2 보병전투차량 30대, M113A3 장갑차 80대, M109A6 12문, MLRS 9문, M577 지휘차량 48대, 중형공병차량 30대, 장비트럭차량 150대를 보유하고 있었다. 지휘차량이 많은 것은 사단편제로 증강될 경우를 대비한 것이다. 이 외에도 15일분의 연료, 식량, 탄약, 예비부속품 등 총 1,260톤을 비축하였다. APS-5 카타르는 1개 기갑여단을 무장시킬 수 있는 기계화 장비를 비축하고 있다. 주요 비축 장비로는 M1A1 전차 150대, M2A2 보병전투차량 116대, M113A3 장갑차 112대, 유조차와 급수차 다수, 그 외에도 각종 장비와 유지물자를 저장하고 있었다. 이러한 저장 품목과 저장량은 이라크전에서 주축으로 활동한 제3 보병사단의 주요 장비와 작전에 필요로 하는 양이다. 사전에 비축한 물자 때문에 이라크전에서 제3 보병사단은 병력을 항공기로 이라크에 수송하여 전쟁에 신속하게 투입될 수 있었다. APS-5 쿠웨이트와 카타르에 비축되어 있는 물자 이외에도 2003년 1월부터 디에고가르시아에 위치한 해상 사전배치 선단의 중장비와 장비, 탄약 등이 걸프만 지역으로 이동하였다.[35]

다. 전구 내 전역군수

미군은 시차별부대전개제원에 의해 도착한 전력을 지체없이 전선에 투입하여 증원 전력을 기다리지 않고 전과확대를 시도하였다. 순차적 출발(Rolling Start) 개념에 따라 이후 전개된 증원 병력은 선 전력이 확보한 거점에서부터 작전을 수행하였다.[36] 지상군은 신속기동전략으로 진격함으로 진격 속도가 시속 60km에 달하였다. 이 속도는 1991년 사막의 폭풍작전 당시 다국적군의 진격 속도가 16km인 것에 비하면 4배가 빨라진 것이다.[37] 이러한 신속기동전략은 후방과 측방의 취약성을 내포하여 군수지원의 문제를 발생시켰다. 전쟁 개시 후 3월 23일에 신속기동 작전은 군수지원의 문제로 일시적인 위기에 직면하게 되었다. 페다인

---

35 김정환, 『제2차 걸프전 분석』, Defense Times 2003.4.

36 M. Gordon, E. Schmitt, *'Rolling Start' a big risk, experts say*, 2003.3.17. http://www.theage.com.au/articles/2003/03/16/

37 미 지상군의 신속기동이 가능하게 된 것은 걸프전과 비교하여 곡사포와 로켓발사기의 양이 10% 밖에 안 되는 등 장비가 경량화되었기 때문이다. 보병화력의 미비점은 크루즈 미사일이나 공중폭격으로 보강하여 지상전에서 요구하는 화력지원의 문제점을 해결하였다. 공군전투발전단, 『이라크전 — 항공작전 중심으로 분석』, 2003.6.

민병대와 게릴라의 공격으로 군수지원부대에 상당수의 인명피해가 발생하였다.

미군은 지상전에서 과거와 같이 전투부대가 전진하면서 보급부대가 후속하는 형태가 아니라 전투부대와 보급부대가 함께 전진하면서 속전속결을 위해 포함되지 않은 표적은 우회하게 되었다. 이러한 개념으로 보급선은 신장되고 정비지원도 근접수행하게 되므로 이라크 게릴라의 공격으로 근접지원부대에 많은 사상자와 전쟁포로가 발생하였다. 전투부대를 정비 부대가 근접지원하게 하고 또한 보급선의 신장으로 인한 작전 속도가 일시적으로 둔화되거나 병참선 안전보장 문제가 작전 수행의 중대한 고려 요소가 되었다.

토의문제

1. 군수술(軍需術)의 개념과 내용은 무엇인가? 군수술을 이해하게 되면 전쟁 수행이나 평시작전에 어떤 효용이 있는지 토의해보자.

2. 군수사(軍需史) 연구에 대한 의의를 설명해보자. 전쟁에서 군수 사례에 대한 저술을 살펴보자.

3. 전쟁에서 전략, 전술, 로지스틱스의 관계를 논의해보자. 군수가 전략 및 전술과 연계되거나 결합되지 않을 때 작전 계획에 어떤 문제가 발생할 것인가?

4. 전략군수, 작전군수, 전술군수의 내용과 개념을 설명해보자. 군수를 3단계 전략군수-작전군수-전술군수로 구분하지 않고, 2단계 전략군수-전역군수르 구분하는 경우의 장단점을 논의해보자.

5. 걸프전 군수의 성공요인과 실패요인을 분석해보자. 이라크전에서 전역군수(작전군수와 전술군수) 사례를 수집하여 성공과 실패사례를 분류하며 원인을 분석해보자.

7. 미군 해상 사전배치 선단의 규모와 역할을 토의해보자. 미래 어떤 방향으로 발전할 것인지를 조망해보자.

8. 미군이 추구하고 있는 광역기동군화라는 세계전략 속에서 군수의 발전방향을 수송, 조달, 보급의 측면에서 전망하고 진단해보자. 광역기동군화를 지원하는 전략수송의 발전방향과 한계를 토의해보자. 미군의 광역기동군화라는 전략이 한국군의 군수에 미칠 수 있는 영향력과 시사점이 무엇인지 토의해보자. 한국군 전시 군수지원계획에 미칠 수 있는 영향력을 평가해보자.

9. 전략군수 차원에서 군수가 동원, 조달, 비축 등과 어떻게 연계되어야 하는지를 설명해 보자.

참고문헌

육군군사연구소, 6.25전쟁의 실패사례와 교훈(개정판), 2013

육군기획관리 참모부, 이라크전에 대한 평가와 육군의 전력 증강 방향에 대한 연구, 2003.6., 육군보고서

이상진, "이라크전쟁에서의 전략군수," 국방연구, 46권2호(2003.12.), pp.55-82.

장기덕, 군수관리의 이론과 실제, (한국국방연구원, 2012)

M. Kress, *Operational Logistics—The Art and Science of Sustaining Military Operations*, (Springer, 2002), 도응조 (역), 삭전적 군수-군사작전을 유지하는 술과 과학, (연경문화사, 2007)

W.G. Pagonis, *Moving Mountains; Lessons in Leadership and Logistics from the Gulf War*, (Harvard Business School Press, 1994), 로지스올 (역), 산을 옮겨라, (삼양미디어, 2008)

Congressional Budget Office, *Moving U.S. Forces: Options for Strategic Mobility*, A CBO Study, February 1997

H.E. Eccles, *Logistics in the National Defense*, (Greenwood Press, 1981)

K. Girardini, et. al., *Improving DoD Logistics*, Rand DB-148-CRMAF, 1996

J.J. Matthews and C.J. Holt, *So Many, so much, so far, so fast, U.S. Transportation Command and Strategic Deployment for Operation Desert Shield/Desert Storm*, (Research Center of U.S. Transportation Command: U.S. Government Printing Office, 1996)

J.M. Shafritz, T.J.A. Shafritz, and D.B. Robinson, *The Facts on File Dictionary of Military Science* (Facts on File, Inc., 1989)

US TRANSCOM, *1999 Annual Command Report: Global Transportation in Peace and War*, 2000

S.R. Waddel, *United States Army Logistics: The Normandy Campaign*, 1944, (Greenwood Press, 1994)

PART 02 시스템과 군수

제3장 시스템의 군수지원
제4장 군수지원분석: RAM 분석
제5장 시스템 공학과 군수
제6장 군수지원분석 방법
제7장 수명주기비용 분석
제8장 획득군수 사례 연구

군사전략 개념 및 과학기술 발전 등에 따라 전쟁 양상은 변화하고 있다. 과거 전쟁에서 승리를 보장하기 위한 핵심 기반은 용병술과 이에 기반한 새로운 무기체계를 운용하는 능력이었다. 4세대, 5세대 전쟁 개념으로 전쟁 양상은 더 복잡하게 변화하고 있지만 핵심 무기체계 운용은 전략 달성의 중요한 수단이 되고 있다. 전략 목표가 비록 제한적이라 하더라도 목표 달성을 위해 합당한 무기체계의 운용이 더 요구되고 있다. 무기체계 운용을 위해서는 작전 시점에 준비되어 있어야 하고 작전 기간 동안 지속성을 보장할 수 있는 군수지원 활동이 필수적이라 할 수 있다. 이런 무기체계 준비와 지속성이라는 측면에서 물류 활동 중심의 군수에 앞서 시스템 군수지원을 2부에서 먼저 다룬다.

2부는 시스템인 무기체계의 준비와 지속성을 위한 군수지원에 대해 나룬다. 3장은 시스템 군수지원을 이해하기 위해 획득 단계별 군수지원 요소, 종합군수지원, 수명주기비용 분석, 획득군수 등의 개념을 다룬다. 4장은 시스템 군수지원의 기본 개념인 RAM 분석을 다룬다. 5장은 시스템 준비와 지속성을 확보하고 최적화하기 위해 시스템 공학을 군수와 어떻게 연계할 것인지를 다룬다. 6장은 군수지원분석 방법론으로 신뢰도와 정비도에 대한 심층적 분석 방법을 다룬다. 7장은 운영유지 단계에서 최적의 성능과 비용 목표 달성을 위해 수명주기비용 분석을 통한 설계대안 검토를 다룬다. 8장은 2부의 마지막 장으로 획득군수 사례를 살펴본다.

제3장 시스템의 군수지원

시스템(무기체계 및 장비를 통칭)은 작전이 요구되는 시점에 준비되어 있어야 하고 작전기간 동안 시스템 성능이 지속적으로 발휘되기 위해서는 시스템 획득 초기인 소요 기획 및 설계 단계부터 군수지원성(logistics supportability)에 대한 고려가 필요하다. 군수지원성에 대한 분석이 획득 초기에 빨리 이루어질수록 운영유지 단계에서 사용자들은 최적의 비용으로 무기체계 운용 능력을 최대화할 수 있다. 무기체계 운영유지 비용이 과도하게 되면 평시 요구하는 훈련시간을 충족하지 못하고 단순히 시스템을 보유하게만 되어 군 전체적인 전력을 왜곡시킬 수 있다.

3장에서는 시스템 군수지원에 필요한 용어 및 개념을 소개하고 있다. 1절은 로지스틱스 공학과 획득군수의 차이 등 획득군수의 이해를 위한 주요 개념들을 설명한다. 2절은 시스템 수명주기별 군수지원 활동을 식별한다. 3절은 시스템의 종합군수지원에 대해 살펴본다.

제1절 시스템 군수지원의 이해를 위한 주요 개념

시스템 군수지원과 관련한 용어에서 혼란이 되는 부분은 (1) 로지스틱스 공학과 획득군수의 구별, (2) 수명주기비용과 총소유비용의 구별, (3) 군수지원분석과 RAM 분석의 구별, (4) 군수지원과 종합군수지원의 구별 등이 있다.

1. 로지스틱스 공학과 획득군수

로지스틱스 공학(Logistics Engineering)은 자본재로 분류될 수 있는 시스템 운영과 관련한 경영관리, 공학 및 기술과 관련한 다학제 간 학문이다. 시스템 운영유지 기간 중에 성능을 지속적으로 발휘하고 비용을 최적화하기 위해 시스템의 소요 및 설계 단계부터 수리부속 보급지원 및 정비 등 로지스틱스 지원에 관련한 모든 활동을 계획, 집행, 분석·평가하는 학문이다.

획득군수(acquisition logistics)는 시스템 획득과 운영유지를 연계하기 위해 미국 국방 분야에서 최근 강조되며 연구되는 분야이다. 미 국방부(MIL-HDBK-502) 문서인 DoD Handbook-Acquisition Logistics(1997 May)에는 획득군수에 대해 다음과 같이 정의하고 있다.

> 획득군수란 군의 시스템(무기체계와 장비를 통칭) 운영유지 단계에 전투준비태세와 수명주기비용 최적화를 동시에 달성하기 위해 획득 단계부터 운영유지를 고려한 설계, 개발, 시험, 생산, 야전 배치, 유지, 성능개량의 활동과 연계된 다기능적 기술경영 분야이다. 획득군수 목표는 (1) 시스템의 가용도와 신뢰성을 보장하도록 주장비 성능 요소와 여타 지원 요소를 설계에 통합 반영해야 하며, (2) 수명주기 동안 비용 효과적으로 지원할 수 있도록 운영유지 비용을 고려한 설계를 수행하며, (3) 그리고 초기 야전 배치와 운영유지에 필요한 시스템 기반 요소를 잘 식별하여 개발·획득하는데 있다.

획득군수 정의를 살펴보면 그 목표와 내용은 로지스틱스 공학이 지향하는 바와 거의 유사함을 알 수 있다. 로지스틱스 공학은 학문 분야로 볼 수 있겠고 획득군수는 로지스틱스 공학의 내용과 방법론 등을 국방 분야에 실현하기 위한 개념적 틀이라 할 수 있다. 두 용어는 목표, 내용, 방법론 등이 상당히 유사하나 획득군수는 로지스틱스 공학을 민간이 아닌 국방 분야에 적용한 것으로 이해할 수 있다.

이제 로지스틱스 공학과 시스템 공학(System Engineering)의 차이를 살펴보자. 시스템 공학은 시스템의 소요 분석, 기능 분석, 소요 할당, 설계 통합 및 연계, 설계 최적화, 시험·평가라는 하향식 반복과정을 통하여 시스템 운영 요구사항을 잘 정의된 시스템 형상(configuration)으로 변환시키기 위한 과학적이고 공학적인 노력을 말한다. 로지스틱스 공학은 시스템의 로지스틱스 지원과 관련된 영역이 주된 관심 분야이며 시스템 공학은 시스템 주요 성능의 준비 및 유지와 관련한 영역이 주요 관심사라고 할 수 있다.

시스템 공학과 로지스틱스 공학의 차이를 더 자세하게 알아보기 위해 시스템 공학에서 요구되는 것들을 살펴보자.

(1) 시스템 공학은 시스템을 전체적으로 조망하는 하향식 접근 방법을 요구한다. 과거에는 공학적 활동의 중점이 시스템의 개별 구성품 설계에 집중되어 있었다면 시스템 공학에서는 구성품을 효과적으로 연계하여 전체 시스템을 최적화하는 통합적 관점을 요구한다.

(2) 시스템의 수명주기 관점을 요구한다. 과거에는 시스템 설계가 생산, 운영, 로지스틱스 지원에 대하여 어떻게 영향력을 발휘하고 있는지 고려 없이 단지 시스템을 제작하기 위한 설계 활동에만 초점이 맞추어져 있었다. 시스템 공학은 시스템의 설계 및 개발, 생산 및 건설, 분배, 운영, 유지, 지원, 폐기 등 모든 단계에서 서로 선순환하며 설계 단계부터 수명주기 관점에서 대안을 평가한다.

(3) 시스템 소요(requirement)의 최초 확인 작업에 더 많은 노력을 요구한다. 시스템 운영 소요를 구체적 설계 목표 및 적절한 설계 기준의 개발과 연계시켜야 무기체계는 제대로 운영될 수 있다. 과거에는 획득 초기에 개념 형성 노력이 부족하여 소요가 설계와 통합되지 못하고 나중에 설계 변경을 요구하는 사례가 있었다.

(4) 시스템 설계 및 개발 과정에 있어 모든 설계 목표가 효과적인 방법으로 충족될 수 있도록 학제 간(interdisciplinary) 노력이나 팀 접근법을 요구한다.

시스템 공학은 전기 공학, 기계 공학, 신뢰성 공학과 같이 대상 분야가 정해져 있거나 설계 전문 영역이 결정되어 있지 않다. 시스템 공학은 여러 다른 설계와 관련된 학문의 통합적이고 조정된 노력을 포함해야 한다. 이러한 측면에서 시스템 공학은 로지스틱스 공학에 비해 더 포괄적이며 전체적인 관점을 제공한다고 할 수 있다. 군수와 시스템 공학을 연계하는 내용은 5장에서 다룬다.

2. 수명주기비용과 총소유비용

자본재는 소비재보다 특성상 수명이 장기간이며 수명주기 구분이 뚜렷하다. 수명주기비용(LCC: Life Cycle Cost)[1]은 자본재인 시스템의 전 생애에 걸쳐, 즉 개념 설계에서 폐기까지 발생

---

1 수명주기비용 분석을 위한 자세한 내용은 J.R. Canada, W.G. Sullivan, and J.A. White, *Capital Investment Analysis for Engineering and Management,* 2nd ed., (Prentice Hall, 1996)과 W.J. Fabrycky and B.S. Blanchard, *Life-Cycle Cost and Economic Analysis,* (Prentice Hall, 1991)을 참조하라.

하는 비용을 말한다. 수명주기비용이란 시스템의 예정된 유효 기간 중의 직접, 간접으로 발생하거나 관련된 비용이며, 이는 설계·개발·생산·운영·정비·지원 과정에서 발생하는 것과 발생하리라고 예측되는 것을 포함한 총비용이다. 수명주기비용은 다음과 같이 구성되어 있다.

(1) 연구개발 비용은 소요 제기에 관련한 비용부터 제품의 가능성 연구, 시스템 분석, 상세 설계 및 개발, 조립 및 시제품 제작, 초기 시험평가에 포함되는 비용이다.
(2) 생산 비용은 생산 조립 설비 및 생산 설비의 유지 및 운영 비용, 무기체계의 직접원가, 동시조달품목 비용, 기술 자료 작성 비용, 시험 및 유지 장비 구입 비용, 무기체계 장치 설비 건설 비용 등을 포함한다.
(3) 운영유지 비용은 작전 운용에 필요한 인적 및 정비 유지 비용, 수리부속 구매 비용, 수송 및 물류 비용, 시험 및 유지 장비 정비 비용 등이다.
(4) 폐기 비용은 무기체계를 폐기할 때 소요되는 비용과 남은 수리부속품을 처분하는 데 드는 비용을 포함한다.

총소유비용(TOC: Total Ownership Cost)은 수명주기비용을 포함하는 포괄적 개념으로 무기체계를 소유할 때 발생하는 기회비용까지 포함하는 개념이다. 총소유비용은 다차원적이며 작전 운용적 속성을 반영한 비용 개념으로 (1) 무기체계의 설계 및 성능과 관련되어 발생하는 비용, (2) 무기체계를 운영하는데 필요한 자원인 부대, 병력 구조 및 군 인프라 관련 비용, (3) 작전 운용 및 전투 개념(Operational and Warfighting Concept)의 변화로 인한 비용을 포함한다. 같은 무기체계라도 기종에 따라 장교, 부사관, 병사의 비율 등 병력 구조가 다를 수 있으며 교리가 달라질 수 있기 때문에 훈련 소요가 더 발생할 수 있다. 어떤 기종을 보유하고 있느냐에 따라 총소유비용은 달라질 수 있다.[2]

---

2 총소유비용(TOC)은 총비용(total cost) 개념과는 다르다. 1956년 루이스, 컬린턴, 스틸이 『항공수송의 역할』이란 책에서 물적 유통의 영역에 총비용 개념을 도입하였다. 이 개념은 수송과 보관의 상충관계를 분석하여 총비용 개념을 사용하여 수송과 보관을 통합하였다.

3. 군수지원분석과 RAM 분석

군수지원분석(LSA: Logistics Support Analysis)은 무기체계 수명주기에 걸쳐 로지스틱스 지원 요소를 확인, 분석, 구체화하는 활동이다. 이는 획득 단계별로 (1) **주장비**(primary equipment) **지원 체계를 결정하는 데 필요한 정보를 제공**하며, (2) 해당 **무기체계의 운영유지 비용을 최적화**시키는 동시에, (3) 무기체계 운용 시 지속적인 군수지원을 보장하는 **종합군수지원 업무의 실체적인 활동**이다.

군수지원분석은 무기체계 획득 전체 단계에 걸쳐 반복적으로 수행해야 하며, 또한 획득 초기 장비 설계에 군수지원 요소를 고려해야 한다. 최적화된 장비 설계를 통해 군수지원 부담을 최소화하고(Minimize a logistical footprint during operation and sustainment stage through optimal design) 배치 및 운영에 필요한 군수지원 요소를 식별하는 데 있다.

군수지원분석기법으로는 수명주기비용 분석, 고장 유형·영향·치명도 분석(FMECA: Failure Mode Effect Criticality Analysis), 신뢰도중심정비(RCM: Reliability Centered Maintenance), 시스템 소요 분석(Requirement Analysis), 수리수준분석(LORA: Level Of Repair Analysis) 등이 있다. 이들 군수지원분석을 위해 필요한 시스템의 신뢰도, 가용도, 정비도를 분석하는 기반 활동이 RAM(Reliability Availability Maintainability) 분석이다. RAM 분석은 군수지원분석을 위한 기반을 제공한다고 할 수 있다.

신뢰도(Reliability)란 어느 시스템이나 제품이 특정 운영 조건 아래 주어진 시간동안 만족할만한 성능이 발휘될 확률을 말한다. 신뢰도를 측정할 때의 주요 요소는 평균 수명과 작동 시간이 된다. 신뢰도는 일반적으로 고장 간 평균시간(MTBF: Mean Time Between Failure), 고장까지 평균시간(MTTF: Mean Time To Failure), 정비 간 평균시간(MTBM: Mean Time Between Maintenance)으로 나타낸다. 신뢰도에서 고장과 정비는 연계된다. 그래서 신뢰도에 따라 정비 빈도가 결정되며 정비 빈도와 신뢰도는 역의 관계이다.

정비도(Maintainability)란 정비 행위 그 자체와 어느 정도 무관한 개념이며 "정비될 수 있는 시스템의 능력"을 말한다. 정비도란 시스템 정비를 좀 더 용이하고 정확하게 할 수 있고, 또한 안전하고 경제적으로 수행할 수 있는 정도이다. 따라서 설계 초기부터 정비도 설계를 수행해야 정비의 용이성, 정확성, 경제성 등을 달성할 수 있다.

가용도(Availability)란 어느 시스템이 불시에 임무를 부여받았을 때, 운영 및 임무 수행 가능상태에 있을 정도를 말한다. 가용도는 전투준비태세와 의미가 다르다. 가용도는 고유가용도(Inherent Availability), 달성가용도(Achieved Availability) 및 운영가용도(Operational Availability)로 의미가 분류된다.

고유가용도는 예방정비를 고려하지 않고 이상적인(ideal) 지원 환경하의 규정된 조건에서 사용할 때 임의의 시점에서 시스템이 만족스럽게 작동할 확률을 말한다.

달성(성취)가용도는 예방정비를 포함한 규정된 조건 아래 사용하는 경우 시스템이 임의의 시점에서 만족스럽게 작동할 확률을 말한다. 달성가용도는 예방정비에 대한 고려를 포함하고 있다는 점에서 고유가용도와 다르다.

운영가용도는 무기체계가 실제 운영되는 환경 아래 임의의 시점에서 만족스럽게 작동할 확률을 말한다. 운영가용도는 행정과 군수지연시간 및 정비 시간이 포함되어 실제 운용 상태의 가용도라는 점에서 달성가용도와 구분된다.

4. 군수지원과 종합군수지원

종합군수지원(ILS: Integrated Logistics Support)은 무기체계 총 수명주기 동안 효과적이고 경제적인 군수지원을 보장하기 위하여 제반 군수지원 관련 사항을 통합적으로 관리하는 활동을 말한다.

〈그림 3-1〉 종합군수지원과 군수지원의 차이

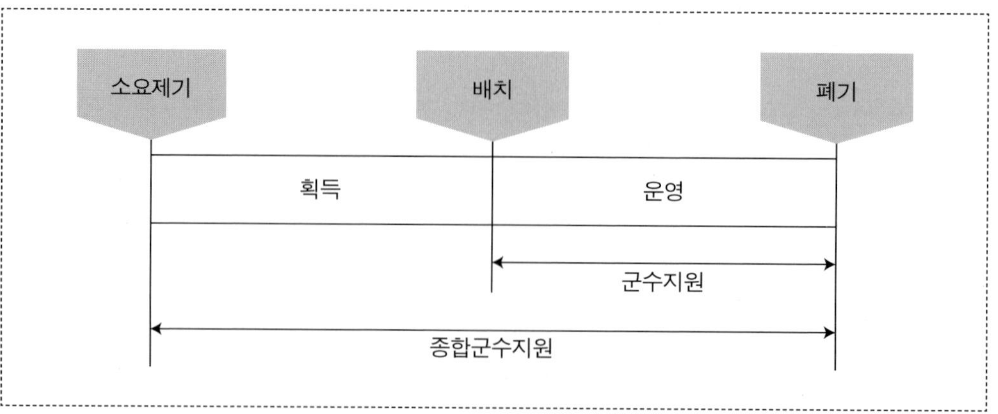

종합군수지원은 군수지원을 종합한다는 의미가 추가된 것이다. 군수지원은 일반적으로 획득된 군수지원 요소를 운영 단계에서 어떻게 효율적으로 운용할 것인가에 관심의 초점이

있다. 따라서 군수지원의 주요활동은 (1) 군수지원 체제를 확립하여 군수지연시간(LDT: Logistics Delay Time)을 최소화하며, (2) 장비 운영유지 능력을 지속적으로 확보하며, (3) 장비 사용 자료를 축적하고 이를 분석·평가하여 환류 활동을 수행하는 것이다. 반면에 종합군수지원은 운영 단계뿐 아니라 획득 단계를 포함한 총 수명주기 동안 어떻게 군수지원 요소를 설계하고 획득하고 운영할 것인가에 관심의 초점을 둔다. 종합군수지원의 업무 대상이 되는 기본 요소는 다음과 같다.

(1) 정비 계획(The Maintenance Plan)
(2) 인원 및 훈련(Personal and Training)
(3) 보급지원(Supply Support)
(4) 지원 및 시험 장비(Support and Test Equipment)
(5) 기술 자료(Technical Data)
(6) 수송 및 취급(Transportation and Handling) 및 포장(Packaging)
(7) 시설(Facility)
(8) 군수지원 자금(Logistics Support Resource Fund)
(9) 군수지원 관리 정보(Logistics Support Management Information)

제2절 시스템 수명주기별 군수지원

1. 시스템 수명주기와 군수지원

시스템을 획득하는 활동은 새로운 시스템의 필요성이 제기되고 필요성에 대한 타당성을 검증하는 것으로부터 시작된다. 자본재인 시스템 수명주기 동안 성능을 지속적으로 보장하고 수명주기비용을 최적화하기 위해서는 획득 당시의 성능과 비용뿐 아니라 폐기할 때까지 성능 유지와 운영유지 비용을 고려해야 한다.

시스템 수명주기는 크게 획득과 운영유지 활동으로 구분할 수 있다. 시스템을 획득하는 과정은 개념 설계, 예비 설계, 상세 설계 및 개발, 생산 및 건설, 시험평가 등의 활동을 포함한다. 시스템을 운영유지하는 과정은 획득이후 시스템 운영 및 지원, 폐기 및 리싸이클링을 포함한다. 시스템 설계 및 개발의 단계별 주요 활동과 내용은 〈그림 3-2〉와 〈그림 3-3〉에 나타나 있다.

시스템 수명주기 동안 활동은 (1) 시스템 주임무 요소의 개발과 설계, (2) 적절한 수량의 시스템 생산, (3) 사용 지점에 시스템과 예비품의 설치, (4) 계획된 운영유지 기간 동안 시스템 정비와 지원 활동을 포함한다.

2. 설계 단계의 군수지원 고려 사항

시스템 설계 프로세스는 사용자 소요에 대한 식별 및 정의로부터 시작되며 개념 설계, 예비 설계, 상세 설계 및 개발이라는 일련의 단계로 구성된다. 여기에서는 시스템 설계의 주요 과정을 설명하고 군수지원과 연계하여 어떠한 활동이 수행되는지를 살펴본다.

가. 개념 설계

개념 설계는 설계 프로세스 첫 단계이며 사용자 요구사항 확인, 실현가능성 연구, 상충 관계 분석, 운영 소요 및 정비 개념 설정, 기능 분석으로 구성된다.

(1) 사용자 소요 식별에서 개념 설계는 사용자 필요(needs)에 대한 확인으로부터 시작된다. 시스템 목표는 소요 정의 단계에서 기능 요구의 형태로 명시된다. 예를 들어 발전기를 개발함에 있어 발전기 출력에 대한 요구가 명시되어야 하며 온도와 습도의 범위 외에 기계적 충격과 진동 등을 포함하여 시스템이 기능할 환경 조건을 결정해야 한다. 또한 시스템 설계 기준으로 정하는 사용 수명이 명시되어야 한다.

(2) 실현가능성 연구는 설계 요구사항을 충족하는 데 있어 기술적 대안 등이 무엇인지 확인하기 위한 목적으로 수행된다.

(3) 요구사항 간의 상충(trade-off) 관계 분석은 시스템 수준에서 초기 설계 결정을 지원하기 위해 수행된다.

(4) 시스템 운영 소요와 정비 개념을 결정하고 난 후 시스템에 대한 최상위 수준의 기능 분석을 수행할 수 있으며, 시스템 규격은 설계 소요를 묘사할 수 있도록 준비되어야 한다.

〈그림 3-2〉 시스템 설계 및 개발의 주요 단계

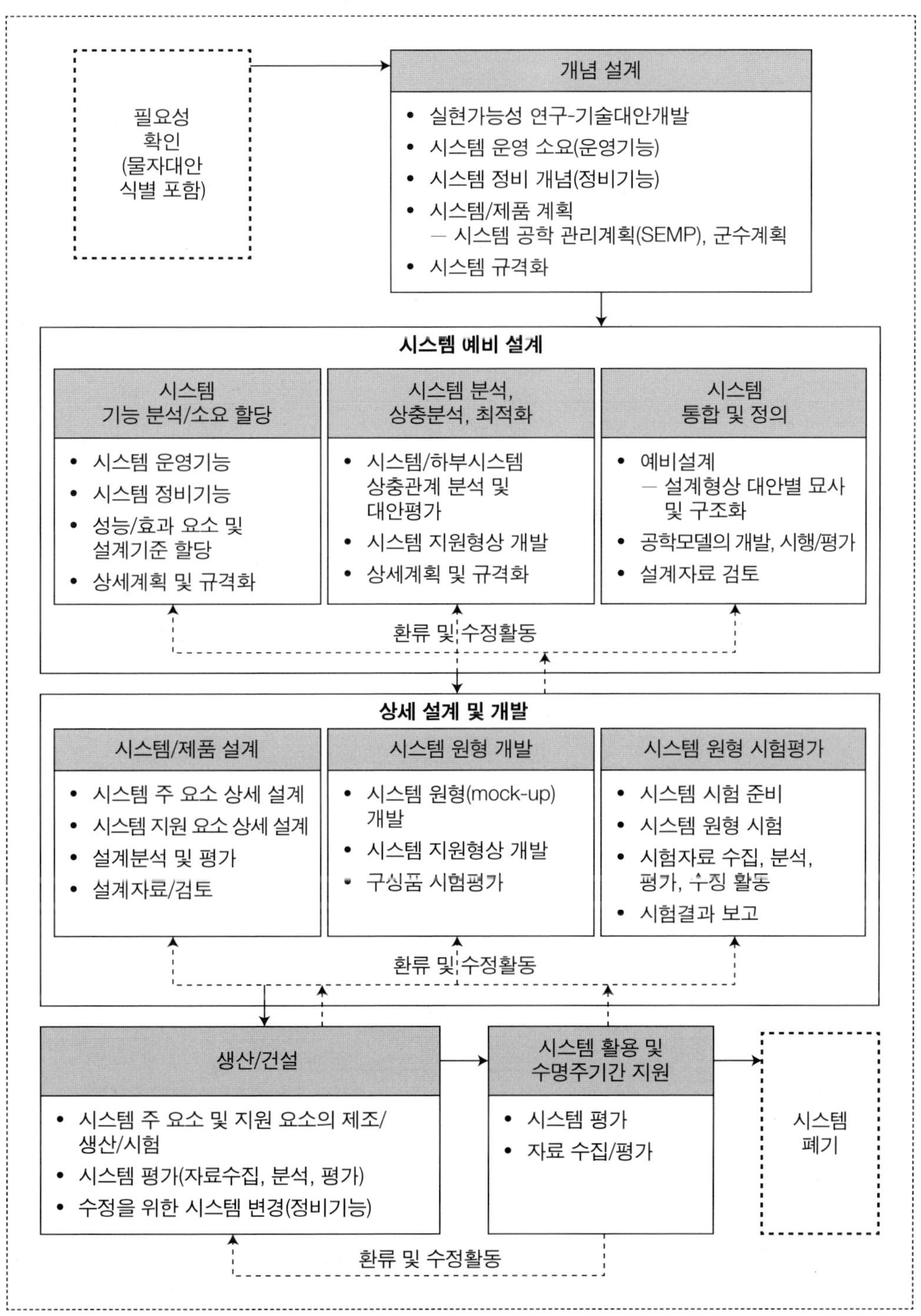

출처: B.S. Blanchard, *op cit.*, p.13.

〈그림 3-3〉 시스템 수명주기 단계별 군수지원 활동

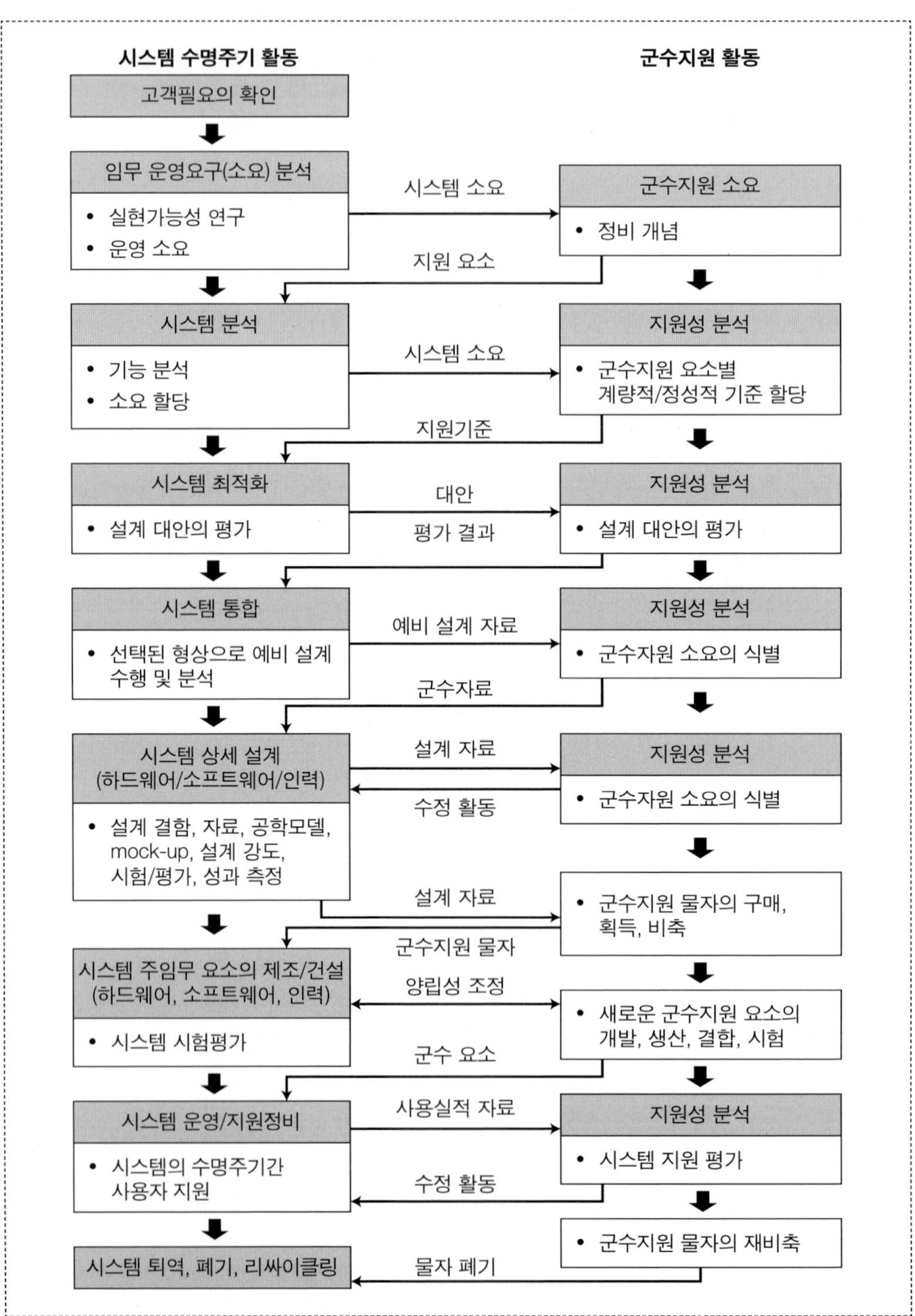

출처: B.S. Blanchard, *op cit.*, p.14.

나. 시스템 예비 설계

개념 설계는 시스템 규격에서 묘사된 시스템 기본 형상을 정의하고 확인하는 단계이다. 다음 단계인 시스템 예비 설계는 개념 설계에서 준비된 시스템의 기능적 기본 형상을 좀 더 상세하게 질적이고 계량적인 설계 특성으로 변화시키는 과정이다.

다. 상세 설계 및 개발

상세 설계 및 개발 단계는 시스템 예비 설계를 통하여 도출된 개념과 형상으로부터 시작된다. 시스템 형상은 성능, 효과성, 군수지원 요소, 비용, 그리고 다른 소요 요소와 함께 기술되어야 한다.

개념 설계와 예비 설계는 시스템을 만들 근거가 되는 상세도면과 명세로 변환되어야 한다. 이 단계에서 정비 요구와 절차가 어느 정도 자세한 형태를 갖추기 시작한다. 설계가 진전됨에 따라 대안을 선택하고 문제를 해결하고, 하부 시스템 또는 부품 성능을 예측하기 위하여 실험과 시험 및 분석이 수행된다.

라. 설계 단계의 군수지원 통합

시스템 설계와 개발은 여러 방법과 방법론을 활용하여 수행할 수 있다. 여러 학문 분야와 다양한 방법론이 시스템 설계 과정에서 시스템 목표를 달성하기 위해 서로 상호관계를 가지며 최종적으로 통합되어야 한다. 설계 과정 중에 통합되어야 할 요소는 〈그림 3-4〉와 같다.

시스템에서 성능 설계 및 신뢰도 설계, 정비도 설계, 가용도 설계를 통합하는 이외에 획득군수에서 이슈가 되고 있는 설계 통합 요소는 다음과 같다.

(1) 설계도에 형상화된 대로 제작·생산할 수 있는지 생산가능성(producibility)
(2) 사용자 요구사항을 시험평가에서 측정할 수 있는지 시험가능성(testability)
(3) 주어진 예산으로 시스템을 생산하여 유지할 수 있는지 제공가능성(affordability)
(4) 운영 목표를 충분히 달성하면서도 군수지원 소요를 최소화할 수 있도록 신뢰도, 정비도, 가용도, 예비품 공급 가능성 등을 고려하였는지 지원가능성(supportability)
(5) 기술 개발을 통한 성능개량 혹은 비용 절감 가능성에 대한 유연성(flexibility)

〈그림 3-4〉 시스템 설계 통합 소요

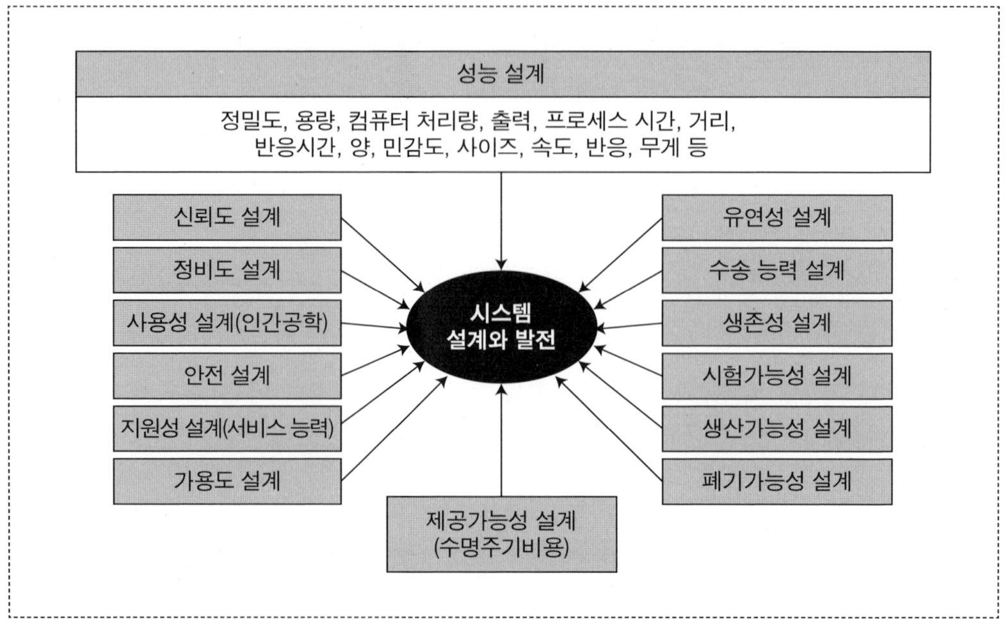

(6) 인간공학 측면에서 인간과 기계 사이의 상호작용을 고려한 사용성(usability)

(7) 운용 인력의 안전과 생존에 관련한 안전과 생존성(safety & survivability)

(8) 환경 오염 및 인체 유해성과 관계된 폐기가능성(disposability)

3. 시험·평가 단계의 군수지원 요소

가. 수명주기 간의 평가활동

시스템 설계와 개발이 진행되고 있을 때 획득 단계별로 성능과 군수지원에 관련한 여러 설계 고려 요소들이 충족되고 있는지를 계속적으로 측정하고 타당성을 분석하는 노력을 해야 한다. 사용자 소요가 설계에 반영되어 있느냐의 정확한 평가는 시스템에 대한 최초 운영 능력(IOC: Initial Operational Capability)을 확인하기까지는 어렵다. 그러나 문제가 발생하고 시스템을 변경하고 수정해야 한다면 지금까지 수행해 왔던 작업을 다시 반복해야 하므로 비용 증가와 일정 지연이라는 문제점이 발생할 수 있다. 그래서 이러한 문제를 빨리 발견하고 수정한다면 비용과 일정문제를 잘 조화시킬 수 있을 것이다.

시험평가를 수행하기 위해서는 개념 설계 단계에서 시스템의 소요에 대한 초기 규격(initial specification)이 설정되어야 한다. 구체적인 기술성능척도(TPMs: Technical Performance Measures)가 설정되고 난 후 이러한 요소들이 충족되었는지를 검증할 수 있는 방법을 결정해야 한다. 기술성능척도들을 어떻게 측정할 것인지와 측정하는데 어떠한 자원들이 필요한지를 식별해야 한다. 측정을 위해서는 시뮬레이션 모델, 공학 모델을 이용한 분석 등 다양한 방법이 있을 수 있다.

수명주기 동안 시스템 평가 단계는 〈그림 3-5〉와 같은 범주로 진행할 수 있다.

〈그림 3-5〉 수명주기 동안의 시스템 평가

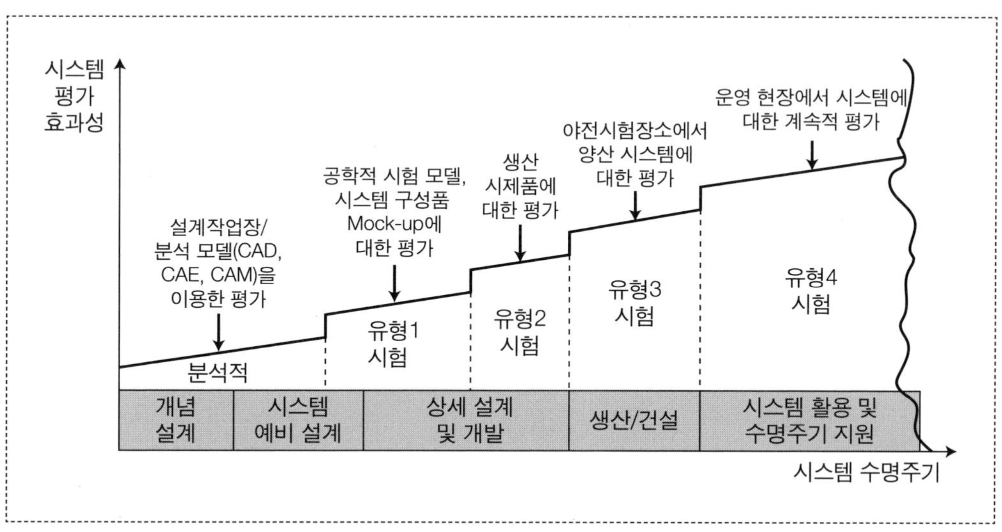

시험평가 첫 단계는 분석적 시험·평가이다. 이것은 설계 작업장에서 CAD(Computer Aided Design), CAE(Computer Aided Engineering), CAM(Computer Aided Manufacturing), CALS(Computer Aided Logistics Support) 등의 분석적인 모델을 이용한 시험평가라고 할 수 있다. 분석적 시험평가 이후 획득 단계별로 네 가지 유형으로 구분하여 시험평가를 수행할 수 있다.

유형1 시험은 실험실에서 시스템 구성품을 공학시험 모델을 이용하여 시험평가하는 것이다. 이러한 시험의 주안점은 성능이나 물리적 특성을 검증하는 것이다.

유형2 시험은 상세 설계 혹은 개발 단계에서 시제(prototype) 장비나 소프트웨어를 이용하여 시행하는 정식적인 시험과 시범이라 할 수 있다. 시제품은 생산 장비와 유사해야 하지만 이 단계에서 완벽할 필요는 없다. 이 단계에서 시험은 다음 내용을 포함하고 있다.

(1) 환경 충족 시험: 온도 사이클링, 충격과 진동, 습도, 모래/먼지, 염분, 소음, 폭발 검증, 전자파 방해 등
(2) 신뢰도 충족 시험: 고장 유형 식별 시험, 수명 시험, 환경부하 시험, 시험/분석/교정
(3) 정비도 시범: 정비 과업의 증명, 과업 시간과 순서, 정비 인력 규모와 기술 수준, 시험가능성의 정도와 진단 능력, 주장비와 시험 장비 간 인터페이스, 정비 절차 및 시설
(4) 지원 장비 양립가능성: 주장비, 시험 및 지원 장비들이 상호 양립 가능한지를 검증
(5) 기술 자료 검증: 운영 절차, 정비 절차, 지원 자료에 대한 타당성과 검증
(6) 인력 시험평가: 인간과 장비 인터페이스, 요구되는 인력 규모와 기술 수준, 훈련 등 인력과 장비들이 상호 양립 가능한지를 검증
(7) 소프트웨어 양립가능성: 하드웨어와 소프트웨어가 시스템 소요를 충족하는지와 상호 양립 가능한지를 검증

유형3 시험은 사용조직의 인력에 의해 충분한 기간 동안 야전시험 장소에서 수행하는 정상적 시험을 포함한다. 초기 시스템의 소요가 충족되었다는 것이 확인되고 난 후 양산 및 건설 단계가 시작되기 전에 유형 3의 시험평가가 수행된다. 이 때 운용 인력, 운영 시험 및 지원 장비, 예비품, 그리고 컴퓨터 소프트웨어의 적절성과 규모가 타당한지와 운영 및 정비 절차의 타당싱이 입증되어야 한다. 이 시험에서 시스댐의 모든 요소를 통합하여 운영하고 평가한다. 주어진 운영 상황에서 시험을 수행하여 성능과 효과성이 충족되며, 주장비와 지원 요소들의 양립가능성(compatibility)을 평가한다.

유형4 시험은 시스템을 운영하는 상황인 지원 단계에서 수행된다. 운영 및 지원 영역에서 좀 더 구체적인 정보를 획득하기 위해 수행된다. 임무 프로파일이나 시스템 활용도를 변화시키면서 어떠한 영향이 발생하는지를 평가할 수 있다.

나. 시험평가의 오류

시험평가를 수행하는데 두 가지 종류의 오류가 있다. 제1종 오류는 시스템의 설계와 개발이 의도된 대로 제대로 수행되었지만 시험평가 과정에서 이것이 잘못되었다고 판정하는 오류이다. 제2종 오류는 설계와 개발이 잘못되어 문제가 있는데도 시험평가 과정에서 아무런 문제가 없다고 결론을 내리는 경우이다. 제1종 오류를 범할 확률과 제2종 오류를 범할 확률을 각각 α와 β로 나타낸다.

α = P[type I error]

= P[시험평가에서 잘못이라고 평가 | 성능 파라미터가 만족됨]

β = P[type II error]

= P[시험평가에서 잘됐다고 평가 | 성능 파라미터가 불만족됨]

제1종 오류의 수준을 나타내는 α값은 성능 파라미터 등 사용자나 설계자의 요구에 맞게 설계나 개발이 진행되고 있는 데도 이를 부당하게 잘못되었다고 평가하는 확률이다. 제2종 오류 β값은 설계나 개발이 잘못 진행되고 있는데도 잘 되었다고 판정하는 확률이다.

제1종 오류와 제2종 오류는 검사나 조사가 포함된 분야에서 발생할 수 있다. 예를 들어 품질검사에서 표본검사 결과는 생산자와 소비자 둘 다에게 위험 부담을 주게 된다. 생산자에게 위험이 되는 경우는 제품이 불량품이 아니고 완전한데도 검사자가 잘못하여 오류로 불합격 판정을 내릴 수 있다. 이 경우를 생산자 위험(α 위험)이라 한다. 반대의 경우는 제품이 불량인데도 불구하고 검사자가 오류로 합격 판정을 내릴 수 있다. 이 제품은 소비자에게 전달되어 위험 부담이 생기므로 이를 소비자 위험(β 위험)이라고 한다.

품질검사 이외에도 재판 과정에도 제1종 오류와 제2종 오류가 발생한다. 피고인을 재판하는데 피고가 죄가 없는데 잘못 판단하여 유죄를 선고하면 이를 제1종 오류라 하고, 피고인이 사실 죄가 있는데 무죄라고 선고하면 제2종 오류이다.

		배심원 결정	
		'무죄'	'죄를 인정'
실제	무죄	올바른 결정	제1종 오류
	죄있음	제2종 오류	올바른 결정

시스템 시험평가에 있어 제1종 오류와 제2종 오류 어느 오류가 더 심각하냐는 이슈가 있으며 이 오류에 대해 소요 제기자, 시험 평가자, 개발자 간 책임의 문제가 있다. 또한 시험평가 과정에서 소요나 설계 요구사항에 따라 개발이 진행되었는지 여부를 누가 밝혀야 하는지도 문제가 될 수 있다.

예제 3-1 화재경보 장치가 있다. 연기가 위험 수준(critical)이면 화재경보가 반드시 울려야 하고, 안전 수준(non-critical) 내에 있다면 화재경보가 울리지 말아야 한다. 연기가 많으면 화재가 발생할 가능성이 많고 연기가 있더라도 아주 작으면 화재발생 가능성이 낮다. 이를 제1종 오류와 제2종 오류의 관점에서 설명할 수 있다. 〈그림 3-6〉은 화재경보 장치 감응 민감도를 설명하고 있다.

〈그림 3-6〉 화재경보 장치의 민감도

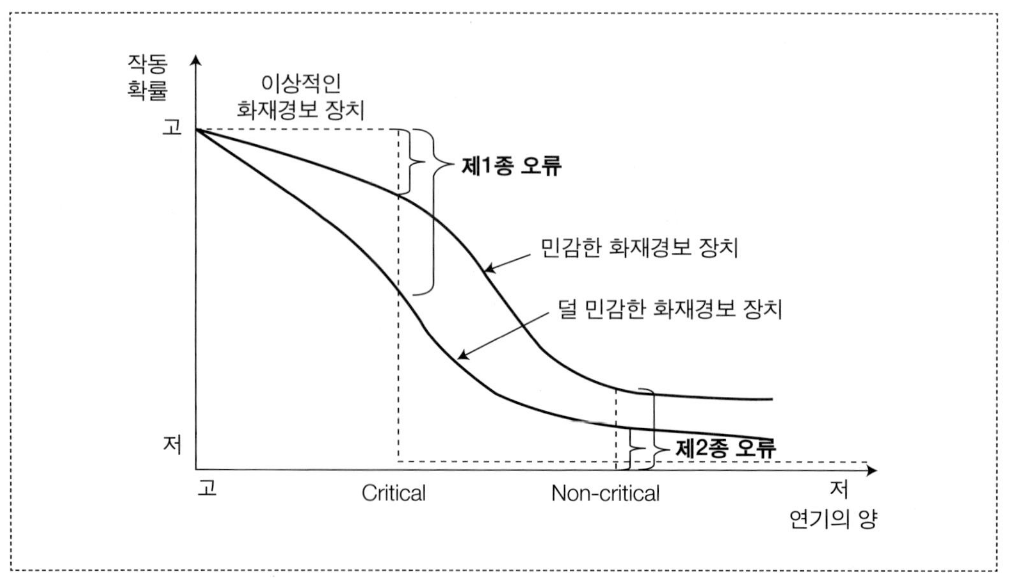

제1종 오류는 화재로 인해 심각한 연기가 발생하는데도 화재경보기가 울리지 않는 확률이다. 제2종 오류는 화재가 아니며 연기도 심하지 않아 경보기가 울리지 않아야 하는데 경보기가 울리는 확률이다. 민감한 화재경보 장치는 제1종 오류가 적은 반면에 제2종 오류가 많이 발생할 수 있다. 덜 민감한 화재경보 장치는 반대의 경우가 발생한다. 만약 제1종 오류를 감소하기를 원한다면 어떻게 조치해야 하는가? 제1종 오류와 제2종 오류를 동시에 감소하기를 원한다면 어떻게 조치해야 하는가? 이러한 이슈들은 시스템의 설계 과정에 어떻게 고려되어야 할 것인가?

제3절 종합군수지원

1. 종합군수지원의 정의와 목표

종합군수지원(ILS: Integrated Logistics Support)은 무기체계의 성능을 유지하고 경제적인 군수지원을 보장할 수 있도록 소요 제기부터 폐기까지 제반 군수지원 사항을 종합 관리하는 활동이다.

종합군수지원은 군수지원의 효과성과 경제성이라는 두 가지 활동에 중점을 두고 수행해야 한다.

(1) 무기체계의 성능을 유지하여 군수지원의 효과성을 보장해야 한다. 이는 무기체계에 부여된 성능의 지속적 실현을 보장하는 것으로 이를 위해서 주장비의 불가동시간을 감소시켜 가용도를 향상시켜야 한다. 이를 위하여 주장비 획득이나 개발 시에 고장 빈도, 정비 시간을 최소화해야 하며, 장비 운영에 필요한 군수지원 소요를 충족시켜야 한다.

(2) 수명주기비용 특히 운영유지 비용을 최소화하여 군수지원의 경제성을 보장해야 한다. 주장비 획득이나 개발 시에 군수지원 소요가 최소화되도록 해야 하며 장비 운영 시 군수지원 자원을 최소화하도록 해야 한다.

이 두 가지 활동은 서로 상충되는 측면을 가지고 있기에 상충 관계 분석을 통해 성능 유지와 경제성의 균형이 필요하다. 따라서 종합군수지원의 목표는 다음과 같다.

첫째, 주상비와 군수지원 요소를 동시에 개발·획득·배치하도록 해야 한다.

둘째, 주장비 설계 시에 군수지원 고려 사항을 설계에 반영한다.

셋째, 주장비의 설계 및 운영 개념이 고려된 군수지원 요소를 개발한다.

넷째, 종합군수지원 요소들 사이의 상호 연계성을 종합적으로 고려하고 최적화해야 한다. 최적화를 위해서는 장비 전투준비태세를 최대화하고 수명주기비용을 최소화하는 두 가지 목표를 동시에 만족시켜야 한다. 장비 전투준비태세를 최대화하기 위해서는 고장 빈도, 정비 소요시간, 각종 지연시간 등 불가동시간을 최소화하여 가용도를 향상시켜야 한다. 수명주기비용을 최소화하기 위해서는 비용 구성항목인 획득비(연구개발비, 투자비)와 운영유지비를 감소시킬 수 있도록 노력해야 한다. 이를 위해서 군수지원 요소의 질적, 양적 소요와 정비 업무량을 최소화시켜야 한다.

요약하면 종합군수지원의 역할은 주장비 설계시에 군수지원을 용이하게 수행할 수 있도록 설계에 반영하여 종합군수지원 요소를 개발하거나 획득하는 것이다. 다음 〈그림 3-7〉는 연구개발 단계별로 종합군수지원의 역할을 표현한 것이다.

〈그림 3-7〉 연구개발 시의 종합군수지원 역할

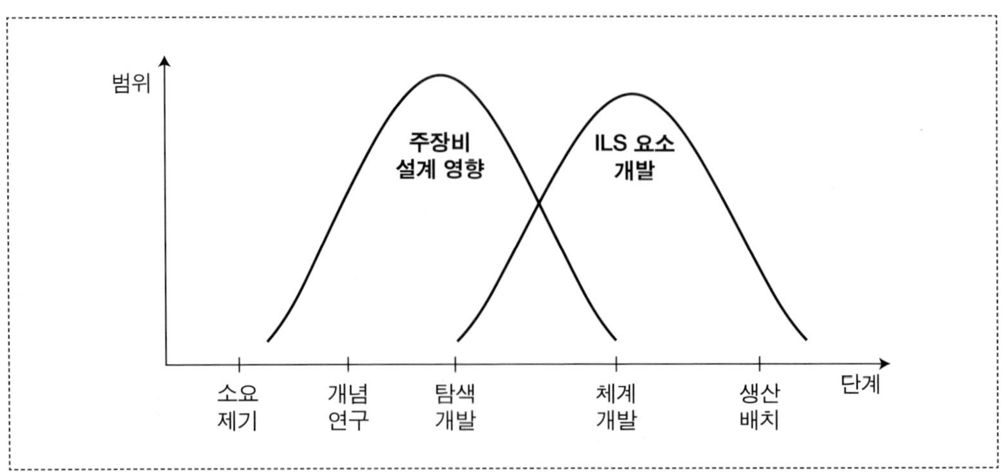

연구개발 사업의 경우, 탐색 개발과 체계 개발 초기까지 주장비 설계는 외부 요구사항에 가장 영향을 많이 받게 된다. 이 시기에 사용자 군과 연구개발기관은 연구개발동의서와 개발계획서를 작성하며 이들 문서는 시제품을 제작하는 과정에 많은 영향을 미치고 있다. 그런데 만약 체계 개발 단계 이후 양산 기간 중에 주장비 설계를 변경하고자 할 경우, 많은 노력과 비용이 소요된다. 개발시험(DT: Development Test) 및 운영시험(OT: Operational Test) 평가 후에는 설계가 거의 확정되기 때문에 설계 변경은 용이하지 않다.

따라서 설계에 영향을 미치는 요소 개발이나 획득 관련 업무는 사용자 군과 개발기관이 긴밀한 협조하에 수행해야 한다. 사용자 군은 신규 장비의 군수지원 기준을 설정·제시하여 설계 제한 사항으로 활용하고, 운영시험 이전에 설계 변경 요구를 해야 한다. 개발기관은 전문가 입장에서 설계 도면을 분석하여 군수지원을 용이하게 해야 하고, 기술시험 결과를 반영하여 설계 개선 노력을 해야 한다.

종합군수지원 요소는 체계 개발 단계부터 실질적인 개발을 시작하여 주장비 배치 이전에 획득이 완료되어야 한다. 그러나 장비 운영 중에도 불합리한 군수지원 요소의 수정 보완 등 부분적인 추가 개발이 이루어질 수 있다.

종합군수지원 요소 개발은 적시성과 적절성이 보장되어야 하며 적시성은 주장비와 병행개발을, 적절성은 여러 가지 군수지원 대안을 준비하여 분석한 후 군수지원 요소 상호 간의 관계를 고려하여 최선의 대안을 선정해야 한다.

2. 종합군수지원 요소

종합군수지원 요소는 무기체계의 수명주기 동안에 주장비를 효과적, 경제적으로 운영유지할 수 있도록 군수지원을 보장해주는 제반사항이다. 따라서 종합군수지원 요소는 무기체계 획득의 전체 단계에서 종합되어야 하는 부분으로 주장비와 병행되어 개발되어야 하고, 종합군수지원을 적용하여 발전 또는 획득하고자 하는 주요 대상이다. 여기에는 유형적인 요소뿐 아니라 계획, 분석, 판단 등과 같은 무형적 활동과 데이터도 포함된다.

한국군의 종합군수지원 요소는 1983년 미 육군의 종합군수지원 요소를 모방하여 9개 요소로 만들어졌다. 1992년 규정을 개정할 때 13개 요소로 수정하였다가, 1994년 규정 개정시 11대 요소로 수정하였으며, 1997년 규정 개정시 일부를 조정하여 현재 11대 요소로 확정하였다. 11대 요소는 종합군수지원을 적용하여 획득하려고 하는 주요 대상이자 업무 중점을 나타내는 것으로 서로 다른 국가나 군간에 상이하게 적용할 수 있다. 따라서 종합군수지원 요소가 서로 상이한 것은 별로 중요하지 않으며, 단지 업무 수행 과정에서 어떤 분야에 비중을 두느냐 하는데 그 의미가 있으므로 사업의 종류에 따라 융통성 있게 적용할 수 있다.

11대 요소는 다음과 같다. (1) 연구 및 설계반영, (2) 표준화 및 호환성, (3) 정비지원, (4) 지원 장비, (5) 보급지원, (6) 인력 운용, (7) 교육 훈련 및 교보재, (8) 기술 자료, (9) 포장, 취급, 저장 및 수송, (10) 시설, (11) 군수관리 전산자료 지원이다.

가. 연구 및 설계반영

연구는 군수지원 소요 제기 단계부터 최초 운영 능력 확인 단계까지 각 단계 업무의 선행 활동으로 수행한다. 연구는 소요 제기, 설계, 개발, 획득, 최초 운영 능력 확인 단계에 이르기까지 무기체계에 대한 최적의 종합군수지원 개념을 형성하고 구체화하기 위하여 사전에 관련 자료 및 현상을 검토·확인하는 활동을 말한다. 연구 세부 내용은 다음과 같다.

(1) 종합군수지원 자료를 수집하고 검토·분석하는 활동으로 군수지원 개념을 설정하고, 정비 기술 획득 소요를 판단하며, 장비 생산국가의 관리 유지 실태를 확인한다.
(2) 핵심 기술의 획득과 관리 유지를 위한 기술적 기반을 구축하는 활동이다.
(3) 종합군수지원 개념 형성과 종합군수지원 요소 구체화를 위한 관리 및 유지 기술을 습득하는 활동으로 전투발전요소와 병행하여 발전시켜야 할 군수지원 요소를 확정하고, 작전운용성능에 부합되는 최적의 군수지원 대안을 도출하고, 야전 배치 후의 예상 위험 요소를 해소하고 최소화하는 활동이다.
(4) 탐색 및 연구 활동 결과를 반영해야 한다.

설계반영이란 무기체계의 전 개발 단계에서 종합군수지원에 관련된 모든 요구사항을 주장비 설계에 반영하는 활동을 말하며, 그 내용은 다음과 같다.

(1) 주장비 설계에 군수지원의 용이성, 지속성, 운영유지비의 최소화를 반영해야 한다. 설계 전에는 군수지원 기준을 설정하고 이를 종합군수지원 문서에 반영하고 제기한다. 설계 중에는 주장비 성능과 군수지원성의 상충 관계 분석을 수행하고 군수지원성 향상을 위해 설계를 개선한다. 설계 후에는 시제품 생산에 참여하여 의견을 제시하며 시험평가 결과를 반영한다.
(2) 군수지원 요구사항을 종합군수지원 소요 제기서, 체계개발동의서, 체계개발계획서, 종합군수지원 계획서(ILS-Plan) 등에 포함해야 한다.
(3) 군수지원분석 결과, 유사장비 경험 데이터 등을 주장비 설계에 반영해야 한다.
(4) 개발진행 과정에서 설계 변경이 요구될 때 군수지원 소요와 운영유지비 및 불가동시간이 최소화되도록 해야 한다.

나. 표준화 및 호환성

표준화 및 호환성은 무기체계 개발 및 획득시 소요되는 재료, 구성품, 소모품 등에 있어 최대한 공통성을 유지시켜 장비 간의 군수지원이 용이하도록 군수지원 요소를 단순화하는 과정이다. 그 세부 내용은 다음과 같다.

(1) 신규 무기체계와 배치 운용중인 무기체계의 표준화 및 호환성이 유지되도록 설계에 반영한다.

(2) 군수지원 소요를 최소화할 수 있도록 수리부속, 탄약, 유류, 취급 장비, 지원 장비 등을 최대한 표준화하여 제작한다.
(3) 탐색 개발, 체계개발동의서 작성, 체계 개발 시 표준화 및 호환성을 반영한다.
(4) 종합군수지원 요소 중 표준화 및 호환성과 관련된 요소는 소요 제기, 개발, 획득, 최초 운영 능력을 확인할 때까지 반영하고 종합군수지원 계획서에 포함하여 추진한다.

다. 정비지원

종합군수지원에서 정비지원 요소는 무기체계 개발 전체 기간 동안 군수지원분석, 경험 데이터 등을 반영하여 신규 무기체계 전력화 시 정비지원의 용이성, 효율성을 보장하기 위하여 정비 관련 사항을 분석·판단하고 정비 계획을 수립하는 활동이다. 정비지원에서 고려 요소는 다음과 같다.

(1) 정비 개념 설정: 정비 개념은 무기체계 소요 제기 단계에서 수립되어야 하며 여기에는 개략적인 정비 계단 구분, 정비 방침 및 책임, 정비지원 여건, 정비 단계별 정비 허용시간 설정 등을 포함한다.

정비 개념 설정 시 고려 사항은 (1) 정비 계단 설정 및 정비지원 책임, (2) 장비의 특수성(정밀, 고가, 복합 장비), (3) 요망 전투준비태세, (4) 임무 수행에 대한 무기체계의 긴요성, (5) 무기체계 운용과 군수 환경, (6) 운영유지비의 최소화, (7) 목표 운영가용도 등이다.

(2) 정비 업무량 추정 및 분석: 정비 대상 품목의 정비 인시 소요를 예측하고 정비 업무량에 대하여 수리 또는 교환으로 구분한다. 수리시 적정 정비 계단을 설정한다.
(3) 정비 계단별 시설 소요(개조, 추가) 판단
(4) 정비 인력 소요 판단: 주특기 소요 및 주특기별 기술 수준
(5) 정비대체장비(MF: Maintenance Float) 소요 판단
(6) 장비할당표 작성
(7) 군수관리 기능 분류 및 지원 책임 규정
(8) 하자보증(warranty) 및 사후관리(AS: After Service) 지원 계획 수행 방법

라. 지원 및 시험 장비

지원 및 시험 장비란 주장비의 운용, 유지에 필요한 모든 부수 장비를 말한다. 고장 및 예방정비 활동을 위한 공구, 계측기, 교정 장비, 성능 측정 및 검사 장비 등이 있으며 정비 활동에 소요되는 취급 장비와 주장비 임무 수행을 위한 장비를 포함한다.

종합군수지원 요소에서 이 요소는 부수 장비의 질적(품목, 특성), 양적(기준 소요량) 소요를 판단하고 획득하는 것이다. 지원 및 시험 장비는 정비 업무량에 영향을 미치며, 무기체계의 안정도 및 사용 효과를 좌우할 뿐만 아니라 종합군수지원 비용의 많은 부분을 점유하는 중요한 요소이다. 지원 및 시험 장비는 가능한 현재 보유하고 있는 지원 및 시험 장비를 사용할 수 있도록 무기체계 개발 전 단계에 반영해야 한다.

마. 보급지원

보급지원은 주장비와 동시에 획득·보급되어야 할 초도 보급 및 운영유지를 위한 물자 및 관련 제원 등에 대한 소요를 판단하고, 획득 및 보급하는 활동이다.

보급지원 요소의 핵심인 초도 보급 준비(provisioning)는 신장비를 배치하는 초기 단계에 요구되는 지원 품목의 범위와 소요량을 군수지원분석을 통하여 결정하고, 이를 획득하여 관리하는 과정이다. 또한 초도 보급은 무기체계 운영가용도에 중요한 영향을 미치기 때문에 임무의 정확성이 특별히 요구된다. 보급지원 요소로 고려해야 할 세부 내용은 다음과 같다.

(1) 보급지원 체제 및 지원 절차 수립
(2) 동시조달품목, 기본불출품목 소요 산정
(3) 규정휴대량 및 인가저장 품목
(4) 탄약 및 유류 소요 판단
(5) 제대별 보급 수준 설정
(6) 보급지원 인원 소요 판단 및 편성
(7) 보급지원 기술 발간물 및 제원 작성

바. 인력 운용

인력 운용은 무기체계 운영유지에 소요되는 운용 요원, 정비 요원, 보급 요원 등에 대한 주특기 신설, 주특기별 인원 소요, 소요 인원이 편제에 반영되고 이를 충원하는 활동이다. 이 요소의 업무 중점은 운용 요원, 정비 요원, 보급 요원의 인력 소요가 최소화되도록 인간공학 요소를 고려하여 주장비 설계에 반영되고, 요구되는 기술 수준에 부합되는 인원이 충원되도록 계획을 수립하는 것이다. 특히 기술 요원은 정비지원과 보급지원 요소에서 판단된 주특기별 인원이 충원되도록 편제 업무에 통합해야 한다.

사. 교육 훈련 및 교보재

종합군수지원에서 교육 훈련 및 교보재 요소는 새로운 무기체계의 전력화 후 효율적인 군수지원을 위하여 운용 및 정비 요원(부대/야전)에 대한 교육 훈련 계획을 수립하여 실시하고, 그리고 주장비 개발 시 이를 패키지화하여 교육 훈련 장비 및 교육 보조재료를 개발·획득하는 활동이다. 정비 요원에 대한 교육 훈련은 신규 무기체계를 운용하기 위한 초도배치전 교육과 전력화 이후 손실 인원을 충당하기 위한 양성교육으로 이루어지며 전력화 요소의 교육 훈련과 연계하여 발전시켜야 한다.

이 요소의 업무 중점은 (1) 시험평가 요원, 기술(정비, 보급) 요원의 교육 훈련 소요 판단, (2) 교육 계획 수립 및 시행, (3) 교육 훈련을 위한 교육 훈련 장비 및 교보재의 소요 판단, 설계, 제작, 획득하여 관리하는 것이다.

아. 기술 제원

기술 제원은 무기체계 개발 및 운용유지에 필요한 제반 문서와 자료를 말한다. 여기에는 주장비, 지원 장비, 훈련 장비, 수송 및 취급 장비, 시설 등의 개발 문서와 생산, 시험, 운영, 정비, 비군사화 등에 사용되는 기술 자료 등을 포함한다. 기술 제원은 주장비 설계 변경, 장비 방침 개정, 군수지원 요소의 변경에 따라 갱신되어 주장비 야전 배치와 동시에 소요되는 기술 자료로 보급되어야 한다.

이 요소 중점업무는 기술 발간물과 자료 소요를 판단하고 획득하는 것이다.

(1) 기술 자료 묶음(TDP: Technical Data Package): 규격서, 도면, 수정 작업명령서, 주유명령서, 검사/시험/교정 절차서, 설치 지시서, 장비 운용 지침서, 점검표 등이다.

(2) 기술 교범: 기본형으로 다음 여섯 가지이다. (1) 사용자 교범, (2) 부대정비 교범, (3) 직접지원 정비 교범, (4) 일반지원 정비 교범, (5) 수리부속품 및 특수 공구 목록 교범, (6) 창정비 작업요구서 및 창정비 검사기준서.

자. 포장, 취급, 저장 및 수송

무기체계의 주장비, 부수 및 지원 장비, 시험계기 등의 요소가 안전하고, 경제적으로 취급, 저장 및 수송될 수 있도록 포장, 취급, 저장 및 수송에 필요한 특성, 요구사항, 제한 사항(안전 규정) 등을 설계에 반영하고 개발하여 획득해야 한다.

차. 시설

무기체계를 훈련, 운용, 정비, 보급하는데 필요한 모든 부동산과 관련 설비 및 장비를 포함하여 무기체계의 설계에 따라 설계 기준이 반영되어야 한다. 무기체계 배치 2년 전부터 토지 매입 및 시설 건설이 시작되어 무기체계 배치 전까지 완료해야 한다.

이 요소의 업무 중점은 무기체계의 시험, 교육 훈련, 보급, 정비, 수송 관련 시설과 이들 시설의 설비 및 취급 장비의 소요를 판단하여 설계하고 건설하는 것이다.

카. 군수관리 전산자료 지원

군수관리 전산자료 지원이란 무기체계의 수명주기(소요결정, 연구개발, 획득, 운영유지)를 통하여 관련 부서(기관)의 관리자가 의사결정에 필요한 군수관리 정보 제공에 요구되는 전산장비 및 제반 프로그램을 개발하고, 운용 인력 및 체제를 구성하고, 관련된 각종 문서 등을 지원하는 활동이다. 이 업무에서 무기체계 개발 및 운영유지 과정을 통하여 ILS 개발자, 관리자에 의해 종합군수지원 요소별, 기능별로 신빙성 있는 제원을 최신화하여 사용할 수 있도록 해야 한다.

종합군수지원 계획서(ILS-P)는 종합군수지원 관리업무를 효율적으로 수행하기 위한 관리문서로 포괄적이며, 목표지향적인 문서다. ILS-P는 체계 개발 단계 초에 최초로 작성되며 체계 개발 과정에서 새롭게 확정된다.

ILS-P를 작성하고 확정하는 절차는 다소 복잡한 과정을 거친다. 이 문서에 포함할 사항은 종합군수지원 요소와 소요, 획득 단계별로 달성해야 할 업무, 종합군수지원과 관련이 있는 전체 기관의 업무 분담과 협조 관계, 일정 계획과 소요 예산 등이 망라되어야 한다. 이들 포함 사항은 무기체계 개발 계획과 연계되어 작성되도록 해야 한다.

참고 3-1 생산 단계 군수지원과 관련한 학습곡선

1. 학습곡선 개념

시스템 설계와 개발이 진행됨에 따라 요구되는 무기체계는 형상으로 규격화되며 이것에 따라 생산 단계에서 양산하게 된다. 무기체계를 양산하는 과정에서 수명주기비용과 관련된 계량적인 개념이 학습곡선이다.

학습곡선에 대한 최초 아이디어는 1920년대 미국의 항공 산업에서 비롯되었다. 비행기 1대당 소요작업시간이 생산대수의 누적에 따라 일정한 비율로 감소하는 현상을 발견하여 이를 학습곡선으로 발전시킨 것이다. 학습곡선은 1936년 Wright에 의해 발표되었는데 그는 학습률에 의한 직접 노동시간을 아래와 같이 표현하였다.

$$U_n = U_1 \cdot n^s$$

여기서, U_n은 n번째 제품의 직접 노동시간
U_1은 첫 번째 제품의 직접 노동시간
n은 생산순서에 따라 번호를 붙여 준 생산단위의 번호
s는 지수함수의 지수이다.

s와 학습률 r은 다음과 같이 정의된다.

$$r = \frac{U_{2n}}{U_n} = \frac{U_1(2n)^s}{U_1(n)_s} = 2^s$$

$$s = \frac{\ln r}{\ln 2}$$

누적생산량이 n에서 2n으로 증가할 때(즉, 2배로 증가) U_n에 대한 U_{2n}의 비율은 일정하며 이 비율을 r이라 한다. 이 r값에 의해서 지수함수의 지수 s가 결정된다. r값을 학습률이라고 한다. 예를 들어 최초 제품 생산에 대한 직접 노동시간은 100시간이라고 하자. 학습률이 90%라고 하면 두 번째 단위의 직접 노동시간은 90시간, 네 번째 단위의 직접 노동시간은 81시간이다.

생산단위에 따른 직접 노동시간은 〈표 3-1〉에 나타나 있다. 학습률이 60%, 70%, 80%, 90%일 때 직접 노동시간을 표시하였다.

학습곡선의 특성은 다음과 같다.

첫째, 학습효과를 기대하기 어려운 기계 공정이나 반복성이 적은 작업에는 적용하기 어렵고 수작업의 비중이 높은 분야에서 유용한 개념이다. 총 작업에 대한 기계 공정의 구성비가 낮을수록 학습률은 낮아지며, 기계 공정의 구성비가 높을수록 학습률은 높아진다. 즉, 생산과정이 job shop 방식이나 수작업에 의한 생산이 많은 항공기나 조선 산업 등에서 학습률은 낮다고 할 수 있다.

둘째, 종업원을 동기화시키는 제도가 부족한 상황하에서는 학습효과가 뚜렷이 나타나지 않을 수도 있다.

셋째, 초기에는 학습효과가 높으나 어느 정도 작업이 진전된 이후에는 학습곡선 적용의 의미를 발견하기 힘들다.

참고 3-1 생산 단계 군수지원과 관련한 학습곡선 (계속)

2. 학습곡선 예제문제

(문제 1) 어느 회사가 비행기의 착륙장치 기기를 제작하고 있다. 첫 번째 조립품이 2,500시간 걸린다. 이 경우 165번째 조립품은 402시간이 걸렸다. 이 경우의 학습률은 얼마인가?

Wright의 공식을 이용해서 학습률을 구할 수 있다.

$U_{165} = 2,500(165)^s = 402$이다.

$(165)^s = 0.1608$

$$s = \frac{\ln 0.1608}{\ln 165} = -0.3579$$

r = 0.7802, 즉 학습률은 약 78%이다.

(문제 2) 어느 회사는 엔진을 다음 3개월 동안 각각 2, 5, 3개를 생산하려고 한다. 첫 번째 제품을 생산하는데 직접 노동시간이 30,000시간 소요되었다. 과거 경험으로 보면 학습률이 81.225%이다. 만약 각 노동자가 한달에 200시간 일한다면 세 번째 달에는 몇 명의 노동자를 필요로 하는가?

먼저 s를 구하고, $U_8+U_9+U_{10}$를 구해보자.

$$s = \frac{\ln 0.81225}{\ln 2} = -0.3$$

$U_8 + U_9 + U_{10} = U_1(8^{-0.3} + 9^{-0.3} + 10^{-0.3}) = 30,000 \times 1.55435 = 46,631$시간을 필요로 한다. 따라서 234명을 필요로 한다.

〈표 3-1〉 학습률에 의한 직접 노동시간

생산단위	0.6	0.7	0.8	0.9
1	1.0000	1.0000	1.0000	1.0000
2	0.6000	0.7000	0.8000	0.9000
3	0.4450	0.5682	0.7021	0.8462
4	0.3600	0.4900	0.6400	0.8100
5	0.3054	0.4368	0.5956	0.7830
6	0.2670	0.3977	0.5617	0.7616
7	0.2383	0.3674	0.5345	0.7439
8	0.2160	0.3430	0.5120	0.7290
9	0.1980	0.3228	0.4929	0.7161
10	0.1832	0.3058	0.4765	0.7047
11	0.1708	0.2912	0.4621	0.6946
12	0.1602	0.2784	0.4493	0.6854
13	0.1510	0.2672	0.4379	0.6771
14	0.1430	0.2572	0.4276	0.6696
15	0.1359	0.2482	0.4182	0.6626

생산단위	0.6	0.7	0.8	0.9
16	0.1296	0.2401	0.4096	0.6561
17	0.1239	0.2327	0.4017	0.6501
18	0.1188	0.2260	0.3944	0.6445
19	0.1142	0.2198	0.3876	0.6392
20	0.1099	0.2141	0.3812	0.6342
25	0.0933	0.1908	0.3548	0.6131
30	0.0815	0.1737	0.3346	0.5963
40	0.0660	0.1498	0.3050	0.5708
50	0.0560	0.1336	0.2838	0.5518
100	0.0336	0.0935	0.2271	0.4966
200	0.0201	0.0655	0.1816	0.4469
300	0.0149	0.0531	0.1594	0.4202
400	0.0121	0.0458	0.1453	0.4022
500	0.0103	0.0408	0.1352	0.3888

참고 3-1 생산 단계 군수지원과 관련한 학습곡선 (계속)

보스톤 컨설팅 그룹의 부사장 콘리는 학습곡선 개념을 수정하여 경험곡선(experience curve)이라는 개념을 발전시켰다. 이는 경험이 직접 노동시간뿐 아니라 경영 활동 전반에 걸쳐 나타나며 이에 따라 총원가의 감소 현상을 설명할 수 있다고 하였다. 경험효과는 다음과 같은 요인에서 발생할 수 있다. (1) 학습, (2) 분업, (3) 제품 및 공정의 개선, (4) 시스템의 합리화, (5) 규모의 경제, (6) 조직의 조정 등이다.

토의문제

1. 획득군수의 개념을 설명해보자. 로지스틱스 공학과 획득군수의 공통점과 차이점은 무엇인가? 획득군수와 종합군수지원의 공통점과 차이점은 무엇인가?

2. 설계 단계에서 군수지원 요소를 고려하여 통합 설계를 왜 해야 하는지 이유를 설명해보자. 군수지원 요소들이 어떻게 설계 통합에 반영될 수 있는지 토의해보자.

3. 종합군수지원 관련 사항을 무기체계 획득 초기 단계부터 가능한 고려해야 한다는 주장이 있다. 이 주장에 동의한다면 어느 단계에서 종합군수지원 계획서가 작성되어야 하는가?

4. 신뢰도 및 하자보증 개념이 무기체계나 장비의 설계와 구매 계약시에 어떻게 활용될 수 있는지를 토의해보자.

5. 자동차의 안전벨트와 에어백 시스템을 비교해보자. 안전벨트의 감지기는 에어백과 같은 방식으로 작동한다. 안전벨트는 에어백보다 더 민감하여 차가 갑자기 멈추었을 때 감지기가 작동하여 안전벨트를 더 조여 줌으로 사고를 예방한다. 만약 에어백이 안전벨트와 같이 민감하다면 자동차 운전 시 어떠한 문제가 발생할 수 있겠는가? 여기서의 교훈이 무기체계 설계와 종합군수지원에 어떻게 반영되어야 하는가?

6. 학습곡선 이론이 무기체계나 장비의 구매 계약시에 어떻게 활용될 수 있는지를 토의해보자.

7. 어느 방산업체는 한국 공군에 50대의 F-ABC 항공기 엔진을 인도하기로 되어있다. 항공기 엔진의 MTBF는 1,000시간으로 설계되어 있다. 신뢰도 검사에 있어 귀무가설은 무엇인가? 이를 밝혀내야 할 책임이 누구에게 있는가? 이 경우 제1종 오류는 무엇인가?

8. 씹는 담배 껌이 폐암과 어떤 관계가 있는지를 연구하고 있다. 여기서 당신이 암예방학회의 회원이라면 귀무가설이라고 생각하는 바가 무엇인지 밝혀라. 제1종 및 제2종 오류가 무엇인가? 당신이 만약 담배회사 사람이라면 제1종과 제2종 오류에 대해 다른 해답을 가졌을 것이다. 이 경우를 토의해보자.

연습문제

1. 레이더 시스템은 목표를 접촉하고 나면 이를 우호적(friendly) 목표와 비우호적(non-friendly) 목표로 분류하여 보고한다. 레이더의 신뢰도는 90%이다. (90%라는 의미는 무엇인가?) 어느 지역에서 목표대상의 99%가 우호적이었다고 가정해보자. 접촉이 이루어지고 난 후 이 목표가 비우호적이라고 분류되었다면 그리고 SAM 미사일은 자동으로 발사되었다.

		미사일 발사 여부	
		No Missile	Missile
실제 상태	우호적	8910	990
	비우호적	10	90

(1) 목표가 비우호적일 확률은 얼마인가?

(2) 제1종 오류와 제2종 오류는 무엇인가?

(3) 만약(what if) 레이더의 신뢰도가 99%로 증가된다면 제1종과 제2종 오류는 어떻게 변하는가?

(4) 레이더 시스템을 설계하는 데 있어서 무슨 요소를 고려해야 하는가?

2. 육군에서는 최근 신병의 입대 후 HIV 바이러스에 감염되었는지를 검사하고 있다. 매년 100,000명을 검사하는데 검사비는 1인당 $10이다. 이 검사는 95% 신뢰할 만하다. 즉, 5% 정도는 감염이 안 되었는데 긍정적(positive)이라는 판정을 받으며 5%는 감염이

되었는데 부정적(negative)라는 판정을 받게 된다. 검사결과가 부정적이라면 신병은 HIV에 감염되지 않았다는 판정을 받게 된다. 만약 신병이 긍정적이라는 판정을 받게 되면 1인당 $200의 종합진단 검사를 다시 받게 된다. 종합검사 결과는 100% 신뢰할 만하다고 가정해보자. 그런데 감염자가 부정적이라는 판정을 받는 경우, 군은 나중에 $100,000의 손실을 입게 된다. 의학적 연구에 의하면 3%의 신병이 HIV 바이러스에 긍정적이라고 가정해보자. 새로운 검사방법을 도입하려고 한다. 검사는 99% 신뢰할 만하나 비용은 1인당 $20이 소요된다. 새로운 검사방법을 도입해야 하는가?

3. WCA(West Coast Aircraft Corp)의 계약사례를 살펴보자. WCA사는 미 공군에 T-7000 전투훈련기 250대의 납품계약을 원한다. 계약방식은 경쟁입찰로 책임성이 높은 최저가격 입찰자에게 낙찰하는 것이다. T-7000 항공기의 재료비는 대당 $25,000이다. 직접 노무비는 $100,000이다.

(1) WCA사의 최초 계약입찰가격은 얼마인가? 최저 이익률은 판매가의 25%로 가정한다. 대당 판매 가격과 계약입찰가격은 대당 재료비에 직접 노무비를 합한 가격이다.

(2) 이 가격이 WCA사가 제안할 수 있는 최저 입찰가격이라고 할 수 있는가? 만약 WCA사가 유일한 입찰자라면 미국 공군은 계약을 맺었을 것인가?

4. (주)한국상사는 한국 육군의 전차 ○○기종에 사용되는 1,000개의 연료펌프를 공급하는 계약을 체결하였다. 펌프의 수명은 정규 분포를 이루며 평균 8년, 표준편차 3년이다. 펌프의 인도 후 처음 2년 동안에 발생하는 고장은 회사가 하자보증(warranty) 책임이 있다. 수리 건당 평균 $3,000이 소요된다. 한국상사는 연료펌프에 공급에 있어 2개의 옵션을 제안하고 있다. 각 옵션 비용은 같다. 어느 옵션이 회사 측으로 볼 때 더 바람직하며 이를 위해 얼마나 지불할 수 있겠는가?

옵션 1: 펌프의 수명평균을 1년 더 증가시키는 것
옵션 2: 수명의 표준편차를 1년 감소시키는 것

이 문제에서의 교훈은 무엇인가?

5. ○○ 엔진회사는 F-00기의 엔진을 제작하고 있다. 회사는 지난 3개월간 매달 3개의 엔진을 제작하였다. 첫째 엔진을 제작할 때 직접 노무시간이 80,000시간 소요되었으

며 노무비 예산은 70% 학습곡선에 기초하였다. 그러나 지난 3개월의 기간 동안 80%의 학습율이 달성되었다. 노무비 예산은 시간당 $40이다. 지난 3개월간 노무비 예산은 얼마나 과다 혹은 과소 추정되었는지를 나타내보자.

참고문헌

방위사업청, 무기체계 RAM 업무지침, 2013.10.

육군 군수사령부, 군수지원분석 실무지침서, 2009.2.27.

육군본부, 군수지원분석 실무지침서, 2009.2.4.

육군본부, ILS 종합발전계획, 2009.6.30.

김철환, 송인출, 디지털시대의 경영관리: 시스템 엔지니어링, (문원출판, 2000)

전건욱 편저, 시스템 신뢰도, (두남, 2012)

정용길, 종합군수지원 이론과 실제, (북코리아, 2008)

최명진, 김호용, 양재경, 종합군수지원 개론, (양서각, 2013)

Defense Acquisition University, *System Engineering Fundamentals*, (001), 권용수 (편역), 시스템 엔지니어링 입문, (아이워크북, 2007)

INCOSE SEH Working Group, *System Engineering Handbook: A 'HOW TO' Guide for All Engineers, INCOSE2*, 민성기, 권용수, 김의환 (역), 시스템 엔지니어링 핸드북, (시스템체계공학원, 2006)

B.S. Blanchard, *Logistics Engineering and Management,* 4th ed., (Prentice Hall, 1992), 삼성탈레스 (역), 군수공학 및 관리, (학연문화사, 2008)

J.J. Jones, *Integrated Logistics Support Handbook,* 2nd ed., (McGraw-Hill, 1995), 삼성탈레스 (역), ILS 핸드북, (학연문화사, 2008)

T.A. Barnes, *Logistics Support Training: Design and Development,* (McGraw-Hill, 1992)

B.S. Blanchard, *Logistics Engineering and Management,* 6th ed., (Prentice Hall, 2004)

J.R. Canada, W.G. Sullivan, and J.A. White, *Capital Investment Analysis for Engineering and Management,* 2nd ed., (Prentice Hall, 1996)

W.J. Fabrycky and B.S. Blanchard, *Life-Cycle Cost and Economic Analysis,* (Prentice Hall, 1991)

J.J. Jones, *Integrated Logistics Support Handbook,* 2nd ed., (McGraw-Hill, 1995)

J.D. Patton Jr., *Logistics Technology and Management, The New Approach,* (The Solomon Press, 1986)

제4장 군수지원분석: RAM 분석

시스템 군수지원과 관련한 로지스틱스 공학, 획득군수, 종합군수지원, 군수지원분석 등의 개념을 이해하기 위해 필수적으로 필요한 것이 RAM 분석이다. RAM 분석을 잘 이해해야 시스템 공학에서 군수와 관련한 부분을 이해할 수 있으며, 군수지원분석의 세부 분석 기법과 내용을 이해할 수 있다. 1절은 RAM 분석 정의와 목적을 살펴본다. 2, 3, 4절은 RAM 요소인 신뢰도, 정비도, 가용도 각각의 정의와 개념을 살펴본다.

제1절 RAM 분석 정의와 의의

1. RAM 분석 정의

RAM이란 신뢰도(Reliability), 가용도(Availability), 정비도(Maintainability) 영문 머릿글자를 조합한 약어로 어떤 시스템이 고장이 날 확률, 가용성의 정도, 정비 업무량 및 시간을 측정하는 척도로 활용한다. RAM 분석은 신뢰도, 가용도, 정비도를 예측하고 분석하는 활동을 수행하여 (1) 시스템 설계를 평가하여 설계를 개선하거나 대안을 도출하며, (2) 수명주기간 시스템의 효과적이고 경제적인 운영을 보장할 수 있는 군수지원분석의 기반을 제공한다.

RAM은 시스템 수명주기와 해당 주기의 이해관계자에 따라 서로 다른 의미를 부여하고 있다. 먼저 시스템 설계 단계에서 설계자에게 RAM은 무기체계 및 장비의 품질, 설계 형상, 기술 및 공학 관리와 관련된 설계 기준 및 설계 개선 대안을 평가하는 데 활용한다.

획득 단계에서는 RAM을 활용하여 군수지원 요소별로 소요를 판단하고 이를 개발 확보하도록 해주며 획득 이후 운영유지비를 예측할 수 있게 한다. 운영유지 단계에서 RAM은 군수관리자에게 인력, 수리부속, 지원 장비 등의 군수자원과 지원 업무를 배분하는 도구로 활용할 수 있다.

2. RAM 분석의 의의

RAM 분석이 무기체계 획득 초기 단계부터 중요한 이유는 다음과 같다.

첫째, 신뢰도가 높은 무기체계를 야전에 배치함으로 불가동시간을 최소화하며 궁극적으로 전투력 증강에 기여할 수 있다. 정비 단계별로 RAM 요소값을 정확하게 산출하여 예비품, 수리부속 등의 정비 및 보급 요구에 대해 사전 준비를 가능하게 한다. 또한 정비의 효율성을 증가시킬 뿐만 아니라 고장을 미연에 방지할 수 있으므로 시스템의 성능을 향상시킬 수 있다. 또한 예방정비를 통하여 각종 사고를 사전에 예방할 수 있다.

둘째, RAM 분석을 적용하여 수명주기비용을 절감함으로써 효과성과 경제성을 보장할 수 있다. RAM 분석을 수행하면 시스템의 설계 및 시험 비용이 더 소요될 수 있으나 군수지원 능력 향상을 통하여 시스템의 운영 및 지원 비용을 감소할 수 있으므로 시스템 가용도는 증가시키는 반면 수명주기비용 측면에서 절감효과를 기대할 수 있다.

셋째, 획득 단계 의사결정 대안의 근거를 제공할 수 있다. 대안별로 RAM 분석을 통하여 계량적 근거에 의한 의사결정이 이루어질 수 있다. RAM 분석을 통해 설계 대안을 평가하여 건전한 의사결정의 기반을 제공할 수 있다.

제2절 신뢰도

신뢰도는 고장과 관계되는 요소로 이는 최종적으로 정비도와 관계가 있다. 주어진 품목의 정비 빈도는 그 품목의 신뢰도에 따라 좌우되며 일반적으로 시스템의 신뢰도가 높을수록 정비 빈도는 감소하게 된다.

1. 신뢰도 함수

신뢰도란 어떤 특정의 시스템이 규정된 환경 조건하에서 고장이 없이 일정 기간 동안 성능을 발휘할 수 있는 확률이다. 어떤 시스템이나 부속품이 생산 과정에서 동일하게 제작되었다 하더라도 부품의 수명이나 고장 발생은 어떤 특정 분포를 이루고 있어 확률을 이용할 수밖에 없다.

시스템이 고장이 발생하기 전까지 시간을 나타내는 확률 변수를 t라고 하면 주어진 시간 [0, t] 동안의 신뢰도 함수 R(t)는 다음과 같다.

$$R(t) = 1 - F(t)$$

여기서 F(t)는 시간 t까지 시스템에 고장이 발생할 확률로서 F(t)는 누적고장 분포 함수이다. 만약 확률 변수 t의 확률밀도함수가 f(t)라면 신뢰도는 다음과 같이 표현된다.

$$R(t) = 1 - F(t) = \int_t^{\infty} f(t)dt$$

고장까지의 시간은 음성지수 분포에 의해 설명된다고 하면 확률밀도함수는 다음과 같다.

$$f(t) = \frac{1}{\theta}e^{-t/\theta}$$

여기서 e는 자연대수, t는 해당되는 시간, 그리고 θ는 평균수명이다. 평균수명 θ는 고려되고 있는 품목들의 수명에 대한 산술평균이다. 그렇다면 신뢰도 함수 R(t)는 다음과 같이 고쳐 사용할 수 있다.

$$R(t) = \int_t^{\infty} \frac{1}{\theta}e^{-t/\theta}dt = e^{-t/\theta}$$

여기서 신뢰도가 음성지수 분포를 이루고 있다면 θ는 고장 간 평균시간(MTBF: Mean Time Between Failure)이다. 일반적으로 여러 부품으로 구성된 시스템은 정상적인 조건하에서 음성지수 분포에 근사한 수명 분포를 따르고 있다. 이 경우 시스템의 신뢰도는 다음과 같이 표현된다.

$$R(t) = e^{-t/\theta} = e^{-\lambda t}$$

여기서 λ는 고장률(failure rate)이다. 만약 어느 품목의 고장률이 일정하고, 그 품목의 신뢰도가 0.4라고 해보자. 이 의미는 시스템의 고장이 없이 주어진 수명 동안 성능을 발휘할 확률이 0.4라는 뜻이다. 평균수명과 고장률은 역수의 관계를 가지고 있다.

$$\lambda = \frac{1}{\theta}$$

예제 4-1 어떤 레이더 전자 제품의 부품 평균수명은 300시간의 음성지수 분포를 이룬다. 이 경우 전자부품이 운영 이후 200시간 동안에 고장이 발생하지 않을 확률은 얼마인가?

$$\lambda = 1/300$$

$$R(t) = e^{-\lambda t} = e^{-(1/300)(200)} = 0.5134$$

0.5134의 의미는 이 전자부품이 운영되고 나서 200시간 동안 성능이 성공적으로 발휘될 확률이 51.34%라는 것이다.

---

2. 고장률의 계산과 의의

가. 고장률의 계산

고장률은 주어진 단위 시간 동안에 고장이 발생할 확률이며 다음과 같이 계산한다.

λ = 고장 발생횟수/총운영시간

다음 두 가지 경우에서 고장률을 계산하는 방법을 고려해보자.

예제 4-2 어느 시스템에 소모성 구성품이 5개 있다. 이 시스템을 특정 운영 조건하에서 시험하고 있으며 고장은 다음과 같이 발생하였다.

첫 번째 구성품은 운영 후 50시간에 고장이 났다. 두 번째 구성품은 240시간에 고장이 났다. 세 번째 구성품은 520시간에 고장이 났다. 전체 운영 시간은 3,000시간이었다. 이 경우의 고장률은 다음과 같다.

$$\lambda = \frac{3}{3000} = 0.001$$

고장률은 시간당 0.001이다.

예제 4-3 어느 장비의 운영 주기가 480시간이다. 이 운영 주기 동안 다음과 같은 장비의 불가동시간이 발생하였다. 120시간 사용 후 10시간 예방정비, 40시간 운영 후 고장이 발생하여 10시간 고장정비, 70시간 운영 후 고장이 발생하여 5시간 고장정비, 120시간 운영하여 다시 10시간의 예방정비, 30시간 운영 후 고장이 발생하여 5시간 고장정비, 20시간 운영 후 고장이 발생하여 20시간 고장정비를 실시하고 나머지 20시간을 운영하였다.

〈그림 4-1〉 예제 시스템 운영 주기

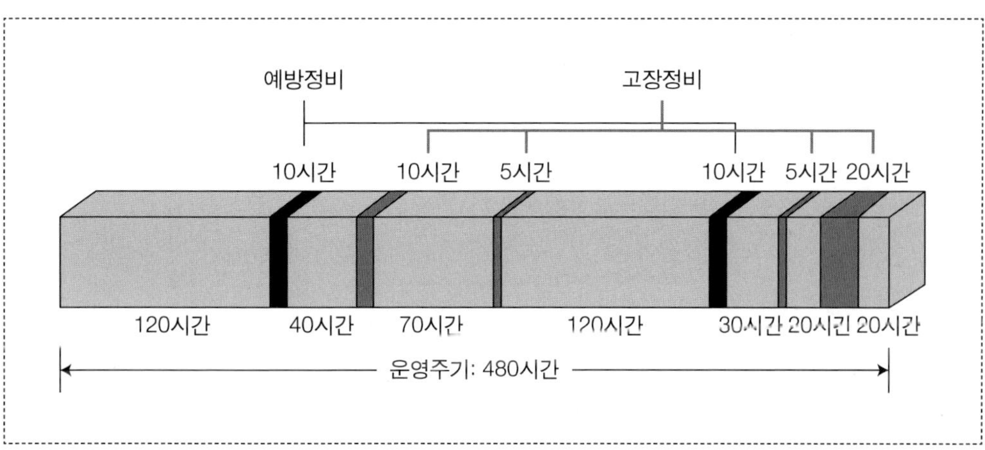

고장률은 장비의 불가동시간을 제외한 운영 시간 중에서 고장이 발생한 횟수를 계산한 것이다. 운영 시간은 420시간이며 이 중에서 고장은 4번이 발생하였다. 따라서 고장률은 다음과 같다.

$$\lambda = \frac{4}{420} = 0.00952$$

고장 발생 분포를 음성지수 분포로 가정하면 시스템의 평균수명 혹은 고장 간 평균시간은 다음과 같다.

$$\text{MTBF} = \frac{1}{\lambda} = \frac{1}{0.00952} = 105\text{시간이다.}$$

나. 고장률의 의의

미 공군은 6.25전쟁 당시 항공기 소요가 높았다. 당시 항공기는 일정 기간이 도래하면 항공기 전체를 분해하여 다시 재조립하는 오버홀(overhaul)을 수행해야 했는데 소요가 높은 관계로 일부 항공기는 오버홀을 생략하고 작전에 투입하였다. 그런데 오버홀을 실시한 항공기보다 오버홀을 수행하지 않은 항공기의 고장이 더 적었다. 이러한 결과는 당시로서는 이해할 수 없는 상식 밖의 일이었다. 왜 이러한 일이 발생하는가?

이를 설명하기 위해서는 고장률이 발생하는 분포를 이해할 필요가 있다. 고장률이 음성지수 분포를 이루고 또한 시스템의 설계가 성숙되어 있다면, 시스템이 정상적으로 가동되고 있는 상태에서 고장률은 상대적으로 일정하다. 다시 말하면, 장비가 생산되고 시스템이 운영을 위해 배치·설치되는 초기에는 고장이 많이 발생하게 된다. 설치 초기에는 구성품의 변동 발생, 잘못된 조립, 제조 과정의 실수 등으로 고장이 상대적으로 많이 발생한다. 설치 초기의 고장률은 기대한 것보다 높을 수 있으며 이 추세는 점차 낮아지다가, 시스템이 안정화 되면서 일정하게 된다. 그러다가 시스템 사용기간이 길어지면 수명이 다하

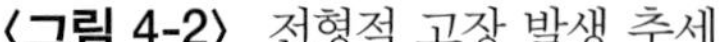
〈그림 4-2〉 전형적 고장 발생 추세

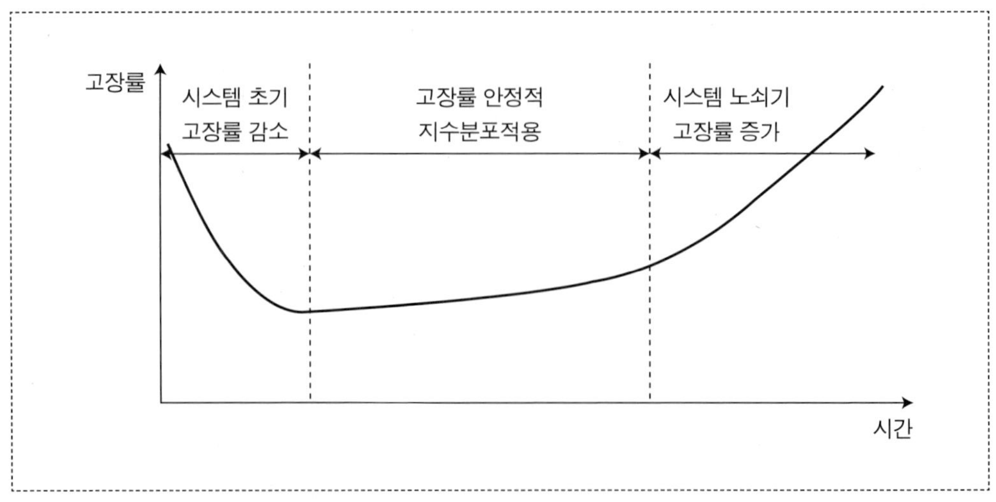

〈그림 4-3〉 전자 및 기계 장비 고장 발생 추세

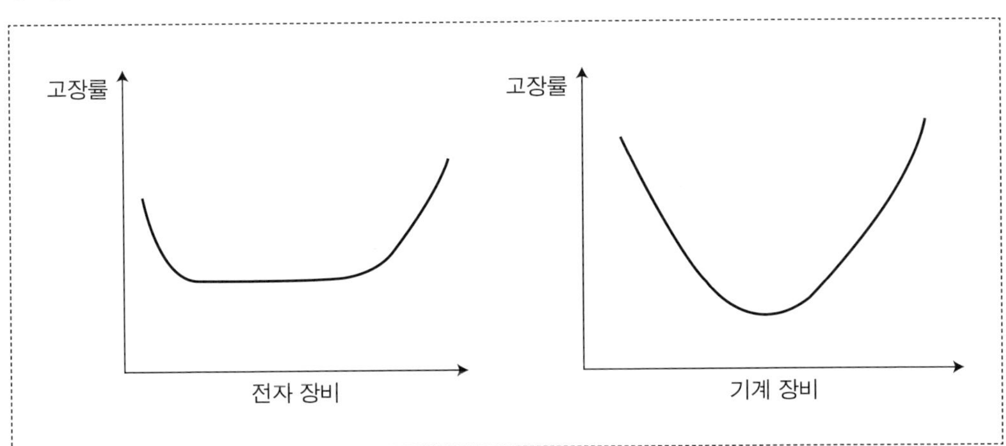

거나 마모되어 어느 때부터 고장률이 증가하게 된다.

고장률은 일반적으로 목욕 욕조(bath tub)와 같은 추세로 발생하고 있으나, 그 모양은 시스템 종류와 운영 실적에 따라 다르다. 만약 시스템을 계속적으로 수정 변경한다면, 고장률은 안정화 단계에 접어들지 못할 것이다. 따라서 전자 장비나 기계 장비의 고장률 발생 추세는 상대적인 관점에서 추세를 대변하고 있을 뿐이다.

소프트웨어 고장률은 하드웨어와 달리 여러 요소에 의해 영향을 받으며 사용 중에 계속적인 오류 수정 작업(debugging)과 버전(version)의 최신화 작업이 반복된다. 따라서 고장률 추세는 톱니바퀴처럼 발생하게 된다.

고장률은 고장 발생 정도를 파악하며 신뢰도를 계산해줄 수 있는 장점이 있다. 또한 고장률은 하자보증(warranty)에 대한 의사결정을 하는데 유용하다. 기계 제품과 전자 제품의 경우, 품목의 안정화 유무에 따라 하자보증 수리 기간을 책정하는데 유용한 자료가 된다. 전자 제품의 경우 고장률이 안정화된 시점에서 하자보증 기간을 늘려도 생산자에게는 고장으로 인해서 큰 부담이 되지 않으며 오히려 제품의 신뢰성을 증가시킬 것이다.

3. 신뢰도 모델

시스템의 신뢰도는 해당 시스템이 어떤 신뢰도 모델로 구성되느냐에 따라 달리 계산된다. 즉, 시스템이 직렬, 병렬, 혹은 혼합형으로 구성되어 있느냐에 따라 신뢰도가 달라진다.

가. 직렬시스템

직렬시스템이란 시스템 내의 어느 한 품목만 고장이 나도 전체가 작동하지 않는 시스템을 말한다. 예를 들어 3개의 하부 시스템으로 구성된 시스템이 있다면 전체 시스템의 신뢰도는 다음과 같다.

$$R_{전체} = (R_A)(R_B)(R_C)$$

〈그림 4-4〉 직렬시스템

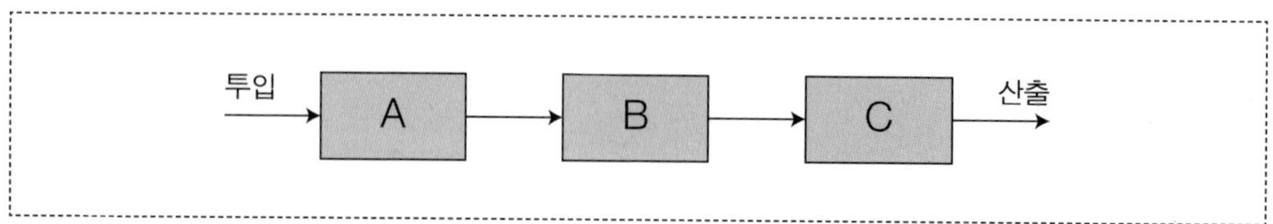

예를 들어 어느 통신 시스템이 수신기. 송신기, 전원 장치로 구성된다고 하자. 하부 시스템의 신뢰도가 각각 0.95, 0.9, 0.7이라면 통신 시스템의 전체 신뢰도는 다음과 같이 계산한다.

$$R_{전체} = (0.95)(0.9)(0.7) = 0.5985$$

시스템이 직렬로 구성되어 있다면 신뢰도가 최악인 하부 시스템의 신뢰도가 전체 시스템의 신뢰도를 지배하게 된다. 앞의 예에서 수신기, 송신기의 신뢰도가 각각 0.95, 0.9로 상대적으로 높지만 전원 장치 신뢰도가 0.7로 낮아서 전체 신뢰도는 낮아지게 된다. n개의 하부 시스템으로 구성된 시스템의 신뢰도와 고장률은 다음과 같다.

$$R_{전체} = (R_1)(R_2)\cdots(R_n)$$

$$\lambda_{전체} = \lambda_1 + \lambda_2 + \cdots + \lambda_n$$

$$MTBF = 1/(\lambda_1 + \lambda_2 + \cdots + \lambda_n)$$

$$R_{전체} = e^{-(\lambda 1 + \lambda 2 + \cdots + \lambda n)t}$$

나. 병렬시스템

병렬시스템이란 시스템에서 하나의 하부 시스템만 작동해도 전체가 작동하는 시스템을 말한다. 만약 3개의 하부 시스템이 병렬로 구성되어 있다면 전체 시스템의 신뢰도는 다음과 같다.

〈그림 4-5〉 병렬시스템

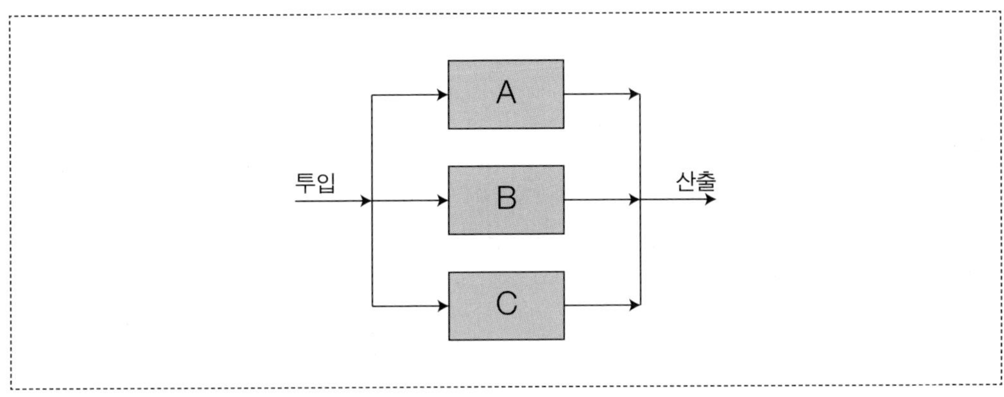

$R_{전체} = 1 - (1 - R_A)(1 - R_B)(1 - R_C)$

만약 하부 시스템이 모두 동일하다면 전체 시스템의 신뢰도는 다음과 같다.

$R_{전체} = 1 - (1 - R_{하부})^3$

만약 하부 시스템이 n개가 있으며 모두 동일하다면 전체 시스템의 신뢰도는 다음과 같다.

$R_{전체} = 1 - (1 - R_{하부})^n$

예제 4-4 〈예제 4-1〉의 계속이다. 어떤 레이더 전자 제품의 부품 평균수명은 300시간의 음성지수 분포를 이룬다. 200시간의 작동에서 고장이 날 확률을 0.01이하로 제한하려고 한다. 이 부속품을 병렬로 한다면 몇 개가 필요한가?

$0.99 = 1 - (1 - R_{하부})^n$

$R_{하부} = 0.5134$

$(1 - 0.5134)^n = 0.01$

$n ≒ 6.214$

다. 직·병렬 혼합시스템

직렬과 병렬이 혼합되어 있는 시스템의 신뢰도는 유형에 따라 다음과 같다.

(유형 a) $R_{전체} = R_1(1 - (1 - R_2)(1 - R_3))R_4$

(유형 b) $R_{전체} = (1 - (1 - R_1)(1 - R_2)) \cdot (1 - (1 - R_3)(1 - R_4))$

(유형 c) $R_{전체} = 1 - (1 - R_1 \cdot R_3) \cdot (1 - R_2 \cdot R_4)$

〈그림 4-6〉 직·병렬 혼합시스템

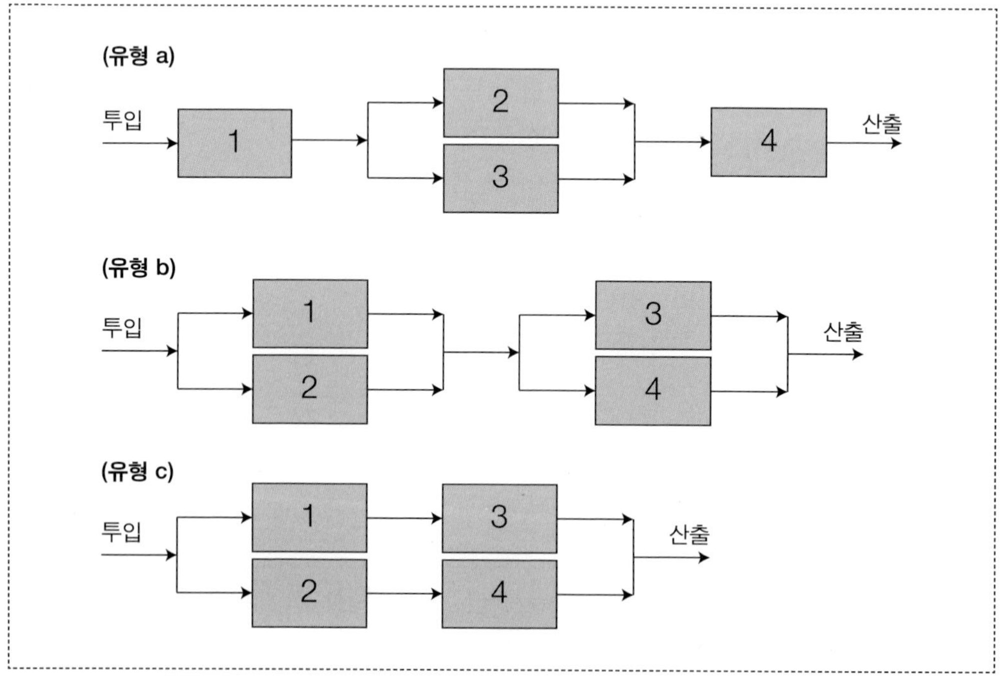

라. 다중 중복 대기 시스템

어느 시스템은 평소에 1개가 운용되면 작동이 되나, 고장이 나면 여분의 대기 부품이 기능을 인계받아 수행하도록 하는 다중 중복(multiple redundancy) 구조를 가질 수 있다. 〈그림 4-7〉과 같은 시스템은 2개의 품목으로 구성된 이중 중복 대기 시스템으로 A가 고장이 나면 B로 스위치가 연결되어 B가 작동하게 된다.

〈그림 4-7〉 이중 중복 대기 시스템

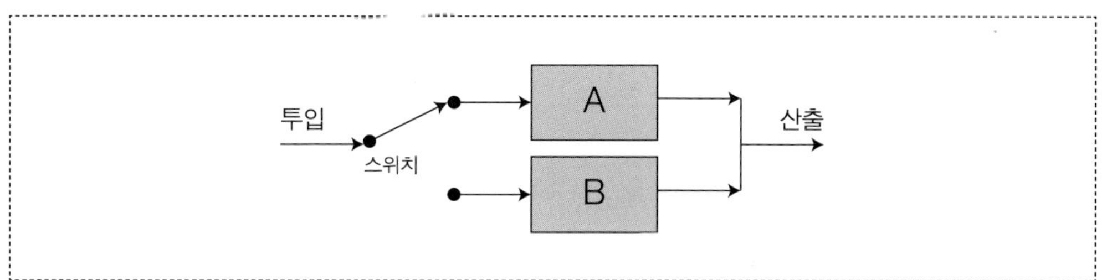

〈그림 4-7〉에서 하부 시스템 A, B가 동일하다고 할 경우 전체 시스템의 신뢰도는 다음과 같다.

$$R = e^{-\lambda t} + (\lambda t)e^{-\lambda t} = (1 + \lambda t)e^{-\lambda t}$$

중복이 없는 시스템보다 이중 중복 대기 시스템의 신뢰도가 1 + λt 만큼 증가하게 된다. 시스템이 n개의 동일 구성품으로 구성된 다중 중복 대기 시스템의 신뢰도는 다음과 같다. 이는 누적 포아송 분포 방정식을 구하는 것과 같다.

$$R = e^{-\lambda t}\left(1 + \lambda t + \frac{(\lambda t)^2}{2!} + \cdots + \frac{(\lambda t)^{n-1}}{(n-1)!}\right)$$

예제 4-5 TPS-65 레이더의 송신기, 수신기, 신호 처리기를 구성하는 채널은 이중 중복 대기 방식으로 구성되어있다. 이들 각 채널의 고장률이 0.0001일 때, 레이더를 2,400시간 무중단 운영할 경우의 신뢰도를 구해보자.

$$R = (1 + 0.0001 \times 2400)\ e^{-(0.0001 \times 2400)} = 0.9754$$

마. n개중 k개 작동 시스템

n개의 하부 시스템 가운데 k개 이상이 작동하는 경우에만 전체 시스템이 작동하는 구조의 시스템을 n개중 k개 작동 시스템이라 한다. 각각의 품목 신뢰도를 R_o이라 하면 전체 시스템의 신뢰도는 다음과 같다.

$$R = \sum_{x=k}^{n} {}_nC_x R_o{}^x (1 - R_o)^{n-x}$$

여기서 k=1이면 병렬시스템이 되고 k=n이면 직렬시스템이 된다.

예제 4-6 3중 모듈 중복(TRM: Triple Modular Redundancy) 구조는 컴퓨터 시스템 설계에 자주 사용된다. 품목 중에서 2개 이상이 작동하면 정상이다. 이 경우의 시스템 신뢰도는 다음과 같다.

$$R = \sum_{x=2}^{3} {}_3C_x R_o{}^x (1 - R_o)^{n-x} = {}_3C_2 R_o{}^2 (1 - R_o) + {}_3C_3 R_o{}^3 (1 - R_o)^0 = 3R_o{}^2 - 2R_o{}^3$$

제3절 정비도

정비도는 신뢰도와 함께 가용도를 산출하는데 필요한 요소이다. 먼저 정비도의 의미를 살펴보고 난 후, 정비도 평가를 위하여 정비 시간을 기준으로 한 척도, 정비 인시를 기준으로 한 척도, 정비 빈도를 기준으로 한 척도, 정비 비용을 기준으로 한 척도 등에 대해 살펴보겠다.

1. 정비도의 의미

신뢰도에서 중요한 것은 내구도(durability)이다. 어디에서나 쉽게 사용할 수 있고 기능이 좋은 제품이라도 장기간 사용하지 못한다면 제품의 기본적인 목적을 달성할 수 없다. 장기간 사용이란 단순히 오래 사용하는 것이 아니라 요구되는 사용기간 동안 그 기능을 충분히 발휘하면서 사용할 수 있다는 의미이다. 시스템이나 장비 수명이 오래간다는 의미의 내구도는 신뢰도나 고장까지 평균시간(MTTF: Mean Time To Failure)을 이용하여 측정한다. 고장이 적다는 의미의 내구도는 고장률이나 고장 간 평균시간을 이용하여 측정한다.

시스템이나 일반 소비재에서 단순히 내구도를 향상시키는 것은 비용 측면에서 무의미할 수 있다. 수명이 짧고 고장이 일어나기 쉬워도 그 고장이 시스템에 대하여 치명적이 아니며 또 즉시 수리할 수 있는 고장이라면 시스템을 사용하는데 큰 문제가 발생하지 않는다. 결국 내구도가 적더라도 빨리 수리할 수 있다면 사용에는 문제가 없다. 이러한 관점에서 제2의 신뢰도라고 불리는 정비도를 고려해야 한다. 즉, 얼마나 빨리 고칠 수 있느냐의 척도인 정비도가 신뢰도와 함께 고려되어야 한다.

정비도는 규정 시간 내에 성능이 보장된 형태로 정비나 수리를 종료할 확률이라고 정의하고 있다. 그러나 고장이 난 후 얼마나 빨리 고칠 수 있냐는 척도인 정비 시간만으로 시스템을 평가하는 것은 충분하지 못한 경우가 있다. 왜냐하면 사용 중의 고장이 사용자에게 치명적인 피해나 재산상의 손실을 가져올 수 있기 때문이다. 그런 의미에서 고장 발생 횟수나 정비 빈도 등의 척도가 시스템의 정비도 평가에 있어 중요할 수 있다.

〈그림 4-8〉 운영 주기 구성

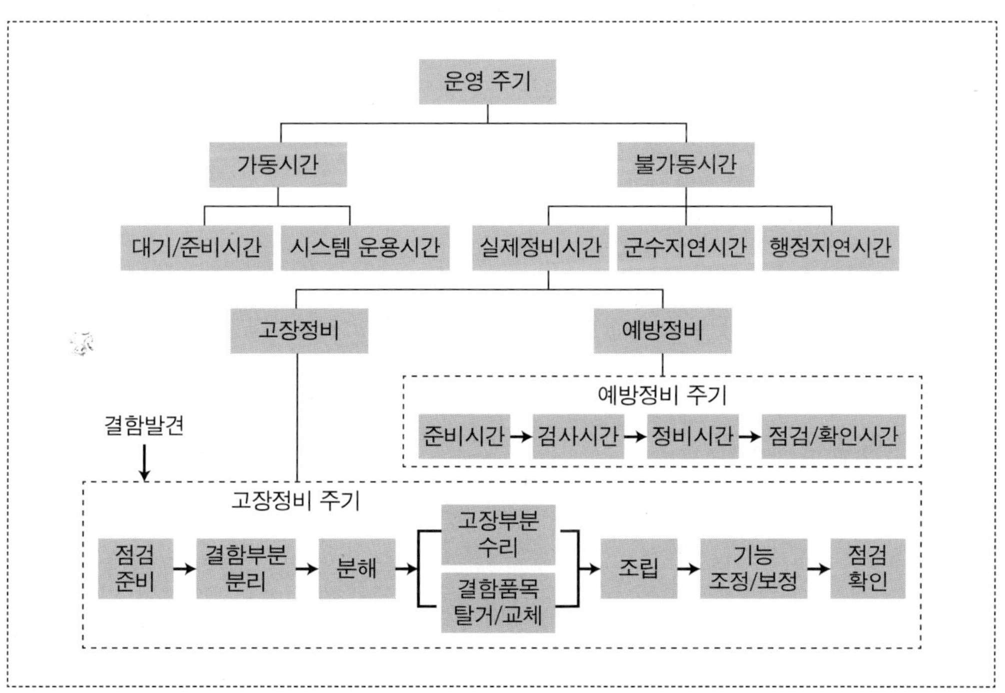

2. 정비 시간의 평가

정비는 고장정비와 예방정비로 분류할 수 있다.

고장정비는 고장의 결과 발생하는 계획되지 않은 정비로 비계획 정비(unscheduled maintenance)라고도 하며, 정비를 통해 시스템이 요구되는 성능으로 회복시키는 활동이다. 고장정비는 고장 발견과 파악, 분해, 수리, 제거 및 교체, 재조립, 기능 점검과 조정, 최종 검사 등의 과정을 거치며 진행된다.

예방정비는 시스템이 규정된 수준의 성능을 유지할 수 있도록 계획된 정비 활동으로 계획 정비(scheduled maintenance)라고 한다. 예방정비 활동은 주기적 검사, 서비스 제공, 보정, 상태 점검, 핵심 부품의 교체를 포함한다.

정비도를 시간으로 평가하는 척도는 평균 고장정비시간, 평균 예방정비시간, 평균 실제정비시간, 평균 불가동시간 등을 사용한다. 정비 시간이 짧을수록 정비도가 뛰어나다는 평가를 하게 된다.

가. 평균 고장정비시간

어떤 시스템이 고장이 났을 때 수리하고 복구하기 위해서는 일련의 수리 과정이 필요하다. 일련의 수리 과정 동안 총 소요되는 시간을 평균한 것이 평균 고장정비시간($\overline{M}$ct: Mean Corrective Maintenance Time)이다. 이를 수식으로 표현하면 다음과 같다.

$$\overline{M}\text{ct} = \frac{\sum_{i=1}^{n} Mct_i}{n} = \frac{\text{총고장정비시간}}{\text{고장정비횟수}}$$

여기서 n은 고장정비 활동 총빈도이며, Mct_i는 i번째 고장정비시간이다.

나. 평균 예방정비시간

예방정비는 장비 및 물자를 항시 사용 가능한 상태로 유지하고 조기에 결함을 발견하여 이를 시정하기 위한 주기적인 검사와 손질을 행하며, 계획에 의해 주요 품목을 교체, 조정, 완전 분해하는 활동을 말한다. 평균 예방정비시간($\overline{M}$pt: Mean Preventive Maintenance Time)은 예방정비 과정에 소요되는 평균시간을 말하여 수식으로 다음과 같이 표현한다.

$$\overline{M}\text{pt} = \frac{\sum(fpt_i)(Mpt_i)}{\sum(fpt_i)} = \frac{\text{총예방정비시간}}{\text{예방정비횟수}}$$

여기서 fpt_i는 예방정비 활동 빈도이며 Mpt_i는 i번째 예방정비 소요시간이다.

다. 평균 실제정비시간($\overline{M}$)

평균 실제정비시간은 예방 및 고장정비를 실시하는데 소요되는 가중 평균시간으로 다음과 같이 표현된다.

$$\overline{M} = \frac{(\lambda)(\overline{M}\text{ct}) + (f_{pt})(\overline{M}\text{pt})}{\lambda + f_{pt}} = \frac{\text{총정비시간}}{\text{총정비횟수}}$$

라. 평균 불가동시간

평균 불가동시간(MDT: Mean Down Time)은 평균 실제정비시간($\overline{M}$)과 지연시간으로 구성된다. 지연시간은 군수지연시간(LDT: Logistics Delay Time)과 행정지연시간(ADT: Administrative Delay Time)으로 구성된다. 군수지연시간은 정비·수리, 시험 및 점검을 위해 이용 가능한 수리부속품을 현재 보유하고 있지 않을 때나 정비 시설과 인력이 부족할 때, 수리부속품의 보급과 정비를 위해 대기하는 시간이다. 행정지연시간은 정비가 행정적 처리나 업무로 인해 지연되는 시간으로 정비 인력 및 시설 배정 절차, 정비 인력의 태업이나 파업, 조직 내의 제약 요인 등으로 발생하는 지연시간이다.

3. 정비 인시의 평가

정비도를 평가하는 요소나 척도는 정비 시간이 얼마나 경과하느냐에 따라 평가할 수 있지만 정비 인력의 능력에 따라서도 평가할 수 있다. 정비 성능 평가를 정비 인시(MLH: Maintenance Labor Hours)와 연관되어 평가할 수 있다. 정비 인시는 정비공 1명이 1시간동안 작업할 수 있는 작업량이다.

정비 인시를 평가하는 척도는 다음과 같다.

(1) 시스템 운영 시간당 정비 인시(MLH/OH: Operating Hour)

(2) 시스템 운영 주기당 정비 인시(MLH/cycle)

(3) 월별 정비 인시(MLH/month)

(4) 정비 행위당 정비 인시(MLH/MA: Maintenance Action)

정비 인시의 각 평가 요소는 평균값으로 계산한다.

4. 정비 빈도의 평가

신뢰도 지수인 MTBF와 λ는 신뢰도를 측정하는 중요한 지표이며 고장정비 소요를 결정하는 기준이 된다. 따라서 신뢰도와 정비도는 밀접한 관계를 갖는다고 할 수 있다. 고장정비 소요를 최소화하기 위해서는 정비도에 관련된 사항이 시스템 설계에 포함되고 고려되어야 한다.

정비도는 시스템을 지원하는 데 있어 고장정비 소요와 관련되어 있으며, 또한 예방정비 소요를 최소화할 수 있도록 시스템의 설계와도 관련되어야 한다. 그래서 시스템 신뢰도를 향상시키기 위해 예방정비 소요를 시스템 설계에 추가하기도 한다. 고장 발생을 감소시키기 위해 구성품 교체를 하는 예방정비 활동을 더 짧은 시간간격으로 하게 되면 시스템 전체 신뢰도를 향상시킬 수 있지만 비용은 증가하게 된다. 또한 너무 빈번한 예방정비 활동은 어떤 경우는 시스템 신뢰도에 부정적 영향을 주기도 한다. 따라서 정비도 수준은 최소한 전체 비용 측면과 고장정비와 예방정비 간의 적절한 균형을 유지할 수 있는 선에서 결정되어야 한다.

정비 빈도의 평가는 (1) 정비 간 평균시간(MTBM: Mean Time Between Maintenance), (2) 교체 간 평균시간(MTBR: Mean Time Between Replacement) 두 가지 척도를 사용한다.

가. 정비 간 평균시간

고장정비와 예방정비를 포함한 모든 정비 행위간의 평균시간을 의미하며 다음과 같이 계산한다.

$$\mathrm{MTBM} = \frac{1}{(1/\mathrm{MTBM}_u) + (1/\mathrm{MTBM}_s)} = \frac{\text{총운영시간}}{\text{총정비횟수}}$$

여기서 MTBM_u는 비계획(unscheduled: 고장) 정비 간 평균시간을 의미하며, MTBM_s는 계획(scheduled: 예방) 정비 간 평균시간을 의미한다. $\mathrm{MTBM}_u = 1/\lambda$, $\mathrm{MTBM}_s = 1/fpt$이다.

나. 교체 간 평균시간

교체 간 평균시간은 품목 교체 간 평균 소요시간으로 이를 가지고 수리 부속품의 수요를 결정하며, 또한 MTBM의 값을 결정지을 수 있는 중요 요소이다. 고장정비나 예방정비에서 구성품의 교체 없이 정비 행위가 이루어지는 경우가 많이 발생한다. 그래서 정비 간 평균시간은 정비횟수를 결정하지만 교체 간 평균시간은 수리부속품의 군수지원 소요를 결정하는 모수가 된다. 따라서 시스템 설계에 있어 정비도 목표중의 하나는 MTBR을 가능한 최대화하는 것이다.

〈그림 4-9〉는 정비현장에서 당면할 수 있는 가상의 고장정비 발생이다. 시스템 수준에서 총 100번의 고장정비 행위가 있다. 각 정비 행위는 MTBM 척도 계산에 포함되며 정비 인시를 요구한다. 정비 행위 중에서 80건은 시스템 중 복구성 품목의 교체를 요구하게 된다. 이 교체 행위는 MTBR 척도 계산에 포함되며 복구성 품목의 소요를 결정하게 된다. 정비를 위해 탈거된 복구성 품목은 야전정비(I-level 정비)로 보내져 이중 상당수가 고장이 발생되었다는 것이 확인되었다. 창정비(D-level 정비) 수준까지 전체 고장정비 100건 중에서 34건이 최종적으로 결함이 없는 것으로 판명된다. 신뢰도는 우선적으로 MTBF 척도와 연관되어 있으나 정비도는 MTBM과 MTBR과 관련되어 있다.

〈그림 4-9〉 가상 시스템의 고장정비

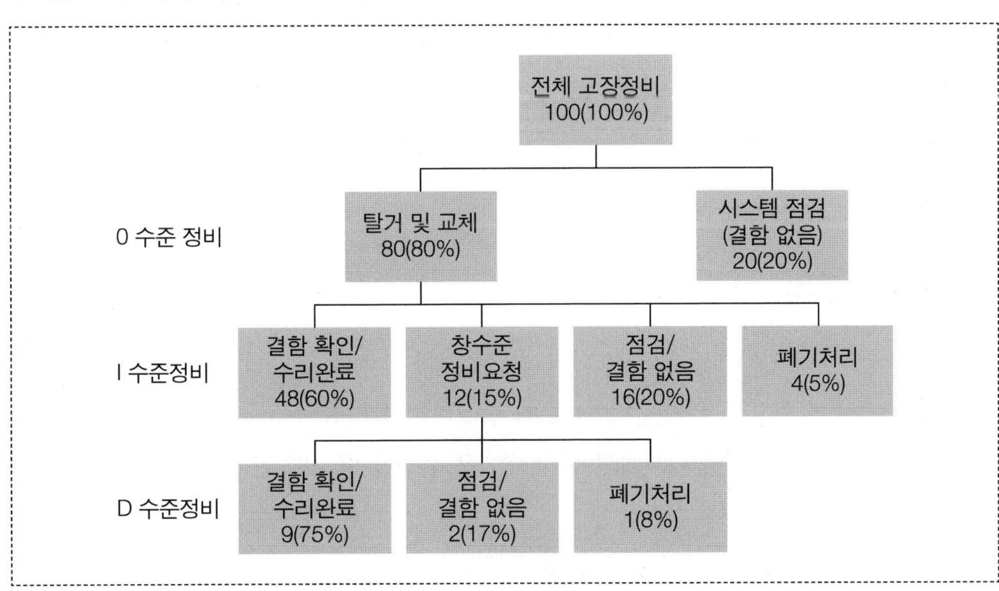

5. 정비 비용의 평가

일반적으로 대다수의 시스템이나 제품에 있어 정비 비용이 전체 수명주기비용 중에서 그 비중이 가장 높다. 그리고 정비 비용은 시스템 연구개발의 초기 단계에서 이루어진 시스템 설계에 따라 결정된다고 할 수 있다. 따라서 총 수명주기비용은 시스템의 소요를 정의하는 초기부터 주요 설계 변수로서 고려되어야 할 것이다. 비용과 관련하여 다음의 정비 비용에 대한 척도가 사용되고 있다.

(1) 정비 행위당 비용($/MA)
(2) 시스템 운영 시간당 정비 비용($/OH)
(3) 월별 정비 비용($/month)
(4) 정비건당 정비 비용($/mission)

제4절 가용도

가용도란 어떤 시스템이 임의의 시점에 가동상태에 있을 확률을 뜻하며, 신뢰도와 정비도에 의해 결정된다.

가용도는 불시에 임무를 부여받았을 때 가용될 수 있는 정도를 나타낸다. 무기체계의 경우 전투준비태세(readiness) 척도로 사용되며 운용 환경에 따라 고유가용도(Ai: Inherent Availability), 달성가용도(Aa: Achieved Availability), 운영가용도(Ao: Operational Availability)로 구분한다.

1. 고유가용도

고유가용도란 계획(예방)정비 없이 규정된 조건하에서 가동상태에 있을 확률을 말한다. 체계 자체의 고유 속성으로 인한 고장 때문에 발생하는 불가동시간을 고려한 값이다. 고유가용도는 체계 개발 단계에서 체계의 설계 개념을 설정할 때 이용된다.

$$Ai = \frac{\text{MTBF}}{\text{MTBF} + \overline{M}\text{ct}} = \frac{\text{총운영시간}}{\text{총운영시간+총고장정비시간}}$$

2. 달성가용도

성취가용도라고도 하며 고유가용도에 예방정비시간을 추가로 고려하여 가동상태에 있을 확률을 말한다. 체계 자체의 직접적인 원인인 고장정비와 예방정비와 관련된 불가동시간을 고려한 값이다. 달성가용도는 체계 개발이 활발히 수행되는 단계로부터 최초 운영 능력 확인 단계까지 적용한다.

$$Aa = \frac{\text{MTBM}}{\text{MTBM} + \overline{M}} = \frac{\text{총운영시간}}{\text{총운영시간} + \text{총고장정비시간} + \text{총예방정비시간}}$$

3. 운영가용도

시스템을 가동할 수 없는 경우는 시스템 자체의 직접적인 원인에 의해서가 아니라 간접적인 원인에 의할 수도 있다. 정비와 관련한 시스템 불가동의 간접적인 원인이란 수리 부속품의 보급을 위한 행정시간, 수송시간, 대기시간을 포함하는 것이다. 따라서 운영가용도는 현실적으로 발생할 수 있는 모든 불가동시간을 고려한 값으로 체계 운영 시에 적용된다.

$$A_o = \frac{\text{MTBM}}{\text{MTBM} + \text{MDT}} = \frac{\text{uptime}}{\text{uptime} + \text{downtime}}$$

$$= \frac{\text{총운영시간}}{\text{총운영시간} + \text{총정비시간} + \text{총지연시간}}$$

여기서, MDT(Mean Down Time): 평균 불가동시간

불가동시간: 실제정비시간 + 군수지연시간 + 행정지연시간

군수지연시간(LDT: Logistics Delay Time)

행정지연시간(ADT: Administrative Delay Time)

운영가용도는 시스템이나 장비가 실제 운영 환경과 규정된 조건하에서 사용될 때, 임의의 시점에서 만족스럽게 작동할 확률이다. 운영가용도를 구하기 위해서는 시스템의 운용형태를 종합하고 임무 유형을 식별해야 하며 또한 고장 간 평균시간을 식별해야 한다. 운영가용도는 시스템의 종류, 전투준비태세의 요구조건에 따라 달라지며 장비가동률, 작

전가능률(MCR: Mission Capable Rate)과 유사한 개념이다.[1]

연구개발에 있어서 주개발업체는 가용도 척도를 시스템 설계 소요를 반영하는 데 활용할 수 있다. 주개발업체에서 주로 관심을 가지는 가용도는 운영가용도가 아니다. 이는 운영가용도에 영향을 미치는 정비나 군수 운영 환경에 대한 통제권을 주개발업체가 가지지 못하기 때문이다. 이들 주개발업체들은 고유가용도나 달성가용도 척도에 더 관심을 가지며 이들 가용도에 포함된 요소를 시스템 설계에 반영하고자 한다. 그러나 시스템을 실제 운영 환경에서 평가하기를 원한다면 운영가용도 척도를 활용해야 할 것이다.

예제 4-7 〈예제 4-3〉에서 λ, fpt, MTBF, MTBM, $\overline{M}$ct, $\overline{M}$pt, $\overline{M}$, A_i, A_a를 구해보자.

$$\lambda = \frac{\text{고장정비횟수}}{\text{총운영시간}} = \frac{4}{420} = 0.00952$$

$$\text{fpt} = \frac{\text{예방정비횟수}}{\text{총운영시간}} = \frac{2}{420} = 0.00476$$

$$\text{MTBF} = \frac{1}{\lambda} = \frac{1}{0.00952} = 105\text{시간}$$

$$\text{MTBM} = \frac{1}{\lambda + f_{pt}} = \frac{1}{0.00952 + 0.00476} = 70\text{시간}$$

$$\overline{M}\text{ct} = \frac{\text{총고장정비시간}}{\text{고장정비횟수}} = \frac{(10 + 5 + 5 + 20)}{4} = \frac{40}{4} = 10\text{시간}$$

$$\overline{M}\text{pt} = \frac{\text{총예방정비시간}}{\text{예방정비횟수}} = \frac{(10 + 10)}{2} = \frac{20}{2} = 10\text{시간}$$

$$\overline{M} = \frac{\text{총정비시간}}{\text{총정비횟수}} = \frac{(40 + 20)}{(4 + 2)} = \frac{60}{6} = 10\text{시간}$$

$$\text{Ai} = \frac{\text{MTBF}}{\text{MTBF} + \overline{M}\text{ct}} = \frac{105}{105 + 10} = 0.91304$$

$$\text{Aa} = \frac{\text{MTBM}}{\text{MTBM} + \overline{M}} = \frac{70}{70 + 10} = 0.87500$$

---

1 운영가용도, 장비가동률, 작전가능률 등 가용도 관련 성과 지표는 제15장 성과 지표에 자세하게 설명되어 있다.

토의문제

1. 무기체계의 개념 형성 단계, 소요 제기 단계, 설계 단계에서 RAM 분석의 역할과 의의를 토의해보자.

2. 신뢰도, 정비도, 가용도의 관계는 무엇인가?

3. 운영가용도와 MTBM의 관계는 무엇인가? MTBM이 증가한다고 하여 운영가용도가 향상되는가?

   다음의 예를 들어 설명해보자. 예를 들어 MTBM은 100시간이며 MDT는 20시간이다. 설계를 향상하여 MTBM을 130시간으로 향상하였다. 즉, MTBM이 30% 증가하였는데 이 경우 운영가용도는 어떻게 변화하는가? MDT를 30% 감소한다면 14시간이다. 운영가용도는 어떻게 변화하는가?

4. 장비 불가동시간을 감소시킬 수 있는 방법은 무엇인가? 장비 불가동시간을 감소하는데 프로세스 리엔지니어링이 기여하는 바는 무엇인가를 논의해보자.

5. 가용도 중에서 어느 척도가 사용자의 입장에서 바람직한 것인가? 또는 어느 척도가 공급자(vendor)의 입장에서 바람직한 것인가? 그리고 가용도를 통해 궁극적으로 달성하고자 하는 목표는 무엇인가?

연습문제

1. 어느 비행단의 FX대대는 20대의 비행기로 구성되어 있다. 비행대대의 비행기 20대가 내일 아침 6시까지 임무 비행 준비가 되어 있을 확률을 구해보자.

   고장률은 시간당 0.004이며, 총운영시간은 10,000시간, 총정비 횟수는 50회이며, 평균 불가동시간은 50시간, 예방정비 평균시간은 6시간, 행정지연시간과 군수지연시간은 30시간이다. Ai, Aa, Ao, MTBM, MTBF, $\overline{M}$, $\overline{M}$ct를 구해보자.

2. (1) 대전차 파괴조 요원 1명이 전차 1대를 파괴하는 임무를 부여받았다. 그는 LAW 60(대전차파괴용 휴대무기로 1발 장착) 3대를 가지고 적 전차를 300m 지점에서

요격하고자 한다. 한발을 쏘고 나서 다음 번 발사까지 5초 소요된다. 첫째 탄 발사 후 명중할 확률은 p1이다. 만약 첫째 탄이 명중하지 못하면 두 번째 탄에서 명중할 확률이 p2이다. 만약 두 번째 탄에서도 명중하지 못하면 세 번째 탄이 명중할 확률이 p3이다. 전차가 파괴될 확률을 구해보자.

(2) 대전차 파괴조를 3명으로 늘렸다. 파괴조에서는 동시에 3발을 발사하고자 한다. 첫째 사수가 명중할 확률이 p1, 둘째 사수가 명중시킬 확률이 p2, 셋째 사수가 명중할 확률이 p3이다. 전차를 파괴할 확률을 구해보자.

(3) (2)번 문제에서 p1, p2, p3값이 각각 0.5, 0.4, 0.3이다. 즉, 1번 사수의 명중률이 제일 높다. (1)번 문제에서 p1, p2, p3값이 각각 0.5, 0.4, 0.3이라는 주장이 있다. 첫째 탄 발사 후 상대전차가 파괴조에 대응하는 시간이 12초 소요되기 때문에 3대 이상은 발사할 수 없다. (1)번 문제에서는 가장 사격을 잘하는 사수를 동원하더라도 사수가 두 번째, 세 번째 발을 동일 전차에 발사할 경우 전차가 자기를 발견하고 대응사격을 할 시간이 초탄 발사 후 12초이기에 두 번째 탄부터 사수가 초조해져서 명중확률이 저하된다는 것이다. 당신이 전차저지조 부대의 지휘관이라면 어떠한 전술을 채택할 것인가?

3. (1) 전투기 획득 사업에 있어 쌍발 엔진과 단발 엔진 간에 어느 기종이 좋으냐는 논쟁이 있다. 1대의 쌍발 전투기가 ㅇㅇ기지에서 전략 지점으로 최고 비밀로 분류된 임무를 수행하기 위해 출격하였다. 엔진의 고장 간 평균시간은 100시간으로 지수분포를 이룬다. 문제를 단순화하기 위해 각 엔진은 독립적으로 운영되기에 고장은 서로 독립적이라고 가정한다. 음성지수 분포는 포아송 분포와 거울(mirror)과 같은 것으로 앞의 자료를 포아송 분포로 해석하면 100시간에 평균 1회의 고장이 발생한다는 것이다. 쌍발 엔진기는 2개의 엔진이 모두 고장이면 조종사는 비상탈출을 시도한다. 1대의 엔진에 고장이 발생하면 다른 1대를 작동하여 기지에 정상적으로 귀환할 수 있다. 단발 엔진기는 고장 간 시간간격이 쌍발기의 2배로 200시간이다. 단발 엔진기의 경우는 200시간에 1번의 고장이 발생한다는 것이다. 이 임무의 작전 시간은 5시간이다. 임무 후 ㅇㅇ기지로 귀환할 확률을 각각 구하고 쌍발 엔진기와 단발 엔진기의 성능을 귀환율이라는 관점에서 비교해보자.

(2) 이 작전에서 각각 3대의 단발, 쌍발 엔진기를 출격시켰다. 각 기종에 있어 3대 모두 귀환할 확률은 얼마인가?

4. 어느 신문에 F-16의 고장과 관련하여 다음의 기사가 났다.

> "단발 엔진기인 F-16이 쌍발 엔진 전투기보다 엔진 결함에 의한 추락 가능성이 최고 7배나 높은 것으로 밝혀졌다. 5일 미 공군 안전센터 자료에 따르면 지난 96-2000년 F-16은 엔진 결함으로 14대가 추락했으나 같은 기간 쌍발 엔진 F-15는 1대가 엔진 결함으로 추락했다. … 10만 시간당 엔진 결함에 의한 추락은 F-16이 1.32대인 반면 F-15는 0.18대에 불과해 F-16이 F-15보다 7배나 높은 추락률을 기록한 것으로 파악됐다. … 조선일보, 2002.3.6.(수) 2면"

(1) MTBF 역수 λ는 주어진 시간 동안 고장률이라고 할 수 있다. 비행시간 중 엔진 고장이 나면 모두 추락한다고 가정해보자. 10만 시간당 F-16 엔진 신뢰도는 얼마인가?(힌트: 신뢰도는 $R(t)=e^{-\lambda t}$로 음성지수 분포이다. $\lambda=1/MTBF$, t는 단위시간이다) 음성지수 분포는 포아송 분포와 거울(mirror)과 같은 것으로 포아송 분포에서 x=0의 값이 R(t)와 일치한다. $f(x) = (\lambda t)^x e^{-\lambda t}/x!$

(2) F-15와 F-16에 임무가 주어졌다. 각 작전 임무는 4시간의 비행시간이 요구된다. 각 기종이 엔진 결함으로 추락하지 않고 기지에 귀환할 확률을 구해보자.

5. 군용차량 ○○은 특수 타이어를 사용하고 있다. 확률 변수 X는 특수 타이어의 수명(단위 10,000km)이고 이의 확률밀도함수(p.d.f.)는 다음과 같다.
힌트: 아래의 확률 분포는 삼각확률 분포라 한다.

$$\mu = E[x] = \int_a^b xf(x)dx, \quad Var[x] = \int_a^b (x-\mu)^2 f(x)dx$$

$$f(x) = \begin{cases} ax, & 0 \leq x \leq 5 \text{ (단위는 10,000km)} \\ (-1/7)x+b, & 5 \leq x \leq 7 \\ 0, & \text{otherwise} \end{cases}$$

(1) a, b 두 값은 각각 얼마인가?

(2) 타이어의 수명이 50,000km 이상일 확률은 얼마인가?

(3) 타이어의 수명이 60,000km 이하일 확률은 얼마인가?

(4) 타이어 수명의 기대값을 구해보자.

(5) 타이어 수명의 표준편차를 구해보자.

6. 3대의 F-16기들이 어떤 목표 지점을 폭격하려고 한다. 각 비행기는 1개의 폭탄을 투하할 수 있다. 목표지점에 명중할 확률은 각각이 0.6, 0.5, 0.3이다. 독립을 가정하고 목표지점에 최소한 한 번은 명중될 확률은 얼마인가? 명중되지 않을 확률은 얼마인가?

7. 전술 무인 항공기 시스템은 지상통제 시스템, 데이터 터미널, 비행체로 구성되어 있다 비행체(AV: Air Vehicle)는 엔진, 프로펠러, 운항컴퓨터로 구성되어 있다. 만약 지상통제 시스템과 데이터 터미널 둘 중 하나가 고장이 발생한다면 비행체의 운항은 프로그램된 운항컴퓨터에 의존하여 비행한다. 그래서 지상통제 시스템과 데이터 터미널 그리고 비행체의 운항컴퓨터 둘 모두가 고장이 나고 엔진, 프로펠러가 고장이 나면 비행체는 운항할 수 없다. 각 시스템의 MTBF는 다음과 같다. 지상통제 시스템 100시간, 데이터 터미널 500시간, 운항컴퓨터 1,000시간, 엔진 500시간, 프로펠러 250시간이다. 각 부속품들이 독립적이라고 가정한다. 비행체가 10시간 임무 동안 고장이 발생하지 않을 확률은 얼마인가?

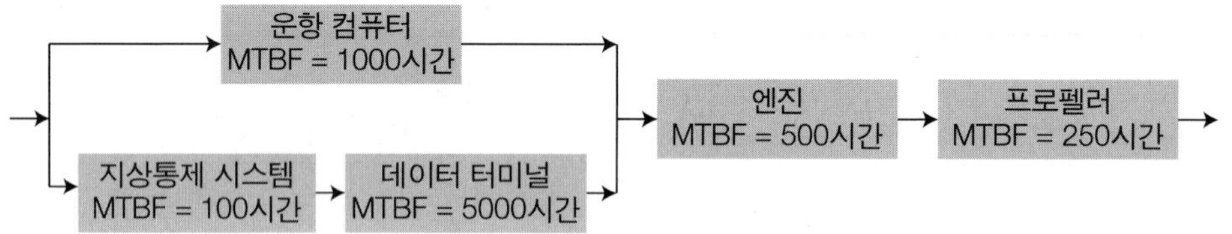

8. 어느 통신정보 수집시스템 ABC는 3개 하위 시스템 A, B, C로 구성되어 있으며 직렬로 연결되어 있다. 시스템의 신뢰도 및 정비도 요소는 다음과 같다.

시스템 ABC: Ao= 0.80, MTBF=200 hours, $\overline{M}$ct=5.00, fpt=0.05, $\overline{M}$pt=1.0

하위 시스템A: MTBF=800 hours, $\overline{M}$ct=(?), fpt=0.01, $\overline{M}$pt=1.5

하위 시스템B: MTBF=800 hours, $\overline{M}$ct=8, fpt=0.01, $\overline{M}$pt=(?)

하위 시스템C: MTBF=(?) hours, $\overline{M}$ct=2, fpt=(?), $\overline{M}$pt=0.5

(1) 빈칸을 채워보자.

(2) ADT+LDT 및 시스템의 Ai, Aa를 구해보자.

(3) ABC 시스템이 10시간 동안 운영될 때, 임무 성공 확률은 얼마인가?

(4) ABC 시스템 5대가 있다. 시스템은 항공기에 장착되어 10시간 동안 운영된다. 5대 중에 최소 3대가 운영될 확률은 얼마인가? 4대가 운영될 확률은 얼마인가? 5대 모두 운영될 확률은 얼마인가?

9. 전술 무인 항공기(UAV) 체계는 통제 체계와 몇 개의 비행체(AVs)로 구성되어 있다. 통제 체계는 현시장비, 전력 공급장치, 전력 발생장치, 에어컨, 지시/통제기로 구성되어 있다. 다섯 가지 하위 구성단위 중의 어느 하나라도 고장이 발생하면 통제 체계의 운영 능력은 상실하게 된다. 비행체의 주요 구성단위로 엔진, 프로펠러, 항법컴퓨터가 있다. 엔진이나 프로펠러 중 하나의 고장은 운항중인 비행체의 상실로 이어진다. 만약 통제장치가 고장이 나더라도 비행체의 사전 프로그램화된 항법컴퓨터를 사용하여 기지로 복귀할 수 있다. 그러나 작전 중 통제장치와 항법컴퓨터 둘 다 고장이 난다면 비행체는 상실된다. 각 구성단위의 MTBF는 지수 분포를 이루며 각 구성단위의 운영은 상호 독립적이라고 가정해보자.

통제 체계 신뢰도: 현시장비(2,000시간), 전력 공급장치(2,000시간), 전력 발생장치(1,000시간), 에어컨(1,000시간), 지시/통제기(500시간)

비행체(AV) 신뢰도: 엔진(500시간), 프로펠러(2,000시간), 항법컴퓨터(500시간)

(1) 20시간 임무기간 동안 비행체 하나가 상실될 확률을 구해보자.

(2) 만약 통제 체계의 한 구성단위가 고장이 났다고 가정해보자. 고장을 복구할 때까지 평균 13.158시간이 소요된다. 비행체 운영 담당 작전장교는 통제 체계의 운영 가용도가 최소 95%가 보장되기를 기대한다. 만약 당신이 신뢰도 향상을 위해 한 구성단위를 선택할 권한이 있다고 가정해보자. 어느 구성단위를 선택하여 그것의 MTBF를 어느 정도 향상할 것인가? 예방정비는 수행하지 않는다고 가정해보자.

10. 다음 시스템을 도해로 표현해보자.

$$R_{전체} = R_a \cdot (1 - (1 - R_e) \cdot (1 - R_b \cdot (1 - R_c)^2)) \cdot R_d$$

11. OMS/MP에서 A 장비 운영시간이 720시간이다. 연간 총 시간은 365일×24시간이다. 다음은 장비 정비 시간이다.

<table>
<tr><th colspan="2" rowspan="2">구분</th><th colspan="2">총정비 시간</th><th rowspan="2">행정 및 군수지연 시간</th></tr>
<tr><th>계</th><th>횟수</th></tr>
<tr><td rowspan="5">예방정비</td><td>주간</td><td>112</td><td>28</td><td rowspan="5">–</td></tr>
<tr><td>월간</td><td>32</td><td>8</td></tr>
<tr><td>분기</td><td>16</td><td>2</td></tr>
<tr><td>반년/연간</td><td>16</td><td>2</td></tr>
<tr><td>소계</td><td>176</td><td>40</td></tr>
<tr><td rowspan="3">고장정비</td><td>부대정비</td><td>30</td><td>15</td><td>260</td></tr>
<tr><td>지원정비</td><td>30</td><td>10</td><td>200</td></tr>
<tr><td>소계</td><td>58</td><td>25</td><td></td></tr>
<tr><td colspan="2">계</td><td>236</td><td>65</td><td>460</td></tr>
</table>

(1) 이 장비의 Ai, Aa, Ao 그리고, MTBF, MTBM, $\overline{M}$ct, $\overline{M}$pt, $\overline{M}$, fpt을 구해보자.

(2) 이 장비 운영유지비를 계산하고자 한다. 어떤 자료가 필요한지 그리고 그 자료를 어디서 구할 수 있는지 자료원(source)을 설명해보자.

참고문헌

방위사업청, 무기체계 RAM 업무지침, 2013.10.

육군 군수사령부, 군수지원분석 실무지침서, 2009.2.27.

육군본부, 군수지원분석 실무지침서, 2009.2.4.

B.S. Blanchard, *Logistics Engineering and Management,* 4th ed., (Prentice Hall, 1992), 삼성탈레스 (역), 군수공학 및 관리, (학연문화사, 2008)

J.J. Jones, *Integrated Logistics Support Handbook,* 2nd ed., (McGraw-Hill, 1995), 삼성탈레스 (역), ILS 핸드북, (학연문화사, 2008)

B.S. Blanchard, *Logistics Engineering and Management,* 6th ed., (Prentice Hall, 2004)

J.J. Jones, *Integrated Logistics Support Handbook,* 2nd ed., (McGraw-Hill, 1995)

제5장 시스템 공학과 군수

무기체계인 시스템은 주장비(primary equipment)만 잘 운영된다고 하여 시스템 요구사항이나 소요를 충족할 수 없다. 시스템을 운영하는데 필요로 하는 시험 및 지원 장비, 시설 등 주요 기능적 요소뿐 아니라 운영 개념, 인력과 조직, 정보시스템 등 비기능적 요소도 잘 구축되어 연계될 필요가 있다. 시스템 공학이란 시스템 운영을 위한 구조 요소, 조직 구조, 정보의 흐름 및 통제 기구 등을 분석하여 목표 달성을 극대화할 수 있는 시스템을 설계하고 개선하는 기술이라고 할 수 있다. 시스템 공학에서는 시스템 운영에 필요한 모든 요소의 최적 균형을 달성하기 위하여 전체 개발 단계 동안 순환(feed back) 활동을 통하여 제품과 프로세스의 지속적인 개선 활동이 일어나도록 해야 한다.

5장은 군수 본질 중의 하나인 시스템 준비와 지속성 유지를 위해 어떻게 시스템 공학을 시스템 군수지원과 연계할 것인지를 다룬다. 1절은 시스템 공학의 개념과 적용 절차를 살펴본다. 2절은 시스템 공학의 적용 사례를 살펴본다.

제1절 시스템 공학 목표와 적용 절차

1. 시스템 공학의 목표

시스템 공학의 목표는 다음과 같다.

(1) 시스템 전체 수명주기 간의 요구사항을 가능한 초기에 식별하여 이를 반영한다.
(2) 사용자 요구사항을 체계적 규격으로 변환시킨다.
(3) 시스템을 획득하는 과정에 획득 비용·일정·성능 목표 달성을 조율하고 통합한다.
(4) 시스템 획득 과정에 시험평가와 분석을 통해 위험을 확인하고 감소시킨다.
(5) 시스템과 연동되는 다른 시스템과의 인터페이스와 호환성을 보장한다.

시스템 공학은 이러한 목표를 달성하기 위해 설계·개발 과정에 하향식(top-down)이며 종합적인 수명주기 접근 방법을 적용한다. 새로운 시스템의 소요나 필요가 확인될 때 하향식 프로세스 절차를 수행한다.

2. 시스템 공학 8단계 추진 과정

1단계: 문제 정의 및 필요성 분석 단계

시스템에 대한 운영 소요가 개발되거나 결정되기 전에 무엇이 필요한가에 대한 정의가 먼저 명확하게 되어야 한다. 현재 운영되는 시스템이 있다면 시스템 성능이나 수명주기비용을 개선하려는 욕구나 요구가 있어야 하며 문제 정의 단계에서 이를 충족하기 위한 수단이나 방법을 광범위하게 정의할 필요가 있다. 필요성 분석에서는 광범위하게 정의된 사용자 요구사항에 대하여 시스템 수준에서 좀 더 구체적인 소요로 발전시켜야 한다.

2단계: 실현가능성 분석 단계

시스템 공학 추진 첫 단계에서 문제를 명확하게 정의하고 필요성을 해결할 수 있는 시스템 전체 수준의 사용자 요구사항을 도출하였다. 이후 이 요구사항을 충족시킬 수 있는 기술적 대안이나 설계 요구 등에 대한 실현가능성 분석(feasibility analysis)을 수행해야 한다. 실현가능성 분석을 통해 (1) 소요를 충족할 수 있는 다양한 설계 방법론을 식별할 수 있어야 하며, (2) 여러 방법론 중에서 성능, 효과, 군수지원 소요, 수명주기비용 등을 기준으로 가장 최선의 방법론을 평가할 수 있어야 하며, (3) 이 결과 가장 선호하는 방법론을 추천할 수 있어야 한다.

실현가능성 분석 결과는 시스템 운영뿐 아니라, 생산·건설, 정비 및 지원 소요의 결정에 있어서 영향을 줄 것이다. 선택된 기술 대안은 신뢰도 및 정비도와 관련성을 가지며, 비축 대상 물자의 재고 수량과 장비 점검을 위한 소요, 수명주기비용 등 군수지원 요소에도 영향을 미칠 것이다.

3단계: 운영 소요의 개발과 결정 단계

사용자에 의하여 요구된 소요는 시스템적으로 분석해야 한다. 시스템의 필요성과 이를 해결하기 위한 기술적 방법론을 확인하면 좀 더 구체적인 운영 소요를 개발하고 결정해야 한다. 운영 소요를 구체적으로 개발하기 위해서 임무 및 기술 분석을 한 다음 기능 요구, 성능 요구, 물리적 형상으로 구분하여 필요한 규격을 형상화해야 한다.

운영 개념 속에 포함하여 개발해야 할 요소는 다음과 같다.

(1) 시스템이 수행해야 할 임무의 정의: '시스템은 무엇을 달성해야 하는가?', '시스템이 그 목적을 어떻게 달성할 수 있는가?' 등의 질문에 대한 답이 필요하다.
(2) 성능 및 물리적 파라미터(parameter) 설정: 시스템의 기능과 운영 특성에 대한 정의가 필요하다. 시스템의 규모, 무게, 범위, 정확도, 용량 등 물리적 파라미터에 대한 계량적 값을 설정해야 한다.
(3) 운영 배치 및 분배: 장비, 소프트웨어, 인력, 시설 등의 수량에 대한 식별과 이들의 수송과 이동 소요를 포함한 물리적 설치 지점을 결정해야 한다.
(4) 운영 수명주기: 시스템의 기대되는 운영 수명주기를 결정해야 한다.
(5) 활용 소요: 시스템의 일일 운영 시간, 운영 주기, 운영 능력과 사용자에 의한 운영 방법을 결정해야 한다.
(6) 효과성 요인: 시스템의 비용 대 효과, 운영가용도, 전투준비태세, 군수지원 효과도, 정비간 평균시간, 평균 불가동시간, 고장률, 시설 활용률 등의 지표를 포함한다.
(7) 운영 환경: 시스템이 운영되는 자연환경(온도, 습도, 고도, 북극이나 열대 등)과 운영 환경(지상, 해상, 공중, 전파 방해 사항 등)이 식별되어야 한다.

운영 소요 개발 단계에서 운용 개념서(OCD: Operational Concept Document)와 운용형태종합/임무유형(OMS/MP: Operational Mode Summary/Mission Profile)이라는 문서를 사용하고 있다. 두 문서는 운영 소요를 개발하는 데 도움이 되는 문서이지만 다음과 같은 차이가 있다.

운용 개념서는 시스템 공학 핸드북에서 공식적으로 사용하는 문서로 사용자 운용 개념(CONOPS: CONcept of OPerationS)으로부터 시스템 임무 요구사항을 도출한 문서이다. 운용 개념서로부터 시스템 운영요구를 포함하는 운용 요구서(ORD: Operational Requirement Document)를 작성하고 시스템 규격서로 연결하게 된다.

운용형태종합/임무유형은 미국 국방획득 분야 소요기획 단계에서 개발능력문서(CDD: Capability Development Document)와 생산능력문서(CPD: Capability Production Document)를 작성하는 보조 문서의 성격이다. 운용형태 종합은 시스템을 어떻게 운영할 것인가에 주안점을 두고 연간 운영 시간, 연간 주행거리 등을 결정하며, 임무 형태는 어떤 임무를 수행할 것인가에 주안점을 두고 예를 들어 공격 작전간 기동거리, 사격발수 등을 분석한 문서이다. 이 문서의 목표는 (1) 임무 유형과 운용 형태에서 제기된 사항을 주장비 설계에 반영하는 것이며, (2) 시스템 종합군수지원 개발 기준으로 활용하는 것이다.

4단계: 정비 및 지원 개념 설정 단계

정비 개념은 개념 설계 단계에서 시작되어 시스템 운영 소요 단계에서 개발되고 추후 확정하기까지 그 개념을 더욱 명확하게 해야 한다. 무기체계는 필요한 때 원하는 기간 동안 성능이 지속적으로 발휘되어야 한다. 이를 위해서는 운영 현장과 상위 단계에서 시스템에 필요한 정비와 예비품을 보급하는 지원 인프라가 잘 구축되어 있어야 한다. 시스템 운영을 보장하기 위해 각 정비 단계별로 공통적으로 요구되는 군수지원 요소는 다음과 같다.

(1) 정비 및 지원 계획
(2) 보급지원(예비품의 공급과 재고)
(3) 정비 및 지원 인력
(4) 시스템 운영 및 정비 인력에 대한 훈련 및 훈련 지원
(5) 시험, 측정, 수리 및 정비지원 장비
(6) 포장, 자재 인도, 저장/보관, 수송
(7) 정비 시설
(8) 컴퓨터 자원(하드웨어/소프트웨어)
(9) 기술 자료, 데이터베이스

고장과 예방정비를 어디에서 수행할 것인가의 결정, 즉 정비를 시스템 운영 장소, 혹은 중간 정비 시설 부대나 창에서 수행할 것인지를 결정해야 한다. 정비 단계에서 어떠한 수준의 정비가 이루어질 것인가는 기대 정비 빈도, 정비 과업의 복잡성, 정비 인력의 기술 수준, 특수 정비 시설 및 장비 소요 등에 의해 결정된다. 정비 단계는 육군이 통상 5단계 정비, 해군과 공군이 3단계 정비를 실시하는데 여기서는 일반적인 3단계 정비로 구분하여 설명한다.

(1) 부대정비(Organizational maintenance): 부대정비는 장비를 사용하는 부대에 의하여 직접 수행되는 정비이다. 정비 활동은 통상 점검, 손질, 주유, 조정 그리고 부품 및 조립품의 교환 등으로 구분된다. 육군은 부대정비를 사용자 정비와 정비병 정비로 분류하여 사용한다.

〈그림 5-1〉 시스템 정비지원 인프라

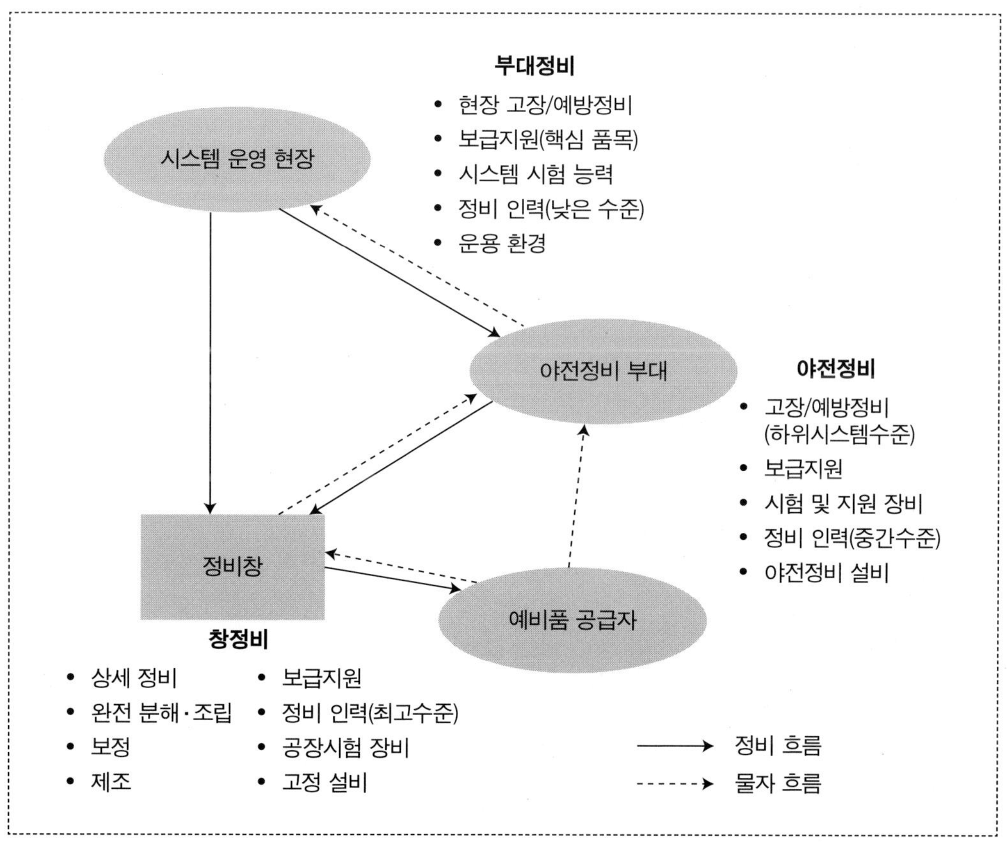

(2) 야전정비(Intermediate maintenance): 야전정비는 사용 부대를 근접 지원하도록 지정된 정비 부대 또는 기타 야전정비 부대에 의하여 실시한다. 야전정비는 사용 불가능한 부품, 하부 조립품 또는 조립품의 수리, 수정과 교환 등의 활동을 포함한다. 야전정비지원은 직접지원 및 일반지원 정비 부대에 의하여 지원된다.

(3) 창정비(Depot maintenance): 창정비는 제품을 생산한 공장이나 정비창에서 수리 및 분해수리나 재생이 요구되는 완제품, 부품 및 조립품에 대한 정비를 수행한다. 창정비 활동을 통해 장비의 조달 소요를 감소시키며, 또한 필요한 경우에는 야전정비 부대의 정비 능력 초과분을 지원하기도 한다.

창정비 활동은 다음 사항을 포함한다.

- 조립품과 부품의 신품과 재생품 등을 사용하여 물자를 사용 가능한 상태로 복구한다.
- 설계나 조립 변경을 통하여 물자 소요를 변화시킨다.
- 많은 위험이 수반되는 탄약 및 특수무기를 정비한다.

〈표 5-1〉 정비 수준별 주요 활동

<table>
<tr><th>기준</th><th>부대정비('O' 수준)</th><th colspan="2">야전정비('I' 수준)</th><th>창정비('D' 수준)</th></tr>
<tr><td rowspan="2">어디서?</td><td rowspan="2">운영 현장이나 주장비가 위치한 곳</td><td>기동 및 준기동 부대</td><td>고정 부대</td><td rowspan="2">군 직영 창 또는 제작사 공장 혹은 외부 계약업체</td></tr>
<tr><td>트럭, 밴, 휴대용 천막, 기타 동등한 곳</td><td>고정된 야전 정비소</td></tr>
<tr><td>누구에 의해?</td><td>시스템/장비 운영 요원(낮은 정비 기술)</td><td colspan="2">기동, 준기동, 또는 고정 부대에 종사하는 요원(중간 수준의 정비 기술)</td><td>창시설 요원이나 제작사 생산 요원(중간 수준의 조립기술 혹은 최고의 정비 기술)</td></tr>
<tr><td>누구의 장비?</td><td>부대사용 장비</td><td colspan="3">편성 부대 소유 장비</td></tr>
<tr><td>작업의 형태?</td><td>• 육안검사
• 가동상태 점검
• 최소한의 서비스
• 외형 조정 작업
• 구성품의 탈거 및 교체</td><td colspan="2">• 상세검사와 시스템 점검
• 대부분의 서비스
• 주요 장비 수리와 개조
• 복잡한 조정 작업
• 제한된 보정
• 부대정비 수준을 초과한 작업</td><td>• 복합적인 공장조정
• 종합적 장비 수리 및 개조
• 분해수리 및 개조
• 상세한 보정
• 보급지원
• 야전정비 수준을 초과한 작업</td></tr>
</table>

- 창 저장품에 대한 사소한 수리(분해수리)와 창 재고품의 사용 가능성에 대한 시험을 수행하고 정비를 실시한다.
- 야전정비 부대 기술 능력이나 작업 능력을 초과하는 정비지원을 수행한다.

각 정비 단계별로 정비 장소, 정비 책임, 정비 장비, 정비 내용은 다르다. 시스템 구성품에 대해 어느 수준과 범위에서 수리를 수행할 것인지에 대해 가능한 수리 정책이 다양할 수 있다. 수리 정책에 따라 품목을 재생품(복구성 품목), 부분적 재생품, 소모품으로 설계해야 할 것인지를 결정한다. 수리 정책을 초기에 설정하면서 수리 기준을 개발하고, 선택된 수리 정책의 범위 내에서 시스템 설계를 더욱 개발하고 발전시키는 절차를 수행한다.

5단계: 기술성능척도의 확인과 우선순위 단계

기술성능척도(TPMs: Technical Performance Measures)는 제품 생산에 있어 설계에 내재되어야 할 성능 특성이 무엇인지 확인하고 이들 성능 특성을 계량화된 모수(parameter) 값으로 반영하는 것이다. 기술성능척도는 시스템 제작에 있어 프로세스나 시스템 공학 목표를 달성하고 있냐는 평가 수단으로 사용한다. 설계에 반영된 기술성능 특성치들은 후에 시험평가 활동을 통해 달성 여부를 평가해야 한다.

기술성능척도들은 여러 가지가 있을 수 있으며 이러한 척도들은 설계 과정에 서로 상충(trade-off)되기도 한다. 이 경우에 이 척도들의 상대적인 중요도를 결정하기 위해 우선순위를 결정할 필요가 있다. 예를 들어 차량 설계에 있어 속도와 크기 중에 어느 척도가 더 중요한가? 제조 공장에 있어 생산량과 제품 품질 가운데 어느 것이 더 중요한가? 컴퓨터에서 저장 용량이 속도보다 중요한가? 신뢰도가 정비도보다 중요한가? 인적 요소가 비용보다 중요한가? 등에 대한 우선순위를 결정해야 한다.

설계자들은 설계에 있어 다양한 설계 목표들이 존재하고 있다는 것과 어느 특정 척도가 더 중요하며 이런 척도들 간의 관계가 어떠한지를 이해할 필요가 있다. 또한 시스템 형상(configuration)은 기술성능척도의 요구사항에 민감하게 반응해야 하며 성능 특징과 속성을 포함하도록 해야 한다. 또한 시스템 형상은 기술성능척도들의 우선순위와도 일관성을 가져야 한다.

기술성능척도에 대한 확인과 이들 척도에 대한 우선순위를 평가하기 위하여 몇 개의 평가 집단을 사용할 수 있다. 기술성능척도 평가를 위해 사용할 수 있는 대표적인 집단으로 크게 사용자, 설계자, 군수 관계자로 구분할 수 있다.

다음 〈표 5-2〉는 기술성능척도와 이들의 우선순위를 설정하는 것에 대한 가상의 사례이다. 표를 보면 기술성능척도 중에서 핵심적인 것들은 속도, 가용도, 크기 등이라 할 수 있다. 우선순위가 있는 이들 척도들에 대해 설계의 강조점이 주어지며 설계에 반영되도록 해야 한다. 이들 척도들은 표준화의 정도, 비축대상 품목, 신뢰할 수 있는 구성품의 사용, 가벼운 소재의 사용 등의 형태로 설계에 반영해야 한다.

〈표 5-2〉 기술성능척도와 우선순위 결정

기술성능척도	정량적 소요 (측정기준)	현재 "기준점" (경쟁시스템)	상대적 중요도 (소비자 만족도 %)
프로세스 시간(일수)	30일 (최대)	45일 (시스템 M)	10
속도(마일/시간)	100mph (최소)	115mph (시스템 B)	32
운영가용도	98.5% (최소)	98.9% (시스템 H)	21
크기(피트)	10피트 길이 6피트 너비 4피트 높이 (최대)	9피트 길이 8피트 너비 4피트 높이 (시스템 M)	17
인적 요소	1년당 1% 이하 오차율	1년당 2% (시스템 B)	5
무게(파운드)	600파운드 (최대)	650 파운드 (시스템 H)	6
정비도(MTBM)	300마일 (최소)	275마일 (시스템 H)	9
계			100

기술성능척도의 확인과 우선순위 평가를 위해 활용할 수 있는 기법은 품질기능전개(QFD: Quality Function Deployment)가 있다. 품질기능전개 기법은 소비자의 요구가 설계에 궁극적으로 반영될 수 있도록 하는 일종의 팀 접근법이라 할 수 있다. 품질기능전개에 대한 자세한 설명은 〈참고 5-1〉을 참조하라.

6단계: 기능 분석

개념 및 시스템 예비 설계를 수행하기 위해서는 시스템의 기능에 대한 묘사가 필요하다. 기능 묘사를 통해 필요한 자원을 식별할 수 있고 또한 목표를 달성할 수 있는지 판단할 수 있다.

기능 분석이란 시스템의 다양한 요소들에 대해 투입 설계 기준과 제약 조건을 명확하게 하기 위하여 시스템 최상위 수준으로부터 하부 시스템에 이르기까지 각 계층에 소요를 배분하고 할당하는 반복적인 과정이라 할 수 있다. 기능 분석 과정에서 주어진 목표 달성을 위해 무엇을 해야 할 것인지를 명확하게 해야 한다. 이 단계의 주요 관심은 이것을 어떻게 달성할 것인가가 아니라 무엇을 달성할 것인가 하는 것이다.

기능 분석의 목적은 시스템 최상위 수준의 소요로부터 상세 설계 단계의 소요에 이르기까지 추적가능(traceable)하게 하는 것이다.

7단계: 소요 할당

기능 분석을 통하여 최상위 수준에서 시스템을 정의하면 다음 단계는 시스템을 구성 요소로 분할하는 것이다. 먼저 시스템을 분할할 수 있는 구조도를 살펴보자. 시스템 구조도는 시스템의 구조(indenture)를 바탕으로 상하부 시스템의 구성 관계를 나타낸 것이다.

구성 관계는 〈그림 5-2〉와 같이 여러 수준(level)으로 구분할 수 있다.

(1) 부품(part): 기능을 손상시키지 않고 정상적으로 분해되지 않는 최소 단위의 품목으로 부분품이라고 한다.

(2) 하부 조립품(sub-assembly): 2개 이상의 부품들이 결합하여 조립품의 일부를 이루고 있다. 하부 조립품 전체의 교체가 가능하며 개별로 교체가 가능한 부품을 가지고 있다. 하부 결합체라고도 한다.

(3) 조립품(assembly): 많은 부품 또는 하부 조립품들이 결합한 품목으로 그 자체로 특정한 기능을 수행하며 교체 가능한 품목이며, 결합체라고도 한다.

(4) 구성품(component): 부품, 하부 조립품, 조립품들의 결합체로서 여러 가지 상황에서 독립적인 기능을 수행할 수 있다. 유닛(unit)이라고도 한다.

(5) 하부 시스템(sub-system): 구성품 등의 결합체로서 시스템 내에서 운영기능을 수행한다.

〈그림 5-2〉 시스템 구조도 사례

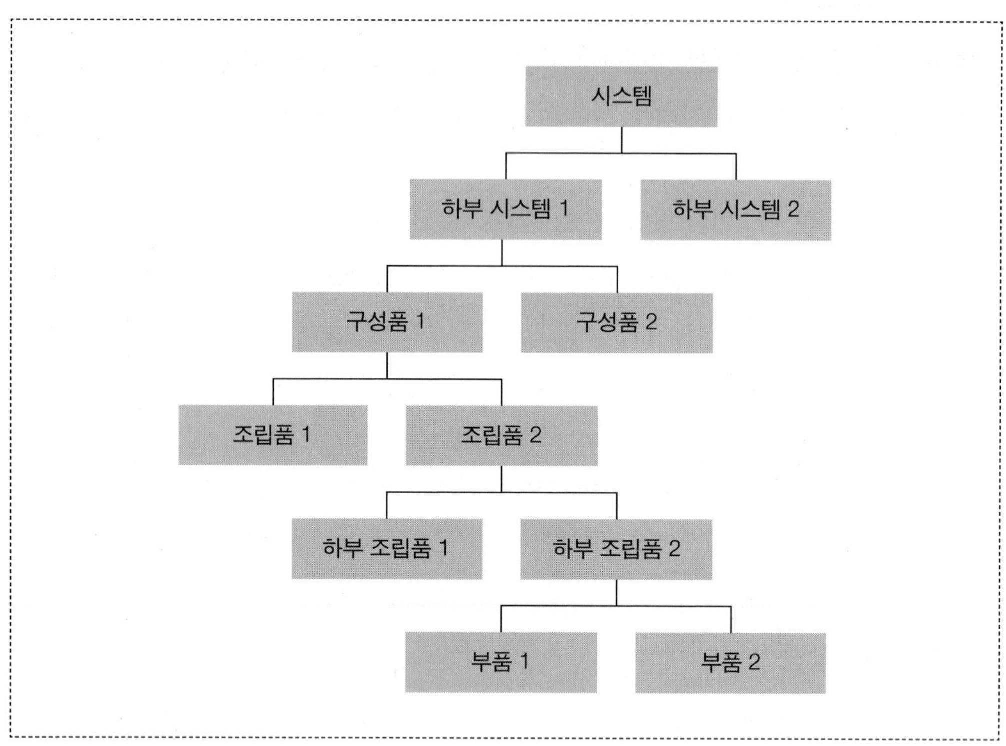

(6) 시스템(system): 하부 시스템의 결합체로서 구성품, 조립품, 부품과 함께 시스템 운영 기능을 수행한다.

시스템 성능 및 지원 요소를 확인한 후에 다음 단계는 각 요소에 대해 소요를 할당하거나 분할하는 것이다. 이는 기술성능척도에서 개발된 정성적이거나 계량화된 기준을 하향식으로 분배하는 것이다.

(1) 기술성능척도의 할당: 시스템 성능을 발휘하기 위한 기능 분석을 수행하여 구성품, 조립품, 부품 등으로 기능을 할당한다.
(2) 군수지원 요소로 신뢰도 및 정비도 할당: 소요 단계에서 시스템 목표 신뢰도 소요를 설정하고 나면, 전체 신뢰도 소요 값을 하부 시스템, 구성품, 조립품, 부품의 순으로 할당해야 한다.
(3) 그 외 군수지원 요소 할당: 시스템 운영을 성공적으로 수행하기 위해서는 신뢰도와 정비도를 할당할 뿐만 아니라 다른 영향 요소도 고려해야 한다. 군수지원 요소인 자원 공

급 능력, 시험 및 지원 장비, 정비 인력과 조직, 설비, 수송 등을 고려해야 한다. 군수지원과 관련된 몇 가지 요소에 있어서 구체적인 설계 기준을 세우는 것이 필요하다.

다음은 군수지원 요소를 설계 기준과 관련하여 수치로 할당하는 사례이다.

- 야전정비 시설에서 시험 장비의 활용률은 최소한 80% 이상이어야 한다. 시험 장비의 신뢰도는 최소한 90% 이상이어야 한다.
- 시스템의 자체진단 능력은 95% 이상이어야 한다.
- 부대정비에서의 정비 인력 수준은 민간 분야 혹은 표준과 비교하여 특정 등급이상이어야 한다.
- 야전정비의 정비 시설은 최소한 75% 이상 활용해야 한다.
- 부대정비와 야전정비를 실시하는 장소 간의 이동은 최대 4시간을 초과하지 않아야 한다.
- 후송 장비의 정비복귀시간(TAT: Turn Around Time)은 야전정비의 경우 2일 이내, 창정비의 경우 10일 이내여야 한다.
- 부대정비에서 수리부속품의 가용도는 최소 95% 이상이어야 한다.

(4) 경제적 요소의 할당: 비용 요소는 시스템 소요에 맞게 각 구성품별로 또는 수명주기별로 할당할 수 있다. 최상위 단계에서 비용 목표로 설정된 값들은 하위 단계로 할당한다.

8단계: 시스템 조합과 최적화

시스템 공학 과정을 거쳐 시스템의 외부 구조를 결정하면 시스템의 목적과 요구 기준을 최대로 만족시키기 위하여 시스템 내부 구조를 어떠한 구성 요소로 어떻게 조합하는 것이 효과적인지를 결정한다. 이 내부구조를 결정하는 것이 시스템 조합(synthesis)이다.

시스템 최적화는 수학적 방법 등의 다양한 방법을 사용하여 대상이 되는 시스템의 효율을 분석하고 최적화하는 활동이다. 시스템 최적화는 새로이 만들려는 시스템이나 개선하려고 하는 시스템에 대해 모두 적용할 수 있다.

제2절 시스템 공학 적용 사례

1. 시스템 개요와 임무 시나리오

시스템 개발과 생산에 시스템 공학을 적용함에 있어 운영 소요 및 정비 및 지원 개념을 개발하고 발전시키는 단계를 이해하기 위해 다음 사례를 다룬다.

시스템은 통신 장비로 현재 세계적으로 분산되어 운영되고 있으며 낡아서 교체가 요구되고 있다. 새로운 통신 시스템은 통신 범위 등 성능과 신뢰도가 향상된 것으로 이 시스템은 다음과 같은 3개의 기본 임무를 수행해야 한다.

임무 시나리오 1: 통신 시스템은 항공기 당 하나씩 설치되며 저고도 비행을 하는 항공기(10,000피트 고도 혹은 더 낮은 고도)에 탑재되어 운영한다. 항공기에 탑재한 통신 시스템은 산이나 평지에 위치한 지상 차량 및 중앙 통제통신 시설과 통신이 가능해야 한다. 항공기 1회 임무 비행시간은 평균 2시간이며 한 달에 15번의 임무를 수행하도록 예정되어 있다. 전형적인 임무 프로파일은 〈그림 5-3〉에 기술되어 있다. 항공기 탑재 통신 시스템의 활용도에 대한 요구값은 110%이다. 이는 항공기를 매 1시간 운영할 때마다 해당 통신 시스템은 1.1시간 운영되기 때문으로, 이는 비행시간에다 지상에서의 사전 준비시간을 포함한 것이다. 시스템의 운영가용도는 99.5%이어야 하며, MTBF는 2,000시간이다.

〈그림 5-3〉 임무 프로파일

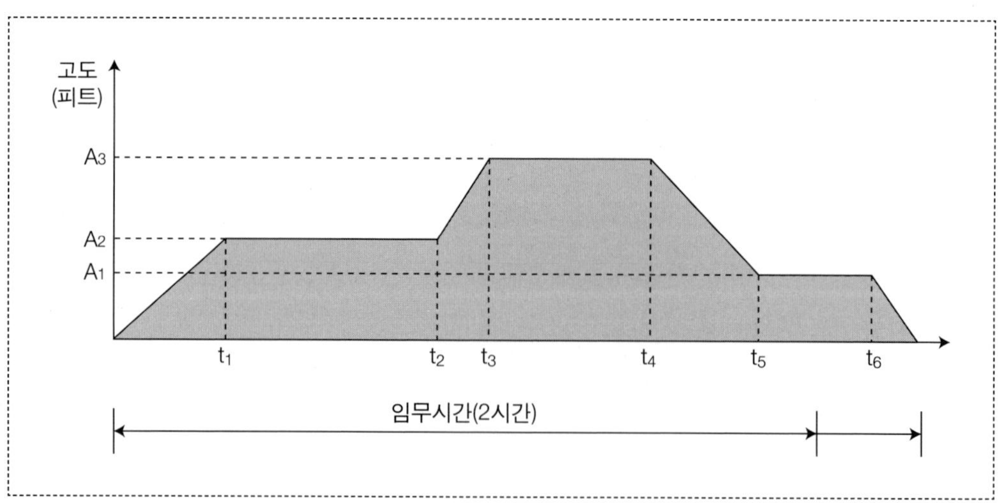

임무 시나리오 2: 이 통신 시스템은 차량별 1대씩 설치하며 차량(자동차, 경량 트럭, 혹은 유사 차량)에 탑재되어 운영한다. 통신 시스템은 평지에서는 200마일 범위에서 다른 수송 수단들과 통신이 가능해야 하며, 10,000피트나 더 낮은 고도의 항공기와 통신이 가능해야 한다. 차량의 활용도는 65%이며, 통신 시스템은 차량들이 운영되는 한 100% 사용될 수 있다. 시스템의 MTBF는 1800시간, $\overline{M}$ct는 1시간이다.

임무 시나리오 3: 이 통신 시스템은 전 세계 20개 지역의 중앙 통제통신 시설에서 운용된다. 통신 시설 각각에 5대의 통신 장비를 설치하고 있다. 시스템은 중앙 통제통신 시설로부터 500마일 반경 내에 10,000피트보다 낮은 고도에서 비행하는 항공기와 통신이 가능해야 한다. 또한 지상에서는 중앙 통제통신 시설로부터 300마일의 범위 내에 위치한 지상 차량과 통신이 가능해야 한다. 통신 시스템 중 4개는 하루 24시간 내내 가용해야 한다. 반면 나머지 1개는 비상 예비품으로 활용되며 하루 평균 6시간 사용된다. 각 운영 시스템은 적어도 2,500시간의 MTBF를 가지며 $\overline{M}$ct는 최대 30분이다. 각각의 중앙 통제통신 시설은 공항에 위치한다.

군수지원 비용(시험 및 지원 장비, 예비품, 인력 등)을 최소화하기 위하여, 시스템의 주요한 기본 요소인 송·수신기는 차량, 항공기, 지상의 중앙 통제시설에 공통적으로 적용할 수 있다. 안테나 형상은 차량, 항공기, 지상 시설별로 고유한 속성을 가지고 있다.

2. 시스템 사업 일정과 운영

통신 시스템 주장비 및 소프트웨어는 사업 시작 후 4년차부터 최대 8년차까지 획득될 것이다. 8년차까지 획득한 통신 시스템은 그 후 10년간 최대량으로 유지되다 그 이후 단계적으로 감축될 것이며 25년차에 재고로 더 이상 보유하지 않을 것이다. 이 사업 일정 계획은 〈그림 5-4〉에 기술되어 있다.

새로운 시스템은 현재 전 세계에 산재한 다양한 통신 시스템을 대체할 것이다. 수량 소요는 다음과 같다.

- 전 세계에 산재한 중앙 통제통신 시설 20군데에 각 5대 통신 시스템
- 각 중앙 통제통신 시설에 배당된 항공기 11대에 통신 시스템
- 각 중앙 통제통신 시설에 배당된 차량 55대에 통신 시스템

〈그림 5-4〉 사업 일정

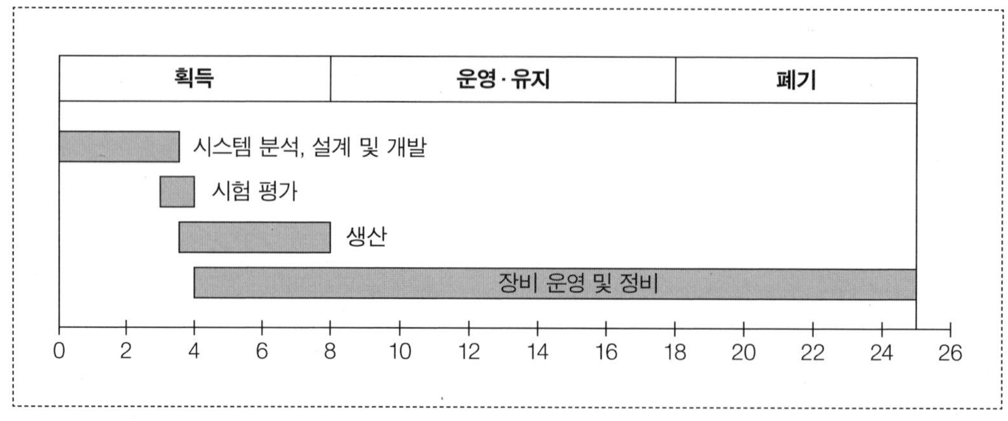

3개의 임무 시나리오에 기초하여, 〈그림 5-5〉와 같이 총 1,420대의 주장비 소요가 있다.

〈그림 5-5〉 통신 시스템 네트워크

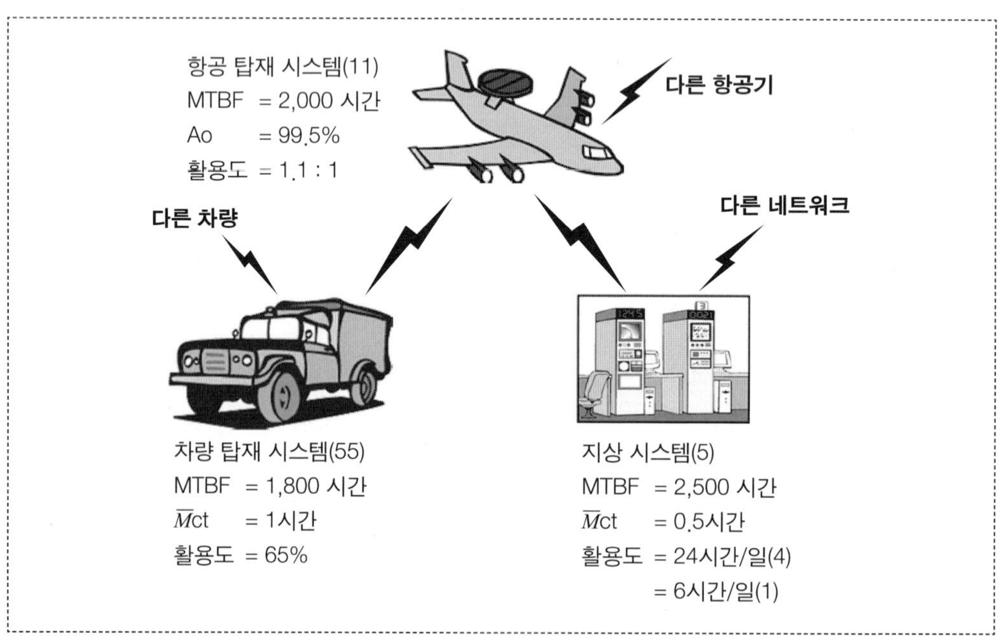

계획하고 있는 통신 시스템의 배치에 대해 잘 정의하는 것이 필수적이다. 운영 배치 소요에 대해 비록 가정을 통해 결정할지라도 잘 정의해 두면 군수지원에 있어 어떤 요소들이 요구되며 어떠한 추가 소요가 필요한 것인가를 알 수 있다. 예를 들어 1,420대 주요 장비들이 생산될 때 어떤 곳에 배치될 것인지와 배치 일정, 생산지와 배치지 간의 거리, 운영 환경 등을 알게 되면 다음의 사항을 보다 잘 결정할 수 있다.

(1) 시스템 요소들이 운영 지점에 도착할 때, 이들을 수송·설치·점검하기 위해 필요한 시험/지원 장비(수송과 취급 소요를 포함)를 결정할 수 있다.
(2) 시스템 장비를 위한 예비품과 수리부속품의 종류, 수량, 재고 소요 등을 결정할 수 있다.
(3) 시스템 설치와 운영 방법을 포함한 기술 자료 작성에 도움이 된다.
(4) 장비의 운영, 설치 및 작동을 위한 시설을 결정할 수 있다.

군수지원의 내용과 시점은 사업 일정인 〈그림 5-4〉에 명시된 생산과 배치 수량에 의존한다. 사업 일정과 기본적인 필요성을 충족하기 위해 〈그림 5-6〉에서 보여주는 바와 같은 장비 재고 프로파일을 개발하는 것이 필요하다.

〈그림 5-6〉 장비 재고 프로파일

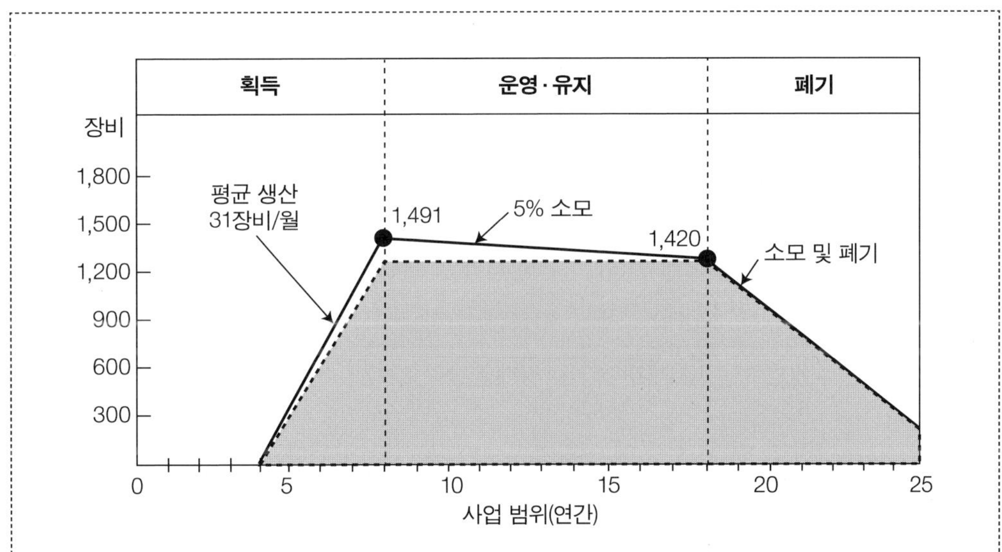

장비 재고 프로파일은 주어진 25년 동안의 재고로 유지할 장비의 총수량과 재고에 대한 지침을 제공한다. 재고 프로파일을 통해 생산량을 산정할 수 있는데 생산량은 장비/소프트웨어의 종류와 복잡성, 생산 시설의 용량, 그리고 생산 비용에 따라 최종적으로 결정된다.

주요 장비의 생산량은 1,491대이다. 이 수치는 다음을 가정하고 결정한 것이다. (1) 생산 종료 후 10년 동안, 장비의 5%는 수리하는 데 있어 경제적 수리한계를 초과하는 고장 혹은 손상에 따라 폐기처리(condemnation)될 것이다. 따라서 71대가 추가로 생산되어야 한다. (2) 생산 개시 및 중단 비용을 피하기 위해서 시스템 생산은 지속된다고 가정한다.

4년 동안 매월 31대씩 총 1,491대를 생산해야 18년차에 1,420대의 운영 소요를 여전히 유지할 수 있다. 생산 종료 후 10년이라는 기간 동안, 통신 장비는 노후로 인한 소모 또는 손상에 의해 감소된다. 시스템 정비를 위한 군수 소요를 예측할 때 먼저 정비 소요를 결정해야 한다. 정비 소요가 주어지면, 시스템 정비 개념을 개발할 필요가 있다. 시스템 정비를 위한 소요는 재고 프로파일, 장비 위치, 시스템 활용도, 장비 신뢰도 등의 분석을 통해 결정된다.

운영 배치 자료는 장비의 설치 위치를 보여줄 것이고, 활용도 요인들은 시스템 운영 시간에 대한 정보를 제공할 것이다. 비록 활용도가 실질적으로 각각 운영 지점의 특성에 따라 차이가 발생한다 하더라도, 앞에서 기술된 임무 소요의 가정과 재고 프로파일을 통해 매년 시스템 운영 총 시간을 결정할 수 있다. 통신 시스템을 완전하게 유지하는 기간인 10년 동안 매년 총 운영 시간은 다음과 같이 계산할 수 있다.

각 장비당 연간 총시간 = (장비 수량)×(각 장비당 매년 사용 시간) (식1)

(중앙 통제시설 20군데)×(장비 4대)×(매일 24시간)×(360일) = 691,200

(중앙 통제시설 20군데)×(장비 1대)×(매일 6시간)×(360일) = 43,200

(항공 탑재 장비 220대)×(매월 30시간)×(활용도 1.1)×(12달) = 87,120

(차량 탑재 장비 1,100대)×(65%)×(매일 24시간)×(360일) = 6,177,600

이를 모두 합하면 연간 총 운영 시간은 6,999,120시간이 된다.

그러므로 10년 동안 통신 시스템의 매년 총 사용시간은 6,999,120시간이다. 시스템이 도입되는 4년간과 폐기되는 7년 동안의 총 사용시간은 도입과 폐기를 고려하여 동일한 방법으로 결정할 수 있다. 각 임무(항공, 차량, 지상)별로 요구되는 MTBF 값을 사용하면, 시스템 고장으로 말미암은 평균 고장정비 빈도를 예측할 수 있다. 예를 들어 차량에 탑재된 통신 시스템의 정비 빈도는 다음과 같다.

차량 통신 시스템을 위한 정비 빈도 = 총 차량시간/MTBF (식2)

정비 빈도 = 6,177,600/1,800 = 연간 3,432회

중앙 통제통신 시설에서 차량 55대당 고장정비 빈도는 연간 평균 171회이다.

포아송 분포를 사용하여, 예비품과 수리부속품 수량도 예측할 수 있다. 각 정비 빈도 분석을 통해, $\overline{M}$pt, $\overline{M}$ct, 운영 시간당 정비 인시 등 종합적인 군수지원 자원을 결정할 수 있다.

통신 시스템을 위한 운영 소요의 정의(분배, 활용도, 효과 요인 등)는 정비 개념을 결정할 수 있고 신뢰도, 정비도, 군수의 계량적 요인들을 식별하는 데 도움이 된다. 또한 이러한 자료는 시스템 설계와 지원 분석을 위한 투입 자료로서도 사용할 수 있다. 시스템 개발이 진행될수록, 통신 시스템 운영 소요는 반복적으로 더 정제되어 명확해진다. 사업 초기에 운용 개념을 제시하면 결과적으로 사업의 구체적인 추진에 있어 기준선을 제시하는

〈그림 5-7〉 통신 시스템 정비 개념

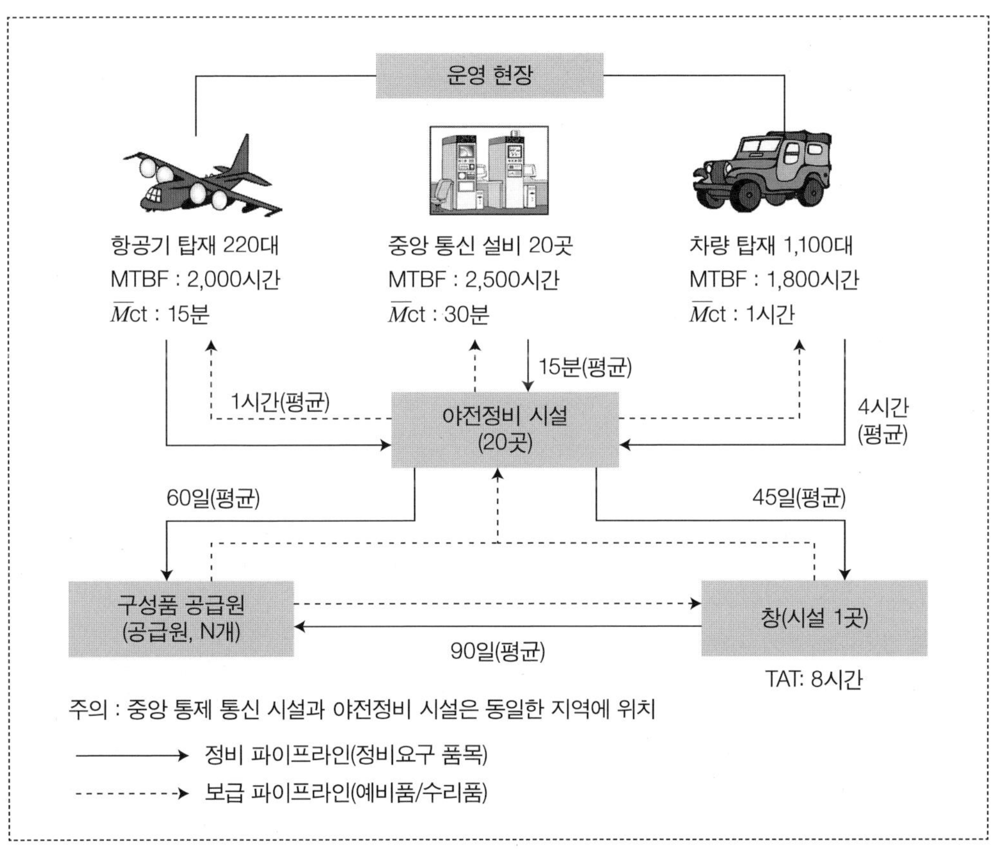

등 상당히 효과적이라 할 수 있다.

〈그림 5-7〉은 통신 시스템의 정비 개념에 대한 설명이다. 각 정비 단계별로 배치된 장비의 수량과 효과성 지표(MTBF, 평균 고장정비시간, TAT, 군수반응시간 등)가 나타나 있다. 이러한 요소들이 시스템의 주요소와 군수지원 구조를 설계하는 기준으로 사용될 수 있을 것이다.

참고 5-1 품질기능전개

1. 품질기능전개의 정의

품질기능전개(QFD: Quality Function Deployment)란 사용자의 요구를 대용특성으로 전환하고 완성품의 설계 품질을 결정한 다음 이를 각 기능 부품의 품질 및 개별 부품의 품질이나 공정 요소에 이르기까지 이들 간의 관련을 계통적으로 전개하는 것이다. 품질기능전개는 신상품 개념 정립, 설계, 부품 계획, 공정 계획, 그리고 생산 계획까지 모든 단계를 통해 소비자의 요구가 최종 상품에 충실히 반영되도록 하여 소비자의 만족도를 극대화하는데 초점을 두고 있는 종합적 품질경영의 한 기법이다.

품질기능전개의 단계를 네 단계로 규정할 수 있다. 네 단계는 설계 단계, 부품 단계, 과정 단계, 생산 단계이다. 그러한 단계들은 고객의 제품에 대한 요구조건이 설계팀이나 운영관계자들에게 잘 전달될 수 있도록 돕는다. 또 품질기능전개는 품질의 집(house of quality)이라는 도표를 이용하여 제품의 설계시에 고객의 욕구나 기호가 최대한 반영되어 설계되도록 돕는다.

품질기능전개의 기본 개념은 소비자의 요구사항을 우선 제품의 설계 특성으로 변환하고 이를 다시 부품 특성, 공정 특성, 그리고 결국 생산을 위한 구체적 사양으로까지 변환하는 것이다. 예를 들면 '차체에 녹이 잘 생기지 않아야 한다'는 소비자들의 요구를 얼마 동안 어느 정도의 녹이 생기면 안 되는 지 등의 구체적인 설계 사양으로 변환하는 것이다. 그 다음 이를 충족시키기 위한 기술 수준, 부품 특성(페인트의 밀도, 입자 크기, 재질 등)을 정하고 계속하여 이를 달성하기 위한 구체적인 공정 방법과 생산 조건(온도, 시간 등)을 결정하게 된다. 이와 같은 일련의 과정을 통하여 소비자의 요구가 각 단계에서의 구체적인 목표로 변환되고 적용되어야 한다. 결과적으로 소비자가 원하는 기능과 품질이 최종 제품에 정확히 구현되도록 하는 것이다.

따라서 품질기능전개는 고객이 원하는 품질이 무엇이며, 제품은 어떤 기능을 가지고 있어야 하며, 제품이나 서비스를 제공할 때 어떤 방법을 사용해야 하는 가를 알려주며 또한 어떻게 하면 한정된 자원을 가지고 고객이 원하는 것을 최고로 만족시키는 제품이나 서비스를 제공하는 방법이 무엇인지를 알려 준다.

2. 품질기능전개의 네 단계

네 단계—설계 단계, 부품 단계, 과정 단계, 생산단계—를 구분하는 목적은 고객의 요구조건이 제품에 가장 적절하게 반영하게 하는 것이다. 각 단계는 〈그림 5-8〉와 같이 내용의 수직적인 기둥과 방법의 수평적인 열로 구성되어 있다. 내용은 고객의 요구조건들이고 방법은 그것을 성취하기 위한 수단이다.

(1) 설계 단계: 설계 단계에서는 고객이 제품이나 서비스의 요구조건들을 규정하는 데 도움을 준다. 품질기능전개 모형은 팀이 고객의 요구를 내용으로 끌어들일 수 있도록 돕는다. 내용이 결정되면 팀은 모형을 전개시키기 시작한다. 팀은 고객의 요구를 성취시

참고 5-1 **품질기능전개 (계속)**

켜줄 수 있는 다양한 수단을 만들어 내는데, 그것이 바로 방법이 된다. 평가를 통해서, 몇 개의 방법은 다음 단계로 옮겨갈 수 있다.

(2) 부품 단계: 설계 단계에서 시행된 방법들은 두 번째 단계에서의 내용이 된다. 여기서 제품이나 서비스를 생산하는 데에 필요한 부품이나 성분들이 결정된다. 이 단계에서 드러난 부품들은 고객에 의해서 제시된 제품의 요구사항을 충족시키는 일과 깊은 관계를 갖고 있다. 그 방법들은 다시 다음 단계로 넘어간다.

(3) 과정 단계: 이 단계에서의 모형은 제품 생산에 필요한 과정들을 보여준다. 부품 단계에서의 방법은 이 과정 단계 모형에서는 내용이 된다. 이 단계에서 드러난 과정들은 고객에 의해서 제시된 제품에 대한 요구사항을 가장 잘 충족시킨다. 그것들이 다음 생산 단계로 넘어가는 방법들이다.

(4) 생산 단계: 생산 단계에서는 제품 생산에 대한 요구조건들이 전개된다. 과정 단계에서의 방법들은 이 마지막 생산 단계에서는 내용이 된다. 여기서 결정된 생산 방법들을 가지고 회사는 고객의 요구를 만족시켜줄 수 있는 양질의 제품을 생산하게 된다.

네 단계를 설명하기 위해 어떤 회사가 전기공구를 생산한다고 가정하자. 건축업을 하는 고객이 좀더 강력한 드릴을 원한다는 사실을 알아낸다면, 회사는 이 정보를 받아들여서 1단계

〈그림 5-8〉 QFD의 네 단계 모형

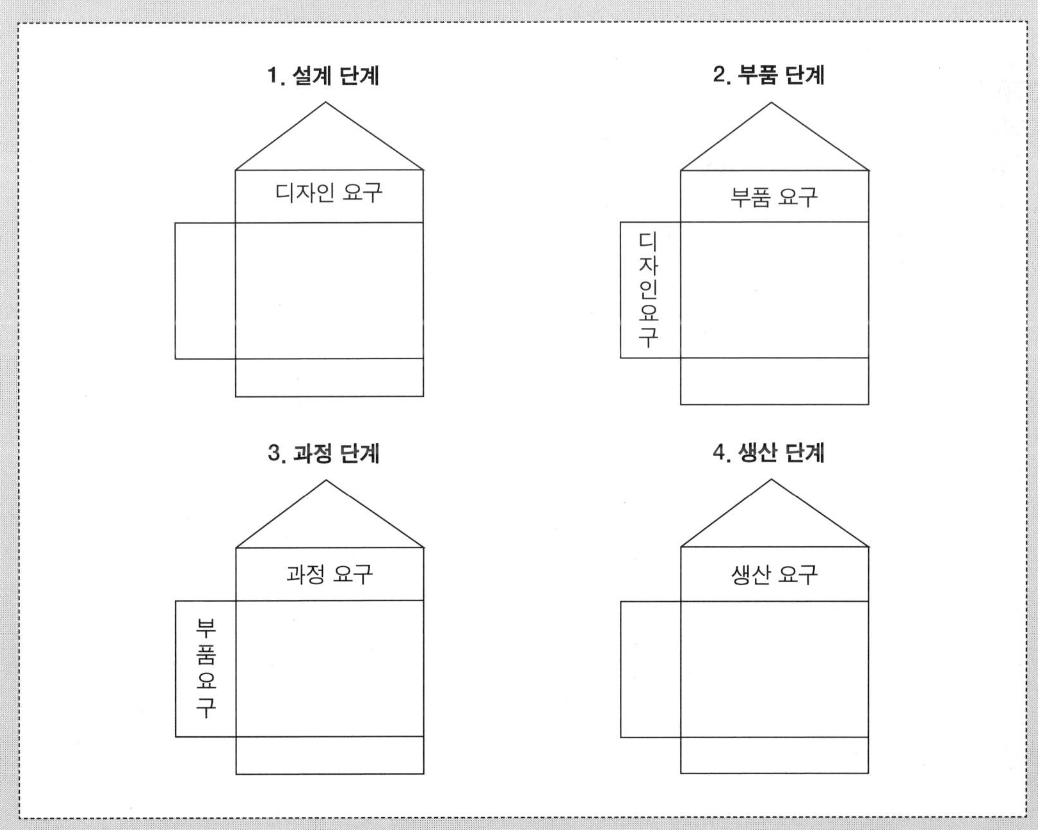

참고 5-1 **품질기능전개 (계속)**

모형에 있는 내용처럼 '더 강력함'을 목록으로 작성하게 된다.

팀은 '더 큰 모터', '다른 모터 기술', '다른 감김 형태'의 세 가지 수단에 의해서 '더 강력함'이 성취될 수 있음을 결정한다. 이 각각의 수단들이 방법이 된다. 상관모형을 만들어내고 관계모형 안에 있는 가치들을 측정해냄으로써 팀은 더 큰 모터가 고객의 요구를 가장 잘 충족시킬 수 있음을 발견한다. '더 큰 모터'는 이제 2단계로 옮겨져서 내용이 된다.

두 번째 단계에서 팀은 두 번째 QFD 모델을 창출해내어 더 큰 모터의 중요한 부품을 결정한다. 기술적 평가를 하고, 관계모형에 있는 가치들을 산출한 후에 보다 큰 모터 디자인의 가장 중요한 요소는 모터 자체의 샤프트(shaft)임을 알아낸다. 기술적 평가에 투입되는 기술자 정보 덕분에, 팀은 현재 있는 샤프트의 크기를 유지시키면 드릴 전체를 다시 디자인하는 비용을 절약할 수 있음을 깨닫는다. '모터 샤프트'가 방법으로서 모형 안으로 들어간다. 그리고 3단계 모형으로 옮겨진다.

세 번째 단계에서 팀은, 디 큰 모디에 의해 생산된 더 높은 회전율을 감당할 수 있는 샤프트의 능력을 향상시키는 여러 가지 방안들을 평가한다. 팀원들은 다른 자재의 사용과 열처리 과정을 통해서 이 작업을 해낼 수 있음을 알아낸다. 그들은 기술적 평가 과정에서 기술자들과 의논한 끝에 이런 결론에 도달한다. '자재'와 '열처리'가 방법으로서 모형 안으로 들어간다. 이 정보는 4단계 모형으로 전달된다.

네 번째 단계에서 팀은 새로운 샤프트를 만들고 모터를 조립하는 방법을 정한다. 2개 서로 다른 방법이 새 모터 조립품을 생산하는데 이용될 수 있음을 알아내고 장비 중의 몇 개를 고치거나 새 기계를 구입한다. 비록 새 기계가 비싸다 하더라도 팀은 그것이 소비자의 욕구 충족을 위한 최선의 방법이기에 기꺼이 선택하게 된다.

이러한 단계들을 거치면 전 단계를 통해서 모든 사람이 고객 만족의 해결책에 좀더 가까이 접근할 수 있다는 것이다. 제작 장비의 선택 여부까지 포함하는 4단계에서는 모든 결정들이 높은 수준의 고객 만족 성취에 목표를 두고 있다. 결정들은 기술자나 제작자의 이익이 아니라 오직 부서 사이에서 생기는 기능상의 장애물이 최소화되어 비용과 시간의 감소를 포함한 소비자 만족을 이끌어내게 된다. 그러나 이 네 단계를 실행하는 일에는 강력한 팀 리더십과 헌신적인 팀원들, 그리고 책임감과 노력이 필요하다.

3. 품질의 집

(1) 품질의 집의 개념

품질의 집(House of Quality)의 기본은 제품이 고객의 욕구나 기호를 반영하여 설계되어야 한다는 것이다. 그래서 마케팅 담당자, 디자인 기술자, 제조 스태프는 하나의 신제품이 처음 고안될 때부터 함께 밀접하게 일해야만 한다. 품질의 집은 일종의 개념도이다. 상이한 문제나 책임을 가진 다른 부서의 사람들은 품질의 집을 만들어 가면서 먼저 디자인해야 할 것을 정할 수 있게 된다.

(2) 품질의 집의 구성 요소

품질의 집은 고객요구사항(CA: Customer Attribute), 설계 변수(EC: Engineering Characteristic), CA와 EC의 관계, EC 간의 상호 연관관계, 고객인식 비교, 현재의 EC 수준 비교, 목표 EC 수준 및 선택(option) 항목으로 구성된다.

① 고객요구사항

품질의 집의 왼편에 자리 잡고 있는 고객요구사항은 '고객의 소리(Voice of the Customer)'라고 불리기도 한다. 예를 들어 새차를 사는 고객들은 '성능이 좋으며 안전하며 유지비가 적게 드는' 차를 원할 것이다. 이들은 고객이 사용하는 언어로 표현되기 때문에 정성적이며 모호한 경우가 많다. 대상 고객 집단이 과연 누구인지를 파악하는 것이 매우 중요하며, 설계 단계에서

참고 5-1 **품질기능전개 (계속)**

〈그림 5-9〉 품질의 집

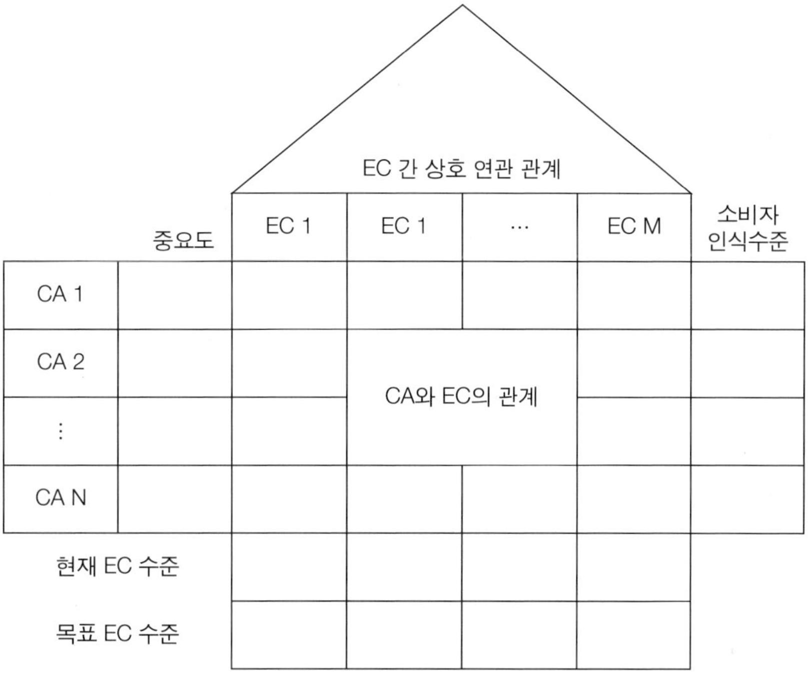

EC 간 상호 연관 관계

	중요도	EC 1	EC 1	…	EC M	소비자 인식수준
CA 1						
CA 2			CA와 EC의 관계			
⋮						
CA N						
현재 EC 수준						
목표 EC 수준						

상충 관계의 발생과 이의 해결을 위한 근거가 되는 고객 요구사항 간의 상대적 중요도 역시 고객의 견해에 따라 결정되어야 한다. 고객 및 고객 요구사항에 대한 정보는 설문조사, 개별면담, 전시회 참가, 계획된 실험 등 여러 가지 방법을 통하여 얻게 된다. 품질기능전개의 응용에 소요되는 전체 노력 중 약 50%가 이와 같이 고객 집단을 규정하고 그들의 요구사항을 추출하는 데 소요된다.

② 설계변수

하나 이상의 CA에 영향을 미치는, 설계자에 의해 결정될 수 있는 변수들을 의미하며, 품질의 집의 상부에 위치하고 있다. 앞에 든 새 차의 예를 인용하면 '성능이 좋고 안전하고 유지비가 적게 드는'이라는 CA들을 달성하기 위해 '엔진의 출력, 차체의 중량, 연비'라는 EC들을 생각할 수 있겠다. CA와 달리 EC들은 제품이 완성된 후 정량적으로 측정될 수 있어야 하고 그 제품에 대한 고객의 인식에 직접적으로 영향을 줄 수 있는 것으로 선정되어야 한다.

③ CA와 EC의 관계

품질의 집의 모체 부분은 CA들을 나타내는 행과 EC들을 나타내는 열이 교차하여 마치 행렬과 같은 형태를 띠고 있다. 만약 i번째 CA와 j번째 EC가 관련이 있다면(즉, j번째 EC의 수준이 변함에 따라 i번째 CA에 대한 고객의 만족도가 변하는 경우) 행렬의 (i, j) 위치에 특정 상징을 기록하여 그들이 연관되어 있음을 나

참고 5-1 **품질기능전개 (계속)**

타내 준다. 상징들은 일반적으로 해당 연관관계의 성격(긍정적 또는 부정적)이나 연관 관계의 강도(강, 중, 약)를 나타내게 된다. 예를 들어 '차체의 중량(두 번째 EC)'이 클수록 '안전도(두 번째 CA)'가 향상되고(강한 관계), '저렴한 유지비(세 번째 CA)'가 성취하기 어려워진다면(약한 관계), (2, 2) cell에는 강한 긍정, (3, 2) cell에는 약한 부정에 상응하는 심벌을 기록하게 된다. 관계 행렬의 작성은 CA와 EC의 설정이 적절히 되었는지 점검하는 기회를 제공하기도 한다. 즉, 비어 있는 행이나 열이 발생하면 CA 또는 EC의 설정에 문제가 있음을 반영한다. 예를 들어 비어 있는 열은 중요한 CA의 누락 또는 의미 없는 EC의 포함 등을 지적한다고 볼 수 있다.

④ EC 간의 상호 연관관계

품질의 집의 지붕에 해당되는 부분에는 EC들 간의 상호 연관관계가 제시된다. 예를 들어 '차체의 중량'을 증가시키면 '연비'가 저하된다는 식의 관계이다. 이 상호관계들은 결국 설계 시 고려해야 할 상충 관계들의 표현이며 동시에 획기적인 품질 향상을 이루기 위하여 해결해야 할 잠재적인 연구개발 분야를 나타내 주는 것이다. CA와 EC 간의 관계에서와 마찬가지로 관계의 성격과 강도에 따라 다른 모양의 심벌을 사용하기도 한다.

⑤ 고객인식 비교

품질의 집의 오른편에는 앞서 규정된 CA별로 고객들의 인식 평가가 자사 제품 및 주요 경쟁자 제품에 대해 비교되어 있다. 이 자료는 설계자의 판단이 아니라 고객들이 내린 평가여야 하므로 주로 설문을 통하여 얻어지며 대개의 경우 1(최저)~5(최고)의 척도로 표현된다.

⑥ 현재의 EC 수준 비교

품질의 집 모체 행렬의 바로 밑에는 자사 제품 및 주요 경쟁자 제품의 현재의 EC 수준들이 기록된다. 이 자료는 보통의 경우 경쟁자의 제품을 구매하여 분해한 후 실제 EC 수준들이 기록된다.

⑦ 목표 EC 수준

품질의 집의 다른 부분에 주어진 모든 정보를 이용하여 새로 개발(또는 설계)하는 제품이 고객의 요구사항을 가장 잘 만족시키도록 목표 EC 수준들을 정하게 된다. 예를 들어 '엔진의 출력 = X마력, 차체의 중량 = Y Kg, 연비 = Z km/리터'이면 설계 상황의 제약 및 상충 조건을 고려할 때 주어진 CA들을 가장 잘 만족한다는 식이다. 이는 품질기능전개의 가장 중요한 부분이라 할 수 있으며 품질의 집의 가장 밑 부분에 기록된다.

⑧ 선택적 항목

수행하고 있는 품질기능전개 특성에 따라 선택적인 항목을 품질의 집에 추가할 수 있다. 예를 들어 과거 고객들의 불만 횟수를 CA별로 기록한 열이나 EC별로 기술적인 어려움을 기록한 행을 추가할 수 있다.

출처: 안상형, 이관석, 이명호, 『현대품질경영』, (학현사, 1998)에서 발췌정리

토의문제

1. 시스템 공학의 각 단계를 설명해보자. 각 단계별로 투입과 산출이 무엇이 되어야 하는지를 식별해보자.

2. 소요의 초기 개념 형성 과정이 시스템 설계와 개발에 왜 중요한지를 토의해보자.

3. 운영 소요란 무엇인가? 운영 소요에 포함해야 할 것들이 무엇인지 토의해보자.

4. 실현가능성 분석이란 무엇인가? 어떤 점이 실현가능성 분석에서 더 고려되어야 하는가? 그리고 실현가능성 분석 결과 어떠한 정보가 도출되어야 하는가를 토의해보자.

5. 품질기능전개란 무엇인가? 품질기능전개를 장비나 무기체계의 설계나 개발 과정에 도입할 때 얻을 수 있는 이익을 설명하고 이를 획득 사업에 적용할 수 있는 방안을 논의해보자.

6. 기능 분석이란 무엇인가? 기능 분석은 언제 실시되어야만 효과가 있는가? 왜 기능 분석이 시스템 공학에서 중요한지를 설명해보자.

7. 소요 할당이란 무엇이며 어떻게 수행되어야 하는가? 소요 할당의 필요성을 논하고 수행 과정에 있어 어떠한 문제가 있을 수 있는가?

8. 정비 개념이 시스템의 설계에 어떻게 영향을 미칠 수 있는가를 토의해보자.

9. 〈그림 5-7〉에 나타난 정비 개념도를 참조해보자. 만약 야전정비 시설에서 정비복귀시간이 10시간으로 증가한다면, 이것이 군수지원에 어떠한 영향을 미치겠는가? 이 시스템의 운영가용도를 구할 수 있는가?

참고문헌

김철환, 송인출, 디지털시대의 경영관리: 시스템 엔지니어링, (문원출판, 2000)

안상형, 이관석, 이명호, 현대품질경영, (학현사, 1998)

오세민, 류제갑, 무기체계 신뢰성 제고를 위한 OMS/MP 작성/정립 방안 연구, 육군 교육사령부, 2008

B.S. Blanchard, *Logistics Engineering and Management,* 4th ed., (Prentice Hall, 1992), 삼성탈레스(역), 군수공학 및 관리, (학연문화사, 2008)

Defense Acquisition University, *System Engineering Fundamentals*, (001), 권용수 (편역), 시스템 엔지니어링 입문, (아이워크북, 2007)

INCOSE SEH Working Group, *System Engineering Handbook: A 'HOW TO' Guide for All Engineers, INCOSE2*, 민성기, 권용수, 김의환 (역), 시스템 엔지니어링 핸드북, (시스템체계공학원, 2006)

B.S. Blanchard, *Logistics Engineering and Management,* 6th ed., (Prentice Hall, 2004)

TRADOC, *Action Officer Guide for the Development of the Operational Mode Summary/Mission Profile (OMS/MP) Version 1.7,* (Army Capabilities Integration Center, 2013)

제6장 군수지원분석 방법

군수지원분석은 새로운 무기체계의 군수지원 요소를 식별하고 개발하는 일련의 과정으로 종합군수지원 업무의 핵심적 수단이다. 주장비 설계와 병행하여 군수지원 소요를 예측하고 설계에 영향을 미침으로써 군수지원 소요를 최적화할 수 있게 하고 지원 요소별로 기준을 설정한다.

6장은 4장의 RAM 분석을 기반으로 군수지원분석 방법에 관련한 세부적인 분석 방법을 다룬다. 1절은 군수지원분석의 정의와 내용을 다룬다. 2절은 시스템의 신뢰도를 보장하기 위한 방법으로 신뢰도 소요 할당, 신뢰도 예측 등의 신뢰도 관련 기법을 다룬다. 3절은 정비도 관련한 분석 방법으로 정비도 소요 할당, 정비도 예측, 수리수준분석 등의 기법을 다룬다.

제1절 군수지원분석 정의와 내용

1. 군수지원분석의 정의

군수지원분석(LSA: Logistics Support Analysis)은 무기체계 획득 전체 단계에 있어 주장비와 지원 시스템의 군수지원 요소를 확인, 정의, 분석, 정량화하는 체계적인 활동이다. 획득 단계별로 주장비와 지원 시스템을 결정하는데 필요한 정보를 제공하며, 해당 무기체계의 운영유지 비용을 최적화시키는 동시에 무기체계 운용 시 지속적인 군수지원이 이루어질 수 있도록 보장하는 종합군수지원 업무의 실체적인 활동이다. 따라서 군수지원분석은 무기체계 획득관리 전체 단계에 걸쳐 반복적으로 수행하여 장비 설계에 영향을 미치게 된다. 최적화된 장비 설계로 인해 군수지원의 필요성을 최소화하고 배치 및 운영 시 필요한 군수지원 요소를 식별하며 이를 규격화하는 것이 업무의 중점이다.

종합군수지원, 군수지원분석, RAM 분석은 시스템 공학 활동의 일부라고 할 수 있다. 군수지원분석은 종합군수지원 목표의 구체적 실현을 위해 공학적 기법과 모델을 활용하는 체계적 분석 활동이다. 따라서 군수지원분석은 종합군수지원 요소 개발의 핵심 활동이다.

〈그림 6-1〉 군수지원분석과 다른 분야와의 연관성

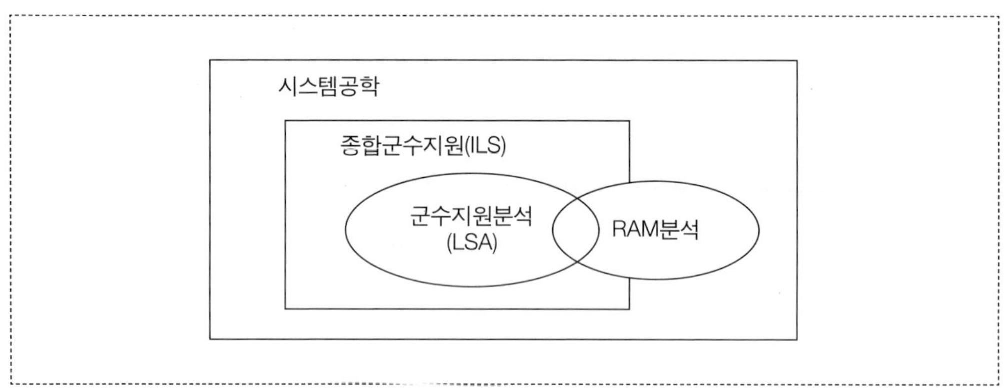

RAM 분석은 종합군수지원의 요소별로 소요를 판단하는 핵심 자료를 제공하는 역할을 수행할 뿐 아니라 시스템의 주장비 설계에 주요 요소로 작용한다. 이러한 측면에서 RAM 분석은 군수지원분석과 종합군수지원에 직접 활용될 뿐 아니라 시스템 공학에서도 주요 역할을 수행한다고 할 수 있다.

군수지원분석이 군수지원성 분석(LSA: Logistics Supportability Analysis)과 차이가 무엇이냐는 혼란이 있다. 군수지원분석이나 군수지원성 분석이 영어 약어로 같은 LSA를 사용하고 있으며, 또한 일부에서는 군수지원분석이라는 용어보다 군수지원성 분석으로 사용하고 있다. 그러나 두 용어는 군수지원에 대해 근본적으로 같은 원칙과 개념으로 대상물과 프로세스를 분석하는 것이다. 전문 학술용어는 시대에 따라 변하고 있으며, 군수지원성 분석 또한 군수지원 요소별로 지원이 가능하겠느냐는 **능력을 분석**한다는 측면에서 군수지원분석보다 더 포괄적이기에 최근 군수지원성 분석이라는 용어가 더 사용되고 있다.

2. 군수지원분석의 내용

군수지원분석을 수행함에 있어 RAM 분석, 비용 대 효과 분석(COEA: Cost & Operational Effectiveness Analysis), 한계분석법(Marginal Analysis) 등과 같은 각종 전문기법을 적용함으로써 효율적이고 과학적인 분석을 가능하게 한다. 지원성 분석에 관련되어 있는 기법들은 다음 〈그림 6-2〉에 나타나 있다.

〈그림 6-2〉 군수지원분석 도구 및 기법

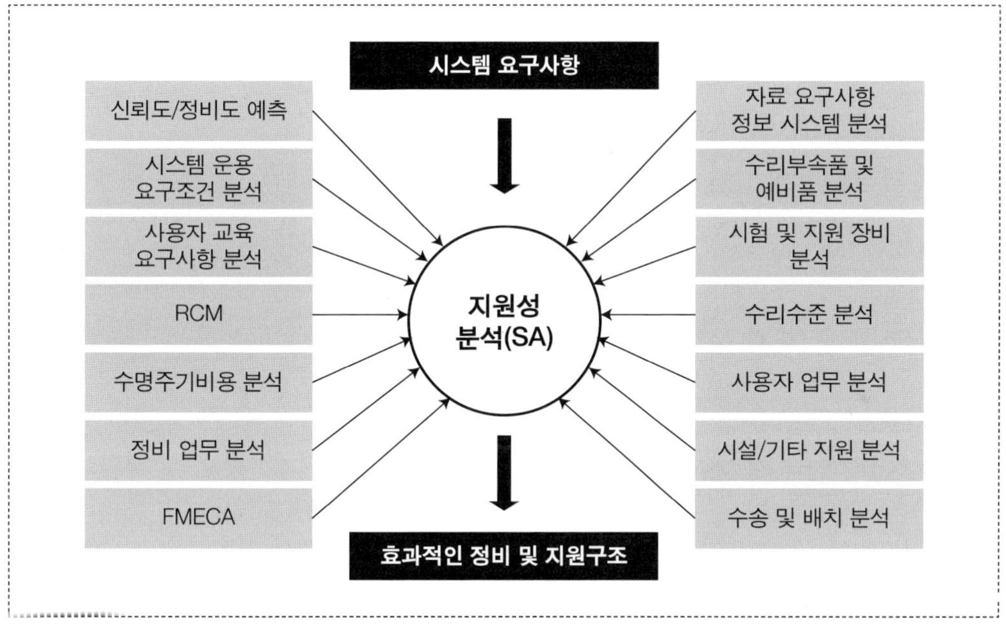

지원성 분석(supportability analysis)을 위해 다양한 분석 기법이 개발되어 있다. 이들 분석 기법을 목적별로 분류하면 (1) 시스템 요구사항(requirement) 분석 방법, (2) 수명주기비용(LCC: Life Cycle Cost) 분석 방법, (3) 신뢰도 관련 분석 방법, (4) 정비도 관련 분석 방법, (5) 기타 분석 방법으로 구분할 수 있다. 이 책에서는 7장에서 수명주기비용 분석을 다룬다. 6장 2절에서 신뢰도 관련 분석, 3절에서 정비도 관련 분석에 대한 내용을 다룬다.

군수지원분석은 무기체계 소요를 제안할 때부터 최초 운영 능력(IOC)을 확인할 때까지 계속되어야 하며, 초기에는 공학적 추정을 통하여 각 획득 대안의 정비 업무별 소요 및 군수지원 요소별 소요를 산출한다. 이들 소요는 시스템 설계가 진전됨에 따라 더욱 세분화되고, 시험평가를 거쳐 수정·확정되며 주장비의 야전 배치와 동시에 필요한 군수지원이 제공되어야 한다. 최초 운영 능력을 확인한 후에는 군수지원분석 결과 도출된 소요와 사용한 경험 자료를 비교하여 정상 보급 계통의 소요로 조정하거나 수정하게 된다. 운영 중에 획득된 모든 자료는 환류되어 유사 무기체계 개발이나 성능개량에 이용해야 한다.

시스템 설계 담당자는 대부분의 경우 군수지원 요구사항을 고려하지 않고 시스템 주장비 성능 요구조건을 만족하는 측면만을 고려하여 시스템을 개발한다. 이로 인해 군수담당자가 군수지원을 보다 쉽고 비용 대비 효과적으로 할 수 있는 가능한 설계 향상 방법을 알고 있다 하더라도 시스템의 주장비가 생산되기 이전에 설계에 반영하기가 너무 어렵다. 따라서 군수지원성이 반영된 시스템 개발을 위해서는 다음과 같은 사항을 만족시켜야 가능하다.

(1) 군수담당자는 개념 연구 단계부터 설계 과정에 참여하여 개발 시스템에 대한 군수지원 요소를 식별, 분석하고 군수지원 요소가 설계에 반영될 수 있도록 해야 한다.
(2) 설계담당자는 시스템 설계시 군수 고려 사항을 반영해야 하며 이를 위해 군수지원 사항이 설계에 중요한 부분이라는 것을 인식해야 한다.

3. 군수지원분석 수행목표

군수지원분석의 네 가지 목표는 설계에 영향을 미치는 군수지원 고려 사항을 식별하는 것, 무기체계 지원상의 문제점 및 비용증감 요인을 초기에 식별하는 것, 무기체계 수명주기 전 단계에 걸쳐 군수지원 소요를 식별하고 개발하는 것, 군수지원분석에 소요되는 군수지원 자료의 통합 관리 등이다.

가. 설계에 영향을 미치는 군수지원 고려 사항 식별

설계에 영향을 미치는 군수지원 요소를 식별하는 것은 군수담당자의 가장 어려운 업무 중의 하나다. 군수지원 소요를 설계에 반영할 수 있도록 무기체계 수명주기 초기 설계 과정에 참여하여 업무를 수행하고 설계 과정이 어떻게 진행되는지를 이해하는 것이 무엇보다 중요하다.

이 목표를 달성하기 위해 다음 두 가지 활동이 수행되어야 한다.

1) 무기체계 임무 및 운영 요구사항을 잘 정의해야 한다

군수지원분석을 수행하면 획득 초기인 개념 설정 단계부터 기초적인 군수지원 소요가 무엇인지 식별할 수 있다. 소요에 대한 실현가능성을 분석하고 기술 대안을 선택하는데 군수지원 요소들을 반드시 고려해야 한다. 연구개발에 있어 각각의 기술 대안은 생산가능성 뿐 아니라 총 수명주기 관점에서 평가되어야 한다. 이 활동을 통해 설계 당시 만족해야만 하는 시스템 수준의 요구조건을 설정한다. 여기에는 군수지원 고려 사항이 시스템 설계요구조건의 중요한 부분으로 포함되어 있어야 한다.

군수지원분석을 수행하게 되면 시스템의 운영 소요 및 정비/지원 개념을 정립하고 기술성능척도를 식별하여 우선순위를 설정할 수 있으며 기능 분석을 하는 과정에서 설계 기준의 초기 설정에 도움을 준다. 또한 시스템 수준의 소요를 하부 구성품 수준으로 분배 및 할당할 수 있도록 도움을 준다.

2) 무기체계 요구사항을 검토해야 한다

군수지원분석을 수행하게 되면 다양한 설계 대안 분석과 상충 관계 분석을 통하여 시스템을 종합, 분석, 설계 최적화하는 노력에 도움을 준다. 구체적으로는 수리 정책의 대안 평가, 시스템과 장비의 신뢰도 및 정비도 평가, 그리고 상용화 품목의 사용 가능성 평가 등에 도움이 된다.

무기체계 요구사항 검토의 목적은 무기체계 설계 대안이 무기체계 요구사항 정의에 설정된 요구조건을 만족하는지를 검토하는 것이다. 여기서 무기체계 요구사항 정의에 포함된 군수지원 고려 사항에 대한 검토도 수행되어야 한다.

나. 무기체계 지원 문제점 및 비용증감 요인 초기 식별

무기체계의 수명주기비용 중에서 가장 큰 비중을 차지하는 부분은 운영유지 비용이다. 따라서 무기체계의 성능 및 규격을 만족하는 범위에서 운영유지 비용에 영향을 미치는 무기체계 설계 특성을 설계 초기에 식별하여 반영하는 것이 매우 중요하다. 이러한 업무는 군수담당자가 설계에 영향을 미칠 수 있는 최선의 방법이며 무기체계의 운영유지 업무를 보다 쉽고 효과적으로 수행하기 위한 필수 항목이다.

비용증감 요인을 식별하기 위한 업무는 과거 경험 자료에서부터 시작된다. 현존 무기체계에 대한 비용증감 요소를 다음과 같은 경험 자료로부터 상세한 분석 과정을 통해 결정할 수 있다.

- 야전 신뢰도
- 고장 분석 자료
- 정비 기록
- 수리부속품 사용 자료
- 야전 평가 및 조사 자료
- 임무 가용성 자료

다음 단계는 이러한 비용증감 요인을 현재 운영 중인 유사 무기체계의 설계 특성과 비교하여 개발 중인 무기체계의 설계에 반영해야 한다. 이러한 업무는 수명주기비용의 결정에 결정적 영향을 주는 설계 초기에 해야만 무기체계의 수명주기비용을 절감시킬 수 있다.

다. 무기체계 수명주기 전 단계에 걸쳐 군수자원 식별 및 개발

과거에는 가정에 의한 방법을 적용하여 군수자원 소요를 식별해왔지만 현재는 지원성 요구사항을 통합시키는 분석 기술을 적용하여 수명주기 전 단계에 걸쳐 군수자원 소요를 산출하고 있다. 또한 군수지원분석 업무는 정비 업무 분석 및 군수지원분석 기록을 활용하여 모든 군수자원 요구사항을 식별하고 판단하기 위한 방법을 제시하고 있다.

군수지원분석은 정비 및 군수지원 자원 소요 결정과 연계하여 주어진 설계 형상의 평가에 도움을 준다. 시스템의 소요가 결정되고 설계 자료가 이용 가능하게 되면 예비품과 수리부속품의 소요, 시험 지원 장비, 지원 인력 규모와 기술 수준, 훈련 소요, 시설, 수송 및 적하역 장비 소요, 컴퓨터 자원을 결정할 수 있게 된다.

라. 군수지원분석에 소요되는 군수지원 자료의 통합 관리

군수지원분석에 필요한 자료는 단일 데이터베이스에서 모든 군수 관련 정보를 수집하고 유지한다. 그 이유는 컴퓨터 및 데이터베이스화된 자료가 군수지원 업무의 효율성 및 생산성을 크게 증가시키는 표준 방법으로 적용됨으로써 각 군수지원 업무 사이의 자료 공유 및 호환이 용이하게 되기 때문이다.

제2절 신뢰도 공학 기반의 분석 방법

신뢰도 공학은 군수지원 목표를 달성하기 위해 수행되는 설계와 관련한 활동을 포함한다. 구체화된 운영 소요를 효과적이고 효율적으로 달성하기 위해 시스템을 설계하고 개발하는 것이다. 신뢰도 설계를 보장할 수 있는 방법들은 다음과 같다.

(1) 신뢰도 기능 분석
(2) 신뢰도 할당
(3) 신뢰도 모델링
(4) 고장 유형·영향·치명도 분석(FMECA: Failure Mode & Effect & Criticality Analysis)
(5) 결함나무 분석(FTA: Fault Tree Analysis)
(6) 신뢰도중심정비(RCM: Reliability Centered Maintenance)
(7) 신뢰도 예측
(8) 신뢰도 성장 모델링
(9) 저장, 포장, 수송의 신뢰도에 대한 영향
(10) 고장보고·분석과 고장처리를 위한 정보시스템

여기서는 시스템의 신뢰도를 보장하는 주요한 분석 기법인 신뢰도 할당 및 신뢰도 예측 기법에 대해 자세하게 살펴본다. 고장 유형·영향·치명도 분석과 신뢰도와 관련한 하자보증은 간단하게 살펴본다.

1. 신뢰도 할당

신뢰도 할당은 사용자가 설정하여 조달 규격에 명시한 전체 시스템의 MTBF 값이나 고장률로부터 시작된다. 시스템의 목표 MTBF가 설정되고 나면 이 값을 장비의 하위 기능 수준에까지 할당시켜야 한다. 신뢰도 할당은 장비구조도에서 설계가능한 최하위 계층까지 수행된다. 할당률은 보통 유사장비 사용 경험이나 공학적 판단에 의해 결정된다. 할당된 신뢰도 값들은 설계 기준으로 활용되거나 장비의 예견되는 고장에 대하여 고장정비 빈도를 예측할 수 있다.

〈그림 6-3〉은 가상 전자 장비의 신뢰도 할당을 보여주고 있다.

〈그림 6-3〉 가상 전자 장비의 신뢰도 할당

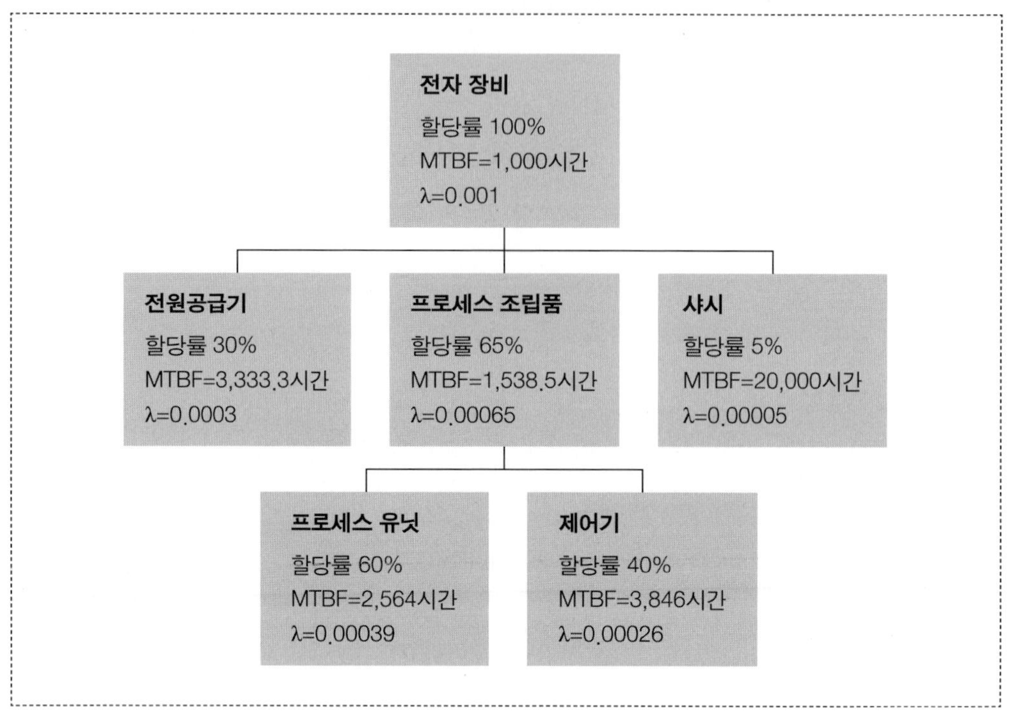

단계1: 전체 시스템의 요구되는 MTBF값을 고장률로 변환시켜라.

1/1,000 = 0.001/시간당

단계2: 장비구조도의 다음 하위 수준에 고장률을 할당하라.

전원공급기	30%
프로세스 조립품	65%
샤시	5%

단계3: 할당된 고장률을 계산하라.

전원공급기	0.001 × 30% = 0.0003
프로세스 조립품	0.001 × 65% = 0.00065
샤시	0.001 × 5% = 0.00005

단계4: 할당된 고장률을 MTBF로 변환시켜라.

전원공급기	1/0.0003 = 3,333시간
프로세스 조립품	1/0.00065 = 1,538.5시간
샤시	1/0.00005 = 20,000시간

단계5: 전체 장비구조도의 최하위 수준에 이르기까지 단계 2~4를 반복하여 각 계층별로 MTBF 값을 할당시킨다.

할당된 신뢰도 값들은 크게 두 가지 측면에서 유용하게 사용될 수 있다.

(1) 신뢰도 요소는 설계 기준으로 활용한다. 예를 들어 프로세스 조립품을 책임지고 있는 기술자는 프로세스 조립품의 고장률이 0.00065를 초과하지 않도록 설계해야 한다. 설계가 진행되면서 신뢰도 예측을 수행하면, 신뢰도 예측값과 신뢰도 소요에서 할당된 고장률 0.00065의 값을 비교해볼 수 있다. 이 때, 예측값이 소요값을 충족시키지 못한다면 설계 형상을 재검토하여 설계 변경을 요구할 수 있다. 즉, 신뢰도가 높은 부품을 사용하든지 혹은 다른 기술적 접근 방법이나 대안을 사용하도록 권고할 수 있다.

(2) 신뢰도 할당값은 신뢰도 설계의 기준이 될 뿐 아니라 장비의 예견되는 고장정비 빈도를 예측할 수 있다. 예를 들어 가상의 전자 장비가 10년의 수명주기로 매년 60,000시간 사용된다고 해보자. 그러면 현재 고장률로 장비의 고장정비 빈도를 예측할 수 있다.

고장정비 기대 빈도 = 연간 총운영시간/MTBF
= 60,000/1,000 = 60회/연간

만약 전자 장비를 운영할 때 모든 하위 체계나 계층이 모두 함께 작동된다고 가정하면 하위 체계의 고장정비 빈도는 할당률에 따라 결정된다. 전자 장비의 고장 빈도가 총 60회이기에 매년 전원공급기의 고장정비는 18회, 프로세스 조립품은 39회, 샤시는 3회의 고장이 발생한다. 고장정비 빈도는 군수자원 소요(물자와 비용)를 결정하는데 중요한 자료가 된다.

2. 신뢰도 예측

장비의 설계가 진행됨에 따라 공학적 자료가 이용 가능하게 되면, 신뢰도 예측을 수행할 수 있다. 신뢰도 예측은 시스템의 고장이 얼마나 자주 발생할 것인가를 정량적으로 분석하는 것으로 시스템 소요에 따라 설계가 제대로 되고 있냐는 점검 지표로서 활용할 수 있다. MTBF 혹은 고장률 등의 예측값을 신뢰도 소요와 비교할 수 있고, 소요값이 충족되지 못하면 설계를 향상하는 등의 활동이 필요하다. 신뢰도에 영향을 미치는 하드웨어 제작 및 시험평가 이전에 설계 대안 평가에 정량적인 지침을 제공할 수도 있다.

가. 신뢰도 예측 절차

신뢰도 예측 절차는 다음과 같다.

1단계: 시스템의 정의

최초단계는 예측해야 할 시스템과 그 구성품을 정의하는 것이다. 여기에는 시스템의 목적, 예상 기능 및 구성품들의 물리적 한계에 대한 정의가 포함되어야 하며 특히 각 구성품 간의 인터페이스에 대한 주의가 필요하다.

2단계: 고장의 정의

고장을 정의하는 과정에서 고려해야 할 사항은 다음과 같다. 먼저 1단계에서 시스템의 필수 임무 기능이 설정되어야 한다. 다음으로 고장 수준 및 귀책(chargeability)이 식별되고 분류되어야 한다.

3단계: 운영 조건 및 정비 조건의 설정

운영 조건에는 장비의 운영 유형, 임무 형태, 환경 조건이 함께 정의되어야 하며, 이때 신뢰도에 영향을 주는 모든 요소를 포함해야 한다. 또한 부품의 교체 일정, 부품 수명, 예방정비 일정 등과 같이 신뢰도에 영향을 미치는 정비 조건을 확립해야 한다.

4단계: 신뢰도 블록도표 구성

신뢰도 블록도표는 장비 구성 요소인 하부 시스템, 조립품, 모듈 등 상호 간의 의존성과 각 운영 사건에 대하여 블록으로 묶어서 표시한다. 직렬구조, 병렬구조, 직·병렬 혼합 구조, 대기 구조 등으로 표시한다. 블록도표를 작성할 때에는 현재 설계 상태에서 가능한 최하위 수준의 계층까지 포함될 수 있도록 해야 한다.

5단계: 수학적 신뢰도 모델 설정

신뢰도 블록도표를 기반으로 전체 장비시스템의 신뢰도와 각 구성 요소 간의 신뢰도를 수학적 모델로 표시해야 한다. 수학적 모델의 해가 장비 예측 신뢰도가 된다.

6단계: 부품 목록 작성

장비 설계가 완성되기 전에는 모든 부품 목록을 구별하기 힘들지만 가능한 범위 내에서 신뢰도 블록도표에 포함되는 부품 목록을 작성해야 한다. 부품 목록에는 각 부품의 고장으로 인하여 블록이 고장나는지의 여부를 명시해야 한다.

7단계: 부품 수량 및 부품 부하분석 수행

설계가 진행됨에 따라 부품의 형태, 부품의 수량, 부품의 품질 수준 및 각 부품에 작용하고 있는 부하(stress)를 평가하기 위한 분석을 수행해야 한다. 각 부품의 고장률은 일반적으로 부품에 작용하고 있는 여러 가지 온도, 진동, 전기 부하 등의 부하 조건 및 부품의 품질 수준에 따라 달라진다.

8단계: 고장 분포의 발견

해당 시스템이 전자, 전기, 전자기계, 기계 부품인지를 파악하고 적절한 고장 분포를 찾아야 한다. 만약 각 부품에 대한 고장 분포를 알 수 없는 경우에는 지수 분포, 이항 분포, 와이블 분포와 같은 임의의 분포를 가정한다.

9단계: 고장률의 정의

6단계부터 7단계의 내용을 이용하여 신뢰도 블록도표의 블록에 포함된 부품의 고장률을 정한다.

10단계: 시스템의 신뢰도 계산

신뢰도 수학적 모델과 고장률 자료를 이용하여 시스템 신뢰도를 계산한다.

신뢰도 예측을 하는 데는 (1) 유사장비를 이용하여 예측하는 기법, (2) 유사 복잡성 활용기법, (3) 회귀함수에 의한 예측, (4) 부품계측기법, (5) 부하분석기법 등 여러 방법이 있다. 여기서는 부품계측기법과 부하분석기법 두 가지 방법을 소개한다.

나. 부품계측기법

이 기법은 초기 설계 단계에 유용한 방법으로 장비나 시스템이 받게 될 부하는 잘 모르지만 부품의 종류나 형태를 알고 있을 때 사용한다. 기법 적용 시에 기본 부품 형태(generic part type)와 수량, 부품 품질 수준, 운영 환경 등의 자료가 필요하다. 부품계측기법에 의한 예측 절차는 다음과 같다.

1단계: 주어진 기능에 따라 각 부품 종류와 형태를 구분하고 수량을 파악한다.

2단계: 운용 환경을 결정한다.

3단계: 각 부품의 종류나 형태별 수량에 기본 고장률(generic failure rate)을 곱하여 전체 부품의 고장률을 합산한다.

장비의 고장률은 다음과 같이 계산한다.

$$\lambda_{EQUIP} = \sum_{i=1}^{n} N_i(\lambda_G \Pi_G)$$

여기서 λ_{EQUIP} : 전체 장비의 고장률($\times 10^{-6}$)

N_i: i번째 부품의 수량

λ_G: i번째 부품의 기본 고장률($\times 10^{-6}$)

Π_G: i번째 부품의 기본 품질 수준

n: 부품범주의 개수

부품의 기본 고장률(λ_G)과 기본 품질 수준(Π_G)의 자료는 군용 전자 장비의 신뢰도 예측을 위한 기본 문서인 MIL-HDBK-217E에 나타나 있다. 어떤 장비나 시스템이 아래와 같은 부품 형태와 수량으로 구성되어 있을 때 부품계측기법에 의한 신뢰도 예측은 다음과 같다.

1단계: MIL-HDBK-217E로부터 해당부품 기본 고장률과 품질 수준을 구한다.

〈표 6-1〉 부품계측기법에 의한 신뢰도 예측 사례

부품 형태	고장률	품질 수준	조정값(λGΠG)	수량	계
Transistors(NPN)	0.860	2.0	1.720	8	13.760
Resistors(comp)	0.038	1.5	0.057	2	0.114
Resistors(vari)	0.340	1.5	0.510	6	3.060
Capacitors(cer)	0.170	1.5	0.255	10	2.550
Diodes(gen)	0.140	2.0	0.280	4	1.120
IC(MOS)	0.410	3.0	1.230	12	14.760
Connector	0.150	2.5	0.375	1	0.375
Printed board	0.010	3.0	0.030	1	0.030
전체 신뢰도 예측값(고장률)($\times 10^{-6}$)					35.769

2단계: 부품 기본 고장률에 품질 수준을 곱하여 조정된 고장률을 구한다.

3단계: 조정된 고장률에 사용 수량을 곱하여 각 부품의 고장률을 산출한다.

4단계: 각 부품의 고장률을 합산하여 전체 장비의 고장률을 구한다.

5단계: 전체 장비 고장률로부터 MTBF값을 구한다.

$$MTBF = 1/35.769(\times 10^{6}) = 27{,}957.16\text{시간}$$

이 장비의 100시간 동안 고장없이 작동할 확률은 다음과 같다.

$$R(100) = e^{-(100/27{,}957.16)} = e^{-(0.0035769)} = 0.9964$$

다. 부하분석기법

부품의 고장률은 해당 부품의 강도(strength)와 부품이 받는 부하(stress)에 따라 달라진다. 부하분석기법은 상세 설계 단계에서 적용이 가능하며 각 부품이 받는 부하에 따라 고장률을 달리 적용한다는 점을 제외하면 부품계측기법과 같다. 따라서 부하분석기법은 정확한 예측을 할 수 있는 반면에 작업 노력 및 시간이 많이 소요된다. MIL-HDBK-217E로부터 각 부품의 고장률을 산출할 수 있으며 일반적으로 예측 절차는 다음과 같다.

1단계: 각 부품에 대한 기본 고장률을 결정한다. 기본 고장률은 부품 형태, 운용 운도, 운용 부하가 명시되어 있는 MIL-HDBK-217E의 차트에서 얻는다.

2단계: MIL-HDBK-217E의 표나 차트로부터 여러 종류의 요인값을 얻을 수 있다. 이러한 요인들은 특정 적용 항목에 대하여 기본 고장률과 예측전 고장률과의 관계를 정의하고 있다.

3단계: 부품 고장률은 설정된 기본 고장률과 수정 요인을 사용해서 산출한다.

MOS 디지털 SSI/MSI 장비에 대한 부하분석기법의 산출 공식과 사례는 다음과 같다. 공식과 해당 수치들은 MIL-HDBK-217E에 나타나 있다.

$$P = Q[C1 \times T \times Y + (C2 + C3)\ E]\ L \times 10^{-6}$$

여기서 P = 장비의 기본 고장률

Q = 품질 수준(1)

T = 기술에 근거한 온도 상승 요인(13)

Y = 정격 전압 감소요인(1)

E = 운용 환경(4)

C1 = gate수에 근거한 회로복잡성 고장률(0.0077)

C2 = gate수에 근거한 회로복잡성 고장률(0.0006)

C3 = 패키지 전체 복잡성 고장률(0.01)

L = 장비의 학습요인(1)

이 사례에 의한 장비의 기본 고장률은 0.1425×10^{-6}이다.

MIL-HDBK-217E에는 부하분석기법을 적용할 수 있도록 다양한 공식을 포함하고 있다. 부품 유형에 따라, 즉 전자 부하, 온도, 환경, 사용 빈도에 따라 각각의 공식이 달라진다. 부하분석기법은 해당 부품에 대한 자료가 존재하지 않거나 또는 생산자로부터 자료를 획득할 수 없을 때 사용된다. 이 방법은 먼저 개별 부품에 적용되어 신뢰도를 예측하며 이후 전체 장비의 신뢰도를 예측하도록 결합된다. 부하분석기법의 사용을 통하여 신뢰도 기술자들은 모든 부품, 조립품, 전체 시스템의 상세한 고장률에 대한 자료를 가질 수 있다. 그러나 이 예측치는 통계적 추정치라는 것을 기억해야 한다. 실제 고장률은 장비가 제작되고 충분한 기간 동안 사용된 후에 실제 운용 환경에서 시험평가 후에 산출될 수 있다.

라. 신뢰도 예측의 종합

〈그림 6-4〉는 조립품에 대한 고장률 예측이 어떻게 수행되는가를 보여준다. 커뮤니케이션 시스템은 조립품 수준에서 제어기 1대, 송수신기 2대, 영상기 1대로 구성되어 있다. 제어기는 제어카드1 1대, 제어카드2 2대, 모듈 3대, 증폭기 1대로 구성되어 있다. 송수신기는 각각 전원공급기 2대, 송신모듈 4대, 수신모듈 4대로 구성되어 있다. 영상기는 스피커 1대, 연결기 1대로 구성되어 있다.

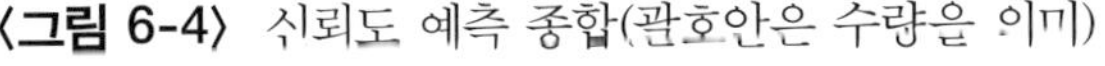
〈그림 6-4〉 신뢰도 예측 종합(괄호안은 수량을 의미)

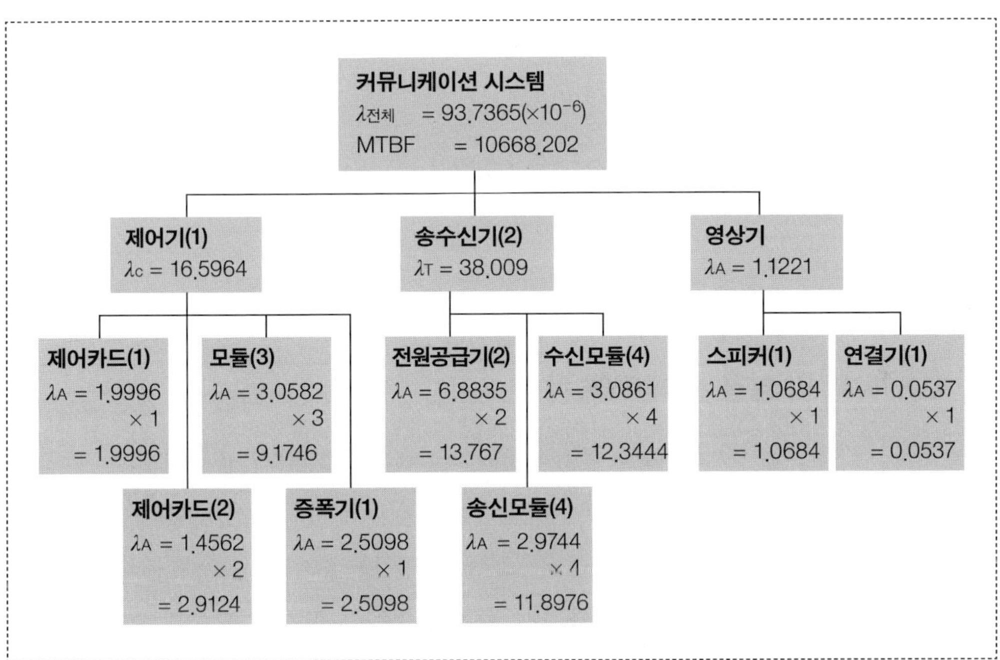

조립품과 모듈 수준에서의 신뢰도를 예측하여 보자. (1) 먼저 조립품에 사용된 각 부품에 대한 고장률을 예측하고 (2) 고장률과 장비에 사용된 부품의 수량을 곱하여 주며, (3) 다음에 각 부품의 고장률을 합한다.

제어카드1: 1.9996 × 1대 = 1.9996

제어카드2: 1.4562 × 2대 = 2.9124

모듈: 3.0582 × 3대 = 9.1746

증폭기: 2.5098 × 1대 = 2.5098

제어기의 신뢰도: 1.9996 + 2.9124 + 9.1746 + 2.5098 = 16.5964

전원공급기: 6.8835 × 2대 = 13.767

송신모듈: 2.9744 × 4대 = 11.8976

수신모듈: 3.0861 × 4대 = 12.3444

송수신기의 신뢰도: 13.767 + 11.8976 + 12.3444 = 38.009

스피커: 1.0684 × 1대 = 1.0684

연결기: 0.0537 × 1대 = 0.0537

영상기의 신뢰도: 1.0684 + 0.0537 = 1.1221

전체 커뮤니케이션 시스템의 예측 신뢰도는 다음과 같다.

$$16.5964 \times 1 + 38.009 \times 2 + 1.1221 \times 1 = 93.7365(\times 10^{-6})$$

3. 고장 유형·영향·치명도 분석

가. 고장 유형 및 영향 분석(FMEA)

고장 유형 및 영향 분석(FMEA: Failure Mode & Effect Analysis)은 분석 대상 품목이 가질 수 있는 모든 고장 유형을 식별하고 식별된 고장이 발생하는 원인과 시스템 운영에 미치는 영향을 분석하여 신뢰도중심정비 및 정비 기능별 소요를 식별하는 기초 자료로 활용하고 한다.

고장 유형은 고장이 일어나는 형태이다. 유형 분석에서 각 조립 수준의 모든 예측 가능한 고장 유형이 식별, 기술되어야 한다. 잠재적 고장 유형은 기능/개념도 상에서 식별되는 품목의 반응과 기능적 검사에 의해 결정된다. 모듈이 시스템에서 하나의 품목으로 분류될 때 모듈 차원에서 가능한 고장 유형을 식별한다. 고장이 발생하는 유형은 (1) 시기상조 작동, (2) 규정 시간에 운용 불가, (3) 간헐적 작동, (4) 운용 중 고장 또는 출력 상실, (5) 운용 능력 또는 출력의 감소, (6) 적절한 시스템 특성, 운용 요구 또는 제한 사항에 근거한 기타 고장이 있다.

손상이 발생하면 품목의 고장뿐만 아니라 성능 저하도 발생할 수 있다. 손상 유형은 다음과 같은 손상 조건과 관련하여 검토된다. (1) 관통, (2) 절단, (3) 세열, 균열, (4) 변형, (5)

불순물 장애, (6) 반화, 폭발, (7) 소손(전기적 과부하), (8) 화재이다.

고장과 손상으로 인한 고장의 영향은 국부적 영향(부품), 차상위 계층이나 기능에의 영향, 완제품에 대한 영향으로 나누어 고장 결과를 식별하고 기술할 수 있다. 국부적 영향은 조립품 내에서 품목의 작동과 기능에 대한 고장/손상의 영향에 중점을 둔다. 차상위 계층에 대한 영향력 평가는 차상위 조립 수준에서 품목의 운용과 기능에 대한 고장/손상의 영향력을 평가하는데 중점을 둔다. 완제품에 대한 영향은 최상위 시스템의 운영 및 기능 상태에 대한 고장/손상의 전체적인 결과를 평가하고 정의한다.

나. 치명도 분석

고장 유형 및 영향 분석에서 식별된 고장 유형 및 원인에 대하여 상대적인 치명도 값을 산출하여, 상대적으로 위험도가 높은 품목을 선정하여 설계에 반영한다. 또한 치명도 분석(Criticality Analysis)을 통해 신뢰도중심정비 분석, 업무 부호 선정, 고장 개소 확인, 고장 배제 절차 개발 및 정비 교범의 항목 결정에 기초 자료로 활용한다.

4. 하자보증 분석

시스템이 운영되는 단계에서 하자보증(warranty)이 필요하며, 하자보증 기간과 주어지는 보증서비스의 질에 따라 하자보증 비용이 결정된다. 하자보증 비용의 적절성 여부는 고장 발생 정도에 비례한다고 할 수 있다. 고장 발생 정도인 신뢰도는 설계에 반영할 수 있으므로 하자보증의 질과 비용은 설계 당시에 결정된다고 할 수 있다.

예제 6-1 어느 회사의 특수 장비의 고장은 평균 20년의 분포를 가진 지수 분포를 따라 발생하고 있다. 특수 장비는 원래 1년 하자보증 기간으로 판매한다. 하자보증을 2년 더 연장하면 가격이 $10,000 상승한다. 이 회사에서는 2011년 100대의 특수 장비를 판매하였고 50%의 고객이 3년 하자보증 기간으로 계약하였다. 고장 한 건당 평균 수리 및 교체 비용은 $60,000이다.

하자보증 판매로부터 얻는 기대이익은 얼마인가?

회사 입장에서 기대수익은 다음과 같다.

$$100\text{대} \times \$10{,}000 \times 0.5(50\%) = \$500{,}000$$

2년 동안 하자보증 기간을 연장함으로 소요되는 교체 비용은 다음과 같이 계산할 수 있다. MTBF가 20년이기에 고장률은 연간 0.05회이다.

t년 동안의 신뢰도: $R(t) = e^{-\lambda t}$

t년 동안의 고장률: $F(t) = 1 - R(t)$

1년 동안의 고장률: $F(1) = 1 - R(1)$

3년 동안의 고장률: $F(3) = 1 - R(3)$

1년~3년 사이 고장률: $F(3) - F(1) = 1 - R(3) - (1 - R(1))$

$= R(1) - R(3) = 0.9512 - 0.8607 = 0.0905$

고장에 따른 교체 비용은 다음과 같다.

100대 $\times$ 0.0905 $\times$ \$60,000 $\times$ 0.5 = \$271,500이다.

따라서 기대수익이 예상 교체 비용보다 \$228,500 더 발생한다고 할 수 있다.

위의 문제에 적용한 고장률은 시스템 운영이 안정화된 상태의 고장률이다. 〈그림 6-5〉에서 고장률이 일정한 상태에 있는 시간대의 자료라 할 수 있다. 초기 1년 기간에 고장률이 주어진 예측치보다 더 높을 수 있다. 또한 시스템에 따라(기계 제품, 전자 제품, 기계/전자 혼합 제품) 고장률이 안정화되는 시점과 지속되는 기간이 다르다. 또한 고장률이 일정할 때에라도 분해수리와 같은 예방정비나 성능개량 활동을 수행한다면 〈그림 6-5〉와 같이 어느 시점에는 고장률이 상승하며 일시적으로 불안정해 질 수 있다. 시스템의 고장률이 안정화되는 기간이 길다면 제작사 입장에서는 하자보증 수리기간을 연장한다고 하더라도 큰 비용 소요는 발생하지 않을 것이다. 이러한 것들을 고려하여 하자보증에 대한 의사결정이 이루어져야 할 것이다.

〈그림 6-5〉 신뢰도 고장률 곡선

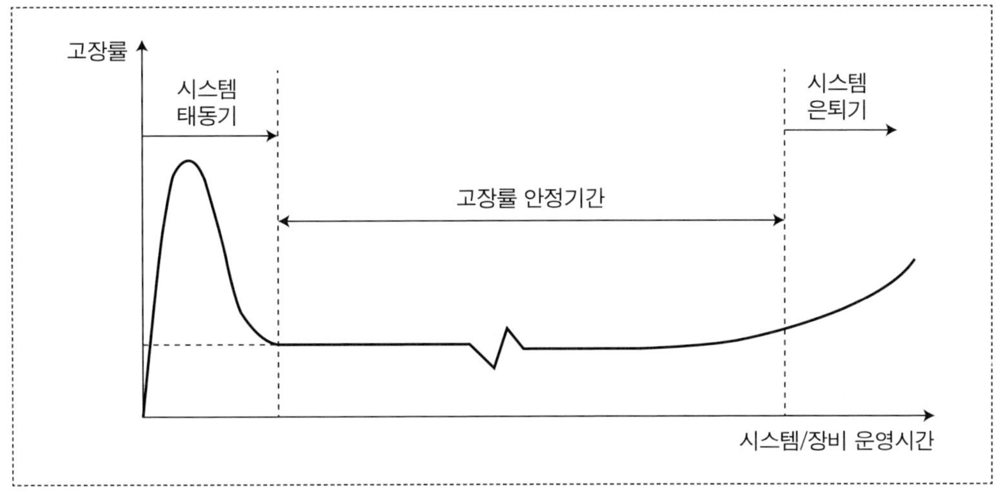

제3절 정비도 관련한 분석 방법

정비도와 관련한 분석은 정비도 할당, 정비도 예측, 정비 과업 분석, 신뢰도중심정비 등이 있다. 정비도 할당과 예측을 통해 정비 과업 수행의 용이성, 정확성, 경제성을 고려하여 정비도 설계에 반영해야 하고 이후 후속 군수지원에 있어 정비 소요를 파악할 수 있다. 정비도 설계는 설계 과정에서 제품의 형상이 궁극적으로 정비 간 평균시간, 평균 불가동시간, 평균 고장정비시간, 평균 예방정비시간, 운영 시간당 정비 인시, 정비당 비용 요소와 양립되어야 한다.

1. 정비도 할당

시스템 정비 소요를 하위 단계의 설계 기준으로 전환하는 활동은 정비도 할당을 통하여 이루어진다. 정비도 할당의 과정을 이해하기 위해 다음 가상의 사례를 생각하여 보자.

> 정비도 할당 사례는 신뢰도 할당 사례와 같은 구조도를 가지고 있다. 전자 장비는 0.9994의 고유가용도를 요구하고 있으며, MTBF는 1,000시간, 고장정비를 위한 운영 시간당 정비 인시(MLH/OH)는 0.2라고 가정해보자. 구하고자 하는 것은 하부 시스템에서의 평균 고장정비시간과 운영 시간당 정비 인시(MLH/OH)이다.

평균 고장정비시간($\overline{M}$ct)은 고유가용도를 구하는 공식으로부터 산출할 수 있다. 즉, 평균 고장정비시간은 다음과 같이 계산할 수 있다.

$$\overline{M}\text{ct} = \frac{MTBF(1 - A_i)}{A_i}$$

$$= \frac{1{,}000(1 - 0.9994)}{0.9994} = 0.6$$

시스템에서 요구하는 평균 고장정비시간은 0.6시간이다. 이 평균 고장정비시간은 구조도에 나타난 다음의 하부 시스템에 할당해야 한다. 정비도를 할당하는 과정은 다음 표에 나타나 있다.

〈표 6-2〉 전자 장비의 정비도 할당(하부 시스템)

품목	수량 (Q)	고장률 (λ)	고장에 대한 기여도 (c_f=Q×λ)	고장 기여도 cp=c_f/∑c_f × 100	고장정비시간 추정치 $\overline{M}ct_i$(시간)	전체고장정비 기여도 c_t=(c_f)($\overline{M}ct_i$)
전원공급기	1	0.0003	0.0003	30%	0.9	0.00027
프로세스 조립품	1	0.00065	0.00065	65%	0.4	0.00026
샤시	1	0.00005	0.00005	5%	1.0	0.00005
계			∑c_f=0.001	100%		∑c_t=0.00058

〈표 6-2〉의 4열은 하부 시스템 각각의 전체 시스템에 대한 고장 기여도라 할 수 있으며 이는 각 품목의 고장률과 수량을 곱한 값이다. 6열의 각 품목에 대한 평균 고장정비시간은 추정된 값으로 유사장비나 과거 경험 값에서 얻어진 값이다. 이 시점에서 시스템 수명주기와 고장정비시간에 대한 상세한 자료를 확보할 수 없기 때문에 시스템 고유 설계 특성과 과거 경험 자료를 기반으로 품목당 고장정비시간을 추정한다. 요구되는 장비의 평균 고장정비시간이 0.6시간이기 때문에 전체 고장에 가장 높은 비중을 차지하는 프로세스 조립품은 0.6시간보다 낮아야 한다. 적은 비중을 차지하는 샤시는 전원공급기의 고장정비시간에 따라 평균 고장정비시간이 낮거나 높게 된다.

7열의 각 품목별 전체 고장정비에 대한 기여도는 4열의 전체 시스템에 대한 고장 기여도와 6열의 각 품목의 평균 고장시간을 곱한 값이다. 4열에 있는 전체 시스템의 고장 기여도의 합과 7열에 있는 전체 고장정비시간에 대한 기여도의 합은 전체 시스템의 실제 평균 정비 시간을 결정하는데 사용한다.

$$\overline{M}\mathrm{ct} = \frac{0.00058}{0.001} = 0.58\text{시간}$$

시스템에 대해 실제 평균 고장정비시간은 0.58시간으로 요구되는 평균 고장정비시간 0.6시간의 범위 내에 있다. 이 경우 할당된 정비도 값은 설계를 위한 규격서(specification)에 포함할 수 있다.

다음 단계로 할당이 완료된 프로세스 조립품의 하부 조립품에 대해 다시 평균 고장정비시간을 할당한다. 요구되는 평균 고장정비시간은 0.4시간이다.

〈표 6-3〉 프로세스 조립품의 정비도 할당(하부 조립품)

품목	수량 (Q)	고장률 (λ)	고장에 대한 기여도(Q×λ)	고장 기여도 (%)	고장정비 시간 추정치	전체고장정비시간에 대한 기여도
프로세스 유닛	1	0.00039	0.00039	60%	0.3	0.000117
제어기	1	0.00026	0.00026	40%	0.54	0.0001404
계			0.00065	100%		0.0002574

프로세스 조립품의 실제 평균 고장정비시간은 다음과 같이 계산한다.

$$\overline{M}\mathrm{ct} = \frac{0.00026}{0.00065} = 0.396\text{시간}$$

프로세스 조립품의 실제 평균 고장정비시간은 0.396시간이다. 이 시간은 상위 수준에서 요구된 평균 고장정비시간인 0.4시간의 범위 내에 포함되므로 이를 설계에 반영한다.

실제 평균 고장정비시간은 수리 활동을 위한 시간으로 때때로 신뢰도 소요와 결합되어 설계시 필요한 정비 특성을 도출하는 데 도움이 된다. 실제정비시간의 산정은 부정확할 수 있다. 정비 활동 수행에는 정비 인력의 규모, 기술 수준, 정비 장비 및 시설 등에 따라 정비 시간이 달라질 수 있다. 따라서 정확한 정비도 할당을 위해서는 정비 인력의 규모, 기술 수준, 운영 시간당 정비 인시 등의 조건을 추가적으로 지정해야 할 것이다. 정비 인시는 고장률의 기여도에 따라 할당되었다.

위와 같은 절차를 거쳐 결정된 전자 장비 기능적 소요는 〈그림 6-6〉과 같다.

〈그림 6-6〉 가상 전자 장비의 기능 소요

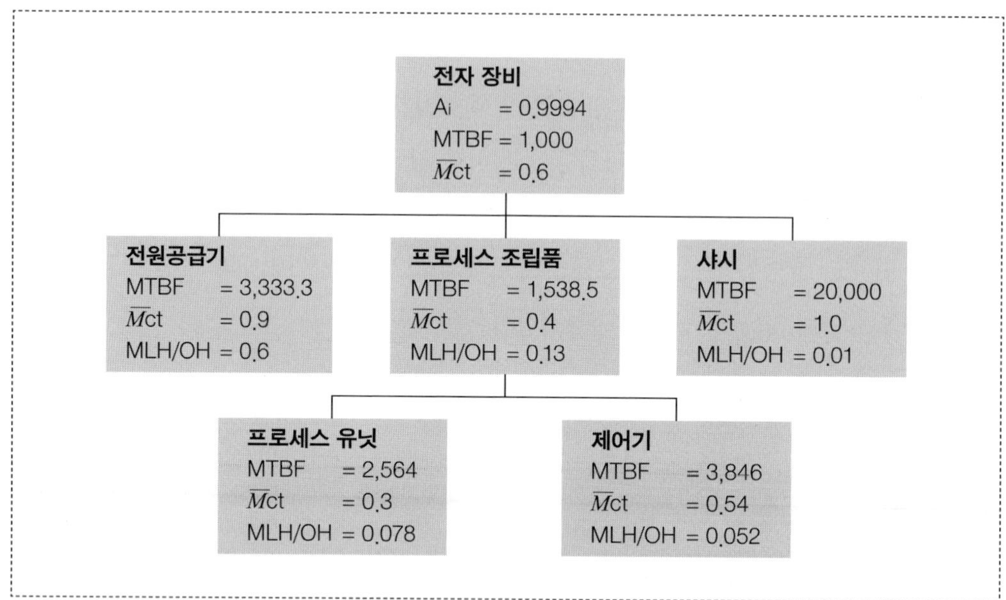

2. 정비도 예측

정비도 예측은 장비의 신뢰도 향상과 정비·보급지원 정책을 수립하는 기초가 되므로 장비 개발 초기에서부터 지속적으로 수행되어야 한다. 정비도 예측 방법은 MIL-HDBK-472에 나와 있다.

가. 정비도 예측 절차

정비도를 예측하는 절차는 다음과 같다.

단계1: 시스템 정의

정비도 예측을 수행하는 최초 단계는 신뢰도 예측에서와 마찬가지로 예측해야 할 시스템과 그 구성품을 정의하는 것이다. 시스템 정의에는 시스템의 목적, 예상 기능 및 모든 구성품의 물리적 한계에 대한 명확한 내용이 포함되어야 한다.

단계2: 운영 조건의 설정

운영 조건에는 장비의 임무 유형 및 환경 조건이 정의되어야 한다. 일반적으로 각 부품의 고장률은 장비가 운용되는 환경 조건에 따라서 달라지게 된다.

단계3: 정비 개념의 설정

예측 대상 시스템에 대한 정비 개념을 설정한다. 즉, 각 부품의 정비 방법(정비 계단, 정비 인력, 예방정비 주기 등)이 설정되어야 한다.

단계4: 시스템의 기능 수준 선도의 작성

이 단계는 시스템을 최상위 품목에서부터 시작하여 예방정비 시에 교체되는 최하위 품목까지 세분하여 시스템의 기능 수준 선도(diagram)를 작성한다. 기능 수준에서 시스템은 하부 시스템, 세트, 유닛, 조립품, 하부 조립품, 스테이지, 그리고 부품으로 하향식으로 구분해서 나눈다.

단계5: 정비 임무가 유효한 기능 수준의 결정

시스템의 기능 수준 선도가 작성된 후에는 고장 위치 식별, 분리, 분해, 교체, 조립, 정렬 및 성능 검사 등의 정비 업무가 유효한 기능 수준을 결정해야 한다. 각 정비 업무에 대한 설명은 다음과 같다.

(1) 고장 위치 식별: 시험 장비를 사용하지 않고 가능한 최대로 고장 부위를 찾아내는 작업
(2) 분리: 시험 장비를 사용하여 고장 부위를 찾아내는 작업
(3) 분해: 교체해야 할 품목에 접근하기 위하여 장비를 분해하는 작업
(4) 교체: 결함이 있는 품목을 제거하고 새로운 품목을 설치하는 작업
(5) 조립: 교체작업 후에 장비를 재결합하는 작업
(6) 정렬: 수리 작업에서 필요한 최소한의 시험 및 조정 작업
(7) 성능 검사: 장비가 만족한 성능을 회복했는지를 파악하기 위해서 수행되는 최소한의 점검이나 시험

위와 같은 정비 업무들의 유효한 기능 수준을 결정하면 이를 기능 수준 선도에 표시하도록 한다. 단 분해, 교체, 조립의 정비 업무는 접근(access)이라는 하나의 정비 임무로 간

주하고 기능 수준 선도에 표시하지 않으며, 이 정비 업무는 교체 가능한 품목의 바로 위의 블록에 해당하는 기능 수준에서 유효한 것으로 판단한다.

단계6: 수학적 모델 설정

수학적 모델이란 각각의 정비 시간과 개발 장비의 정비도와의 관계를 수학적으로 나타낸다.

단계7: 고장률 자료 및 정비 자료의 수집

시스템의 기능 수준 선도에서 교체 가능한 품목에 대한 고장률을 수집한다. 이 경우에 각 고장률은 신뢰도 예측에서 설명한 방법과 동일한 과정으로 결정하게 된다. 또한 정비 자료는 위에서 설명한 각 정비 임무를 수행하는데 소요되는 시간을 정비 자료 목록에서 찾거나, 개발 장비와 유사한 장비를 수리하는데 소요된 시간을 이용한다.

단계8: 시스템 정비도 계산

앞서 설명한 수학적 모델과 고장률 자료, 정비 자료를 이용하여 시스템 정비도를 계산한다.

3. 수리수준분석

가. 수리수준분석의 내용

무기체계는 고장이 난 품목을 수리할 것인지 혹은 폐기하고 새로 교체할 것인지 그리고 수리를 한다면 어느 정비 계단에서 수리할 것인가의 결정이 필요하다. 어느 품목을 야전 정비나 혹은 창정비 단계에서 수리해야 할 것인지 혹은 고장이 나면 모듈화된 품목으로 교체해야 할 것인지 설계 이전에 결정해야 이를 설계에 반영할 수 있다. 이러한 수리 수준을 결정하고 수행하는 것이 수리수준분석(LORA: Level-Of-Repair Analysis)이다.

나. 수리수준분석 사례

무기체계 운용에 활용하는 컴퓨터 하위 시스템은 3개 지역에 65대가 분배되어 운영되고 있다. 컴퓨터 하위 시스템은 다양한 기능을 지원하기 위해 활용될 것이다. 실제 시스템의 활용도는 활용 조직의 성격에 따라 다양하지만 이 사례에서는 평균 매일 4시간씩 사용된다고 가정한다.

현재 이 컴퓨터 하위 시스템은 초기 개발 단계에 있다. 시스템의 운영 소요, 정비 개념, 사업 일정 등은 〈그림 6-7〉에 있다. 연구개발 이후 18개월부터 생산을 시작하고, 24개월부터 운영이 가능하다. 4년차 초기에는 65개 시스템 배치가 완료되며 9년차 말부터 컴퓨터 시스템의 폐기가 시작될 것이다. 생산된 하위 시스템은 생산되는 즉시 야전에 배치

〈그림 6-7〉 컴퓨터 하위 시스템의 운영 개념과 운영 프로파일

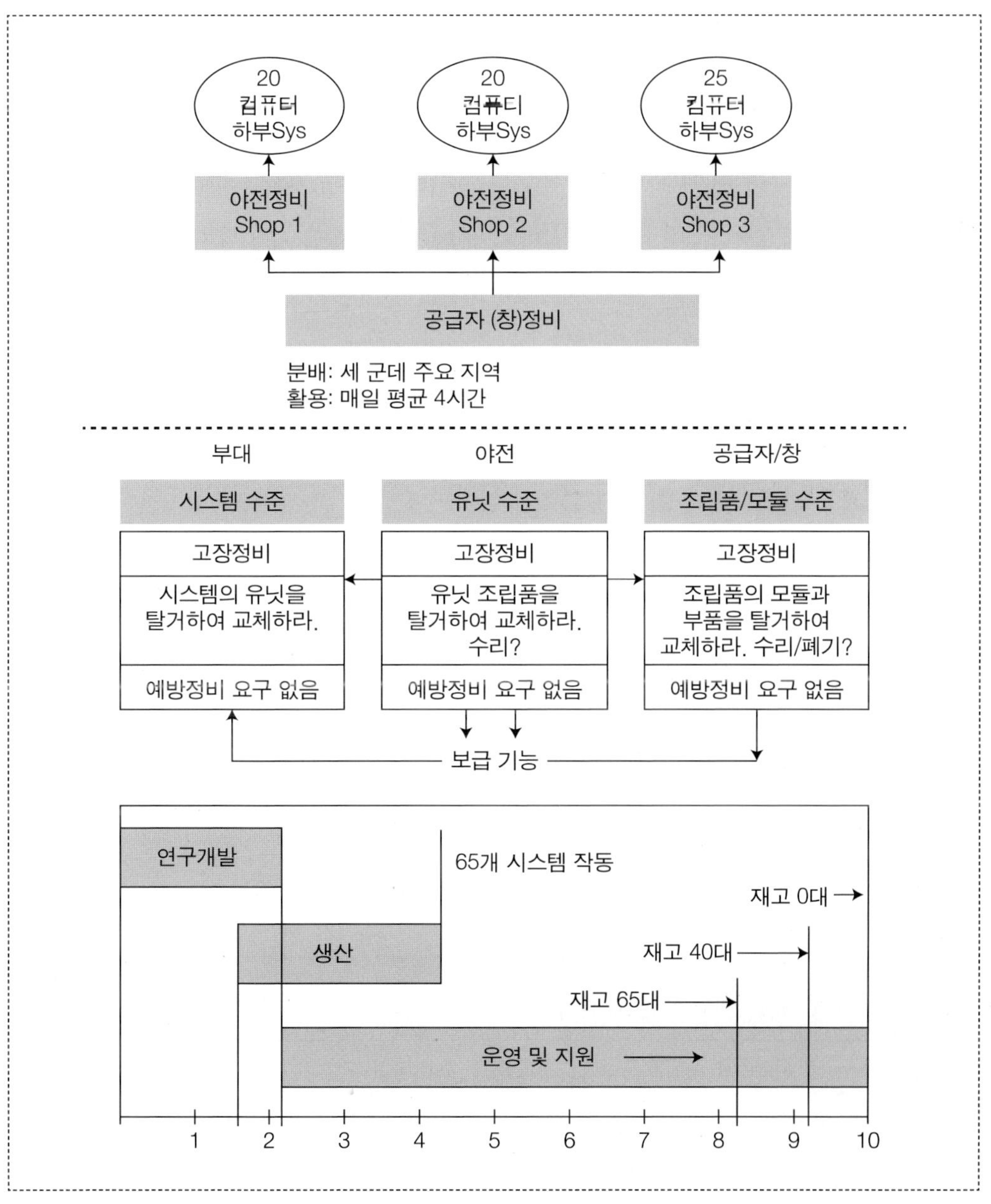

되어 운영되는데 2년차에는 6개월간 생산된 물량이 초도 배치된다고 할 수 있다. 9년차 연말에 폐기 물량은 25개 시스템이고 10년차 연말에는 40개가 폐기된다. 분석 목적을 위하여 시스템의 수명주기는 10년이라고 가정한다.

초기 설계 자료에 의하면 컴퓨터 시스템은 5개의 주요 단위로 구성되며 주요 단위로 결함을 분리할 수 있는 자체(built-in) 시험 장비를 가지고 있다. 주요 단위의 탈거와 교체는 부대정비 수준에서 시행되며, 수리를 위해 야전정비 시설로 보내진다. 주요 단위 수리는 조립품 교체와 수리를 통해 달성된다. 하위 시스템 중에서 고려대상이 되는 조립품은 15개이다.

1) 수리수준분석 방법론

주요 조립품의 고장이 발생할 때 이를 수리할 것이냐 폐기할 것이냐에 대한 세 가지의 정비 정책 결정이 필요하다. 즉, (1) 야전정비 수준에서 조립품을 수리할 것이냐, (2) 창정비 수준에서 조립품을 수리할 것이냐, 혹은 (3) 조립품이 고장이 나면 폐기 후 신품 교체를 위해 설계 당시부터 모듈로 설계할 것이냐를 결정해야 한다.

분석을 위해 비용구조도(CBS: Cost Breakdown Structure)를 개발하며 평가 기준을 설정해야 한다. 비용구조도에 포함된 비용 항목은 수명주기분석에서 활용하는 항목과 유사하다. 평가 기준은 모든 범주의 비용을 다 포함해야 한다.

연구개발 및 생산 비용은 1개의 항목으로 제시될 수 있지만 운영유지 비용의 각 항목은 개별적으로 식별되어야 한다. 〈표 6-4〉에는 조립품 A-1 한 품목에 대한 수리수준분석으로 평가 기준, 비용 자료, 각 항목별 설명이 포함되어 있다. 비용을 결정하기 위해 수명주기비용 분석에서 사용하는 방법을 활용한다. 표에서 중요한 부분은 하위 시스템을 운영하는 동안 총 운영 시간(600,480시간)을 산출하여 정비 활동 기대 빈도를 계산하는 일이다. 총 운영 시간 계산을 위해 2년차부터 4년차 초까지 배치된 시스템에 대한 운영 시간을 구해야 한다.

〈표 6-4〉 A-1 조립품의 수리 및 폐기 기준

평가 기준	야전 수리 비용($)	창수리 비용($)	고장 시 폐기 비용($)	설명과 확인
1. 조립품 A-1의 획득 비용 추정(R&D 비용과 생산 비용 포함)	조립품당 550 or 35,750	조립품당 550 or 35,750	조립품당 475 or 30,875	획득 비용은 소요량 65대에 기초하여 조립품 A-1에 C_R, C_{PI}, C_{PM}, C_{PQ} 항목에 할당된 모든 비용을 포함한다. 수리보다 폐기하기로 결정한 품목의 설계와 생산은 상대적으로 단순하다.

〈표 6-4〉 A-1 조립품의 수리 및 폐기 기준 (계속)

평가 기준	야전 수리 비용($)	창수리 비용($)	고장 시 폐기 비용($)	설명과 확인
2. 고장정비 비용(C_{OLA})	6,480	8,100	적용 불가	8년간 시스템 수명, 65대, 하루 4시간 활용도, 조립품 A-1에 대한 0.00045의 고장율, 그리고 2시간의 $\overline{M}$ct에 기초했을 때, 정비 활동 기대 빈도는 270회이다. 수리를 위해 전임 기술자가 1명이 필요하다. 노무비는 야전정비에서는 시간당 $120이고 창정비는 시간당 $150이다.
3. 보급지원 —예비품 조립 (C_{PLA}와 C_{OLS})	3,300	4,950	128,250	야전정비에는 수송 시간, 정비대기, TAT 등을 보충하기 위하여 6개 예비품이 요구되며, 창정비에는 9개 예비품이 요구된다. 폐기시 100%의 예비품이 요구된다.
4. 보급지원 —예비모듈 혹은 조립품 수리를 위한 부속 (C_{PLS}와 C_{OLS})	6,750	6,750	적용 불가	수리 활동당 자재비는 $25라고 가정하라.
5. 보급지원 —재고관리 (C_{PLS}와 C_{OLS})	2,010	2,340	25,650	재고가치의 20%라고 가정하라(예비 조립품, 모듈, 그리고 부품).
6. 시험, 지원 장비(C_{PLS}와 C_{OLE})	5,001	1,667	적용 불가	특별한 시험 장비가 수리에 필요. 획득과 지원 비용은 매 설치시 $25,000. 매 설치시 조립품 A-1에 대한 할당은 $1,667이다. 어떤 특별 시험 장비도 폐기시 필요없다.
7. 수송 및 취급(C_{OLH})	적용 불가	4,725	적용 불가	야전정비 수준에서 수송 비용은 무시한다. 창정비는 편도 540회 여행에 100파운드당 $175이다. 조립품 1개 무게는 5파운드이다.
8. 정비훈련 (C_{OLT})	260	90	적용 불가	조립품의 정비를 포함하는 델타 훈련 비용은 다음에 기초한다. 야전정비—학생 26명, 각 2시간, $200/학생 주당, 창—학생 9명, 각 2시간, $200/학생 주당
9. 정비 설비 (C_{OLM})	594	810	적용불가	경험으로부터 비용 추정 관계식은 야전정비 매 직접 정비노동 시간당 $0.55이며, 창정비 수준에서는 $0.75 가정한다.
10. 기술 자료 (C_{OLD})	1,250	1,250	적용불가	$250/page당 조립품을 포함하는 텍스트와 도표에 대해서는 5 pages로 가정하라.
11. 폐기(C_{DIS})	270	270	2,700	폐기비용으로 조립품 $10, 부품당 $1 가정하라.
총 추정 비용	61,665	66,702	187,475	

이와 같은 방식으로 나머지 14개 품목 각각에 대한 수리수준분석을 실시해야 한다. 물론 이를 수행할 때 획득 비용, 신뢰도 및 정비도 요소는 각 조립품에 따라 일부 달라질 것이나 비용 추정 관계식은 유사할 것이다. 그런데 분석에 있어 중요한 것은 투입비용 요소의 사용이 일관성이 있어야 한다는 것이다.

〈표 6-5〉는 전체 15개 주요 조립품에 대한 분석 결과이다. 조립품 A-1은 야전정비 수준의 수리를 선호한다는 것이다. 조립품 A-2를 위한 정비 정책은 창 수준의 수리가 최저 비용이다. 조립품 A-3는 고장이 발생했을 때 조립품을 폐기하는 것이다. 〈표 6-5〉는 각각의 조립품에 대한 수리 권장 정책뿐 아니라 전체적인 정비 정책을 보여 줄 수 있다. 3개의

〈표 6-5〉 조립품 15개의 수리수준분석

조립품 번호	정비 상태				의사결정
	야전정비 수리 비용($)	창정비 수리 비용($)	고장 시 폐기 비용($)	최적정책 비용($)	
A-1	61,665	66,702	187,475	61,665	수리-야전
A-2	58,149	51,341	122,611	51,341	수리-창
A-3	85,115	81,544	73,932	73,932	폐기
A-4	85,778	78,972	65,072	65,072	폐기
A-5	66,679	61,724	95,108	61,724	수리-창
A-6	65,101	72,988	89,216	65,101	수리-야전
A-7	72,223	75,591	92,104	72,223	수리-야전
A-8	89,348	78,204	76,222	76,222	폐기
A-9	78,762	71,444	89,875	71,444	수리-창
A-10	63,915	67,805	97,212	63,915	수리-야전
A-11	67,001	66,158	64,229	64,229	폐기
A-12	69,212	71,575	82,109	69,212	수리-야전
A-13	77,101	65,555	83,219	65,555	수리-창
A-14	59,299	62,515	62,005	59,299	수리-야전
A-15	71,919	65,244	63,050	63,050	폐기
정책 비용	1,071,267	1,037,362	1,343,449	983,984	

정책 중에서 가장 선호하는 정책은 혼합 정책이며, 여기에 해당하는 비용은 다섯 번째 열($983,984)에 나타나 있다. 시스템 수리 수준은 각 조립품별로 창 수준 수리, 야전 수준 수리, 폐기라는 결정이 혼합된 정책이다. 이러한 혼합 정책에서 발생할 수 있는 상호작용 효과를 관찰해야 한다. 예를 들면, 예비품의 영향, 시험 및 지원 장비의 활용도, 정비 인력 활용도 등의 상호 효과를 평가해야 한다. 각각의 조립품은 어떤 가정에 기초하여 개별적으로 평가되었으나, 전체 결과는 통합적인 맥락에서 검토되어야 한다.

혼합 정책 이외에 독립적인 순수 수리 수준 정책을 채택할 수도 있다. 모든 15개 조립품에 대한 전체적인 최소 비용을 보장하는 정책을 선택하는 것으로, 이 경우에 모든 조립품은 창 시설에서 수리되는 것으로 설계된다($1,037,362).

마지막 결론에 도달하기 전에, 분석가들은 최초에 제기된 각 환경에서 수리 수준 정책을 재평가해야만 한다. 〈표 6-5〉를 살펴볼 때, 폐기 결정을 수용하는 것은 명백히 비경제적이다. 그러나 창수리와 야전수리 대안 2개는 상대적으로 밀접한 관계를 가지고 있다.

일반적으로 각 조립품 수리 수준의 결정은 단위당 획득 비용과 수명주기 동안 예측된 교체 수량에 따라 결정된다. 교체 수량은 조립품 예방정비 활동, 즉 신뢰도중심정비 활동에 따라 좌우될 수 있다. 수리 수준의 결정이 단위당 획득 비용과 교체 수량에 의존하는 추세는 〈그림 6-8〉에 잘 나타나 있다. 이 그림에서 단위당 획득 비용이 증가하고 교체

〈그림 6-8〉 경제적 평가 기준

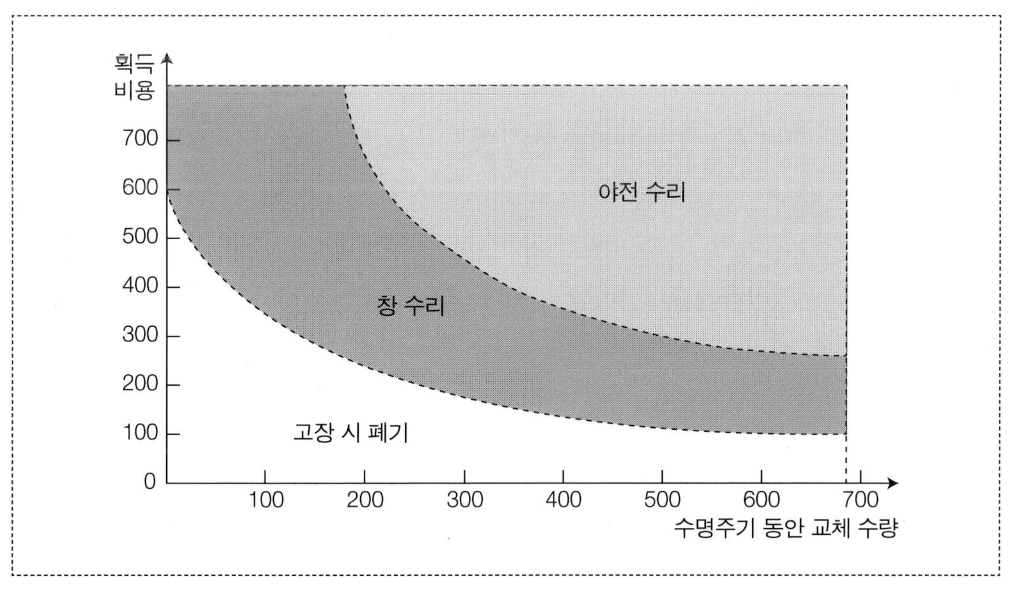

〈그림 6-9〉 수리수준분석 과정

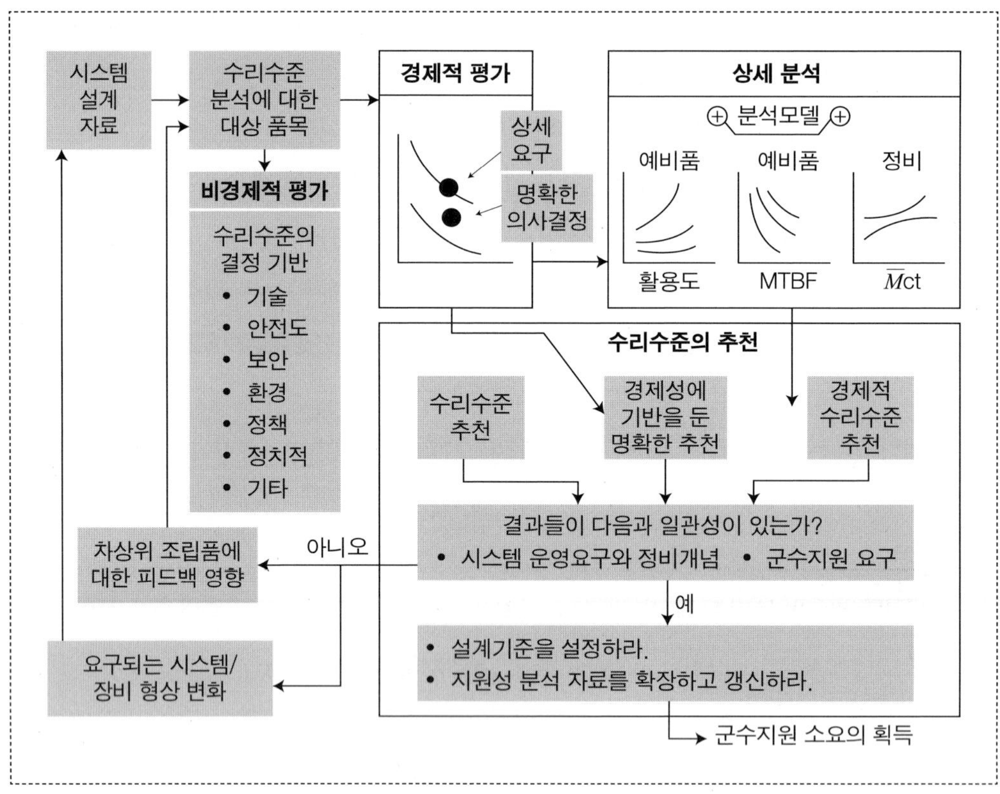

수량이 증가(혹은 신뢰도가 감소)함에 따라 폐기로부터 수리로 전환되는 경향이 있다. 그림에서 경계선상에 놓여 있는 품목의 경우에는 투입 자료와 가정을 다시 검토하며, 고비용을 초래한 원인과 민감도 분석을 수행할 필요가 있다. 수리수준분석의 목적은 관련된 위험을 평가하고 수리 결정을 확신하는 데 있다.

마지막으로, 수리수준분석의 결과물은 최초 특화된 시스템 정비 개념과 적합성(호환성)을 확실히 하기 위하여 검토되어야 한다. 수리수준분석의 단계에서 일어나고 있는 전체적인 프로세스는 〈그림 6-9〉에 설명되어 있다.

2) 분석 결과

이러한 사례 분석 결과에 기초하여, 수리 수준은 〈표 6-5〉에서 확인한 혼합 정책을 선호한다. 이것은 단지 경제적 기준에 근거하여 결정한 것이다. 그러나 〈그림 6-9〉처럼 최종 의사결정에 영향을 미치는 다른 비경제적 요인이 있을지도 모른다.

비경제적 요인에는 기술적, 정책적 요소 등을 포함하고 있다. 예를 들면, 야전정비 단계에서 효과적으로 수리를 수행할 수 없을 정도로 기술적 복잡성이 있을 수 있다. 기술보호나 보증 등으로 보호되는 품목은 생산자만이 정비할 수 있거나 또는 독점 문제가 있을 수 있다. 안전이 관심사인 정비인 경우 더 높은 수준의 기술 인력이나 특수 정비 시설이 요구되는 품목이 있다. 그리고 정책적으로 정비 아웃소싱을 선호하거나 어느 특정지역 내의 산업기반을 유지하려는 국회나 정부 차원의 정책 등 정치적 요인이 있을 수 있다. 이러한 비경제적 이슈들은 궁극적으로 수리 수준 정책에 영향을 미친다. 그러나 이러한 예외적 상황을 고려한다 하더라도 수리 수준 정책 결정 시 처음으로 수행해야 할 분석은 경제적인 평가이다. 나중에 정치적 혹은 기술적 고려에 의해 수리 수준이 결정되더라도 경제적 분석은 사전에 항상 필요하다고 할 수 있다.

4. 신뢰도중심정비

신뢰도중심정비(RCM: Reliability-Centered Maintenance)는 고장 유형 및 영향 분석의 결과를 신뢰도 중심 논리에 적용하여 각 고장 유형 및 품목에 대하여 고장 예방을 위한 예방정비 업무의 필요성과 적합성을 분석하여 예방정비 대상 품목과 주기를 설정하기 위한 것이다. 최소의 수명주기비용으로 무기체계나 장비의 설계에 내재된 고유 신뢰도와 안전도를 유지하는데 필요한 필수적인 정비 업무 소요 및 업무량 등을 결정하기 위한 방법이다.

신뢰도 중심 분석은 다음 네 가지 목적을 위해 수행한다.

(1) 예방정비에 대한 설계 우선순위와 지침의 설정
(2) 장비의 고유 안전도 및 신뢰도를 보장
(3) 성능 저하가 발생하였을 때 장비 안전도 및 신뢰도를 고유 수준으로 복구
(4) 고유 신뢰도가 부족한 품목에 대한 설계 형상 자료를 획득

이러한 분석을 최소 비용으로 실현하는 것이 신뢰도 중심 분석의 목표라 할 수 있다. 신뢰도중심정비 업무는 고장예방을 위한 예방정비 업무의 필요성과 적합성을 논리적 결정 방법과 해설 절차를 통하여 분석하는 것이라 할 수 있다.

토의문제

1. 군수지원분석이란 무엇인가? 분석의 목적과 포함되어야 할 것이 무엇인가? 시스템 수명주기에 있어 군수지원분석은 언제 달성되어야 하는가?

2. 한국군에서 군수지원분석을 위해 사용하는 도구가 어떤 것이 있는지를 식별하고 어떻게 활용되고 있는지 토의해보자.

3. 시스템의 신뢰도를 보장하는 분석 방법과 신뢰도 투자를 위한 분석 방법의 차이는 무엇인가? 신뢰도를 보장하기 위한 방안을 토의해보자.

4. 고장 유형·효과·치명도 분석이란 무엇이며 그 목적과 수행했을 때의 이익은 무엇인가? 결함나무분석이란 무엇인가? 그리고 그 목적과 수행한 후의 이익은 무엇인가 고장 유형·효과·치명도 분석 및 결함나무분석과의 차이를 비교해보자.

5. 신뢰도중심정비란 무엇인가? 그 목적과 이익은 무엇인가? 신뢰도중심정비 분석을 실시한 결과가 고장 유형·효과·치명도 분석 및 정비 과업 분석과 어떻게 연관될 수 있는가?

6. 수리수준분석이란 무엇인가? 그 목적과 이익은 무엇인가? 수리수준분석과 정비 과업 분석은 어떻게 연관이 있는가?

연습문제

1. 〈그림 6-6〉과 같은 시스템이 있다. 전자 장비 소요는 다음과 같다. MTBF = 650, $\overline{M}$ct = 0.6. 시스템의 고유가용도를 구하고 신뢰도와 정비도를 할당해보자.

2. 다음과 같은 시스템이 있다. 정비도를 할당해보자.

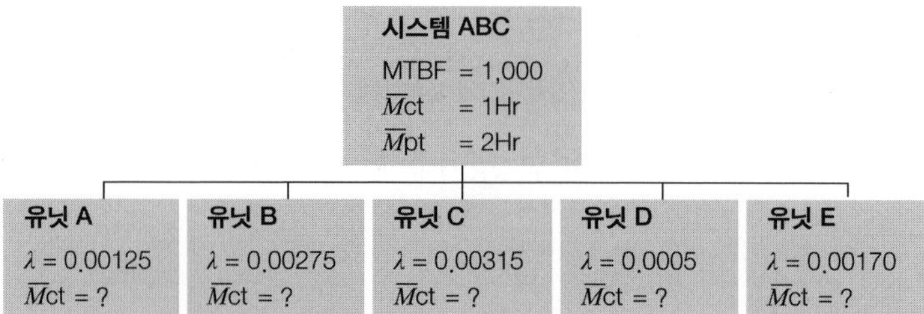

3. 방산업체 A사는 군에 신호감시 장비를 1년 하자보증 조건으로 판매를 계획하고 있다. 이 신호장비는 하루 평균 2시간 운용되며 1년은 360일로 가정한다. 이 장비의 MTBF는 2,000시간이다. 수리 비용은 건당 50만 달러이다. 군은 보증 기간을 2년 더 요구하고 있다. 수리 비용이 얼마나 더 소요되는가?

4. 특수 전자 장비는 몇 개의 유닛으로 구성되어 있다. 그 중에서 K유닛은 이 장비의 핵심 구성품이다. K유닛은 매일 5시간(하루 임무를 시작하면 5시간 운용), 10년 동안 운용될 예정이다(1년은 360일로 가정한다). 40대 전자 장비를 2개 군사령부를 중심으로 분산하여 운영될 것이다(사령부별 각각 20대씩 운용). 이 유닛에 대한 예방정비는 없다. 이 유닛의 신뢰도 소요 목표값(MTBF)은 10,000시간, 고장정비 평균시간은 8시간(일일 정비 가능시간은 8시간)으로 할당되었다.
   (1) K유닛의 하루 임무에 대한 신뢰도를 구해보자. 가용도를 구해보자. K유닛이 하루 임무 수행에 있어 고장이 한 건도 발생하지 않을 확률은 얼마인가? 고장이 발생하지 않을 확률, 고장이 1개, 2개, 3개… 발생할 확률을 구하게 되면 의사결정에 있어 어떤 유익이 있을 것인지를 설명해보자.
   (2) 핵심 부품인 K유닛에 대한 수리수준분석을 진행하려고 한다. 군 사령부 예하 야전 수리를 할 것인지, 군 전체적으로 창 수리를 할 것인지, 혹은 가나다 유닛을 모듈화하여 생산하여 고장이 발생하면 폐기할 것인지를 결정해보자. 다음은 이를 위한 필요한 자료이다.

- 유닛 완성품은 $500이며 모듈화로 제작하면 완성품에서 20% 절감할 수 있다.
- 고장정비를 위해서 야전정비는 인시당 $10, 장정비는 인시당 $15 소요된다.
- 야전정비 수리를 위해서는 예비품을 각각 5개씩, 창정비를 위해서는 창에 10개를 보유하려고 계획하고 있다.
- 고장정비 건당 각종 재료비(부품 등)가 $50씩 소요될 것으로 예상한다.
- 예비품과 재료비에 대한 재고관리 비용은 금액의 20%이다.
- 고장품의 수송을 위해서 편도 야전정비는 $5, 창정비는 $20이 소요된다.
- 정비 시설 및 장비 비용은 경험적으로 야전은 직접 정비 인시당 $30, 창정비는 직접 정비 인시당 $40이 소요된다.
- 폐기 비용은 완성 장비 건당 $20, 정비 소요 발생시 $10이 소요된다.

평가 기준	야전수리	창수리	모듈폐기/교체
1. 유닛 획득 비용			
2. 고장정비 인건비			
3. 예비품 재고 비용			
4. 정비 재료비(부품)			
5. 재고관리 비용			
6. 수송 비용			
7. 정비 시설 및 장비			
8. 폐기 비용			
총 추정 비용			

(3) 야전정비 수리를 위한 예비품으로 5개, 창정비를 위한 예비품으로 10개를 보유하려는 재고 정책을 평가해보자. 예비품이 부족한지 혹은 과다한지를 평가하되 문제를 해결하기 위해 필요하면 가정을 추가할 수 있다.

(4) 유닛 완성품 획득 비용이 만약 $2,000이라면 수리 수준 정책은 어떻게 달라지는가? (2)번과 다른 조건은 같다고 가정한다.

(5) 유닛에 대한 신뢰도 목표 할당값 MTBF가 증가하거나 감소한다면 수리 수준 정책은 어떻게 달라지는가? 혹은 고장정비 기대시간이 증가하거나 감소한다면 수리 수준 정책은 어떻게 달라질 수 있겠는가? (2), (4) 분석과 더불어 RAM 요소 간의 관계, 수리수준분석에 대한 시사점을 논해보자.

5. A 신호계측 장비는 항공기를 통한 전자정보 수집과 분석에 필수 장비이다. 지상장비로 분류되어 있으며 연구개발을 검토 중에 있다.

A장비는 신호송신기, 변환 및 송출장치, 전원공급기 3개의 LRU(Line Replaceable Unit)로 구성될 것이다. A장비 정비 개념은 부대정비와 공급자정비의 2단계이며, 부대정비에서 고장이 발견되면 해당 LRU를 제거하고 교체하는 정비가 이루어지며 이를 위한 평균 고장정비시간은 0.5시간(30분)으로 계획하고 있다. A장비 OMS/MP에서 하루 10시간 운용하며, 첫 2시간은 3개 유닛 모두를 작동시켜 비행 사전 점검 시간으로 예방점검과 고장 점검 등이 이루어지며 별도의 예방정비시간은 없다. 나머지 8시간은 정

보수집 항공기와 연계하여 실제 운용하는 시간이다. 사전 점검이나, 운용 중 고장이 발견되면 교체되고 해당 유닛은 공급자에게 보내 수리한다.

RAM 요소의 ROC 설정에 있어 매일 10시간 운용에 있어 신뢰도는 0.9801986 이상을 목표로 한다. 유사장비 사용 경험을 통해 행정지연시간+군수지연시간의 고장건당 평균은 199.5시간이다.

(1) A장비 RAM 요소를 구해보자. ① 고장률과 MTBF를 구해보자(고장률은 소숫점 다섯 자리에서 반올림하고 해당 MTBF를 구해보자). ② 가용도를 구해보자.

(2) A장비 신뢰도 및 정비도 소요를 LRU에 할당하려고 한다. 유사장비 사용 경험을 통해 고장 할당률은 송출기 20%, 변환 및 송출장치 70%, 전원공급기 10%이다. 신뢰도 소요와 정비도 소요를 할당해보자.

(3) 운용부서에서 운영가용도가 너무 낮다는 지적이 있다. ① 사업부서에서 이를 위한 대안으로 A장비를 2개 중 1개 작동 시스템으로 구조를 설계하려고 한다. 이 경우 신뢰도와 운영가용도는 얼마인가? ② 사업부서의 해결 방안은 비용 측면에서 비효율적이라는 지적이 있다. 다른 대안들은 어떤 것들이 있을 것인지 제시해보자. (방안 제시에 있어 신뢰도, 운영가용도 등 수치를 포함해보자.)

6. 통신 장비 ABC는 3개 하위 시스템 A, B, C로 구성되어 있다. 하위 시스템 A는 2개의 구성품 A1, A2로 구성되어 있으며 시스템은 직렬로 연결되어 있다. 전체 시스템의 고유가용도와 달성가용도는 97.5%, 운영가용도는 85%를 목표로 하고 있다. 유사장비 경험을 통해 볼 때 구성품의 고장 기여도는 각각 60%, 30%, 10%이며, 구성품의 고장 기여도는 각각 80%, 20%이다.

통신 장비는 차량과 지상 시설에 설치되어 운용되는데 차량의 경우는 한달에 20일, 1일 5시간 운영하며 운영 전 시험 점검을 위해 1시간 작동을 해야 한다. 고정 시설에서는 매일 대당 6시간 운영한다(모든 문제는 소수점 4자리까지 구하며 이하에서는 반올림한다). 통신 장비 1일 운용에 있어 신뢰도를 0.992338을 유지하려고 한다.

(1) 통신 장비의 목표 MTBF와 평균 고장정비시간은 각각 얼마인가?(값은 반올림하여 정수로 표현해보자)

(2) 통신 장비 목표 신뢰도(정수값 기준)를 구성품 수준까지 소요를 할당해보자.

(3) 통신 장비는 10개 사단에 배치되어 있다. 각 사단에는 고정 시설에 40대, 차량탑

재용으로 60대가 배치되어있다. 각 사단별로 연간 고장횟수를 구해보자(1년은 360일 가정) 사단 수리소는 통신 장비가 고장 난 경우 수리는 하지 않고 A, B, C 하위 시스템을 교환하고 있다. 몇 개를 보유해야 할 것인가?

(4) 통신 장비 운영가용도 목표를 달성하고 있는지를 평가하려고 한다. 어떠한 가정과 자료가 더 필요한지를 설명해보자.

7. 정보수집용 전자 장비 LRU 품목인 KK가 고장이 나면 해외 정비를 수행한다. 해외 정비업체와 계약을 맺어 이 LRU 품목의 한 건당 정비 비용을 50만 달러로 계약하였다. 이 장비는 4대를 보유하고 있으며 LRU의 MTBF는 10,000시간이다. 장비는 매주 25시간을 운영하며 1년은 50주로 계산한다.

(1) 이 LRU 장비의 연간 평균정비는 몇 번 발생하는가? 연간 정비 비용으로 얼마를 책정하는 것이 바람직한가를 설명해보자.

(2) 만약 연간 정비 비용으로 100만 달러를 책정하였다면 이 금액은 남을 것인가? 부족할 것인가? 정비 요구를 수용하지 못할 확률을 계산해보자.

참고문헌

방위사업청, 무기체계 RAM 업무지침, 2013.10.

육군 군수사령부, 군수지원분석 실무지침서, 2009.2.27.

육군본부, 군수지원분석 실무지침서, 2009.2.4.

육군본부, ILS 종합발전계획, 2009.6.30.

B.S. Blanchard, *Logistics Engineering and Management,* 4th ed., (Prentice Hall, 1992), 삼성탈레스(역), 군수공학 및 관리, (학연문화사, 2008)

J.J. Jones, *Integrated Logistics Support Handbook,* 2nd ed., (McGraw-Hill, 1995), 삼성탈레스 (역), ILS 핸드북, (학연문화사, 2008)

T.A. Barnes, *Logistics Support Training: Design and Development,* (McGraw-Hill, 1992)

B.S. Blanchard, *Logistics Engineering and Management,* 6th ed., (Prentice Hall, 2004)

J.J. Jones, *Integrated Logistics Support Handbook,* 2nd ed., (McGraw-Hill, 1995)

J.D. Patton Jr., *Logistics Technology and Management, The New Approach,* (The Solomon Press, 1986)

제7장 수명주기비용 분석

시스템인 자본재의 운영유지 비용은 수명주기비용에서 획득 비용보다 비중이 더 높다. 수명주기비용 분석은 단순히 시스템 수명주기에 걸쳐 운영유지 비용을 추정하여 이를 예산에 반영하기 위한 목적이 아니다. 보다 중요한 것은 운영유지 비용 중에서 고비용 항목을 사전에 추정하여 이들 고비용이 발생하는 원인을 분석하여 이를 설계 과정에 최대한 반영하여 수명주기비용을 절감하고 군수지원 부담을 최소화하고자 하는 것이다.

수명주기비용 분석은 군수지원분석의 중요한 방법 중의 하나이다. 1절은 수명주기비용 분석의 내용과 필요성을 다룬다. 2절은 수명주기비용 분석 절차와 분석 방법을 다룬다. 3절은 수명주기비용 분석 사례를 다룬다.

제1절 수명주기비용 분석의 내용과 의의

1. 수명주기비용 분석 정의와 내용

무기체계 수명주기는 개념 설계에서부터 연구개발, 생산, 배치, 운영 및 폐기까지 일련의 과정으로 대략의 수명주기는 20~30년으로 추산하고 있다.

수명주기비용(LCC: Life Cycle Cost)은 자본재인 무기체계나 시설의 전 생애에 걸쳐 발생하는 비용을 포함한다. 수명주기비용이란 시스템의 예정된 유효 기간 중에 직접, 간접으로 발생하거나 관련된 비용이며, 이는 설계·개발·생산·운영·정비·지원 과정에서 발생하고 발생이 예측되는 비용을 포함한 총비용이다.

일반적으로 무기체계나 시설의 수명주기비용은 (1) 획득 비용(연구개발비 + 투자비)과 (2) 운영유지 비용(직접 운영유지비 + 간접 운영유지비 + 폐기비)으로 구성된다.

〈그림 7-1〉 수명주기비용의 구성

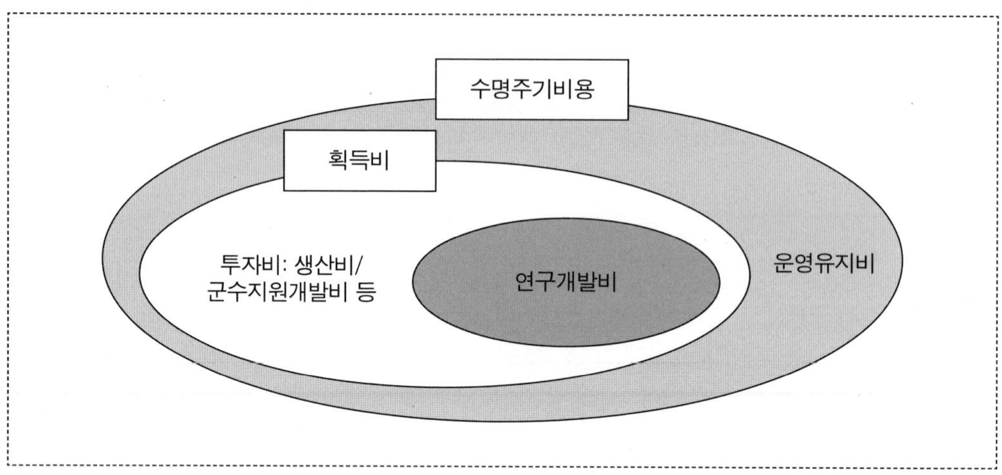

가. 연구개발비

개념 연구, 탐색 개발, 체계 개발에 투입되는 원가가 연구개발비(Research and Development Cost)이다. 연구개발비에 포함된 원가항목은 다음과 같다.

- 실현가능성 연구 및 시스템 분석 비용
- 상세 설계 및 개발, 조합 및 조립, 공학 모델의 시험 비용
- 초기 시스템의 시험평가 비용
- 관련 자료의 서류화에 소요되는 비용

연구개발비를 투입하여 산출되는 결과물은 설계 도면, 규격서, 생산 계획 등과 같은 기술 문서이다.

나. 투자비

무기체계나 시설의 생산/건설, 보급 및 동시조달품목의 지원, 그리고 최초 운영 능력의 구

축과 입증을 위해 지출된 원가는 투자비(Investment Cost)로 간주한다. 투자비에 포함된 원가 항목은 다음과 같다.

- 시스템의 조합 및 조립 비용, 운영 시스템(생산 시제품)의 시험 비용
- 생산 능력이나 설비의 건설 비용
- 시험 및 지원 장비 개발, 예비품의 초도비축(provisioning), 기술 자료 개발, 훈련, 시설 건축 등의 초기 군수지원 소요 비용

투자비에는 생산/건설에 소요되는 원가뿐 아니라 초기 군수지원을 위한 시험·지원 장비 개발 비용과 동시조달품목의 획득 비용을 포함하고 있다.

다. 운영유지 비용

시스템이 운영 현장에 배치되고 난 이후 지속적 운영, 인력과 정비지원, 예비품과 수리부속품 재고, 시험 및 지원 장비 유지, 수송 및 저장 처리, 시설, 기술 자료의 변화와 수정 등에 소요되는 비용이다. 운영유지비(Operation and Support Cost)는 수명주기비용 중에서 가장 높은 비중을 차지하고 있으며 인력, 연료, 부품 구입 및 수리에 필요한 비용을 포함한다.

라. 폐기 및 퇴역 비용

폐기 및 퇴역 비용(Disposal and Retirement Cost)은 무기체계를 폐기할 때 소요되는 비용과 남은 수리부속품을 처분하는데 드는 비용을 포함한다. 운영유지 비용에 시스템 퇴역 및 폐기 비용을 포함하는 경우도 있다.

2. 수명주기비용 분석의 필요

가. 총비용가시도의 실현

무기체계 및 시설의 획득 초기 단계에 설계 및 개발, 건설, 그리고 초기 구매 및 설치와 관련한 연구개발비와 투자비 발생 정보는 운영유지비보다 상대적으로 더 잘 알 수 있다. 무기체계나 시설의 연구개발비와 투자비는 수명주기비용 중에서 초기에 발생되기 때문에 그

중요성이 다른 수명주기비용보다 강조되는 경향이 있다. 그래서 운영유지비의 중요성을 간과하게 되며 운영유지비 절감 노력을 왜곡시킬 수 있다.

연구개발비와 투자비 발생 내역과 구조가 획득 초기에 가시적으로 드러나지 못하고 숨겨져 있는 현상을 〈그림 7-2〉와 같이 빙산효과(iceberg effect)라 한다. 빙산에서 물에 잠겨 있어 수면에 드러나지 못하는 부분은 일반적으로 60% 이상이라고 알려져 있다. 물에 잠겨 있는 부분의 발생 내역과 구조를 잘 알고 있어야 무기체계가 수명주기 동안 그 성능을 최적으로 발휘할 수 있을 것이다.

〈그림 7-2〉 비용가시도(빙산효과)

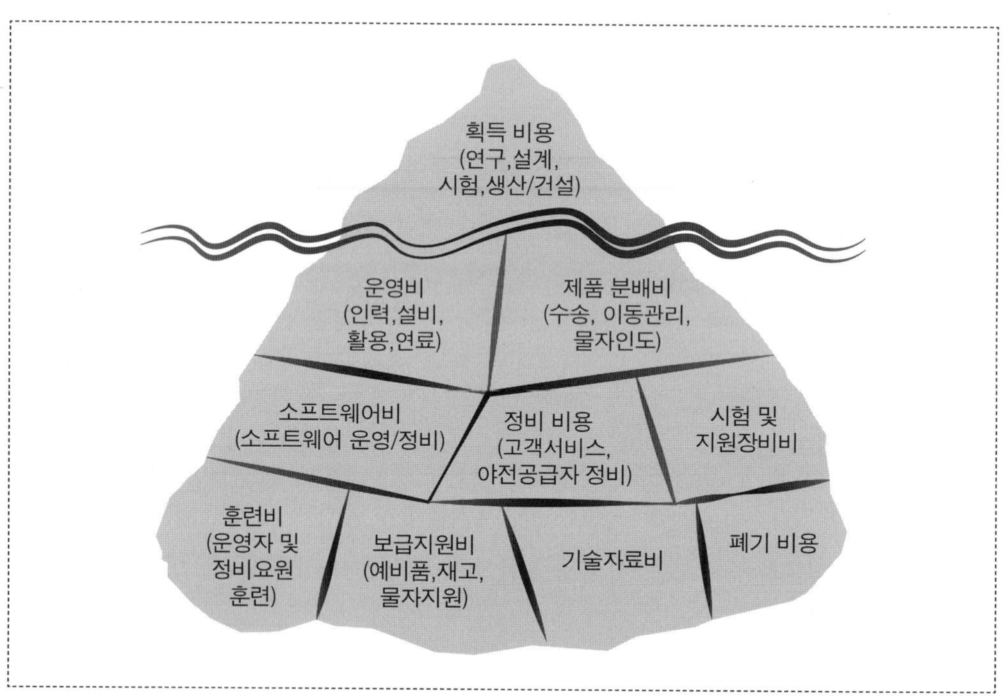

수명주기비용과 비중이 획득 단계별로 확정되지 못하는 것은 다음 두 가지 이유로 볼 수 있다.

첫째, 시스템의 수명을 정확하게 예측하기 힘들다. 수명주기는 보통 무기체계의 개념형성 단계로부터 시작하여 본래 부여받은 기능을 더 이상 효과적으로 수행할 수 없을 때까지의 기간이다. 효과적으로 수행할 수 없는 경우라는 것은 기술 진부화, 수행할 작전 임무의 중대한 변화, 또는 오랜 기간 사용에 따른 마모로 기술적 기능을 발휘하지 못할 때를 의미한다. 이러한 이유들로 인해 수명주기를 정확히 예측하기는 어려우므로 통상 과거 유사장비 경험을 토대로 기간을 추정한다. 또한 획득 단계가 진행됨에 따라 일정 계획의 유연성을 요구하거나 일정이 지연되는 것도 수명에 영향을 미치게 된다.

둘째, 수명주기비용 중에서 상당 부분은 미래에 소요될 비용임으로 현재 시점에서 비용을 예측하고 분석하는 데 어려움이 있다. 또한 과학기술의 발달로 수명주기 간에 "최신의 최고(latest and greatest)" 기술을 무기체계나 설비에 적용하여 성능개량을 한다면, 수명도 달라지며 이후의 운영유지 비용도 달라진다. 특히 첨단 무기체계일수록 기술 발전 속도나 진부화가 빠르기에 예측 비용과 실제 발생 비용의 차이가 클 가능성이 높다고 할 수 있다.

나. 수명주기비용 발생 및 결정시기

수명주기비용에서 일반적으로 연구개발비는 10%, 투자비는 30%, 운영유지비는 60%라고 알려져 있다. 그러나 그 비중은 무기체계나 설비의 성격과 소요 요구 특성에 따라 변화하게 된다. 수명주기비용의 획득 단계별 발생 시점과 비중에 대한 일반적인 추세는 〈그림 7-3〉에 나타나 있다.

〈그림 7-3〉 수명주기비용 발생 시점

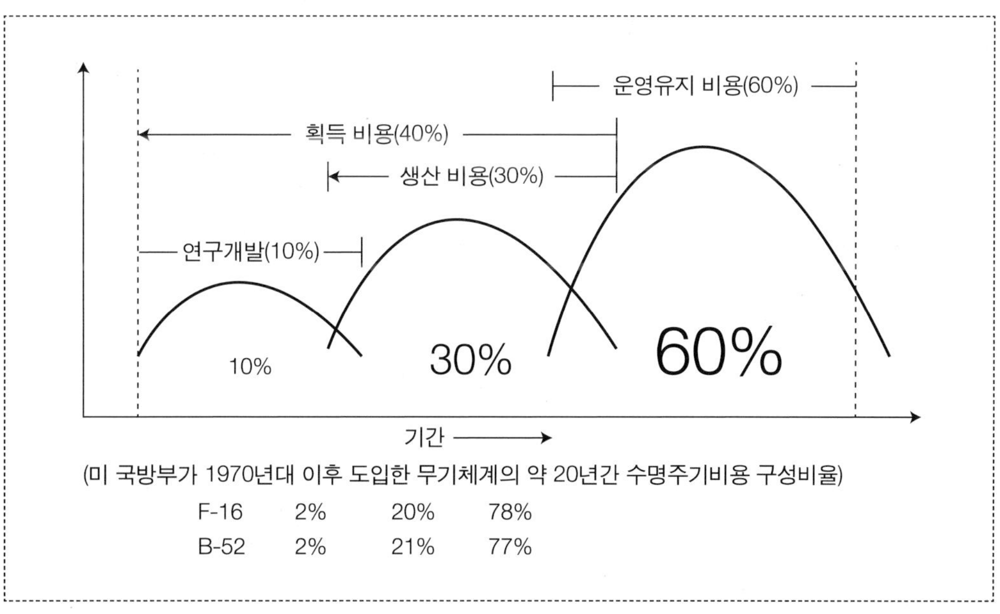

출처: 미 육군 비용센터(CEAC), 1996

이제 수명주기비용이 언제 결정되는지를 살펴보자. 무기체계나 시설의 생산/건설 비용과 운영유지 비용의 상당 부분은 설계 단계에서 이미 80% 이상 결정된다고 할 수 있다. 연구개발 및 생산/건설에 어떠한 기술을 사용할 것인가, 어떠한 소재나 원자재를 사용할 것인가, 제조 프로세스를 어떻게 설계할 것인가, 장비 진단 과정과 시험평가를 어떻게 수행할 것인가, 자동으로 혹은 수동으로 생산할 것인가, 또는 정비 및 지원 장비를 어떻게 설계할 것인가 등에 따라 비용 차이가 발생한다. 이러한 의사결정에 따라 생산/건설 비용뿐 아니라 후속되는 운영유지 비용의 차이가 발생한다. 그런데 이러한 결정은 획득 초기 단계인 설계 단계에서 수행된다. 즉, 설계 당시 의사결정이 전체 수명주기비용 발생 규모와 시기에 많은 영향을 미친다고 할 수 있다.

〈그림 7-4〉는 획득 단계별로 수명주기비용 결정 곡선을 나타낸다. 총 수명주기비용은 초기 개념 설계 단계에서 60%가 결정되고 타당성 확인 단계까지 90%, 체계 개발이 완료되는 시점에는 약 95%가 결정된다. 〈그림 7-5〉는 단계별 수명주기비용 결정 비중을 나타낸다.

수명주기비용의 대부분이 초기 기획 및 개념 형성 단계에서 운영 요구조건, 성능 및 RAM 요소, 소요량, 시스템 형상, 군수지원 요소 및 군수지원 정책 등을 통해 결정되기 때문이다. 시스템이 이 단계를 넘어서면 시스템 자체의 특성으로 인해 수명주기 동안의 비용을 변경할 수 있는 융통성이 거의 없어진다고 할 수 있다.

〈그림 7-4〉 획득 단계별 수명주기비용 결정 곡선

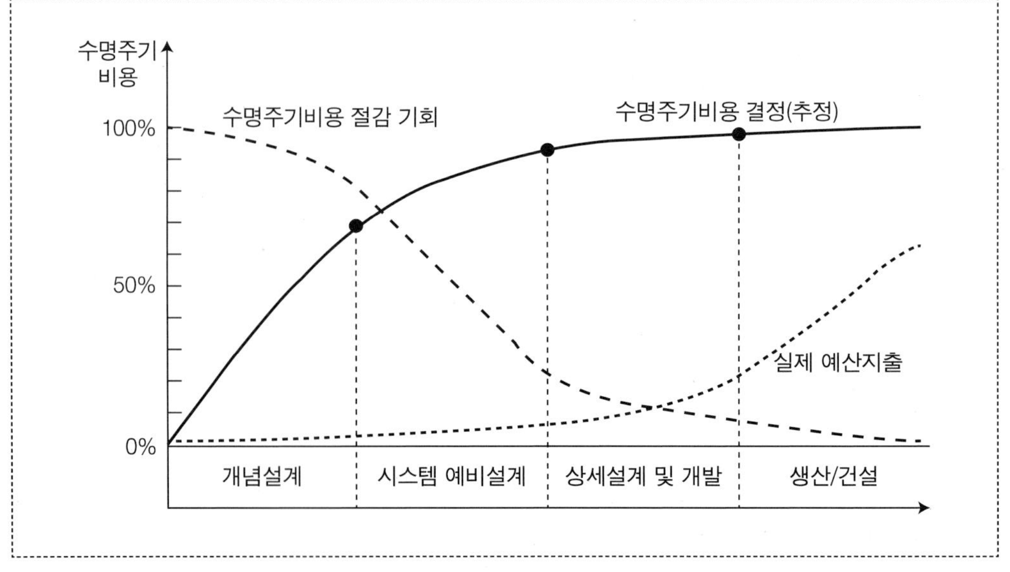

〈그림 7-5〉 획득 단계별 수명주기비용 결정 비중

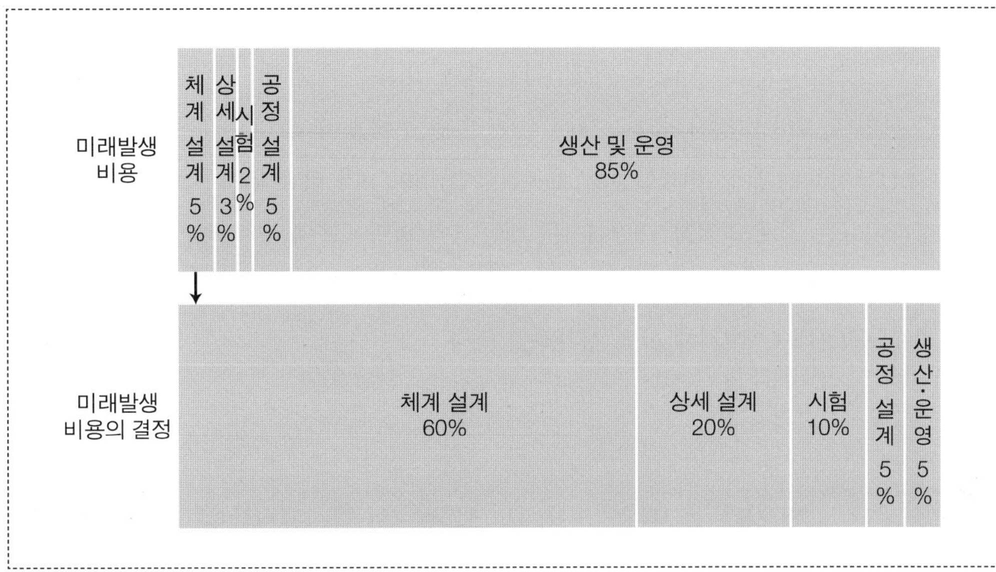

출처: Anderson Consulting in Aviation Week & Space Technology, 1993.1

〈그림 7-6〉은 무기체계나 시설의 생산/건설에 있어 가상의 두 대안에 대한 수명주기비용을 비교한 것이다.

〈그림 7-6〉 획득 대안에 따른 수명주기비용 차이

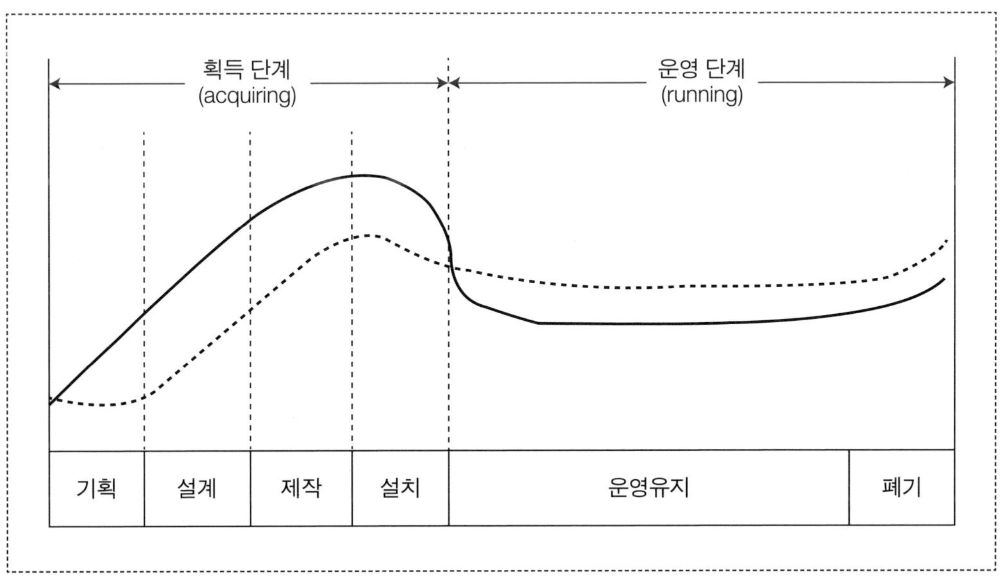

대안 A의 획득 비용은 B보다 높지만 그러나 운영유지 비용이 상대적으로 적다. 결과적으로 대안 A의 수명주기비용은 B보다 적다. 예를 들어 자동차의 연비와 신뢰도를 높이기 위해서 새로운 기술과 신소재를 도입하면 획득 비용은 증가할 수밖에 없지만 운영유지 기간 동안 연료비는 절감되고 고장이 상당 부분 줄어들 수 있다. 이와 같이 단순히 획득 비용 절감이라는 부분 최적화만을 고려한다면 대안 B가 바람직하다. 그러나 수명주기비용 절감이라는 전체 최적화 측면에서는 대안 A가 바람직하며 이런 측면에서 대안을 평가해야 할 것이다. 그래서 이 사례는 운영유지 비용을 고려한 설계(DTC: Design To Cost)가 획득 초기에 반드시 이루어져야 함을 시사하고 있다.

제2절 수명주기비용 분석 절차 및 방법

1. 수명주기비용 분석 절차

수명주기비용은 운영유지 단계의 운영 형태 및 운영 프로파일, 정비 및 지원 정책, 인간-기계 할당, 수리 수준 정책 등의 영향을 많이 받게 된다. 수명주기비용 분석은 일반적으로 다음의 절차를 따라 수행한다.

가. 시스템 요구사항의 정의

시스템 운용 요구사항 및 정비 개념을 정의하고 적용 가능한 기술성능척도(TPMs) 요소들을 식별하며, 시스템을 기능적인 용어로 표현한다. 이 단계에서 시스템 수준의 기능 분석을 수행한다.

나. 시스템의 수명주기 단계를 설정하고 각 단계별 활동 판단

비용구조도(CBS: Cost Breakdown Structure)를 개발하고 수명주기 각 연도별 비용 평가를 위한 기준을 설정하기 위해 이 단계는 수명주기 단계를 설정하고 단계별로 무슨 활동이 필요한지를 식별한다.

다. 비용구조도(CBS) 개발

〈그림 7-7〉과 같은 비용구조도를 구성한다. 시스템의 특성에 따라 비용구조도는 달라질 것이다. 비용구조도에는 비용 데이터 수집 및 요약에 필요한 상향식/하향식 구조를 제시한다.

라. 비용/자원 관련 데이터 입력 요구사항의 식별

획득 가능한 자원 및 입력 데이터 요구사항들을 식별한다. 입력 데이터의 유형 및 양은 시스템 수명주기 단계 및 분석의 깊이에 따라 달라진다.

마. 비용구조도에서 분류된 각 항목별 비용을 추정

적절한 비용 추정 방법을 개발하고 비용구조도 상의 범주에 적합한 각각의 비용을 연도별로 추정한다. 비용을 추정하는 데 있어 인플레이션의 영향, 학습곡선이나 기타 비용에 영향을 미치는 경제적 요소를 고려해야 한다. 이 과정에서 비용 요소를 정규화(normalization)하는 작업이 필요하다. 비용 요소를 사업 시작년도에 따른 불변가격내지 경상가격으로 할 것인지를 결정해야 하며 또한 현가(present value)를 결정하는데 필요한 인플레이션율, 이자율, 환율 등의 경제지표에 대한 정규화 작업이 요구된다.

바. 분석 및 평가를 위한 비용 모델의 선정

수명주기비용 분석을 원활하게 수행하기 위해 비용 분석 모델을 선정하거나 개발한다. 선정되거나 개발될 모델은 평가할 시스템의 특성에 부합하며 또한 민감해야 한다. 비용 분석 방법에 대해서는 다음 절에 설명하고 있다. 비용 자료가 있는 경우는 원가공학 방법이나 공급자 제안가격 심사 등의 방법에 의존할 수 있으나, 비용 자료가 없는 경우는 유사장비 추정(analogy) 방법이나 매개변수 방법(parametric estimating method)을 사용할 수 있다.

사. 비용 윤곽도 및 비용구조도 요약서를 작성

전체 수명주기 상의 비용 흐름을 나타내는 비용 프로파일(cost profile)(즉, 비용 윤곽도)를 작성하고 비용구조도상에서 분류된 각각의 비용을 판단한 요약서 및 비용 분포를 제시한다.

〈그림 7-7〉 비용구조도(CBS)

〈표 7-1〉은 가상 시스템의 비용구조도와 해당 비용 항목의 비용 추정치를 요약한 것이다. 수명주기비용 중에서 획득비는 약 40%, 폐기를 포함한 운영유지 비용은 60% 수준이다. 이 시스템은 향후 20년에 걸쳐 유지될 것이다.

〈표 7-2〉는 연도별로 연구개발비, 생산/건설비, 운영유지비, 폐기/처분비 각 범주별로 지출 비율과 비용 프로파일을 수치로 보여준다. 수명주기 동안 매년 지출하는 각 항목별 비용 구조와 비용 프로파일은 〈그림 7-8〉에 있다.

아. 고비용 항목의 식별과 원인 대 결과 관계의 설정

획득 초기에 **비용을 고려한 설계**(DTC: Design To Cost)가 되도록 비용 목표를 설정한다. 비용에 대한 예측과 분석이 진행됨에 따라 비용을 고려한 설계가 수명주기비용 관점에서 충족되는지 평가해야 한다. 이 때 〈표 7-1〉에 나타난 각 비용 항목의 전체 비중을 조사하여 고비용 항목을 식별할 수 있다. 이러한 고비용 항목에 대해 원인 대 결과(cause-and-effect) 관계를 분석하여 해당 부분의 기능, 시스템 구성 요소 또는 설계의 변경을 제안할 수 있다. 이 단계는 성능개량이 가능한 부분을 조사하는 과정에서도 활용할 수 있다.

자. 민감도 분석의 수행

입력되는 자료의 변화에 따라 수명주기비용이 어떻게 변화하는지 분석할 필요가 있다. 민감도 분석은 미래에 발생될 비용 문제를 평가하고 주요 위험 부분을 식별하는 데 도움이 된다.

2. 수명주기비용 추정 방법

무기체계의 수명주기비용을 추정하는 방법에는 순수한 직관에 의해서 비용을 추정하는 방법에서부터 원가공학을 이용하여 표준원가를 설정하고 비용을 추정하는 방법에 이르기까지 다양한 비용 추정 방법이 있다. 통상 다음과 같은 네 가지 방법이 널리 이용되고 있다.

〈표 7-1〉 수명주기비용 요약서

비용범주	금액($)	비율
1. 연구개발비(C_R)		
(1) 시스템/제품 관리(C_{RM})	247,071	
(2) 제품계획(C_{RP})	37,090	
(3) 공학설계(C_{RE})	237,016	
(4) 설계 자료(C_{RD})	48,425	
(5) 시스템 시험평가(C_{RT})	67,648	
소계	637,250	14.7%
2. 생산/건설비(C_P)		
(1) 시스템/제품 관리(C_{PM})	112,479	
(2) 산업공학/운영분석(C_{PI})	68,200	
(3) 제조(반복생산)(C_{PMR})	625,100	
(3) 제조(비반복생산)(C_{PMN})	48,900	
(5) 품질관리(C_{PQ})	78,502	
(6) 초기 군수지원(C_{PL})	48,000	
• 초기 보급지원(C_{PLS})	70,000	
• 시험 및 지원 장비(C_{PLS})	5,100	
• 기술 자료(C_{PD})	46,400	
• 인력훈련(C_{PLP})	10,018	
소계	1,112,699	25.6%
3. 운영유지비(C_O)		
(1) 운영 인력(C_{OOP})	804,000	
(2) 분배 - 수송(C_{OOR})	74,934	
(3) 고장정비(C_{OLA})	369,390	
(4) 정비 시설(C_{OLM})	13,878	
(5) 보급지원(C_{OLS})	886,860	
(6) 정비 인력훈련(C_{OLT})	27,300	
(7) 시험지원 장비(C_{OLE})	97,500	
(8) 수송 및 인도(C_{OLM})	15,750	
소계	2,290,512	52.8%
4. 폐기 및 처분 비용(C_D)		
(1) 처분 비용(C_{DD})	140,000	
(2) 시스템/제품 폐기(C_{DR})	160,000	
소계	300,000	6.9%
계	**4,340,461**	**100%**

〈표 7-2〉 수명주기 단계별 비용 항목 프로파일

구분	연도	1	2	3	4	5	6	7
연구 개발비	비율	10	18	28	22	14	8	
	금액	63,725	114,705	178,430	140,195	89,215	50,980	
생산/ 건설비	비율				3	8	14	25
	금액				33,381	89,016	155,778	278,174
운영 유지비	비율					2	3	5
	금액					45,810	68,715	114,526
폐기/ 처분비	비율							
	금액							
계($)		63,725	114,705	178,430	173,576	224,041	275,473	392,700

구분	연도	8	9	10	11	12	13	14
연구 개발비	비율							
	금액							
생산/ 건설비	비율	22	16	12				
	금액	244,794	178,032	133,524				
운영 유지비	비율	7	9	10	11	9	7	7
	금액	160,336	206,146	229,051	251,956	206,146	160,336	160,336
폐기/ 처분비	비율				4	4	4	4
	금액				12,000	12,000	12,000	12,000
계($)		405,130	384,178	362,575	263,956	218,146	172,336	172,336

구분	연도	15	16	17	18	19	20	계
연구 개발비	비율							100
	금액							637,250
생산/ 건설비	비율							100
	금액							1,112,699
운영 유지비	비율	7	7	6	5	3	2	100
	금액	160,336	160,336	137,431	114,526	68,715	45,810	2,290,512
폐기/ 처분비	비율	6	6	10	10	21	31	100
	금액	18,000	18,000	30,000	30,000	63,000	93,000	300,000
계($)		178,336	178,336	167,431	144,526	131,715	138,810	4,340,461

〈그림 7-8〉 비용 프로파일

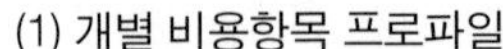

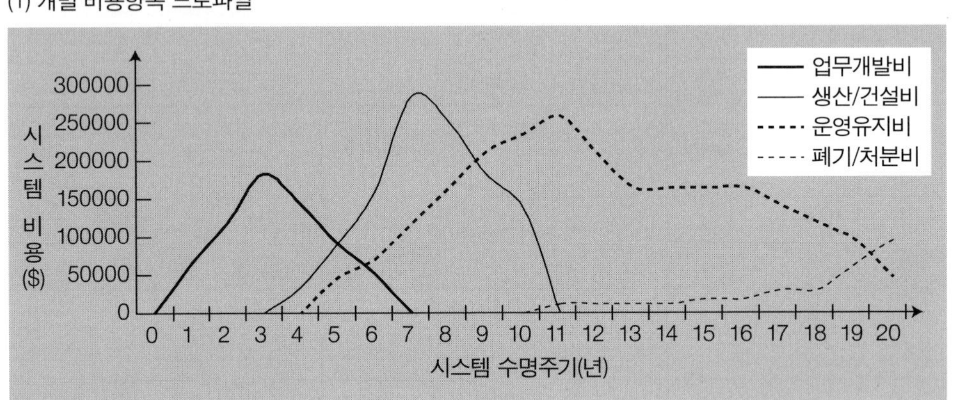

(2) 개별 비용항목의 연도별 프로파일

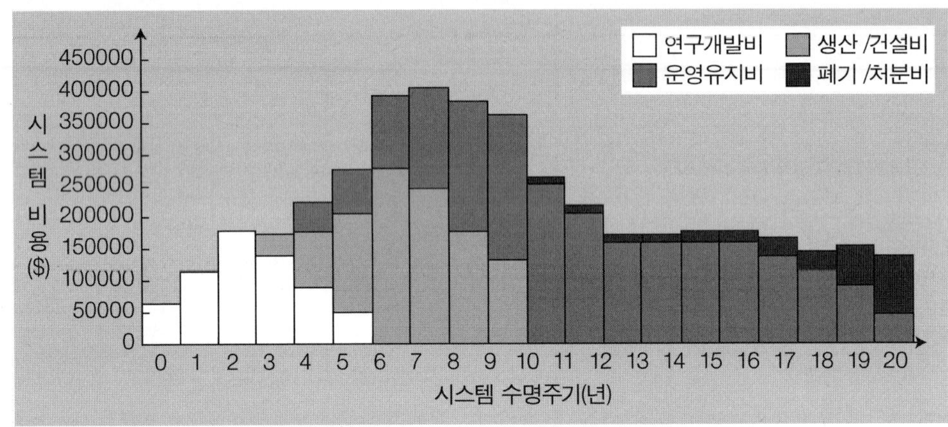

(3) 연도별 비용지출 프로파일

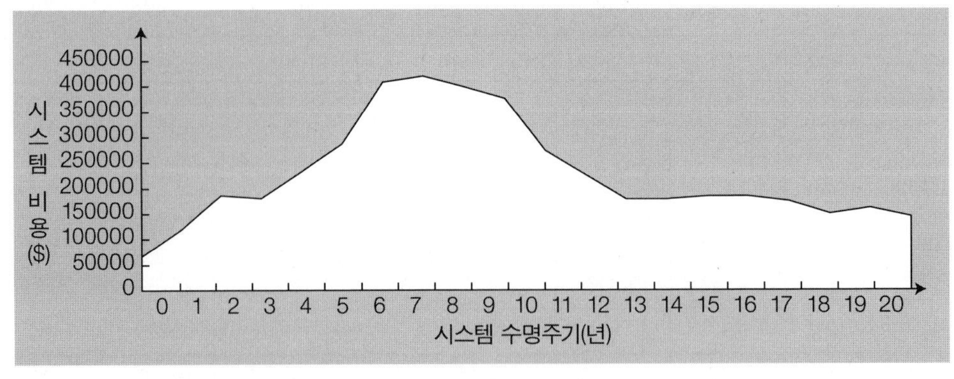

가. 유사장비 추정

유사장비 추정(Analogy Estimation)은 일명 유추법이라고도 한다. 이 방법은 개발하고자 하는 무기체계와 가장 유사한 기존 무기체계를 직접 비교하여 비용을 추정하는 방법으로서 다음과 같은 단계를 수행하여 분석한다.

(1) 개발하고자 하는 무기체계와 가장 유사한 기존 무기체계들을 선정한다.
(2) 유사 무기체계의 비용 자료 중에서 추정하려는 비용 요소와 가장 유사한 비용 요소를 식별한다.
(3) 식별된 유사 비용 요소를 현 체계에 맞게 수정/보완한다.
(4) 수정 보완된 비용 요소를 기초로 하여 새로운 비용을 추정한다. 이때 신·구 요소의 성능 및 제원의 차이점이 고려되어야 한다.

이 방법을 적용하여 비용을 추정하려면 먼저 필요한 자료 수집 계획을 세우고, 자료를 수집하여 이를 조정하는 작업이 계속 이루어져야 한다. 이 방법은 통계적 방법보다 객관성이 적고 불확실성이 크지만 융통성이 많고 자료 수집이 비교적 용이하기 때문에 널리 이용되고 있다. 그러나 하부 체계 수준에서의 비용을 추정할 경우 세분화된 기술적 및 공학적 데이터를 사용할 수 없다는 것이 단점이며, 이로 인해 전문가의 견해가 매우 중요시된다.

나. 공학적 추정

공학적 추정(Engineering Estimation)은 가장 기초적인 비용 추정 방법으로서 비용 요소를 세부 비용 요소로 분류하고 비용 요소 하나하나에 대하여 비용을 산출한 다음, 세목별로 추정된 비용을 전체적으로 통합하는 방법이다. 이 방법은 설계서 및 규격서(specification)가 구체적으로 작성되어 있을 때 유용한 방법으로서 연구개발 단계의 획득 비용을 추정하는데 효과적이다.

공학적 추정 방법은 비교적 정확하고 상세한 비용 추정을 할 수 있는 반면에, 방대한 양의 세부 비용 자료를 수집하고 분석해야 하므로 시간과 비용이 많이 소요된다. 따라서 이 방법을 적용하는 데 있어서 중요한 과제는 분석 목적에 부합되는 유용한 자료만을 수집할 수 있도록 세밀한 계획을 수립하는 일이다. 또한 이 방법을 효과적으로 활용하기 위해서는 방대한 자료를 신속하게 처리할 수 있는 컴퓨터 시스템이 이루어져야 한다. 이 방법을 이용하는 데 있어서 가장 문제가 되는 것은 필요한 자료를 수집하는 일이다.

다. 전문가 추정

전문가 추정(Expert Opinion Estimation)은 해당 분야에 전문적 지식을 가진 사람이 자신의 주관적 판단으로 비용을 예측하는 것을 말하며, 이 방법에 의한 비용 예측의 정확도는 전문가의 해당 분야에 대한 전문성에 좌우된다. 이 방법을 합리적으로 활용하기 위해서는 전문가의 의견을 묻기 이전에 추정하려고 하는 비용 요소에 대하여 정확한 내용과 범위를 설정해주어야 한다. 그렇지 않을 경우 전문가마다 부적절한 가정을 세워서 서로 다른 비용을 산출할 가능성이 있기 때문이다.

이 방법은 독자적으로 이용하기보다는 다른 추정 방법을 이용하는 데 있어서 보충 수단으로 활용하는 것이 더 효과적이다. 예를 들면 유추에 의한 비용 추정을 할 경우, 기존 무기체계에서 획득한 유사 비용 자료가 부족하거나, 특정 부품에 관한 정보가 충분치 못할 때 해당 분야의 전문가로부터 유용한 정보를 보충할 수 있다.

라. 매개변수 추정

매개변수 추정(Parametric Estimation)은 무기체계 비용 요소와 비용 인자의 물리적 특성(각 비용 요소와 비용 인자 간의 상호관계)을 매개변수로 비용 추정 관계식(CER: Cost Estimating Relationship)을 도출하고, 도출된 관계식을 적용하여 비용을 추정하는 방법이다. 비용 추정 관계식은 통계 자료를 기초로 회귀분석식으로 유도한다. 비용 추정 관계식은 연구개발비, 초기 투자비, 운영유지비 등을 예측하는데 사용할 수 있으며, 그 중에서도 반복투자비(recurring investment cost)와 운영유지비를 추정하는데 적합하다. 비용 추정 관계식을 유도할 때 설명변수를 선택하는 기준은 다음과 같다.

(1) 해당변수(무게, 부피, 사용된 특수소재의 수량 등)와 비용 간에 이론적인 함수관계가 존재해야 한다. 해당 독립변수가 전체 비용에 설명력을 가져야 한다.

(2) 변수가 독립성을 가져야 하며 독립변수 간에 다중공선성(multi-collinearity)이 존재하지 않아야 한다.

이와 같이 비용 추정 관계식은 제안된 무기체계와 기술적으로 유사한 무기체계의 과거 자료를 기반으로 하여 도출되므로 기술 수준이 급속히 발전하여 새로 제안된 설계가 과거와 현격히 다르면, 과거 자료를 토대로 하여 예측한 비용은 의미가 없게 된다. 이와 같이 보다 구체적인 비용 정보의 획득을 통해서 비용 추정 관계식을 수정해 나가야 한다.

비용 추정 관계식 산출시 검토하며 고려할 사항은 다음과 같다.

(1) 생산 당시의 가격 수준, 재료의 형태, 기술 수준, 생산업체의 규모 및 형태 등이 고려되어야 한다.
(2) 사용되는 장비 비용은 공통 기준년도를 정해서 환산해야 한다. 즉, 자료의 정규화가 필요하다.
(3) 사용되는 자료의 질과 양, 다른 비용 추정 방법 등이 있는지 검토해야 한다.

이상과 같이 비용 추정 관계식은 무기체계 개발의 초기 단계에서, 불확실한 자료와 설계 변경이 이루어질지도 모르는 불확실성하에서 세부적인 비용 산출의 근거로 제시된다. 비용 추정 관계식의 장점으로는 비교적 복잡하고 규모가 큰 무기체계에 관한 비용예측 시 공학적 추정법보다 시간과 비용이 적게 든다는 점이다. 단점으로서는 공학적 추정법보다 객관성과 정확성이 낮다는 점이다.

마. 비용 추정 방법의 활용

<표 7-3>에는 각 비용 추정 방법의 특성과 한계점을 나타내고 있다. 획득 단계별로 어느 방법을 사용하는 것이 더 적절하냐는 <그림 7-9>에 나타나 있다. 시스템에 대한 설계가 완료되지 못하였거나 원가 자료가 미비한 획득 초기에 유사장비를 이용한 유추법과 매개변수법이 주요 활용되나 설계가 완료되고 자료가 준비될수록 원가공학 방법이 더 활용되고 있다.

3. 비용 대 효과 분석

가. 시스템 효과 지수

시스템 효과(effectiveness system)는 시스템이 의도하고 있는 기능을 수행할 수 있는 정도를 나타내는 하나 이상의 장점수치(FOM: Figures of Merit)로 표현할 수 있다. 시스템 효과 장점수

〈표 7-3〉 수명주기비용 추정 방법 특성

구분	특성	한계점
공학적 추정법	• 가장 세부적인 기법 • 직접 설계나 생산에 필요한 비용 산출	• 장시간 소요/고비용 소요 • 분석가들의 편견 내재 가능성
유사장비 추정법	• 상대적으로 단순, 저비용으로 추정 가능 • 계획/생산의 증가 비용 산출 용이	• 체계화된 시스템에 제한 적용 • 동일한 기능/생산 여건시 적용
전문가 추정법	• 자료 획득 제한시 적용	• 편견 작용 가능/정량화 제한 • 복잡한 체계 분야 적용 한계
매개변수 추정법	• 통계적 자료 이용/저비용 소요 • 설계 초기 및 기획/계획 단계부터 적용 가능 • 전산모델 가용(PRICE, SEER 등)	• 데이터베이스의 질과 양에 좌우 • 독립변수 숫자/데이터의 제한

〈그림 7-9〉 획득 단계별 비용 추정 방법 적용

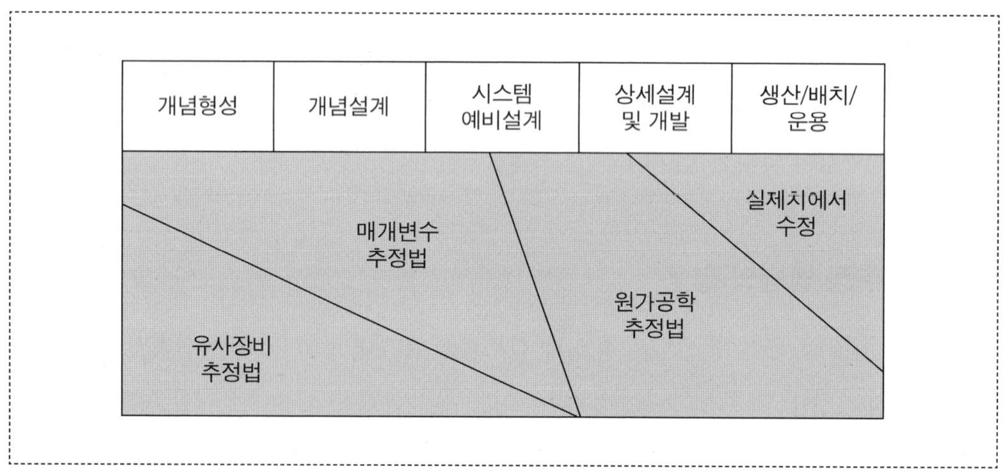

치는 시스템의 유형과 임무 소요에 따라 상당히 달라진다. 시스템 장점수치로 다음을 사용할 수 있다.

(1) 시스템 성능 모수(parameters): 예를 들어 발전소의 발전 용량, 비행기의 무게나 운항 범위, 무기체계의 파괴 능력, 우편 시스템에서 처리되는 편지의 수량, 수송 시스템에서 수송되는 화물량, 레이더 시스템의 정확도 등이다.

(2) 가용도: 가용도는 시스템에 임무를 임의의 시점에 부여하였을 때 운영가능 상태에 있을 정도이다. 이는 전투준비태세라고도 하며, 가동시간(신뢰도)과 불가동시간(정비도/지원성)의 함수이다.

이러한 척도들의 조합이 해당 시스템의 기술적 특성을 표현한다. 로지스틱스 지원 수준이 시스템 효과에 상당한 정도로 영향을 미치고 있으며 특히 가용도에 대한 영향이 크다. 시스템의 운영은 지원 장비, 운영 인력, 자료, 시설에 크게 의존하고 있다. 시스템의 불가동시간은 시험/지원 장비의 가용도, 예비품/수리부속품의 재고, 정비 인력의 가용도 등에 의해 영향을 받는다.

나. 비용 대 효과 분석 틀

비용 효과는 시스템의 임무 달성도와 전체 수명주기비용의 척도와 관계가 있다. 비용 효과 분석에 포함되는 요소는 〈그림 7-10〉에 표현되어 있다. 비용 효과 분석은 산업계나 기업에서 활용되는 비용 편익 분석과 유사하나 시스템에 주어진 특별한 임무와 측정하고자 하는 시스템 모수에 따라 분석 방법이 달라진다.

다. 비용 대 효과 분석 방법

비용 대 효과 요소의 관계를 잘 설정하는 것이 비용 효과 분석 성공의 시발점이다. 비용 효과 분석에서 중요한 것은 비용에 대비하여 효과 요소를 무엇으로 설정할 것인가, 즉 바람직한 장점수치를 설정하는 것이다. 다음 다섯 가지의 효과 장점지수를 고려할 수 있다.

(1) 가용도 효과 FOM = 가용도/수명주기비용
(2) 신뢰도 효과 FOM = 신뢰도/수명주기비용
(3) 능력 효과 FOM = 시스템 능력/운항 범위
(4) 지원성 효과 FOM = 지원성/수명주기비용
(5) 비용 효과 FOM = 수명주기비용/시설 용량

비용 효과 분석을 위해 다음을 고려해야 한다.

〈그림 7-10〉 비용 효과 분석의 포함 요소

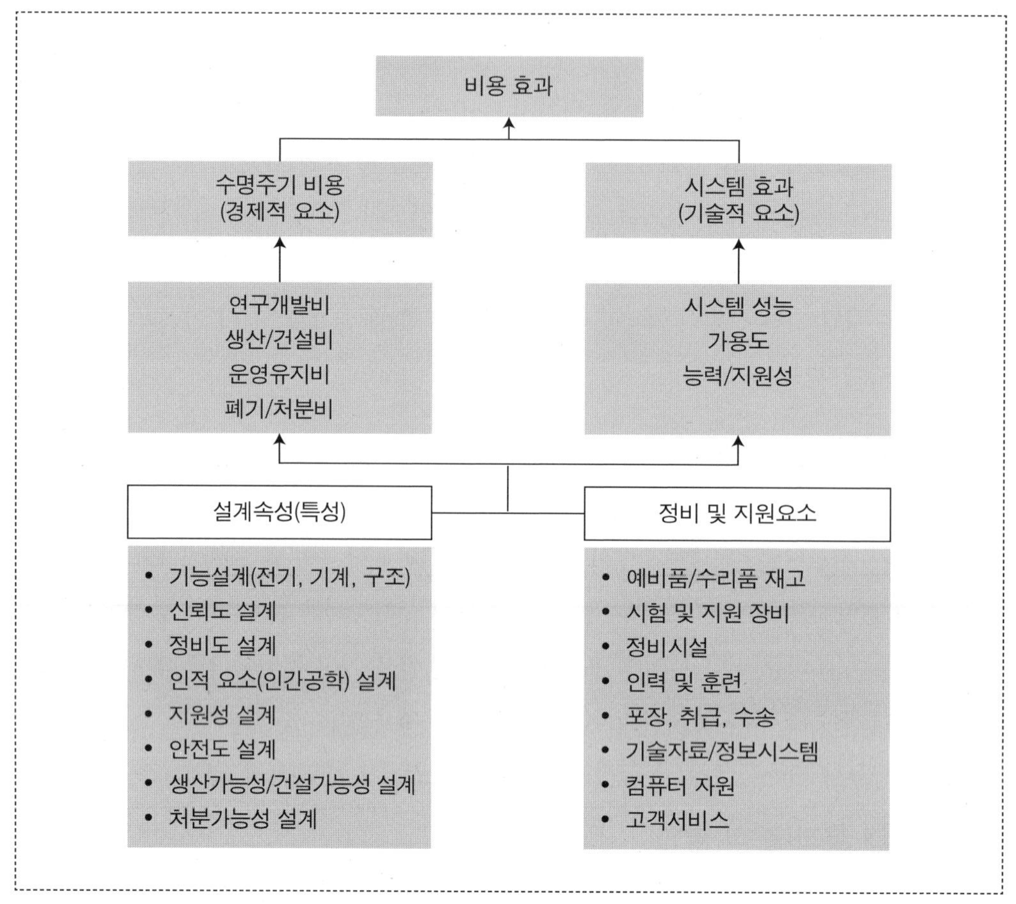

첫째, 파레토(pareto) 그래프를 작성하고 최적의 해를 발견하기 위해 비용 효과 요소 중 어느 것에 우선순위를 부여할 것인지 결정해야 한다.

다음 〈그림 7-11〉은 효과 장점수치로 신뢰도와 수명주기비용을 사용하여 비용 대 효과 분석을 시도한 것이다. 그림은 신뢰도와 수명주기비용의 관계를 표시하고 있으며 목표는 MTBF와 예산 한도액을 충족시키는 시스템을 설계하는 것이다. 할당, 예측 및 조정 과정을 통하여 시스템의 설계 특성을 신뢰도와 비용이라는 관점에서 평가하는 것이다. 〈그림 7-11〉에서 최저의 비용으로 최적의 신뢰도를 보장하는 점은 A점이다. 최소로 허용되는 MTBF와 예산의 한계점 아래 사선에 있는 영역은 실현가능한 대안으로 "만족할 만한 해(satisfied solutions)"라고 할 수 있다. 만족할 만한 해의 아래 부분 A점을 지나는 부분은 경제적 파레토 해라고 할 수 있다. 파레토 해가 만족할 만한 해보다는 비용 효과적이라 할 수

〈그림 7-11〉 신뢰도와 비용의 관계

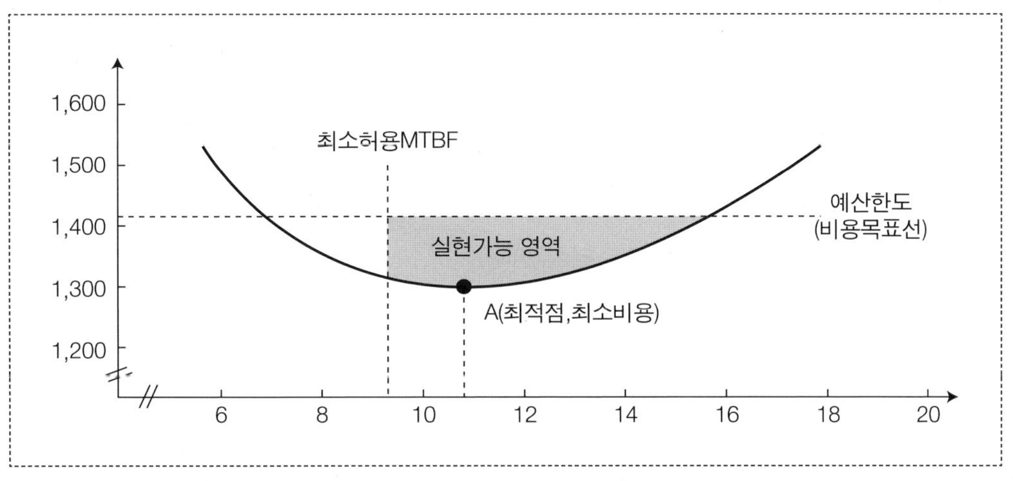

있다. 그런데, 비용 목표나 MTBF 목표의 우선순위에 따라 비용 신뢰도 최적의 조합을 선택할 수 있다. 이 조합에 따라 설계 변경을 추천할 수 있다.

둘째, 설계 평가를 위한 실현 가능한 대안을 식별하고 각 대안에 대한 비용 프로파일을 구성한다. 효과 장점수치는 하나 이상의 대안 평가에 아주 유용하게 활용할 수 있다. 효과 장점수치를 사용하면 설계 결정이나 군수지원 결정과 관련한 대안 평가를 수행할 때 같은 기준으로 평가할 수 있다. 사업에 대한 위험도가 아주 높으며 예측을 위해 이용 가능한 자료가 부적절할 때, 성능, 운영 및 비용 요소에 대해 비관치, 낙관치, 기댓값의 추정 방법론을 사용할 수 있다. 두 가지 대안에 대해 이 방법론을 사용한 경우가 〈그림 7-12〉에 표현되어 있다. 〈그림 7-12〉를 보면 비용 효과 분석에서 가장 비용 효과적인 대안은 B이다. 물론 어느 대안이 바람직한 것인지 결정할 수 없는 불확실한 영역도 존재한다. 또한 효과 장점지수가 낮은 경우에는 A대안이 비용 효과 측면에서 더 바람직할 수도 있다.

셋째, 각 대안에 대한 시간을 고려한 비용 프로파일을 작성하여 손익분기점(break-even point) 분석을 수행하여 최상의 설계 접근 방법을 선택한다. 대안 비교에 있어 최종적인 결론에 도달하기 전에 시간이라는 관점과 비용 효과 분석을 동시에 고려해야 한다. 〈그림 7-13〉은 두 대안의 획득 단계별로 누적 수명주기비용의 추정치를 나타내고 있다. 시간 측면에서 연구개발이나 생산 건설 단계에서는 대안 A가 효과적이나 운영유지 단계 중반 이후로는 대안 B가 더 비용 효과적이다. 그러나 시스템의 기대되는 수명이나 폐기(마모)의 시점이 실제로는 달라질 수 있다. 따라서 손익분기점이 발생하는 시기(time)는 시스템의 의

〈그림 7-12〉 획득 대안(A, B)의 추정 범위

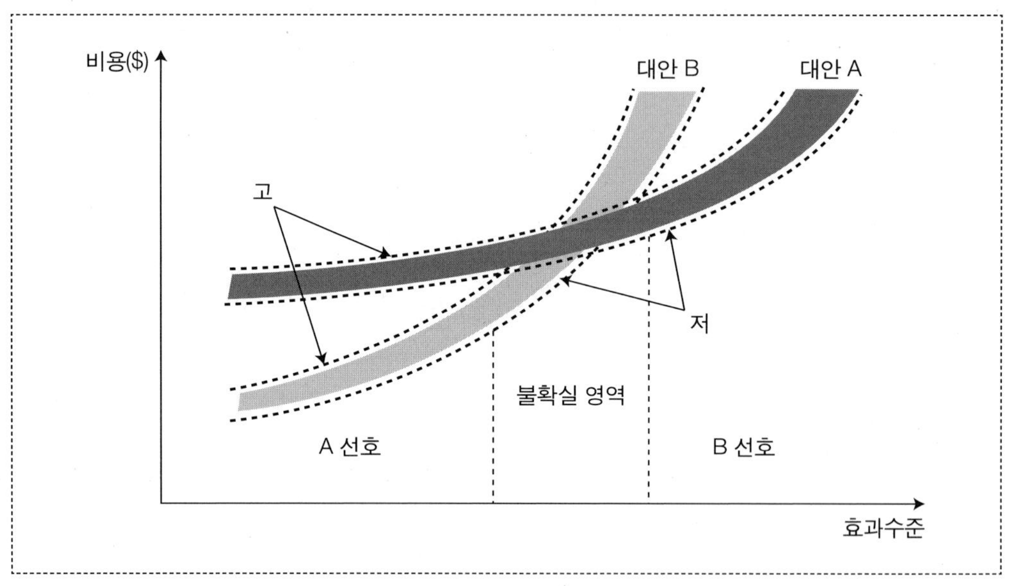

도하는 임무나 특성에 따라 달라질 것이다. 즉, 시스템을 장기적으로 운용한다면 대안 B가 비용 효과적이지만 단기적으로 운용한다면 대안 A가 바람직할 수도 있다.

〈그림 7-13〉 손익분기점 분석

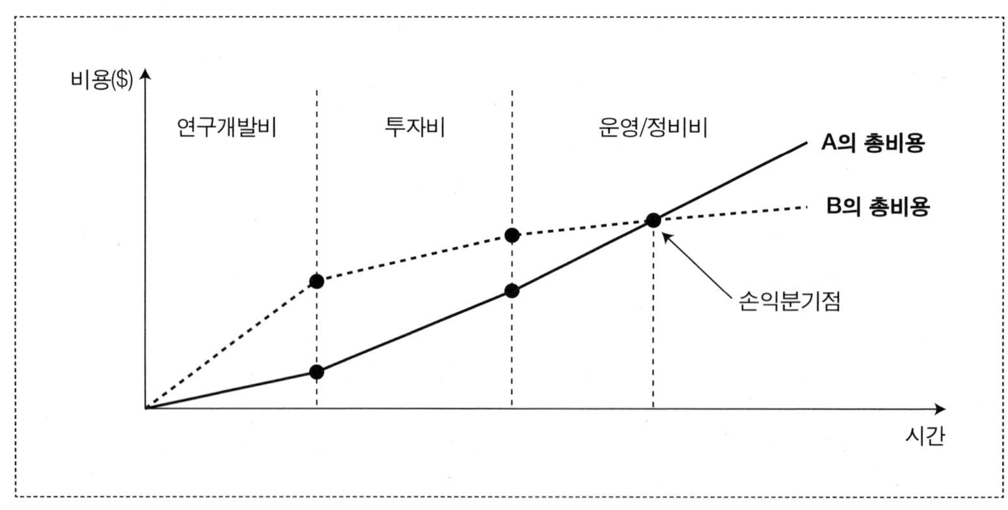

제3절 수명주기비용 분석 사례

1. 사례 개요

현재 개발 단계에 있는 컴퓨터 하위 시스템에 관련한 비용 분석 사례로서 제6장 수리수준분석에 나타난 사례와 동일하다. 현재 2개 업체로부터 형상에 관련한 제안서를 제출받았다. 제안된 설계와 수명주기비용을 검토하여 최적의 대안을 선택해야 한다.

2. 비용 분석

먼저 시스템 운용 요구사항 및 정비/지원 개념에 대한 정의를 통하여 문제의 본질을 명확하게 해야 한다. 〈그림 7-14〉이 시스템 운영에 대한 기본적인 개념을 잘 예시해주고 있다.

〈그림 7-14〉 시스템의 기본 운영 개념

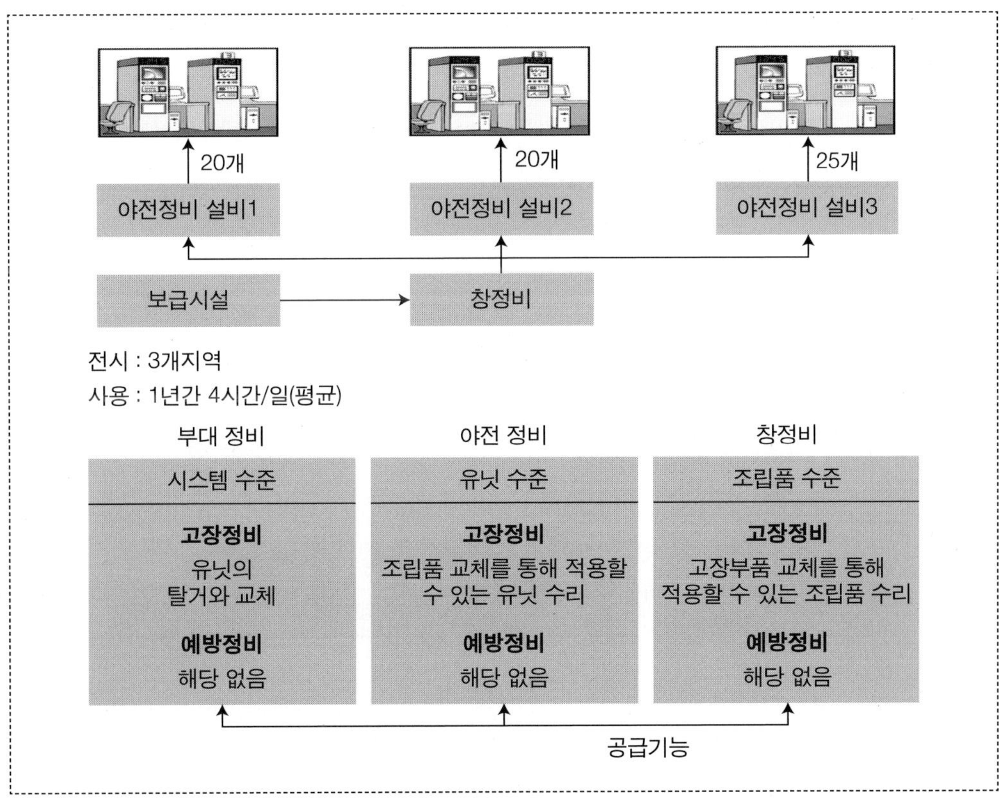

〈그림 7-15〉 컴퓨터 하위 시스템의 운영 프로파일

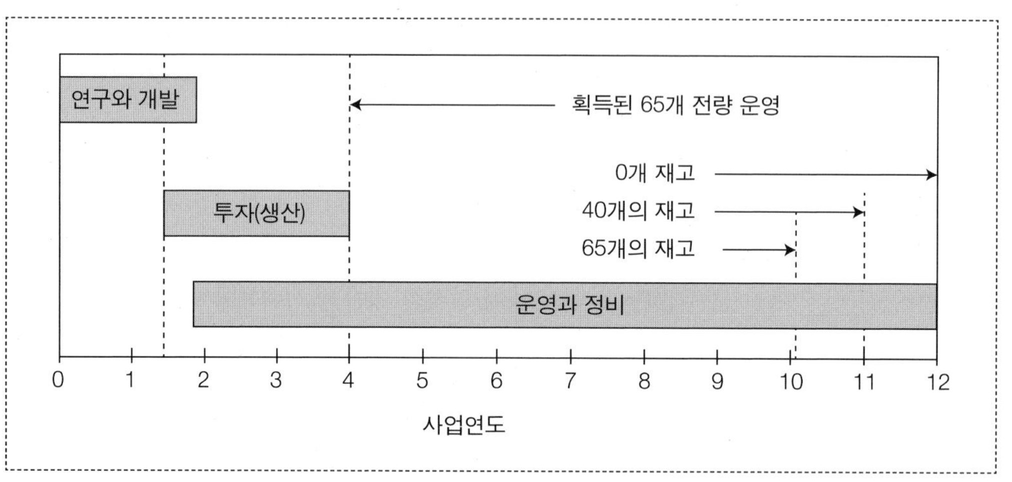

〈그림 7-16〉 형상 A의 비용 프로파일

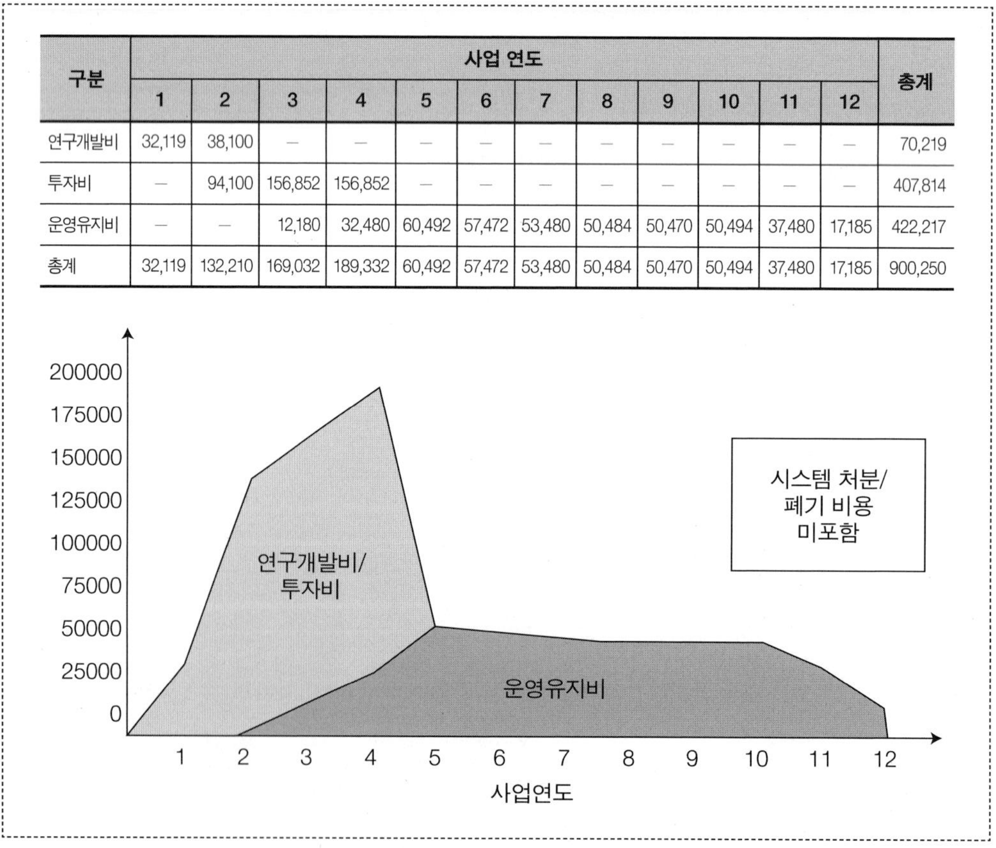

구분	사업 연도												총계
	1	2	3	4	5	6	7	8	9	10	11	12	
연구개발비	32,119	38,100	–	–	–	–	–	–	–	–	–	–	70,219
투자비	–	94,100	156,852	156,852	–	–	–	–	–	–	–	–	407,814
운영유지비	–	–	12,180	32,480	60,492	57,472	53,480	50,484	50,470	50,494	37,480	17,185	422,217
총계	32,119	132,210	169,032	189,332	60,492	57,472	53,480	50,484	50,470	50,494	37,480	17,185	900,250

컴퓨터 하위 시스템은 3개 지역에 65대가 분배되어 설치되어 있으며, 하루 평균 4시간씩 이용하고 있다. 또한 이 컴퓨터 하위 시스템의 신뢰도 MTBF는 최소 450시간이어야 하며, 평균 고장정비시간은 30분을 초과하지 않아야 한다. 운영 시간당 정비 인시 소요는 0.2시간 이하이다. 시스템은 지금으로부터 2년 내에 작동이 되고, 12년차에 퇴역할 것이다.

운영 프로파일은 〈그림 7-15〉에 나타나 있으며 일정 계획은 비용구조도의 활동과 일치시켜야 한다. 〈그림 7-16〉은 형상 A의 연도별, 비용요소별 비용 프로파일이다.

비용 프로파일은 2개의 형상 대안에 따라 평가되었다. 형상 A와 형상 B에 대한 비용 항목과 요약서는 〈표 7-4〉에 나타나 있다. 2개의 대안에 대한 비교를 위하여 비용을 현가의 관점에서 계산하였다.

〈표 7-4〉를 살펴보면 획득 비용은 형상 A가 $478,033, 형상 B가 $384,131로 형상 A가 더 높다. 형상 A가 획득 비용이 높은 이유는 형상 A가 좀 더 신뢰할 만한 구성품을 사용하고 신뢰도 설계를 수행했기 때문일 수 있다. 획득 비용이 높지만, 반면에 운영유지비를 발생시키는 정비 빈도가 작아져서 수명주기비용은 감소하였다. 장비 설계에 있어 이러한 군수지원 특성들은 수명주기비용에 많은 영향을 주고 있다. 어쨌든 형상 A가 수명주기비용 면에서 선호된다.

항목별 비용에서 그 비중이 10% 이상인 고비용 항목을 쉽게 찾아볼 수 있다. 이러한 고비용 항목들은 전문적인 분석뿐 아니라 관리상의 주의를 요구하고 있다. 예를 들면, 형상 A에서 정비 인력 및 지원 비용과 예비품/수리부속 분야 비용 비중은 각각 23.4%와 11.5%를 차지하고 있다. 고비용 항목은 정비 인력/지원 및 예비품의 관점에서 설계가 잘 되었는지를 재평가하도록 한다. 정비 빈도와 재고 소요를 결정하는데 사용했던 예측 방법이 적절하였는지, 또한 합리적인 매개변수 관계를 설정하였는지를 평가해야 한다. 그리고 노무비, 예비품 비용, 재고관리 비용 등의 비용 요소를 재평가해야 할 것이다.

최종 결정 이전에 어느 시점에서 형상 A가 형상 B보다 더 효과적인지를 분석하기 위해 손익분기점 분석이 필요하다. 〈그림 7-17〉에는 손익분기점이 사업 후 6년 5개월이 지난 시점 혹은 시스템 생산을 종료한 후 2년이 지난 시점에 발생한다는 것을 보여주고 있다. 이 시점은 의사결정지원에 있어 수명주기 내에 있다. 만약 손익분기점이 수명주기를 훨씬 지난 시점에 있다면 의사결정은 재고되어야 할 것이다.

〈표 7-4〉 형상별 수명주기비용 사례

비용 구분	형상 A		형상 B	
	현가($)	구성비(%)	현가($)	구성비(%)
1. 연구 개발(C_{R})	70,219	7.8	53,246	4.2
(1) 사업관리(C_{RM})	9,374	1.1	9,252	0.8
(2) 사전 연구개발(C_{RR})	4,152	0.5	4,150	0.4
(3) 공학설계(C_{RE})	41,400	4.5	24,581	1.9
(4) 장비 개발 및 시험(C_{RT})	12,176	1.4	12,153	0.9
(5) 엔지니어링 자료(C_{RD})	3,117	0.3	3,110	0.2
2. 투자비(C_{I})	407,814	45.3	330,885	26.1
(1) 제조(C_{IM})	333,994	37.1	262,504	20.8
(2) 건설(C_{IC})	45,553	5.1	43,227	3.4
(3) 초기군수지원(C_{IL})	28,267	3.1	25,154	1.9
3. 운영유지(C_{O})	422,217	46.9	883,629	69.7
(1) 운영(C_{OO})	37,811	4.2	39,301	3.1
(2) 정비(C_{OM})	384,406	42.7	844,328	66.6
• 정비 인력 및 지원(C_{OMM})	210,659	23.4	407,219	32.2
• 예비품/수리품(C_{OMX})	103,520	11.5	228,926	18.1
• 시험/지원 장비 정비(C_{OMS})	47,713	5.3	131,747	10.4
• 수송 및 취급(C_{OMT})	14,404	1.6	51,838	4.1
• 정비훈련(C_{OMP})	1,808	0.2	2,125	0
• 정비 시설(C_{OMF})	900	0.1	1,021	0
• 기술 자료(C_{OMD})	5,402	0.6	21,452	1.7
(3) 시스템/장비 개량(C_{ON})	—	—	—	—
(4) 시스템 폐기 및 처분(C_{OP})	—	—	—	—
총계	900,250	100	1,267,760	100

* 10% 할인율로 현가 전환 적용

만약 입력 자료의 변동량을 분석하기를 원하면, 민감도 분석을 실시해야 한다. 이러한 경우에는 정비 인력/지원 비용 및 예비품 비용을 함수로 하여 입력 자료로 MTBF를 변화시키는 것이 적절할 것이다. 이러한 분석은 〈그림 7-18〉에서 그 결과를 볼 수 있다.

〈그림 7-17〉 손익분기점 분석(사례)

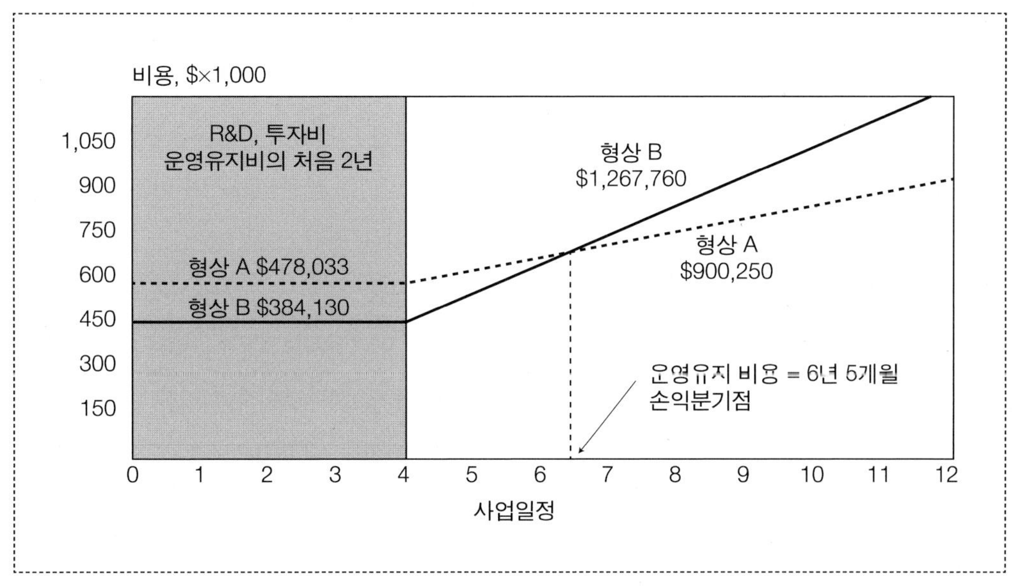

〈그림 7-18〉 민감도 분석

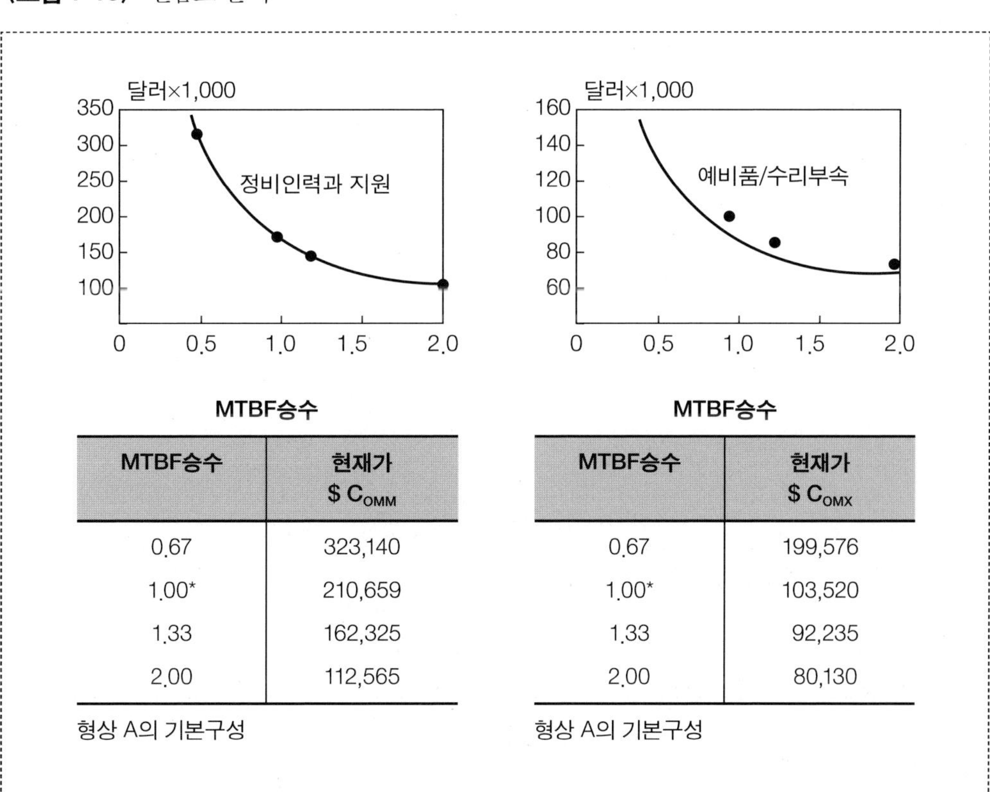

MTBF승수	현재가 $ C_{OMM}
0.67	323,140
1.00*	210,659
1.33	162,325
2.00	112,565

형상 A의 기본구성

MTBF승수	현재가 $ C_{OMX}
0.67	199,576
1.00*	103,520
1.33	92,235
2.00	80,130

형상 A의 기본구성

손익분기점 및 민감도 분석을 통해 형상 A가 어느 시점까지 비용 측면에서 유리한지를 분석할 수 있다. 선택된 최대 손익분기점이 7년이라고 가정하면, 대안들의 비용 차이는 약 $65,000이다. $65,000은 7년 차에서 형상 A, B의 현가 차이이다. 이것이 입력 자료 허용 변동량의 범위를 나타내고 있다. 예를 들면 만약 형상 A가 변동되거나 신뢰도 예측에 오류가 있으면(450시간의 MTBF 소요와 비교하여 MTBF가 300시간으로 산출되었으며 이 값에 기초하여 수명주기비용이 결정되었다면), 정비 인력 및 정비지원은 대략 $323,140으로 증가될 것이다. 이 값은 최초값보다 $112,481이 증가된 것이다. 그러므로 비록 시스템의 신뢰성이 구체화된 소요를 충족한다 하여도, MTBF의 변동량에 따라 비용이 증가한다. 이 결과 형상 A보다 형상 B를 선호하는 방향으로 전환된다. 그러므로 반드시 입력 자료의 유의미한 변동에 따른 민감도를 평가해야 하며, 이러한 요소들이 최종 결정에 미치는 영향력을 평가해야 한다.

3. 분석 결과

이 경우 의사결정은 비용 자료, 손익분기점 및 민감도 분석, 〈그림 7-19〉에서 보여주는 상호 관계에 기초하여 형상 A를 선택하는 것이다. 주어진 두 가지 형상들은 구체화된 신뢰도 요구를 만족시키고 있으며 그 중 수명주기비용이 적은 대안을 채택할 것이다.

〈그림 7-19〉 신뢰도 대 비용(단위당)

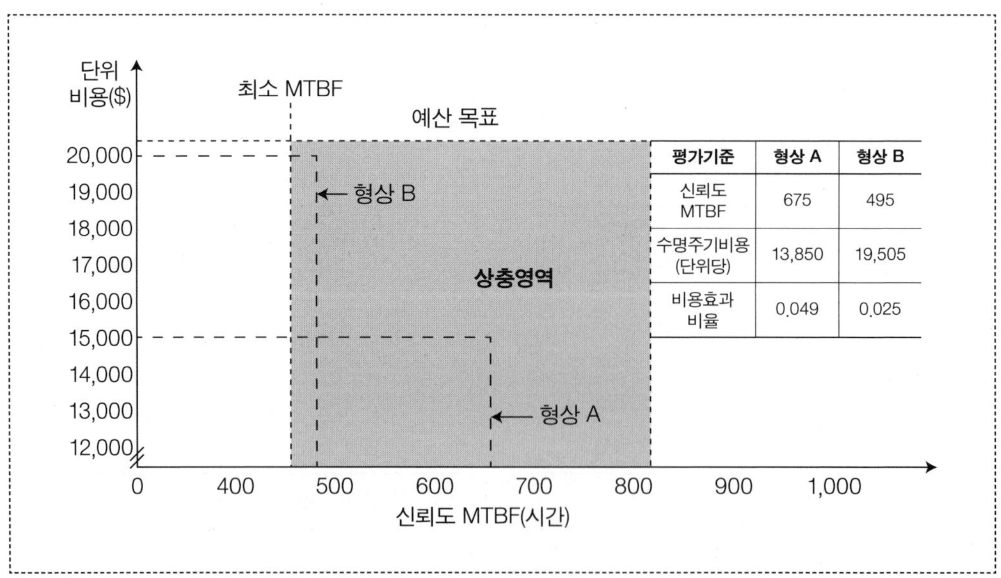

평가기준	형상 A	형상 B
신뢰도 MTBF	675	495
수명주기비용 (단위당)	13,850	19,505
비용효과 비율	0.049	0.025

참고 7-1 자료의 정규화

비용 분석에서 자료의 정규화(normalization)는 비용 변동의 외부 영향력을 중립화하여 일관적인 원가 자료로 만드는 작업이다. 자료의 정규화 작업이 필요한 이유는 다음과 같다.

(1) 획득 단계 동안의 기술의 변화
(2) 자료 수집의 차이
(3) 생산 방법론이나 제조 공정의 향상
(4) 설계 향상
(5) 인플레이션이나 디플레이션 등 경제적 효과

이런 요인을 고려하지 않는다면 비용 분석 추정치에 일관성이 결여하여 비교하기가 힘들 것이다. 자료의 정규화 대상은 내용(content)의 정규화, 수량(quantity)의 정규화, 경제적 효과에 대한 정규화이다.

정규화를 위해 다음과 같은 자료가 필요하다.

(1) 비용/자원 관련 자료: 최종 산출물(시스템, 하부 시스템, 구성품, 부품 수준)을 기준으로 비용 자료와 기능(노무비, 재료비, 경비, 직접비 혹은 간접비)을 중심으로 한 비용 자료이다. 이 자료는 비용 추정에 직접 활용하며 비용 추정 관계식의 투입 자료가 된다.
(2) 기술 관련 자료: 시스템의 물리적 특성(크기, 무게, 최대 중량, 코드의 수 등)과 성능 특성(속도, 마력, 사거리, 살상율 등)에 대한 자료이다 이 자료는 비용 추정 관계식의 투입 자료가 된다.
(3) 사업 관련 자료: 연구개발 사업의 유형, 계약 형태와 내용, 공급원의 수, 최초 소요 제기 후 소요 변경 여부, 생산 중단 여부, 계약자 관련 사항(신용도, 재정 실태, 기술 개발 유무 등)에 대한 자료이다. 이 자료는 비용 관련 자료의 조정과 수정에 활용한다.

참고 7-2 현가 계산

1. 미래가치의 계산

현재의 금액이 일정 기간 후에 그 가치가 얼마로 될 것인가를 알아보는 계산을 미래가치(future value) 계산이라고 한다. 화폐의 미래가치 계산은 복리계산 방법과 단리계산 방법이 있는데, 여기서는 복리계산을 중심으로 설명한다.

현재의 원금을 P_0, 1기간 동안의 이자 금액을 I, 이자율을 R이라고 한다면 1기간 후의 미래가치 P_1은 다음과 같다.

$$P_1 = P_0 + I = P_0 + P_0R = P_0(1 + R) \quad (1)$$

예제 1 원금 10,000원을 월리 2%로 한 달간 빌려주었을 때 한 달 후의 미래가치는 얼마인가?

$$P_1 = 10{,}000(1 + 0.02) = 10{,}200\text{원}$$

P_0의 2기간 후의 미래가치를 구하기 위해서는 1기간 동안의 이자율과 함께 2기간 동안의 이자율을 알아야 하며, 이때의 미래가치 R_2는 다음과 같이 계산된다.

$$P_2 - P_1(1 + R_2) = P_0(1 + R_1)(1 + R_2) \quad (2)$$

R_1: 1기간의 이자율
R_2: 2기간의 이자율

같은 방법으로 일반화하면 n기간 후의 미래가치 P_n은 다음과 같이 나타낼 수 있다.

$$\begin{aligned} P_n &= P_{n-1}(1 + R_n) \\ &= P_0(1 + R_1)(1 + R_2)(1 + R_3)\cdots(1 + R_n) \quad (3) \end{aligned}$$

R_i: i기간의 이자율

식 (3)은 미래가치 계산의 개념을 정확히 표현하는 식이다. 그러나 현실적으로 미래 매 기간의 이자율을 현재 시점에서 정확히 알기는 어려우므로, 매기의 이자율이 동일하다는 가정하에서 식 (3)을 단순화시킨 식을 사용하게 된다.

참고 7-2 **현가 계산 (계속)**

식 (3)의 각 R_i가 R로 동일하다면 미래가치 P_n은 다음과 같이 나타낼 수 있다.

$$P_n = P_0(1+R)(1+R)\cdots(1+R) = P_0(1+R)^n \quad (4)$$

예제 2 원금 10,000원을 연리 10%로 정기예금하였을 때 5년 후의 미래가치는 얼마인가?

$$P_5 = 10{,}000(1+0.10)^5 = 16{,}105(\text{원})$$

위의 식 (4)는 미래가치를 계산하는 데 가장 자주 사용하는 식이다. 그러나 이 식을 사용함에 있어서는 다음과 같은 점을 유의해야 한다.

첫째, 매기간의 이자율 R은 n기간 동안 일정하게 유지되어야만 한다.

둘째, 원금 P_0에 대하여 매 기간 일정한 금액 ($I = P_0 \cdot R$)의 가치가 증가하는 단리계산과 구분되어야 한다.

〈예제 2〉를 단리계산 방법으로 미래가치를 구하면 다음과 같다.

$$P_5 = 10{,}000(1+0.10\times 5) = 15{,}000(\text{원})$$

단리계산에 의한 미래가치 15,000원이 복리계산에 의한 미래가치 16,105원과 차이가 나는 이유는 단리계산의 경우 원금에 대한 이자만이 고려되었을 뿐, 매기마다 붙는 이자에 대한 이자가 계산되지 않았기 때문이다. 따라서 보다 정확한 의미의 미래가치는 식 (4)와 같은 복리계산을 통해 구해질 수 있다.

이자율이 R일 때 현재의 1원은 n기간 후에는 $(1+R)^n$원이 된다.

이 $(1+R)^n$을 복리이자요소(CVIF: compound value interest factor)라고 하는데, 매번 계산하는 불편함을 없애기 위하여 미리 계산한 복리표(compound value table)를 사용한다.

2. 현재가치의 계산

미래가치가 현재의 화폐 가치를 미래의 특정 시점을 기준으로 하여 그 시점에서의 화폐 가치로 환산한 것이라면, 현재가치, 즉 현가(present value)라는 것은 미래에 발생하게 될 현금 흐름의 화폐 가치를 현시점에서의 화폐 가치로 평가한 금액을 말한다. 현가의 개념은 재무관리 의사결정 영역에서 매우 중요하다.

현가 계산을 위한 공식은 미래가치 계산식인 식 (3)과 식 (4)로부터 도출할 수 있다. 미래가치 계산에서는 현재의 현금 흐름(P_0)을 알고 n기간 후의 미래가치(P_n)를 계산하는 데 반하여, 현가 계산에서는 미래의 현금 흐름(P_n)을 알 경우 그것의 현재가치(P_0)를 계산하고자 하는 것이므로 식 (3)과 식 (4)를 다음과 같이 변형한 것이 현가를 계산하는 공식이 된다.

$$P_0 = \frac{P_n}{(1+R_1)(1+R_2)\cdots(1+R_n)} \quad (5)$$

또는

$$P_0 = \frac{P_n}{(1+R)^n} = P_n(1+R)^{-n} \quad (6)$$

미래가치 계산에서와 같은 이유로 현재가치 계산에는 주로 식 (6)이 사용된다. 미래가치의 계산공식에서의 R은 이자율 또는 증가율의 의미를 가지고 있지만, 현가 계산에서는 할인율(discount rate)의 의미를 갖는다. 식 (6)에서 $(1+R)^{-n}$은 n기간 후의 1원이 현재 얼마의 가치를 나타내는가를 계산한 것으로서 이를 현가이자요소(PVIF: Present Value Interest Factor)라 한다. 할인율 R과 기간 n에 따른 PVIF의 값을 미리 계산한 것이 현가표(present value table)이다.

미래가치 계산에 사용되는 복리이자요소(CVIF)와 현가 계산에 사용되는 현가이자요소(PVIF) 사이에는 역수의 관계가 성립한다.

$$\text{PVIF} = \frac{1}{CVIF} \quad (7)$$

예제 3 4년 후 500만 원을 받을 수 있는 채권의 현재가치는 얼마인가? 기간중 이자 지급은 없으며 할인율은 연 20%라고 한다.

$$P_0 = \frac{P_n}{(1+R)^n} = \frac{500}{(1+0.2)^4} = 241.125(\text{만 원})$$

토의문제

1. 수명주기비용 분석의 목표는 무엇인가? 수명주기비용 분석은 어느 획득 단계에서 수행되어야 하는가? 수명주기비용 분석에서 기대하는 효과는 무엇인가?

2. 수명주기비용 분석의 기본 절차를 식별하고 묘사해보자.

3. 사업관리에서 작업구조도(WBS: Work Breakdown Structure)란 무엇인가? 작업구조도와 비용구조도의 유사점과 차이점을 비교분석해보자.

4. 비용구조도의 개발에 있어 고려해야 할 사항은 무엇인가?

5. 학습곡선이 수명주기비용 분석 결과에 어떠한 영향을 미칠 수 있을 것인지를 설명해보자.

6. 비용 분석에서 자료의 정규화 작업이란 무엇인가? 이를 수행한 경우의 기대되는 효과를 설명해보자. 특히 경제적 지표의 기준을 세우는 일과 현가 계산의 의의를 설명해보자.

연습문제

1. 2개의 프로젝트가 있다. 각각의 프로젝트에서 요구되는 비용의 현금 흐름은 다음과 같다. 할인율은 10%라고 가정해보자. 어느 프로젝트를 선호하는가를 시뮬레이션을 이용하여 분석해보자. 크리스탈 볼(Crystall Ball)을 이용하여 Overlay Chart를 그려보면 위험도에 대한 평가를 할 수 있다.

A안

연도	1	2	3
평균 비용	20,000	2,000	3,000
표준편차	4,000	400	600

B안

연도	1	2	3
평균 비용	20,000	2,000	3,000
표준편차	2000	20	30

2. 2개의 프로젝트가 있다. 각각의 프로젝트에서 요구되는 비용의 현금 흐름은 다음과 같다. 할인율은 10%라고 가정해보자. 어느 프로젝트를 선호하는가를 설명해보자. 크리스탈 볼을 이용하여 Overlay Chart를 그려라.

A안

연도	1	2	3	4	5	6
평균 비용	20,000	2,000	3,000	5,000	6,000	7,000
표준편차	4,000	400	600	1,000	1,200	1,400

B안

연도	1	2	3	4	5	6
평균 비용	10,000	5,000	6,000	8,000	9,000	10,000
표준편차	500	250	300	400	450	500

3. 항공작전사령부는 ㅇㅇ회사에서 최근 개발된 고도의 비밀로 분류된 새로운 통신 시스템을 설치하려고 계획 중이다. 통신 시스템은 3군데의 새로운 작전 기지에 배치될 것이며, 헬기에 장착되어 특수 임무에 투입할 예정이다. 각 기지에는 10대의 헬기를 운영할 계획이며, 각 기지에서는 각 연도별로 순차적으로 헬기를 운영할 것이다. 장착 시간은 무시한다. 15개의 시스템이 각각 2년 초와 3년 초에 장착되어 운영될 것이다. 시스템의 운영 계획은 다음과 같다.

연도	1	2	3	4
대수	0	15	30	30

새로운 시스템의 운영 시간은 매일 12시간이며 1년간 200일 운영한다. 헬기에는 이 시스템을 운영하기 위하여 1명의 승무원을 별도로 필요로 하며 승무원의 비용은 시간당 $30이다.

통신 시스템은 3개의 구성품(구성품 N, 구성품 P, 구성품 S)으로 구성되어 있다. 고장 결함 및 교체는 구성품 단위로 이루어지며, 고장이 발견되면 구성품은 분리되어 O 수준에서 예비 구성품과 교체된다. 고장 구성품은 I 수준 정비를 위해 기지 내의 정비 시설에서 고장정비를 수행하게 된다. 구성품의 수리는 모듈의 교체로 이루어진다. 모듈 고장이 나면 폐기된다. 예방정비도 같은 방식으로 진행된다.

통신 시스템의 MTBF는 50시간이다. MTBMs은 200시간이다. O 수준에서의 평균 정비시간은 2시간이다(분리 및 교체시간). 구성품들의 신뢰도와 정비도 요소는 다음과 같다.

	MTBF	MTBMs	$\overline{M}ct$	$\overline{M}pt$
구성품 N	250	1,000	15	20
구성품 P	125	250	10	10
구성품 S	125	n/a	12	0

(가정)

(1) RAT&E 비용은 연도1에 $1,200,000이며 연도2에 $250,000이다.

(2) 커뮤니케이션 시스템은 운영하고자 하는 해의 1년 전에 생산되어 사용 부대에 배치되어야 한다. 즉, 15개 제품은 연도1에 생산되어 인도되어야 한다. 제품당 생산 비용은 $100,000이다.

(3) 기지가 운용되는 시점에 I 수준 정비를 위해 한 세트의 부속품이 필요하다.

(4) O 수준 정비를 위해서는 기술자가 고용되어야 하는데 시간당 $35을 지불한다. I 수준 정비를 위해 2명의 기술자가 필요한데 시간당 $40을 지불한다.

(5) 고장정비를 위해서는 재료비는 고장정비 건당 $500이 소요된다. 예방정비를 위해서는 건당 $300이 소요된다.

(1) 10%의 할인율을 적용하여 다음 4년간의 순현가(NPV: Net Present Value)를 계산해보자.

(2) 이 사업을 군수지원 관점에서 평가해보자.

4. 현재 사용하고 있는 항공기에 새로운 성능의 추가가 요구되고 있으며, 이를 충족하기 위해 시스템 ABC가 개발될 것이다. 시스템 ABC를 위해 두 가지 형상(configuration)을 고려하고 있다. 다음에 제시되는 자료를 기초로 다음을 해결해보자.

(1) 두 가지 형상에 대한 수명주기비용을 계산해보자.

(2) 어느 형상이 더 바람직한 것인가?

(3) 할인율을 적용한 비용 흐름과 적용하지 않은 경우의 비용 흐름을 나타내보자.

(4) 손익분기점 분석을 수행해보자. 현가 계산에 있어 15%의 할인율을 적용해보자.

시스템 ABC는 5개 운용기지에서 항공기에 장착될 것이다. 각 기지는 최대 12대의 항공기를 운영할 것이며, 기지 1은 2년차 말에, 기지 2는 3년차 말에, 기지 3과 4는 4년차 말에 기지 5는 5년차 말에 운용이 시작될 예정이다. 연도별로 시스템 ABC가 운영될 수량은 다음과 같다.

1	2	3	4	5	6	7	8	9	10
0	0	10	20	40	60	60	60	35	25

임무 소요를 충족시키기 위해서 시스템 ABC는 하루 평균 4시간, 연간 365일 무중단으로 운영될 것이다. 항공기 승무원 중 1명은 비행시 여러 다른 시스템의 운영에 책임을 지면서도 임무 수행 시간 중 1%를 시스템 ABC의 운영에 할당할 것이다. 요구되는 시스템의 MTBM은 175시간, MTBF는 250시간 평균 실제정비시간은 30분이다. 시스템 ABC는 새로 개발되며, 두 가지 형상 모두 3개의 유닛으로 구성된다.

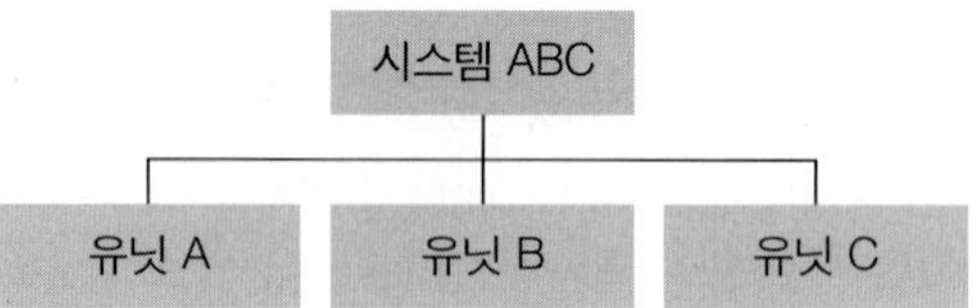

두 가지 형상의 예측 신뢰도와 정비도는 다음과 같다.

구분			형상 A	형상 B
시스템 수준 (O 수준)	MTBM		195	249
	MTBMu		267	377
	$\overline{M}$		0.5	0.5
시스템 수준 (I 수준)	A	MTBM	382	800
		MTBMu	800	800
		MTBMs	730	
		$\overline{M}ct$	5	5
		$\overline{M}pt$	16	

구분			형상 A	형상 B
시스템 수준 (I 수준)	B	MTBM	500	422
		MTBMu	500	1,000
		MTBMs		730
		$\overline{M}ct$	4	5
		$\overline{M}pt$		12
	C	MTBM	2,000	3,500
		$\overline{M}ct$	2	3

시스템 정비 개념은 다음과 같다. 시스템 ABC의 두 가지 형상 모두 자체 시험 능력(built-in test capability)을 가지고 있으며 이를 통해 시스템 점검을 신속하게 하고 또한 유닛에서 결함 분리를 용이하게 한다. 이외에 더 이상의 외부 지원 장비는 요구되지 않는다. 만약 운영 중지가 되는 경우, 결함 부분이 유닛에서 분리되어 해당 품목이 탈거되고 예비품으로 교체된다. 결함품은 고장정비를 위해 운영 현장에 위치한 야전정비 시설로 보내진다. 유닛 수리는 모듈 교체를 통해 이루어지며, 모듈은 고장 시 폐기되는 것으로 소모성 품목이라 가정한다. 형상 A와 B의 예방정비는 매 6개월마다 야전정비 시설에서 수행된다. 창정비는 요구되지 않으며 그러나 창정비 시설은 예비품을 공급하며 지원 기능을 수행한다.

시스템 ABC의 소요에 대한 사업 프로파일은 다음 그림에 나타나 있다.

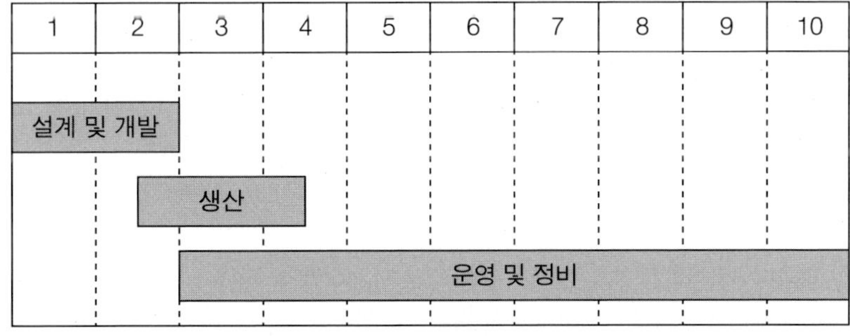

수명주기비용은 세 단계(설계/개발, 생산, 운영 및 정비)로 구분하여 계산한다. 문제를 해결하기 위하여 다음 사항을 가정한다.

(1) 설계/개발 비용
형상 A: $80,000(1년차 $50,000, 2년차 $30,000)
형상 B: $100,000(1년차 $70,000, 2년차 $30,000)

(2) 야전정비 시설에서 특별 지원 장비를 위한 설계 및 개발 비용
형상 A: $30,000(1년차 $20,000, 2년차 $10,000)
형상 B: $23,000(1년차 $17,000, 2년차 $6,000)

(3) 시스템 ABC는 운영 전개 직전 연도에 생산되어 인도되어야 한다. 예를 든다면 10개가 2년차에 생산되어 인도된다. 시스템 ABC의 생산 비용
형상 A: $21,000/시스템당
형상 B: $23,000/시스템당

(4) 야전정비 시설에서 고장정비를 위해 특별 지원 장비가 요구된다. 즉, 3년도 초에 기지 1에 시스템 ABC를 배치하는 시점에 이것이 요구된다. 추가적으로 첫 번째 기지가 운영이 되면 예비 장비가 1대 더 창정비 시설에 요구된다. 시설에 요구되는 특별 지원 장비 비용은 다음과 같다.
형상 A: $13,000
형상 B: $12,000

(5) 기지가 운용되는 시점에 각 야전정비 시설에 예비품을 필요로 한다. 각 유닛 A, B, C 별로 1개의 예비품 한 세트가 요구된다. 예비품 세트 가격은 생산가격과 동일하며 예비품 한 세트가 기지가 운용되는 시점에 창정비 시설에도 필요하다고 가정한다.

모듈, 하부 조립품, 부속품 등 예비품의 추가 소요가 필요하다. 고장정비 건당 재료비는 $250이고, 예방정비 건당 $100이 필요하다. 이 비용은 재고 유지 비용을 포함한 것이다. 문제를 단순화하기 위해 여기서 전체 군수 파이프라인과 정비복귀시간(TAT)에서의 예비품 수요는 무시하기로 한다.

(6) 정비 시설에는 위에 언급한 지원 장비, 예비품 이외에 정비 인력과 자료를 필요로 한다. 야전정비 시설의 사용과 특별 지원 장비의 사용을 포함한다. 주장비와 연관하여 직접 정비 인시당 $1의 부담액이 발생한다고 가정한다.

(7) 정비 자료는 정비보고서, 고장보고서, 각 정비 행위와 관련된 자료의 준비와 분배를 포함한다. 정비 자료 비용은 각 정비건당 $25이 소요된다.

(8) 시스템 수준에서 각 정비 건수당 인건비는 다음과 같다. 낮은 수준의 기술자는 풀타임을 기준으로 직접 정비 인시당 $20이 소요된다. 평균값을 단순화하기 위해 사용하며 두 형상 모두 평균 실제고장정비시간은 30분이다.

(9) 각 고장정비 행위당 두 사람의 기술자가 풀타임으로 필요하다. 1명은 낮은 수준의 기술자로 시간당 $20, 고급 기술자는 시간당 $30이 요구된다.

(10) 예방정비 행동에는 시간당 $30의 고급 기술자가 요구된다.

(11) 시스템 ABC의 운영을 위해서 탑승한 승무원의 임금은 시간당 $40이다.

5. 문제 4에서 형상 A와 형상 B에 대한 조건이 다음과 같이 달라졌다. 어느 형상이 더 바람직한 것인가? Overlay Chart를 이용하여 평가해보자.

	형상 A	형상 B
연간 운영 시간	Tria(1200,1460,2000)	Tria(1200,1460,2000)
시스템 설계 비용	unif(72000,88000)	N(100000,200000)
시험 장비 설계 비용	unif(25000,35000)	N(23000,4600)
시스템 생산 비용	Tria(18000,21000,22000)	N(23000,5000)
시험 장비 생산 비용	N(13000,1300)	N(12000,2400)

Tria(삼각 분포), unif(일양 분포), N(정규 분포)

6. 국방대학교는 캐논 복사기를 2001년 초부터 2003년까지 3년간 매년 10대씩 도입하여 운영할 예정이다. 복사기 구매가격은 대당 1,000만 원이고, 수명은 3년으로 처분할 때 100만 원을 받을 수 있다. 이를 운영하는데 두 가지의 옵션(Option)이 있다. 어느 옵션을 선택할 것인가? 복사기는 하루 8시간씩 한달에 25일간 운영할 계획이다. 복사기 A, B가 평소 고장이 발생하는데 A품목의 MTBF는 300시간이며 고장이 발생하면 구성품을 교체하며 가격은 30만 원이다. B품목의 MTBF는 500시간으로 가격은 60만 원이다.

(1) 대안1: 복사기를 국방대학교에서 구매하여 이의 수리를 책임지며 수행한다. 이를 수리하고 운영하는 인원은 1명으로 매년 2,600만 원의 예산이 요구되며 복사기 운영하는 기간에는 이 금액이 필요하다. 총 5년간 1억 3천만 원 이 소요된다.

(2) 대안2: 복사기를 구매하기보다 리스를 한다. 이 경우 대당 매년 리스가격은 대당 5백만 원이다. 리스가격에는 부품 교체 비용을 모두 포함한다.

어느 대안이 바람직한가? 2001년부터 5년간 예산은 어떻게 편성해야 하는가? (카트리지와 용지 비용은 무시하고 할인율은 10%를 적용해보자.)

7. 군은 현재 운영중인 장비를 새로운 장비와 교체하려고 하고 있다. 현재 장비가 기술적 주성능은 만족하고 있기 때문에 운영 효율성만 높이고자 신뢰도, 정비도, 가용도를 향상하려 한다. 신규 장비는 200대를 획득하여 10년 동안, 연간 360일씩, 하루에 8시간 운영할 것이다. 기존 장비는 가용도(0.961), MTBF 125시간, 평균 고장정비시간 5시간이다. 신규 장비 목표가용도는 99% 이상을 달성하려고 한다.

다음은 세 가지 설계 형상에 따른 소요와 제작 비용, 정비 장비 비용이다.

형상	MTBF	평균 고장정비시간	생산비/대당	정비 장비/설비
형상 A	450	4.0	$17,000	$200,000
형상 B	384	3.5	$16,000	$400,000
형상 C	320	3.0	$15,000	$800,000

다음은 신규 장비 연구 개발 시 신뢰도 설계와 정비도 설계 관련 추정 비용이다.

MTBF	설계 비용($)	평균 고장정비시간	설계 비용($)
450	18,000	4.0	2,000
384	13,440	3.5	4,000
320	9,600	3.0	8,000

정비 노무비는 시간당 $20이 요구되고 10년간 예비품 및 지원 재료비는 설계 형상에 따른 제조비의 10%이다(매년 물가상승률과 이자율은 무시한다).

(1) 연구개발 단계에서 신뢰도/정비도 설계에 대한 비용 추정이 타당한지를 논해보자.

(2) 신규 장비의 설계 형상은 어느 것이 가장 적절한지 분석해보자.
(다음 표와 유사하게 제시하여 분석해보자. 상세한 근거를 제시해보자.)

비용 항목	형상 A	형상 B	형상 C
연구개발비			
제작비			
운영유지비(정비 장비, 정비 노무비, 예비품/수리재료비)			
계			

(3) 신규 장비는 유닛 3개로 구성되어 있으며 형상 A로 제작하려고 하고 있다. 기존 장비에 대한 고장률 유사 자료가 없으며, 단 신규 장비의 제조복잡도(Manufacturing Complexity) 자료가 추정되어 있는데 이 자료를 고장률 자료로 대체하여 사용하려고 한다. 각 유닛의 제조복잡도는 각각 5, 2, 1이다. 정비도 소요를 하부 유닛에 할당해보자.

8. 해외에 위치한 A사는 ○○군에 신호감시 장비 1대를 1년의 보증판매로서 판매하려고 하고 있다. 신호장비는 하루 평균 2시간 운용될 것이다(1년은 360일로 가정). 현재 장비의 MTBF는 3,000시간이다. 정비 비용(수송 비용 등 모두 포함)은 건당 평균 100만 달러이다.

(1) ○○군에서는 보증 기간을 2년 요구하며 계약하려고 하고 있다. 정비 비용이 얼마나 더 소요되는가? (힌트: 고장율의 의미를 고려해보자.)

(2) A사는 설계 개선을 통해 장비의 신뢰도를 향상할 수 있다. MTBF를 1시간 증가하려면 연구개발비가 증가하고 대신에 판매 가격도 증가할 수 있으며 각각의 관계식은 다음과 같다.

> 연구개발 원가의 증가: $Y = 2\times 2 \Rightarrow \Delta Y = 2(\Delta MTBF)2$
> 판매 가격 증가: MTBF 한 단위 증가당 판매 가격은 $1,800 증가한다.

(8-1) A사 연구개발 팀장은 2년 보증 기간 연장과 동시에 MTBF를 1,000시간 더 증가시키자는 계획을 제안하였다. 이 계획을 평가해보자(수치로 나타내보자).

(8-2) A사 정비팀장은 정비 비용이 평균 100만 달러지만 정비 비용이 150만 달러 이상 발생하는 경우도 있어 손해가 발생할 수 있다고 한다. 정비 비용이 불확실한 경우 어떤 분석으로 계획을 평가할 수 있는가?

참고문헌

방위사업청, 무기체계 RAM 업무지침, 2013.10.

육군 군수사령부, 군수지원분석 실무지침서, 2009.2.27.

육군본부, 군수지원분석 실무지침서, 2009.2.4.

육군본부, ILS 종합발전계획, 2009.6.30.

ISPA ASIAN Chapter, *International Society of Parametric Analysts: Parametric Estimating Handbook*, 강성진 외 6명 (역), 2005

B.S. Blanchard, *Logistics Engineering and Management,* 4th ed., (Prentice Hall, 1992), 삼성탈레스 (역), 군수공학 및 관리, (학연문화사, 2008)

J.J. Jones, *Integrated Logistics Support Handbook,* 2nd ed., (McGraw-Hill, 1995), 삼성탈레스 (역), ILS 핸드북, (학연문화사, 2008)

T.A. Barnes, *Logistics Support Training: Design and Development,* (McGraw-Hill, 1992)

B.S. Blanchard, *Logistics Engineering and Management,* 6th ed., (Prentice Hall, 2004)

J.R. Canada, W.G. Sullivan, and J.A. White, *Capital Investment Analysis for Engineering and Management,* 2nd ed., (Prentice Hall, 1996)

W.J. Fabrycky and B.S. Blanchard, *Life-Cycle Cost and Economic Analysis,* (Prentice Hall, 1991)

J.J. Jones, *Integrated Logistics Support Handbook,* 2nd ed., (McGraw-Hill, 1995)

J.D. Patton Jr., *Logistics Technology and Management, The New Approach,* (The Solomon Press, 1986)

제8장 획득군수 사례 연구

군은 해외 연구개발을 통해 비표준장비를 획득하여 운영하는 경우가 있다. 한국에서 작전운용성능(ROC: Required Operational Capability)을 요구하여 미국에서 연구개발한 장비는 비표준장비로 분류된다. 비표준장비는 보급지원협정 대상에서 제외되기 때문에 초기 단계에 해외 업체와 정비에 대한 사전 협의가 필요하다. 앞으로 해외에서 비표준장비를 도입하는 경우가 있을 수 있으므로 이러한 경우에 대비하여 해외 정비 능력을 어느 수준에서 구축해야 할 것인지 획득군수 관점에서 연구가 필요하다.

이 사례는 비표준장비를 해외 도입함에 있어 획득 초기 단계에 고려하지 못한 창정비(depot maintenance) 능력을 운영유지 단계에서 구축한 사례이다. 해외에 비표준장비의 정비 능력을 구축하고자 하는 경우의 타당성, 비용 대 효과 분석을 수행한 내용이다. 그러나 이 사례 연구를 통해 획득군수와 관련한 이슈들을 분석하여 군수 측면에서 사업관리에 대한 시사점을 제공할 수 있다.

8장은 4개 절로 구성되어 있다. 1절은 시스템 획득 사업 개요, 해외 창정비 구축 사업 개요, 장비 운영 실태를 설명한다. 2절은 해외 창정비 구축에 대한 타당성 분석을 실시한다. 3절은 비용 대 효과 분석을 실시한다. 먼저 대안별로 비용 분석을 수행하고, 이후 시뮬레이션 모델을 구축하여 각 대안에 대하여 효과를 분석하였다. 4절은 이 사례를 통한 사업 추진 과정에서 획득군수 및 사업관리에 대한 시사점과 정책대안을 제시한다.

제1절 사례 개요

사례에 활용된 시스템은 2000년대 도입된 이래 현재까지 운영되고 있는 통신 및 전자 정보 체계 장비로 여기서는 A 시스템 혹은 A 사업이라 칭한다. 시스템의 주임무 장비(PME: Primary Mission Equipment) 정비지원은 3단계 정비로, 부대정비(일부 야전정비 포함)는 한국에서 실시하며 나머지 야전정비와 창정비는 미국 제작업체인 L-3에서 수행하고 있다. 그러나 제작업체에 A 시스템 전용 정비 설비가 없어 정비의 악순환, 부품 도태 및 단종 발생 등으로 정비복귀시간이 과다하게 소요되어 장비가동률이 저하되고 있다. 이러한 문제를 해결하기 위해 제작업체에 한국의 경상 사업비 예산으로 창정비 설비를 구축하는 사업이 필요하다.

1. 사업 및 운용 개념 개요

A 시스템은 1990년대 시작하여 전천후 통신 및 전자 정보 수집 장비를 확보하는 사업이다. 업체와 계약 이후 작전운용성능 충족 여부에 대한 지적이 있어 수차례 사업 평가 및 성능 보완 과정을 통하여 사업 계속 추진 여부를 결정할 정도로 어려움이 있었다. 또한 사업 추진 중에 항공기 구매 방법 변경, 수리부속 및 지원 장비 추가 소요에 따른 체계개발동의서(LOA: Letter Of Agreement) 개정으로 전체 획득 비용이 증가되었다.

A 시스템의 외자 부분 수명주기비용은 다음과 같다. 획득 비용은 외자가 약 2억 달러 이상이며 그 중 주임무 장비는 외자 획득 비용 중에서 76.8%, 항공기는 22.1%를 차지하고 있다. 한국에 인도된 이후 1차 후속군수지원(3년 지원 계약) 비용이 약 6천만 달러 이상이었다. 장비 수명을 약 20년 그리고 2차 이후 후속군수지원 비용을 1차와 유사하다고 가정하였을 때, 전체 후속군수지원 비용은 수명주기비용 중에서 약 61.2%이다. 후속군수지원 비용에는 주임무 장비를 최신화(update)하는 성능개량 비용은 포함하지 않고 단지 주임무 장비에 고장이 발생하면 해외 정비 비용만 포함한 것이다. 또한 항공기 자체 정비 및 운영유지 비용과 시스템의 내자 정비 비용은 포함하지 않았다. 창정비 구축 비용은 창정비 최종 협상결과인 6,500만 달러로 계상한 결과이다. 수명주기동안 내자 지출 비용은 고려하지 않은 외자 지출 비용 구성이 〈그림 8-1〉에 나타나 있다.

〈그림 8-1〉 외자 지출 수명주기비용

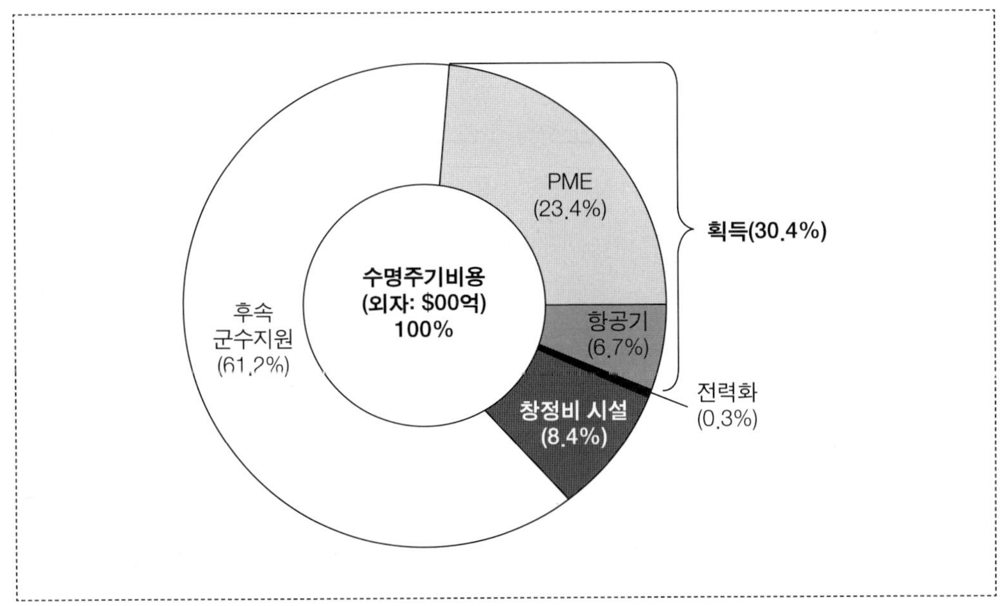

A 시스템 운영 개념은 항공기 탑재 장비에서 수집한 통신 및 전자 신호를 지상 중계소에 데이터 링크를 통해 보내고, 접수된 신호를 광케이블을 통해 지상 임무 장비로 전송하는 것이다. 시스템은 항공기 탑재 장비, 지상중계소, 지상 처리 시설로 구성되어 있다. 항공기에 탑재된 주임무 장비는 통신신호 수집용 Comint 체계, 전자 신호 수집용 Elint 체계, 체계 연동을 위한 인터페이스(Interface), 데이터 링크 등으로 구성되어 있다.

A 시스템은 한국이 작전운용성능을 요구하여 미국 L-3에서 제작한 전자 통신 장비로 "비표준 연구개발 FMS 장비"라고 분류할 수 있다. 전자 통신 시스템은 특성상 기술의 진부화가 빠르게 진행되고 상용품 비중이 높기에 복잡한 부품 공급사슬을 가지고 있다. 또한 연구개발이 장기간 소요되는 경우 배치되는 시점에 이미 많은 부품이 도태 및 단종의 위기에 처하는 경우가 있다. 또한 미국 방산업체 특성상 부품 공급업체가 도산, 인수 및 합병(M&A), 매각되는 경우가 많이 있다.

A 사업을 시작하는 초기에 정비와 관련한 내용을 살펴보자. 사업 초기에 LOA를 협상할 때부터 시스템 전용의 창정비 설비 구축에 대한 내용은 제기되지 않았으며 "업체가 창정비를 실시한다"는 내용만 협상에 반영되었다. 그리하여 최초 사업 집행 승인 시에 3단계 정비 개념을 적용하며 창정비를 해외 정비로 추진한다는 방침만 결정하였다.

A 사업은 FMS를 통한 연구개발 사업으로 FMS를 통하여 구매한 표준 장비 정비지원과는 차이가 있다. FMS를 통하여 획득한 일반 무기체계는 미국에서 표준장비로 분류되어 국방성 군수지원 체제인 보급지원협정(CLSSA: Cooperative Logistics Supply Support Arrangement)을 통하여 한국 측이 별도의 정비 시설을 구축하지 않고도 미국에서 정비가 가능하다. 그러나 A 시스템은 미 정부에서 비표준 FMS 사업으로 분류되어 공군성 안보지원본부(AFSAC: Air Force Security Assistance Center)가 관여하지 않고 항공 체계본부(ASC: Aeronautical Systems Command)가 관여했다. 따라서 표준 FMS 사업과 같은 미 정부 보증하의 정비지원은 제한된다. 그러므로 수리 보증 기간 종료 후 수리부속 구매 및 정비는 항공 체계본부와 제작업체인 L-3와의 가격 제안, 평가, 협상, 계약의 과정을 거쳐 이루어지게 된다.

사업 특성상 창정비(해외 정비) 방법은 제작업체 자체 판단 사항이었다. 현재 시스템 창정비는 획득 사업을 추진할 때 제작업체 판단에 따라 시스템 전용 정비 설비를 구축하지 않은 상태에서 이루어지고 있다. 시스템 전용 창정비 설비를 구축하지 않은 배경은 다음과 같다. 사업 초기 과다 경쟁에 따른 업체 이익금이 축소되고 사업 계속 추진 여부마저 불투명하였기에 투자비 회수 위험 때문에 전용 창정비 설비를 구축하지 않았다고 할 수 있다.[1] 현재 시스템 전용 설비를 구축하지 않음에 따라 정비 및 후속군수지원에 있어 여러 가지 제한 사항이 발생하고 있다.

시스템 정비는 수리 보증 기간인 2년 동안 제작업체 책임으로 창정비 설비 사용에 따른 비용 처리 문제는 제기되지 않고 있다. 하지만 수리 보증 기간 이후는 창정비 설비 사용, 성능개량 등에 따르는 비용을 요구할 때 확실한 대응 방안이 없는 실정이다.

2. 장비 후속군수지원 및 정비 개념

A 시스템은 현재 제작업체인 L-3가 장비 정비를 위한 전용 시험 및 정비 설비를 구축하지 못한 상태에서 운영 및 정비가 이루어지고 있다. 따라서 A 시스템 정비는 L-3가 보유하고 있는 범용 혹은 제3국 전용의 시험·정비 시설을 이용하고 있다. 그런데 범용이나 다른 시스템 전용 시험·정비 시설을 사용하는 경우 A 시스템에 적절한 소프트웨어 조정 등 작업

1 A 시스템은 같은 시기에 진행된 다른 시스템 사업과 비교할 때 시스템 아키텍처가 더 복잡함에도 불구하고 낙찰 금액이 상대적으로 낮게 책정되었다. 또한 계약 이후 성능 충족 문제로 인해 사업을 중단하는 경우에 배상금을 논의하는 등 사업 추진 과정에 여러 어려움이 발생하였다.

이 필요할 뿐만 아니라 관련 수공구도 유지해야 한다. 이러한 사정으로 L-3 내에서 A 시스템의 정비 우선순위가 아주 낮은 실정이다. 정비 우선순위뿐 아니라 부품 공급이 원활하지 못하기에 해외 정비복귀시간(TAT: Turn Around Time)이 장기간 소요되며, 결과적으로 시스템 장비가동률이 점차 저하되고 있다.

A 시스템은 국내 정비 및 해외 정비를 구분하여 실시하고 있다. 현재 결함이 발견된 품목은 한국에서 O 수준으로 정비를 수행하고 있으며, Elint와 데이터 링크 중 일부 부품은 I 수준 정비를 수행하고 있다. 시스템 개발 당시 L-3가 단위부품별로 협력업체의 부품을 이용하여 조립하였으므로 O 수준 정비가 많았다. O 및 I 수준 정비는 고장 진단 및 고장 품목 교체 위주로 정비를 수행한다. 〈표 8-1〉은 A 시스템의 정비 수준 및 내용을 정리한 것이다.

〈표 8-1〉 정비 수준 및 내용

정비 수준	내용
O 수준 정비	• 시스템 주임무 장비 중 LRU 위주 정비 • O 수준 정비를 위해 전용 시험 장비 FLTM 필요
I 수준 정비	• 주임무 장비 중 SRU 위주로 정비 • ELINT 정비를 위한 야전정비 장비(SME) 및 데이터 링크 정비를 위한 자동시험 장비(ATE) 필요

* 부대교체품목(LRU: Line Replaceable Unit)은 O 수준에서 고장이 발견된 품목에 대해 교체하는 품목이다. 비행 대기선 시험차량(FLTM: Flight Line Test Module)은 정비차량에 운영 워크스테이션을 장착하여 작전 임무 수행 2시간 전 시스템의 정상 작동 여부를 점검하는 장비이다. 야전수리품목(SRU: Shop Repairable Unit)은 LRU 하위구성 품목을 일컫는 것으로 I 수준에서 수리할 수 있는 품목이다. 그러나 A 시스템은 야전수리품목을 수리(repair)하기보다는 교체(replace)로 이루어진다. 야전정비 장비(SME: Shop Maintenance Equipment)는 A 시스템의 각종 LRU 및 SRU 등을 시스템 결합 수준에서 기능 점검 및 결함 식별을 위한 장비이다. 자동시험 장비(ATE: Automatic Test Equipment)는 데이터 링크의 통신 이상 유무를 점검하는 장비이다.

D 수준 정비인 창정비는 고장 품목에 대한 해외 정비 개념이며 분해수리(overhaul) 수준의 정비는 아니다. 〈그림 8-2〉는 시스템의 정비 절차를 나타내고 있다. 해외 정비는 미국과 이스라엘 등의 제3국에서 이루어지고 있다. 시스템 정비는 부품 결함시 최초 구입한 주임무 장비의 예비품이 있는 경우 예비품으로 교환하고, 고장 품목은 미국 L-3로 보내서 수리를 의뢰한다. 예비품이 없는 경우 고장 품목이 해외에서 복귀할 때까지 해당 주임무 장비는 가용할 수 없다. 미국으로 보내진 결함 부품은 회사 지사와 본사에서 수리한다. 그리고 협력업체에서 수리를 요하는 부품은 각 협력업체에서 수리를 한다. 수리가 완료된 부품은

본사로 되돌아와 수락시험을 거친 뒤 한국으로 발송된다. 이때 2, 3단계 협력업체는 미국뿐만 아니라 이스라엘 등 제3국도 포함되어 있어 정비복귀시간이 장기간 소요된다.

〈그림 8-2〉 시스템 정비 절차

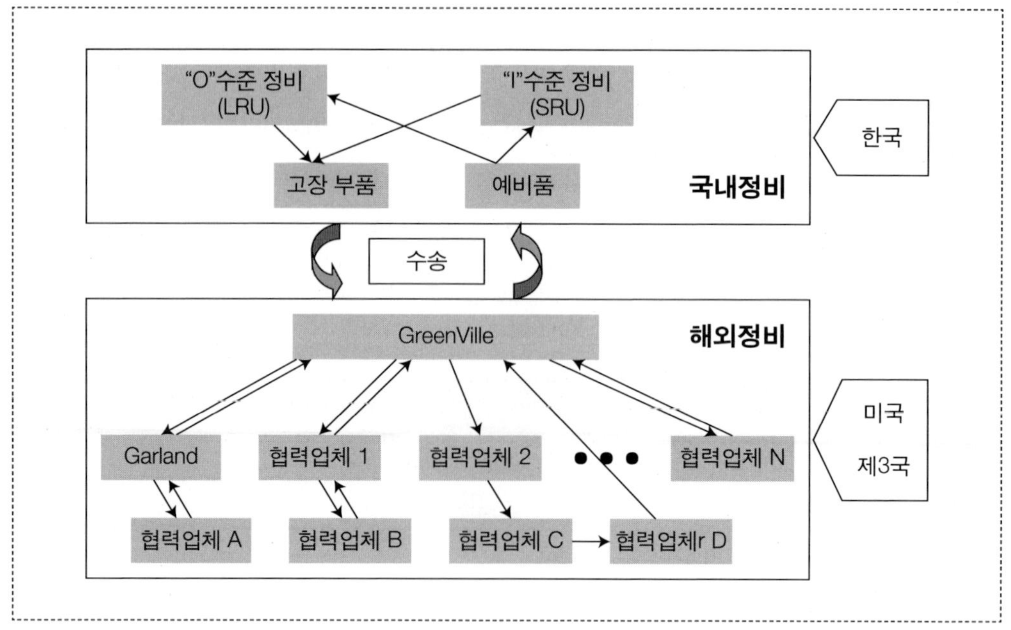

3. 장비가동률 실태와 정비 문제점

장비가동률은 평균 가동장비를 보유 장비로 나눈 값이다. 장비가동률이 50%라면 이는 총 20개 보유 장비 가운데 10개만이 평균적으로 작전에 이용 가능하다고 할 수 있다. 장비가동률을 일정 수준 이상으로 유지하기 위하여 동류전용(cannibalization)으로 정비를 수행하는 사례가 빈번히 발생하고 있다. 현재 예비품이 없는 품목, 고장이 빈번한 품목, 단종된 품목, 재제작 시 1년 이상 소요되는 품목들로 인해 동류전용이 심각해지고 있다.

장비가동률 저하요인은 다음과 같다. 첫째, 업체에서 조달한 일부 부품들의 신뢰도가 매우 낮아 고장이 기대보다 빨리 발생하였다. 둘째, 예비품이 현재까지 확보되지 못했거나 부족하였다. 셋째, 고장 부품의 해외 정비복귀시간이 장기간 소요되었다. 넷째, 부품의 도태 및 단종으로 인한 부품 공급이 불확실하였다. 이러한 이유들로 인하여 현재 시스템 장비가동률은 기대보다 낮은 수준이며, 동류전용을 하지 않을 경우 장비가동률은 더 낮아질 것이다.

가. 예비품의 낮은 신뢰도

시스템 전력화평가 기간을 포함한 14개월을 운영한 결과 시스템 인도 당시 업체에서 제시한 고장 간 평균시간 자료와 실제 발생한 고장시간과는 상당한 차이가 있었다. 실제 발생한 고장을 기초로 신뢰도를 계산한 결과 일부 품목의 신뢰도는 0.0%~17.8%로 아주 낮은 수준이었다.

나. 예비품의 미확보와 부족

분석 당시 수리부속품의 총 재고액은 약 474만 달러이다. 이는 초기예비품(ISP: Initial Spare Part)으로 책정한 목록 총 가격의 23.3% 수준이며 ISP로 확보한 품목 중에서 11%는 이미 사용하였고 나머지는 아직도 확보하지 못한 상황이다. ISP로 수령하지 못한 부품은 데이터 링크가 20.9%로 높으며, 금액 비중으로는 Elint가 45.4%로 가장 높다. ISP로 수령하지 못한 총 41품목 중 생산 중단이 18개 품목(44%)으로 가장 많았으며 인도 예정 일자 연기가 14개 품목(34%)이었다. 수령하지 못한 원인을 분석해보면 생산 중단이 높게 나타나고 있는데 이는 A 시스템의 급속한 진부화가 이루어지고 있음을 의미한다.

다. 정비복귀시간의 장기화

시스템을 운영한 14개월간 정비 실적 자료를 검토한 결과 총 70건의 해외 정비가 있었다. 이 중 40건(57%)은 정비 완료되어 복귀하였으나 30건(43%)은 현재 해외 정비 중에 있다. 해외 정비 완료된 총 40건 중 소요시간이 1개월 이하는 1건(20일)이었다. 그러나 이것은 정비 악순환이 발생한 사례로 정비업체에서 이상이 없어 곧바로 복귀한 경우이다. 해외 정비복귀시간이 1개월 이상 3개월 미만 소요된 경우가 18건(45%)으로 가장 많았다. 3개월 이상 6개월 미만 소요된 품목은 14건(35%)이며, 6개월 이상 소요된 경우도 7건(17.5%)으로 정비복귀시간이 장기간 소요되고 있다. 일례로 EPR 221, MIPA 장비는 정비 소요일이 각각 324일이 소요되었다.

해외 정비 실적 자료를 분석한 결과 정비 완료 품목의 정비복귀시간은 평균 126일이 소요되었으며 최대 324일까지 소요된 품목도 있었다. 그러나 현재 해외 정비 의뢰 후 수령하지 못한 품목 중에는 480일 이상 경과하고 있는 품목도 있다. 정비복귀시간의 분산은

7,125일로 정비복귀시간의 편차가 상당히 크다. 이는 해외 정비 시 정비복귀시간 추정이 아주 어렵다는 것을 의미한다.

해외 정비 의뢰 후 현재 수령하지 못한 부품 중 6개월 이상 경과한 부품이 11건(37%)이다. 그리고 정비복귀시간이 장기간 소요되는 품목이 증가하는 추세다. 이들 품목의 대부분은 임무 핵심 품목이다. 해외 정비 의뢰 후 EPR 221과 Positioner는 12개월 이상 경과하고 있지만 현재까지 수령하지 못한 상태이다.

해외 정비복귀시간이 장기간 소요되는 이유는 다음 네 가지를 들 수 있다.

첫째, 정비의 악순환(vicious cycle of passing) 사태가 발생하고 있다. 정비의 악순환이란 해외 정비 완료 이후 한국에서 실제 시스템에 장착한 결과 동일한 결함 현상이 발견되어 재차 정비를 의뢰하였으나 결함이 수정되지 않아 정비 요구가 반복되는 현상을 뜻한다. 현재 정비 부분에서 가장 애로를 겪고 있는 사항으로 임무 핵심 품목에서 정비 악순환이 발생하고 있다. 분석 당시 악순환 발생은 전체 40건 중 6건이었다(15%). 시스템 운용 이후 LN-100G는 누적 불가용 시간이 332일, EPR 220은 429일, EPR 236은 467일 이상이었다. 운용기간이 장기화되면 노후 및 단종 품목과 진부화로 인한 정비 악순환 발생확률은 더욱 높아질 것이다. 따라서 미국 현지 공장에 시스템 원형(Mock-up)을 설치하여 근본적인 결함 원인을 식별하기 전에는 동일한 현상이 지속될 가능성이 높다.

둘째, 결함이 순차적으로 식별되고 있다. 이를 양파껍질 벗기기(peeling onion) 현상이라고 하는데 해외 정비를 실시함에 있어 조립 시스템은 결함이 순차적으로 식별되는 경우가 발생한다. 이러한 경우 결함 품목의 상위 수준에서 하위 수준에 이르기까지 관련 품목에 대한 순차적인 식별을 거친 후 본격적인 정비가 가능하다. 결함이 순차적으로 식별됨에 따라 전체적인 정비가 지체된다. 결함 정도, 결함 부위, 정비 소요 자재의 확보 여부 및 조달시간, 노후 및 단종품의 존재 여부, 정비 난이도, 1단계 협력업체의 정비 가능성 등에 따라 정비 기간이 장기화된다. 이 시스템은 제작 시 상용품과 기존 부품으로 조립하였기에 협력업체가 복잡하게 얽혀있고, 일부 부품은 제3국에서 정비하는 특성상 결함의 순차적 식별은 많은 문제를 발생시킨다.

양파껍질 벗기기 현상이 발생한 사례로는 DFPA(S/N 0002)의 경우이다. 결함을 발견한 Discriminator Card의 최초 식별은 SN 015 부분에서 이루어 졌으나, 이후 SN 025, SN 007 등에서 결함이 순차적으로 식별되었다. 그리고 AMP/Freq 모듈에서 다시 결함 식별이 이루어져 정비 완료 예상시점이 판단 불가능한 상태가 되었다. 이러한 양파껍질 벗기기 현상이 발생하는 부품은 GDLT FEA(Ground Data Link Terminal, Front End Amplifier), PAO 펌프, LN-100G 등 다수가 있다.

셋째, 시스템 전용 시험·정비 설비를 구축하지 못하므로 L-3 내에서 정비 우선순위가 낮다. L-3에 시스템 전용의 시험·정비 시설 및 전담 정비 인력이 없으므로 시험·정비 우선순위가 타 시스템보다 낮다. 그리고 타 시스템 전용 시험·정비 시설을 이용하는 경우 소프트웨어나 장비의 교체, 조정 작업이 이루어져야만 A 시스템 정비를 할 수 있다

넷째, 부품 공급이 불확실하여 미국에서의 수리 및 정비 시간의 예측이 힘들고 장기간 소요된다. 이 문제는 부품 공급 불확실성 부분에서 다룬다.

라. 부품 공급의 불확실성

A 시스템 개발 및 결합 당시 1차 협력업체는 64개였으며 해당 국가도 미국뿐만 아니라 이스라엘, 영국 등 제3국이 포함되어 있었다. 2차 협력업체 및 그 이상의 협력업체나 하청업체는 L-3에서도 확인이 불가능할 정도로 복잡하게 얽혀있다. A 시스템과 같은 통신 및 신호 정보시스템은 특성상 시스템 구성이 복잡할 뿐만 아니라 S/W, F/W의 비중이 높다. 그리고 S/W 관련 분야는 기술 진부화 속도가 빠르며 업체의 불안정성이 더욱 높다.

도태 및 단종된 부품도 많이 발생하고 있다. LRU 중에서 19개 품목 140개 부품이 단종되었다. A 시스템 관련 부품의 빠른 진부화 및 사업 기간이 장기화됨에 따라 최초 장착된 LRU 품목 중 19개 품목이 이미 도태 및 단종되었으며, 이들을 대체할 수 있는 품목의 발견 및 개발이 요구되고 있다. 대체 품목의 발견과 개발을 위해서 현재 시스템의 축소판과 같은 시스템 통합연구실(SIL: System Integration Lab)이 필요하다. 대체 품목을 실제 시스템과 동일한 환경인 시스템 통합연구실에서 시험·평가해야만 시스템의 운영을 보장할 수 있을 것이다.

부품 공급업체의 불안정성은 크게 세 가지 측면에서 나타날 수 있다. 첫째, 업체의 합병, 도산, 사업 부문 매각 등으로 지속적인 공급사슬관리가 어렵다. 둘째, A 시스템은 부품의 수요가 적고 상용 시장 수요의 변화가 빨라 업체에서 생산 라인 유지가 곤란하다. 또한 생산 라인을 변경하면 형상관리의 문제가 발생할 수 있다. 셋째, 부품 정보의 공유가 제대로 이루어지지 않아 재설계나 대체 품목 개발 시 애로사항이 많을 것으로 예상된다.

제2절 해외 정비 능력 구축 타당성 분석

1. 창정비 설비 구축 필요성

앞에서 언급한 현행 정비 시스템의 문제점을 그대로 방치하는 경우 예상되는 결과는 다음과 같다. 첫째, 장비가동률의 급속한 저하, 둘째, 동류전용으로 인한 시스템의 수명 단축, 셋째, 대체 품목 미개발로 인하여 시스템 운용이 보장될 수 없을 것이다. 이로 인해 결국 운영 비용이 더욱 상승될 것이다. 이러한 문제점을 해결하기 위해서 먼저 적절한 수리부속을 확보해야 하며, 창정비를 위한 설비를 구축하고, 성능을 유지하고 개량할 수 있는 SIL을 확보해야 할 것이다.

첫째, 충분한 수리부속 확보가 장비가동률을 향상하기 위한 가장 빠른 수단이 될 것이다. 수리부속 확보를 위해서는 상당히 많은 비용이 투입된다. 미래에 어떤 품목이 고장 날 것인지는 업체에서 제시하는 MTBF 자료를 통한 예측이 전부이므로 신중한 품목 확정과 적정 수리부속 산정이 필수적이다.

둘째, 창정비 설비를 구축해야 한다. 창정비 설비 구축은 작전 운용 요구에 부응할 수 있는 유일한 수단이다. 창정비 설비 구축은 정비의 악순환, 결함의 순차적 식별, 부품 공급의 불확실성 등에 대한 근본적인 해결책을 제공한다. 그리고 수명주기동안 형상 변화, 시스템의 진부화, 대체품 개발 등에 대처 가능하다.

셋째, 업체의 도산, 부품의 도태 및 단종, 성능개량, 형상 변화 등에 대처하며 시스템의 지속적인 성능 유지 및 개량이 이루어져야 한다. 특히 단순한 I 수준과 O 수준 수리에 국한하지 않고 창정비를 통하여 근본적인 문제를 해결할 수 있어야 한다.

창설비 구축의 기대효과는 네 가지이다. 첫째, 시스템의 창 수준 정비지원을 위한 조직적인 기틀을 제공하여 목표한 장비가동률과 작전 운용 요구에 대응할 수 있다. 둘째, 생산 중단, 도태 및 단종된 부품을 확보 관리할 수 있으며 공급업체를 관리함에 따라 부품 공급이 안정적으로 이루어질 수 있다. 셋째, 해외 정비복귀시간이 단축된다. 이것은 결함 부품의 정확한 식별, 정비 악순환의 방지, 정비 행위의 시스템적 관리, 협력업체의 정비 결과에 대한 확실한 검증, 비상시 부품 창고 역할을 통하여 이루어진다. 넷째, 형상 변화에 대비할 수 있어 시스템의 성능 유지 및 개량이 가능하다.

창정비 설비 구축 비용은 2001년 미국의 LOA 초안 가격이 1.13억 달러였다. 설비구축 비용에 대한 평가가 어렵기에 창정비 아키텍처에 대한 평가를 위해 L-3에 100만 달러를 지불하여 업체 자체 실사 연구를 통하여 창정비 전용 시스템 구축 대안별 비용과 자료를 제공받았다.

2. 해외 정비 능력 구축 필요성

창정비 설비를 해외에 구축하는 경우 다음과 같은 문제가 대두될 수 있다.

첫째, 초기 투자 비용이 과다하다. 해외에 창정비 시설을 구축하는 경우 업체 제안가격에 의하면 초기 투자 비용으로 최소 650억 원에서 최대 840억 원이 소요된다. 이 금액은 경상운영비 예산으로 상당한 액수이다.

둘째, 해외에 창설비를 구축하게 되면 국내 과학기술 및 방위산업에의 기여도가 낮을 수밖에 없다. 창정비 설비를 국내에 설치하는 경우 통신 및 전자 정보 관련 기술 획득을 통해 국내 과학기술을 향상시킬 수 있고 방위산업에 기여할 것이다. 그런데 해외에 구축하게 되면 이러한 기회를 상실하게 된다.

셋째, 미국에 대한 기술 의존도가 심화되고 후속군수지원이 불안정해질 수 있다. 미국에 창정비 설비를 구축하는 경우 L-3에 지속적으로 의존하게 되므로 기술의 독자성 추구가 어렵다. 그리고 L-3의 도산 등으로 인한 후속군수지원이 불안정할 수도 있다.

넷째, 지속적으로 해외 정비 유지 비용이 지출된다. 시스템을 유지하는 동안 해외 창정비 시설을 지속적으로 유지하고 성능을 향상시키기 위한 해외 정비 비용을 수명주기 동안 지출해야 한다.

해외에 창정비 설비 투자를 하는 경우에 발생할 수 있는 문제로 인해 국내에 창정비 설비를 구축하자는 의견이 있었다. 국내에 창정비 설비를 구축하는 경우 제도적, 기술적, 경제적 측면에서 다음과 같은 문제가 제기될 수 있다.

가. 제도적 측면

국내에 창정비 설비를 구축하는 경우 미 정부의 기술지원협정(TAA: Technical Assistance Agreement) 승인이 불투명하다. 이것은 신호 정보 체계에 대한 미 정부의 철저한 통제 및 기술 이전 불허 방침이 있기 때문이다.

A 사업 초기 절충교역의 일환으로 핵심 품목인 EPR 220에 대한 창정비 기술 이전이 계획되었다. 그러나 미국은 기술 이전을 꺼려하여 비핵심 품목인 EPR 221으로 대상을 변경하였다.[2] 이후 업체측과 EPR 221에 대한 "창정비 기술 이전"을 합의각서(MOA: Memorandum of Agreement)로 체결하였지만 미국 정부가 이 품목에 대해서도 창정비 기술 이전을 승인하지 않음으로써 3번을 시도한 후 "야전정비 기술 이전" 형태로 절충교역을 마무리하였는데 이 기간이 18개월이나 소요되었다.

EPR 221 기술 이전은 창 수준 정비 기술 이전이 아닌 야전정비 점검 능력 수준이다. 이런 측면에서 시스템 관련 지원 장비나 시험 장비 및 기술 자료, 정비 관련 기술을 확보하지 못한다면 국내에서 시스템에 대한 실질적인 창 수준 정비 수행은 불가능하다.

나. 기술적 측면

국내에 설비를 구축하는 경우 기술적 측면에서 다음 문제가 예상된다.

첫째, 핵심 기술과 핵심 시설 확보 문제이다. 당시 한국에는 시스템에 적용 가능한 군이나 민간 분야의 통신·신호정보 핵심 기술이 없었다. 특히 무반향 실험실, 다중신호 시험 시설, 블랙박스 시험실 등은 통신/전자 신호 정보의 핵심 시설이나 Comint 관련한 시설이 없으며 구축할 능력이 부족한 실정이다.

둘째, 국내에 전자 및 통신 장비 조립 능력이 부족하다. 창정비 능력을 확보하기 위해서는 최소한 조립 생산 경험이 필요하나 이 능력을 확보하지 못했다.

셋째, 국내에서 정비 능력 확보 시까지 작전 및 군수지원이 불확실하다. 국내업체 중 통신/전자 정비 능력 보유업체가 불명확하므로 정비 능력을 갖추기 위해서는 최소 4~5년이 소요될 것으로 예상된다.[3]

넷째, 부품 확보가 곤란하다. 정비창은 한국에 위치하고 협력업체가 미국 및 제3국 지역에 분산되어 있어 정비창과 부품 공급업체 간 공급사슬관리 문제가 발생할 것이다. 예

---

2 EPR 220은 핵심 장비로 이를 야전정비로 할 경우 기술 이전을 우려하여 비핵심 장비인 EPR 221으로 야전정비 대상을 미국 NSA에서 변경하였다.

3 기술력을 구비한 전자 및 통신 신호정보 체계 제작업체인 L-3(과거 Raytheon사)가 1997년 상세설계검토(CDR: Critical Design Review)을 수행한 이후 A 시스템 개발 및 결합에 4~5년이 소요되어 한국 정부에 시스템을 인도하였다. 이러한 과정을 볼 때 국내업체가 정비 능력을 확보하기에는 더 많은 시간이 소요될 것으로 예상할 수 있다.

상되는 문제점은 수송, 납기일 준수, 업체 관리, 비용 발생 등이다. 특히 LRU와 SRU 단종 시 대체 품목 확보 및 개발이 어려울 것이다.

다섯째, 정비 인력 확보와 기술 교범 개발 및 유지 문제가 발생할 것이다.

다. 경제적 측면

국내에 창정비 설비를 구축하는 경우 다음과 같은 경제적 문제가 예상된다.

첫째, 미국 내 창정비 설비 구축 시보다 더 많은 투자 비용이 예상된다. 최근 사업 사례를 볼 때, 군에 창정비 설비를 구축하는 비용은 더 많이 소요될 수 있다. 그리고 민간업체에 정비를 위임한다 하더라도 정비 능력이 문제가 되며 정비 능력 구축을 위한 초기 투자 비용이 소요될 것이다. 따라서 중단기적으로는 현재 미국에 설비를 구축하는 것보다 정비 비용이 더 많이 소요될 수 있다.

둘째, 특수 시설 추가 확보 비용이 소요될 것이다. 이 시스템만을 위한 다중신호 시험 시설이나 무반향실험실 등은 미국 L-3의 고유 시설로 이들 특수 시설의 설치에 대한 비용 추정은 불가능하다. 그리고 한국에 창설비를 구축할 경우 핵심 기술이나 시설 부족으로 정비 시간이 더 소요될 수 있다. 즉, 한국측에서 정비 후 핵심 기술 분야의 시험이 필요하여 미국에서 다시 이를 수행할 경우 추가적으로 비용이 소요되며 더 많은 정비 시간이 소요된다.

셋째, 인건비 및 정비 요원 교육 비용이 더 소요될 것이다. 정비창을 국내에 설치하고 기술지원은 제작업체 요원을 이용할 경우 소요 인원 측정이 불가능하며 인건비 소요가 많을 것으로 예상된다. 현재 국내 파견중인 단순 기술자일 경우 1인당 약 16만 달러/연(약 2억 원)을 지불하고 있음을 고려해볼 때 시스템 전문 기술자의 용역 비용은 이보다 더 많을 것이다.

넷째, 규모의 경제로 인한 정비 비용이 상승될 것이다. A 시스템은 정비 소요량이 제한되어 있어 국내업체의 이익을 보장하기 위해서는 정비건수당 비용이 상대적으로 많이 소요될 수 있다. 그러나 미국의 경우 타 국가의 Big Safari Program 등 다수의 정비 물량을 확보하고 있다. 또한 국내에 구축하는 경우 시스템 구축에 소요된 각종 기술 자료를 구입하기 위한 비용이 추가적으로 요구될 것이다.

제3절 해외 정비 능력 구축 비용 대 효과 분석

1. 비용 추정

미국 L-3에서 창정비 설비 구축과 관련하여 한국 측에 보고한 실사 연구 결과에는 비용과 관련하여 많은 부분이 공개되지 않았다. 특히 각 부품별 MTBF 자료와 창설비 구축 시 사용되는 장비 비용과 인건비 내용은 공개하지 않아 공학적 추정 방법의 사용이 불가능하였다. 따라서 이 연구에서는 업체가 제시한 일부 비용 자료, 최초 시스템 획득시 LOA 협상 자료, 초기 예비품 가격 자료를 사용하였다.

창정비 설비 구축 비용은 1회성 비순환(non-recurring) 비용의 성격을 가지고 있다. 창정비 설비 구축은 다음 세 가지 (1) 시스템 통합연구실 설치, (2) 수리부속 저장, (3) 시험 정비 능력 구축으로 구성되어 있다.

시스템 통합연구실은 시스템 원형(mock-up)으로 부품 수리 후 시스템 수준에서 검증하고 향후 성능개량을 위한 기본 시설과 노후 단종 대체품의 시험평가에도 활용될 수 있다. 또한, 시스템 주요 장비(탑재, 지상, 중계 장비) 및 시스템 입출력에서 정상 기능을 발휘하는지 여부를 확인할 수 있다.

시스템 통합연구실의 기능은 첫째, 시스템 구성품을 수리 후 검증하고 시스템 수준에서 운영 여부를 진단할 수 있다. 둘째, L-3 제작장비, S/W 및 F/W를 개발하고 수정할 수 있다. 셋째, 노후 및 단종 부품에 대한 대체품을 연구하고 설계하는 기능이다. 넷째, 자료의 수집 및 처리 능력을 개선하기 위한 능력을 제공하는 기능이다. 다섯째, SIL에 설치된 부품은 한국에 비상사태가 발생할 경우 시스템의 예비품 역할을 담당하게 된다.

시스템 통합연구실은 탑재 주임무 장비, 지상 주임무 장비, 데이터 링크 장비, 지원 장비, S/W 시험 장비로 구성되어 있다. 그리고 정비상 필요시 다중신호 시험 시설 및 무반향 실험실을 이용한다.

시험·정비 능력 구축은 시스템 주요 부품의 결함 식별, 정비 및 결과 진단을 위한 내용으로 시스템 통합연구실과는 구분된다. 시험·정비 능력 구축은 정비 과정의 전반부를 담당하고 시스템 통합연구실은 후반부를 담당한다. L-3에서는 이를 위해 구축 수준에 따라 세 가지 대안을 제시하고 있다.

첫째, 대안 1은 기존의 시험 정비 시설을 이용하는 것이다. 이 경우 현재의 정비 소요일을 적용하여 정비하며 LRU 위주의 정비를 실시한다. A 시스템에 대한 정비 우선순위 부여가 불가능하며 각 LRU별 정비 완료 후 범용의 SIL에서 시스템 수준 점검을 하는 정도이다. 따라서 시험 장비의 진부화로 지속적인 개선 비용이 필요하다.

둘째, 대안 2는 복합형 시스템을 구축하는 것이다. 한국 정부가 일부 장비의 구축을 위한 투자를 하고, 업체의 기존 장비와 하청업체를 이용하여 정비를 수행하는 방안이다. 이 대안은 업체 소유 장비를 이용하는 경우로 A 시스템 정비의 우선권 확보 문제는 해결되지 않을 것이다.

셋째, 대안 3은 A시스템 전용 정비 시스템을 구축하는 것이다. 물론 일부 부품은 하청업체를 이용한 정비를 실시하지만 전용 시설이므로 정비의 최우선권이 부여된다.

비용 자료 제한으로 비용 추정은 모수추정 방법이나 원가공학 등의 방법 사용이 제한된다. 따라서 시스템 인도 당시의 최초 비용 자료, FEDLOG 비용 자료, 업체 실사 연구 결과의 비용 자료를 비교하는 유추(Analogy) 방법을 사용하였다.

비용 추정의 또 다른 한계로는 업체에서 제출한 실사보고서에 대한 검증 결여를 들 수 있다. 업체가 제시한 구축 비용 중 순수한 장비 가격을 제외한 비용(행정비, 이윤 등) 자료의 세부 내역에 대한 확인이 불가하였다. 업체에서 제시한 자료 중 같은 부품의 가격 자료가 여러 개인 경우가 있으며 시스템 전체에 대한 작업구조도(WBS: Work Breakdown Structure) 자료가 확보되지 않은 상태이다. 또한 업체에서 제시하는 장비나 부품의 가격 자료와 MTBF 자료 중 확인 불가능한 사항이 상당수 있다.

창정비 설비 구축 비용 추정을 위해 업체에서 제공한 장비 가격을 중심으로 창설비 구축 비용을 추정할 수 있다.

장비 가격을 기본으로 창설비 구축 비용을 추정하기 위해 다음과 같이 자료들을 분석하였다. 첫째, SIL 구축시 주임무 장비 가격과 ISP 가격을 비교하였다. 둘째, 창 저장 수리부속 비용과 ISP 가격을 비교하였다.

ISP 가격의 합리성을 평가하기 위해 국가재고번호(NSN: National Stock Number)를 이용하여 시스템 인도 당시 ISP 가격 자료와 FEDLOG 자료를 비교하였다. 분석 결과 인도 당시 ISP 가격은 FEDLOG 자료보다 저렴하며 합리적인 가격이었다고 판단할 수 있다. 따라서 비용 추정에 있어 비교 대상으로 ISP 비용 자료를 사용하였다.

첫째, 시스템 인도 당시 업체에서 제공한 ISP 비용 자료와 SIL 구축에 요구되는 주장비 가격(실사 연구 결과)을 비교하였다.[4] SIL 구축에 필요한 주임무 장비 총 42품목 중 27개 품목의 가격 비교가 가능하였다. SIL 구축시 비교 가능한 부품 가격($17,080,490)은 업체 제시 총 가격($21,307,786)의 80.2%를 차지하고 있다. 업체에서 제시하는 SIL 구축시 주임무 장비 가격($21,307,786)을 최초 ISP 가격을 기준으로 환산하면 $8,352,652가 된다. 분석 결과 창구축을 위한 주요 부품 가격은 최초 가격 대비 평균 274% 수준으로 상승했으며 최초 가격 대비하여 19.4배 상승한 품목도 있었다. 가격이 상승한 품목은 22개(81.5%)이며 하락한 품목은 5개(18.5%)였다. 가격이 가장 많이 상승한 품목은 임무 핵심 품목 중의 하나인 DFPA(Elint)로 최초 가격의 약 740% 수준으로 상승하였다. 가격 상승의 이유는 공급업체의 불안정, 업체 도산, 생산 중단, 전문 인력 미확보 등의 이유로 시스템 조립시 소요 비용보다 상승하였다고 판단된다.

둘째, 창 저장 수리부속품에 대한 최초 ISP 가격과 현재 업체 제시 가격을 비교하였다. 가격 비교가 가능한 부품은 창저장 수리부속 총 1,326품목 중 70개(5.3%) 품목이었다. 이들은 대부분 SRU 부품이었다. 가격 비교를 할 경우 부품 가격의 합은 업체에서 제시한 가격 대비 45.1%였다. 업체에서 제시하는 수리부속 저장 품목에 대한 비용($10,657,654)을 최초 획득 비용을 기준으로 환산하면 $5,869,293이 된다. 분석 결과 창구축을 위한 수리부속에 대한 가격 상승률은 최초 시스템 인도 당시 가격에 대비하여 평균 180% 수준으로 상승하였다. 가격이 상승한 품목은 37개(52.9%)이며 하락한 품목은 33개(47.1%)였다.

비용 자료를 검토한 결과 ISP 가격은 비교적 합리적인 가격이었으며 현재 창설비 구축시 중요한 기준을 제공할 수 있을 것으로 판단된다. 그러나 ISP 가격 자료는 1998년 당시 가격 자료로써 그 동안의 물가상승, 재고 비용 등을 고려하지 않았다. 따라서 시스템 특성상 많은 부분이 진부화, 도태 및 단종의 위기에 있으므로 이 가격을 그대로 사용하는 것은 무리가 있을 것임으로 다음과 같은 세 가지 방안 제시가 가능하다.

첫째, 제1안은 ISP 가격 수준에 물가상승률을 적용하는 방안이다. 장비 가격을 추정함에 있어 시스템 인도 당시 ISP 가격에 물가상승률을 고려하여 장비 가격을 추정하였다. 물가상승률은 시스템 결합을 실시한 1998년부터 창구축을 수행하게 되는 해까지를 적용

4 가격 자료는 시스템 인도 시 구매한 ISP 가격 자료(1998년)이다. 후속군수지원 사업으로 구매한 ISP 가격 자료(2001년), 현재 창설비 구축을 위하여 업체에서 연구하여 제시한 가격 자료(2002년), FEDLOG 자료 총 네 가지 가격 자료를 비교하였다.

한다. 계산 결과 장비 추정 가격은 ISP 가격의 1.12배를 적용한다.

장비 가격 $= C_0 \times (1 + r_i)^n$, (C_0: 최초 비용, r_i: 연간 물가 상승율)
$= \text{ISP가격} \times (1 + 0.022) \times (1 + 0.034) \times (1 + 0.028) \times (1 + 0.028)$

둘째, 제2안은 ISP 가격 수준에 재고 유지 비용을 적용하는 방안이다. 장비 가격을 추정함에 있어 ISP 가격에 시스템 조립이후부터 창설비 구축까지의 기간 경과에 대한 재고 비용을 고려하는 방안이다. 미국의 국방군수본부는 재고 유지 비용으로 연 16%를 적용하고 있으며, 미국 해군은 소모성 품목의 재고 유지 비용으로 23%, 복구성 품목은 21%를 적용하고 있다. 소모성 품목의 재고 비용 중 10%는 감가상각비, 10%는 자본투자비, 2%는 도난 및 손실 비용이며 1%는 창고 비용으로 계산하고 있다.[5] 재고 유지 비용을 적용하여 계산한 결과 장비 추정 가격은 ISP 가격의 1.52배를 적용한다.

장비 가격 $= C_0 \times (1 + r)^n$, (C_0: 최초 비용, r: 재고 유지비율)
$= \text{ISP가격} \times (1 + 0.11)^4$
$= 1.52 \times \text{ISP가격}$

셋째, 제3안은 ISP 가격 수준의 1.8배를 적용하는 방안이다. SIL 구축시 주임무 장비 가격은 최초 ISP 가격의 약 274% 수준으로 상승하였다. 그리고 수리부속 저장 분야에 있어 업체가 제시한 가격은 ISP 가격의 약 180% 수준으로 상승하였다. 그러나 이중 어느 것을 인정할 것이냐는 많은 논란이 있을 수 있다. 여기서 창설비 구축을 위한 장비 가격 추정은 SIL 구축을 위한 주임무 장비의 가격과 창에 비축하게 되는 부품 가격 수준 중에서 적은 값인 ISP 가격의 180%를 적용하는 것이 바람직하다고 판단하였다.

가. 순수 장비 가격 추정

순수 장비 가격 추정은 장비 가격의 ISP 환산 가격이 비용 추정의 기준이 된다. 업체에서 제시하는 시험·정비 능력 구축 중 대안 3을 고려하여 계산하였다. 이를 요약하면 다음과 같다.

---

5 재고 유지 비용에는 물가상승에 대한 개념이 포함되어 있으므로 이에 대한 추가적인 고려는 하지 않았다. 또한 감가상각비를 고려하지 않았으며 재고 유지 비용으로 11%를 적용하였다.

- 1안은 ISP 환산 가격에서 물가상승률을 고려하여 1.12배를 계산한 값이다. 장비 추정 비용은 $16,105,661이며 이는 순수 장비 가격의 43.8% 수준이다.
- 2안은 ISP 환산 가격에서 재고 비용을 고려하여 1.52배를 계산한 값이다. 장비 추정 비용은 $21,893,379이며 이는 순수 장비 가격의 59.5% 수준이다.
- 3안은 ISP 환산 가격에서 1.8배를 계산한 값이다. 장비 추정 비용은 $25,959,323이며 이는 순수 장비 가격의 70.6% 수준이다.

시스템 조립 시기와 창구축 시기 간의 물가상승률, 재고 유지 비용, 부품 확보 곤란 등을 고려할 때 ISP 가격의 1.8배를 고려한 제3안이 타당하다.

나. 장비 이외 가격 추정

장비 가격을 제외한 기타 비용 추정 시 업체 측에서 순수 장비 가격 이외의 비용(전체 비용의 47.3%) 세부 내역(행정비, 이윤 등을 포함)에 대한 명세를 공개하지 않아 적정 비용을 산출하기 곤란하였다. 그래서 순수 장비를 제외한 비용에 대한 추정은 업체에서 제시한

〈표 8-2〉 장비외 가격 포함한 비용 추정 (단위: $)

구분		업체 제시 총요구 비용	장비 가격 (ISP1.8배)(A)	장비외 비용 (0.71배)(B)	합계 (A + B)
SIL	주임무장비	21,307,786	15,034,774	0	15,034,774
	개발장비	2,529,025	601,492	1,190,367	1,791,856
	설치 및 검증	2,193,717	61,508	1,495,648	1,557,155
	수락시험 절차	1,815,218	0	1,288,805	1,288,805
소계		27,845,746	15,697,773	3,974,817	19,672,590
수리부속 저장		10,657,654	7,520,040	0	7,520,040
시험·정비 능력(대안 3)		23,985,656	2,741,510	14,271,210	17,012,720
인건비(설비 구축 기간)		3,758,554	0	2,668,573	2,668,573
인건비(설비 구축 이후)		3,581,628	0	2,542,956	2,542,95
계		69,829,238	25,959,323	23,457,557	49,416,879
비율		100%	37%	34%	71%

순수 장비 가격 이외의 비용에 이윤 부분이 상당 부분 포함되어 있을 것으로 가정하였다. 그래서 장비 가격 외의 비용을 추정함에 있어 업체 제시 장비 가격과 ISP 가격의 1.8배를 고려하여 추정한 장비 가격의 비율인 0.71을 적용하여 산출하였다.

업체에서 제시한 장비외 가격은 $33,038,812로 전체 $69,829,238의 47%를 차지하고 있다. 이 가격에 0.71배한 비용은 $23,457,557로 전체의 34%를 차지한다. 총 추정 비용은 ISP 가격에 1.8배한 장비 가격과 0.71배한 장비외 비용을 합한 $49,416,879로 업체에서 제시한 가격의 71% 수준이다.

2. 대안별 효과 분석

이 연구는 시스템 전용 창정비 설비 구축의 타당성을 분석하기 위해 먼저 현행 정비 실태와 해외 정비 프로세스를 확인하였다. 해외 정비 프로세스 상에서의 문제점 분석을 통하여 장비가동률에 영향을 미치는 요인을 분석하였다. 이후 대안에 대하여 기대효과를 측정하기 위하여 시뮬레이션 모델을 구축하였다. 현행 정비 시스템으로 시뮬레이션 한 결과와 실제 장비가동률과의 비교를 통하여 모델의 타당성을 확인할 수 있었다. 이 모델에 구축 대안 3개에 대하여 입력 자료와 정비 절차를 수정하여 모의실험을 실시하였다. 시뮬레이션 모델은 Arena 프로그램을 이용하여 분석하였다.

가. 시뮬레이션 모델 구축

고장이 발생했을 때 해외 정비 절차는 RMA 처리, 수송, 정비, 업체 수락시험, 복귀, 운영부대 수락시험, 운용 등의 순으로 진행된다. 〈그림 8-3〉은 고장 부품에 대한 해외 정비 절차도이다.

대안별 효과 평가를 위한 지표로 장비가동률을 사용하였다. 장비가동률은 다음과 같이 구한다.

$$\text{장비가동률} = \frac{\text{평균 가동장비수}}{\text{보유 장비수}}$$

창설비 구축의 대안 3개에 따라 장비가동률이 달라질 수 있다. 장비가동률에 대한 영향 요인은 다음과 같다. 첫째, 예비품의 가용량이다. 예비품의 수량이 많으면 장비가동률이 향상된다. 둘째, 정비복귀시간이다. 정비복귀시간이 길어질 경우 불가동시간이 증가하

〈그림 8-3〉 해외 정비 절차도

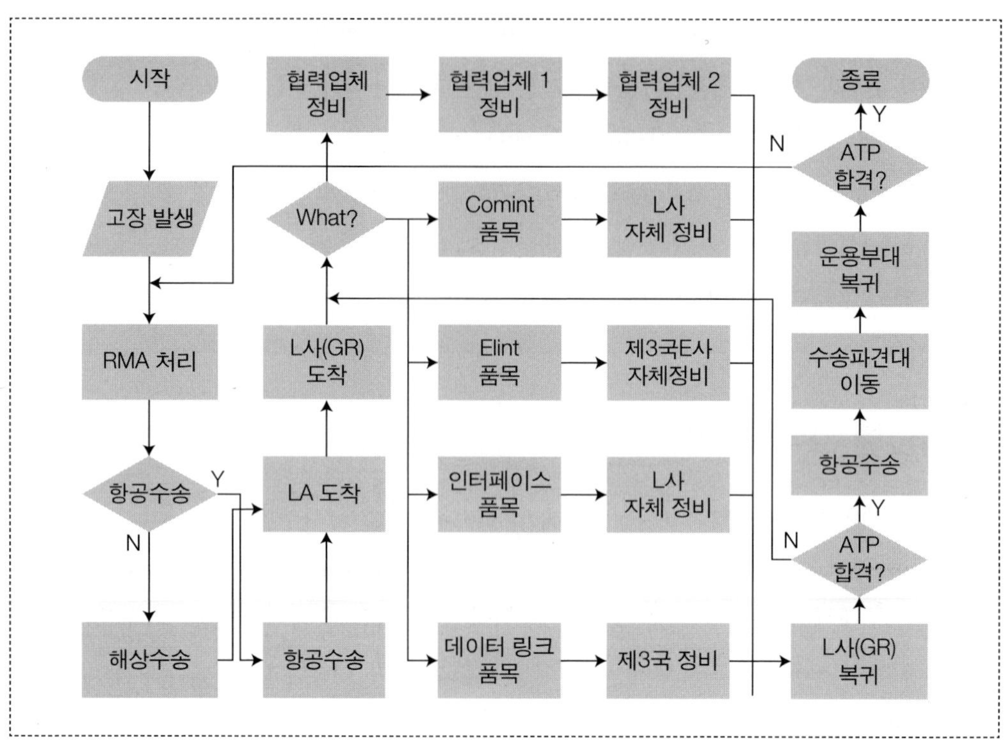

고, 장비가동률이 저하된다. 셋째, 정비 악순환 발생률이다. 정비 악순환 발생률이 높을수록 정비복귀시간이 길어지고 이에 따라 장비가동률 역시 저하된다. 그리고 업체와 한국에서 수락시험 통과 확률이 높으면 높을수록 장비가동률이 향상된다.

나. 시뮬레이션 입력 자료

시뮬레이션이 들어갈 입력 자료는 다음과 같다.

첫째, MTBF 관련 자료이다. MTBF 및 예비품 자료는 운영부대 정비 실적 자료(14개월 운영 자료)를 참고하였다. 운영기간이 단기간으로 정비 실적 자료가 부족하여 실제 고장 간 운용시간 중 최대값을 적용하였다. 그리고 고장이 발생하지 않은 품목은 업체 제시 MTBF를 사용하였다.

둘째, 수송 시간 관련 자료이다. 수송 시간에 관련된 자료는 수송 대행업체로부터 획득하였다. 항공수송과 해상수송 비율은 90:10으로 계산하였다. 한국에서 미국 L-3까지 수송 시간은 항공수송이 평균 10일이 소요되었다. 그리고 미국에서 한국 수송 시간은 평균 13일이 소요되었다.

셋째, 품목별 평균 정비복귀시간 자료를 사용하였다. 품목별 평균 정비복귀시간은 각 절차별 시간 분포의 평균을 합산한 것이다.

넷째, 대안별 정비 악순환 발생률에 대한 자료를 추정하여 사용하였다. 현재 정비 악순환은 복귀한 40건 중 6건(15%)이 발생하였다. 운영시간이 장기화되면 정비 악순환 발생률은 더욱 높아질 것으로 판단된다. 현행 정비 시스템으로 지속 운영할 경우 정비 악순환률은 최대 50%까지 증가할 것으로 예측된다. 현행 정비 시스템에 사용한 입력 자료에는 현재 미국 내에 시스템 통합연구실이 없으므로 미국 업체 내에서 수행하는 실질적인 수락시험(acceptance test)은 없는 것으로 가정하였다. 시스템 통합연구실이 갖추어질 경우 정비 악순환률이 감소할 것으로 예상되며, 한국의 운영부대 수락시험 합격률은 100%가 될 것으로 가정하였다.

다섯째, 대안별 업체 정비시간 단축에 대한 자료를 사용하였다. 창설비를 구축한 경우 다른 기대효과를 업체에 수차례 요구하였으나 제공받지 못하였다. 미국에 창설비를 구축함에 따라 각 대안별로 L-3의 정비 시간이 큰 폭으로 감소할 수 있을 것으로 예상된다. 또한 협력업체의 경우에도 시험 시설이 갖추어짐에 따라 정비 시간이 감소할 것으로 판단된다. 그러나 이스라엘의 ELTA社에서의 정비복귀시간은 데이터 링크 시스템의 특성상 시간 단축이 불가능할 것이다. 대안별 정비복귀시간의 변화는 삼각확률 분포를 적용하였다.

다. 대안별 시뮬레이션 결과

1) 현행 체제 장비가동률

시뮬레이션은 20회 실시하여 현행 체제와 대안별 장비가동률을 분석하였다. 정비 악순환률의 변화에 따른 현행 정비 절차 장비가동률을 〈표 8-3〉이 보여주고 있다. 시뮬레이션 결과 현행 정비 절차는 현재 상황을 잘 표현하고 있어 타당성이 있다고 평가할 수 있다. 정비 악순환의 발생률이 높아질수록 장비가동률은 현저히 저하되고 있다. 이것은 정비복귀시간의 장기화에 따른 것이다. 시뮬레이션 결과 정비 악순환률이 50%일 경우 기타 품목의 정비복귀시간이 최대 3년 이상 소요되는 경우도 발생하였다.

수리 보증 기간 이후 수리부속의 도태 및 단종, 형상 변화 등으로 인하여 정비 악순환

〈표 8-3〉 정비 악순환률의 변화에 따른 장비가동률의 변화[6]

<table>
<tr><th colspan="2" rowspan="2">구분</th><th colspan="7">수락시험 시 정비 악순환률</th></tr>
<tr><th>현행 (15%)</th><th>0%</th><th>10%</th><th>20%</th><th>30%</th><th>40%</th><th>50%</th></tr>
<tr><td colspan="2">장비가동률(%)</td><td>59.6</td><td>64.4</td><td>61.3</td><td>58.2</td><td>53.5</td><td>47.6</td><td>40.0</td></tr>
<tr><td rowspan="5">평균 정비 복귀 시간 (일)</td><td>Commint</td><td>105.6</td><td>89.8</td><td>100.0</td><td>111.5</td><td>129.4</td><td>148.5</td><td>178.1</td></tr>
<tr><td>Elint</td><td>110.8</td><td>95.1</td><td>105.4</td><td>118.5</td><td>136.4</td><td>157.6</td><td>191.4</td></tr>
<tr><td>인터페이스</td><td>105.1</td><td>89.8</td><td>99.1</td><td>112.8</td><td>131.5</td><td>148.1</td><td>178.7</td></tr>
<tr><td>데이터 링크</td><td>116.1</td><td>100.9</td><td>111.9</td><td>129.4</td><td>142.3</td><td>167.2</td><td>195.4</td></tr>
<tr><td>Other</td><td>137.6</td><td>118.6</td><td>132.9</td><td>146.0</td><td>166.0</td><td>198.2</td><td>235.9</td></tr>
</table>

률은 더욱 높아질 것으로 판단된다. 시뮬레이션 수행 시 미국 내 정비 악순환은 고려하지 않았으나 미국 내에서도 정비 악순환이 발생할 경우 장비가동률은 20% 이하로 급감할 수 있다.

2) 창정비 설비 구축 후 장비가동률

〈표 8-4〉는 창정비 설비 구축에 따른 장비가동률의 시뮬레이션 결과이다.

〈표 8-4〉 창정비 설비 구축에 따른 장비가동률의 변화

<table>
<tr><th colspan="2" rowspan="2">구분</th><th colspan="6">정비 악순환 발생률</th></tr>
<tr><th>0%</th><th>10%</th><th>20%</th><th>30%</th><th>40%</th><th>50%</th></tr>
<tr><td colspan="2">현행</td><td>64.4</td><td>61.3</td><td>58.2</td><td>53.5</td><td>47.6</td><td>40.0</td></tr>
<tr><td colspan="2">SIL 구축시</td><td>64.4</td><td>63.1</td><td>60.7</td><td>58.0</td><td>55.0</td><td>50.9</td></tr>
<tr><td rowspan="3">시험·정비 능력 구축(수리부속 저장 포함)</td><td>대안1</td><td>66.2</td><td>64.6</td><td>62.7</td><td>60.7</td><td>56.4</td><td>52.5</td></tr>
<tr><td>대안2</td><td>67.3</td><td>65.9</td><td>65.0</td><td>61.4</td><td>59.3</td><td>55.6</td></tr>
<tr><td>대안3</td><td>68.7</td><td>67.4</td><td>66.7</td><td>64.6</td><td>62.3</td><td>57.5</td></tr>
</table>

6 미국 내 정비업체의 수락시험 시 시스템 통합연구실이 없기 때문에 정비 악순환을 발견하지 못하는 것으로 가정한다. 미국에서 업체 수락시험 합격률은 100%로 하였다.

창설비 구축 이후에는 실제 시스템의 축소판인 시스템 통합연구실에서 수락시험을 하기 때문에 국내 수락시험 합격률을 100%로 적용할 수 있다. 시스템 통합연구실만 구축시에는 장비가동률이 소폭 증가하였다. 이것은 수락시험 시 불합격 품목의 해외 수송 시간이 감소하는 경우만을 묘사한 것이다. 실제로는 시스템 통합연구실의 대체품 개발 및 시험 기능을 고려하면 정비 악순환률이 30%이하로 감소하여 장비가동률은 더욱 증가할 것이다.

시험/정비 능력 구축 각 대안별로 장비가동률이 증가하였다. 특히 정비 악순환률이 10% 이하로 감소가 예상되므로 현행 대비 장비가동률이 큰 폭으로 증가하였다. 〈그림 8-4〉는 시뮬레이션 결과 창정비 설비 구축에 따른 장비가동률의 변화를 도표화한 것이다.

〈그림 8-4〉 창정비 설비 구축에 따른 장비가동률의 변화

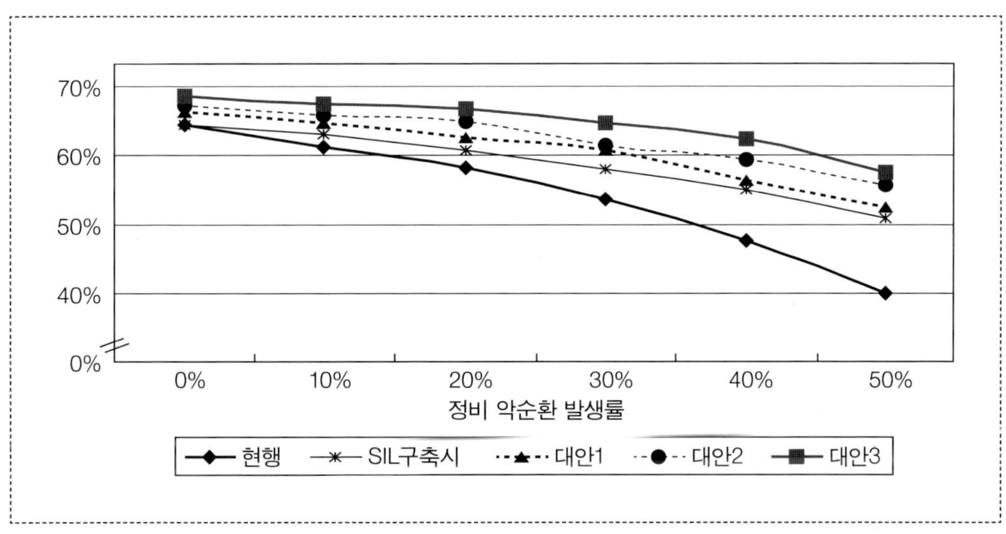

3) 예비품 추가 확보에 따른 장비가동률

예비품을 각 부품별로 1개씩 추가하고 창설비 구축 여부에 따라 장비가동률의 변화를 수명주기(20년)동안 분석하였다. 예비품의 추가란 운용부대에 주임무 장비에 소요되는 LRU급 전 부품을 1개씩 예비로 더 확보, 유지하는 것을 의미한다. 〈표 8-5〉와 〈그림 8-5〉는 예비품 추가 확보 후 대안별 장비가동률의 변화를 나타낸 것이다.

예비품 1개를 추가로 더 확보할 경우 주임무 장비가 1대 더 가용하게 됨에 따라 장비가동률은 급격하게 증가한다. 시뮬레이션 결과, 예비품만 추가 확보하여도 장비가동률이

〈**표 8-5**〉 예비품 추가 확보 후 대안별 장비가동률의 변화

구분		정비 악순환률의 변화					
		0%	10%	20%	30%	40%	50%
현행		64.4	61.3	58.2	53.5	47.6	40.0
예비품만 1개씩 추가		90.4	89.3	87.7	85.4	83.1	78.4
예비품 1개씩 추가 + 창설비 구축	대안 1	91.3	90.4	89.2	87.8	84.3	81.0
	대안 2	92.2	90.9	90.8	88.4	86.3	82.7
	대안 3	93.3	92.4	91.8	90.7	88.7	85.1

〈**그림 8-5**〉 예비품 추가 확보 후 대안별 장비가동률의 변화

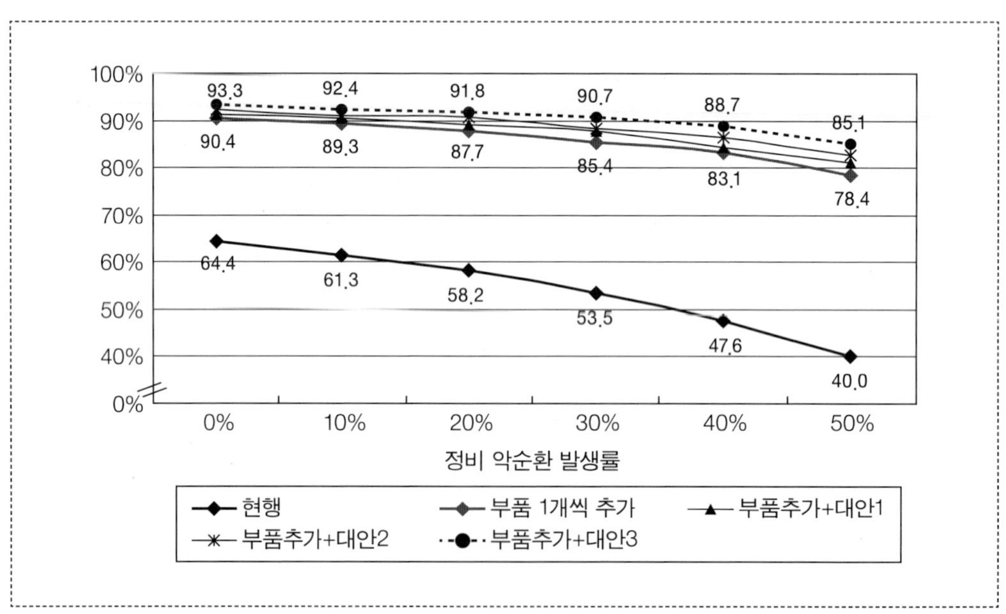

충분히 상승하였다. 그러나 이것은 수명주기 동안 예비품을 항상 2개로 유지해야 하기 때문에 후속군수지원, 시험·정비 능력 구축, 도태 및 단종 품목에 대한 대체 품목 개발이 선행되어야 가능하다.

전체 예비품의 추가 확보는 현실적으로 어려운 사안이지만 정비복귀시간이 장기간 소요되고 신뢰도가 낮은 품목, 단종이 예상되는 품목 위주로 예비품의 확보가 이루어진다면 장비가동률은 증가할 수 있을 것으로 판단된다.

4) 대안 분석 결론

창정비 설비를 구축하기 전에는 한국에서 정비 악순환률이 50%까지 발생할 수 있으므로 장비가동률은 최저 40%까지 감소하였다. 그러나 현재 미국 정비업체 내에서 정비 악순환이 발견되고 있어 이를 감안하면 장비가동률은 20% 이하로 감소할 수 있다. 이것은 현재 정비 시스템으로 지원 시 정상적인 작전 수행에 문제가 있음을 의미한다. 따라서 추가적인 창정비 설비에 대한 투자가 필요함을 시사한다.

미국에 창정비 설비를 구축시 L-3와 협력업체의 정비 시간이 단축되고 정비 악순환 발생률이 감소할 것이다. 〈표 8-6〉은 각 대안별 비용과 장비가동률을 비교한 것이다.

〈표 8-6〉 각 대안별 비용과 장비가동률 비교

구분		구축 비용 (천$)	정비 악순환률에 따른 장비가동률(%)		
			10%	30%	50%
현행		—	61.3	53.5	40.0
SIL 구축시		27,846	63.1	58.0	—
시험·정비 능력 구축 (수리부속 저장 포함)	대안1	19,649	64.6	60.7	—
	대안2	25,347	65.9	61.4	—
	대안3	34,644	67.4	64.6	—

정비 악순환률은 현행 정비 시스템에서 50%까지 발생할 것으로 예상되나 창정비 설비를 구축하면 30% 이하로 감소할 것이다. 따라서 창설비 구축으로 장비가동률이 약 58%에서 68%의 분포를 보이며 현행보다 20% 이상 증가할 것으로 예상된다. 이를 통해 알 수 있는 것은 단종 부품의 대체품 개발 및 정비복귀시간 단축을 위하여 창정비 시설은 반드시 필요한 것으로 판단되며, 이를 통해 A 시스템은 수명주기간 안정적인 운용이 가능할 것이다.

제4절 결론과 시사점

해외 구매 장비의 해외 정비 문제점을 지적하고 있는 연구는 있으나 해외 정비 능력 구축 수준 결정에 대한 연구는 거의 전무한 실정이다. 이 연구는 최근에 수행되었던 사업 사례를 연구하여 비표준장비의 해외 정비 능력과 관련하여 어떠한 문제가 제기될 수 있으며 어떻게 이를 해결하였는지를 제시한다. 해외 정비 능력을 구축하는 대안별로 비용 대 효과의 측면에서 비용 추정과 기대효과 측정 방법을 제시한다. 효과를 측정하는 지표로 장비가동률 개념을 사용하여 비용 대안별 효과를 분석할 수 있다.

현재 시스템의 장비가동률은 상당히 낮은 수준이며 현행 해외 정비 능력을 유지할 경우 장비가동률은 더 저하될 것이다. 장비가동률이 낮은 직접적 원인은 다음과 같다.

(1) 부품의 낮은 신뢰도
(2) 예비품 미확보/부족
(3) 장기간의 정비복귀시간 소요
(4) 부품 공급의 불확실성 등

이로 말미암아 첫째, 동류전용 현상이 심화되며 시스템 수명주기의 단축이 예상된다. 또한 둘째, 정비의 악순환 사태 발생, 셋째, 결함의 순차적 식별, 넷째, A 시스템 전용 시험 및 정비 설비가 구축되지 못함으로 인한 정비의 낮은 우선순위, 마지막으로, 부품 공급 불확실성이 나타날 것이다. 창정비 설비를 구축하면 위의 문제점을 어느 정도 극복할 수 있을 것이다.

업체에서 제안한 창설비 구축 비용을 평가하기 위해 순수 장비 가격을 중심으로 추정하는 방법을 활용하였다.

대안별 기대효과를 측정하기 위하여 시뮬레이션 모델을 구축하였다. 실험을 통하여 각 대안별로 수명주기간 평균 장비가동률을 측정하였다. 창정비 설비를 구축하기 전에는 장비가동률이 40%까지 감소하였으나, 미국에 창정비 설비를 구축하면 장비가동률은 53%에서 69% 이상으로 상승하였다. 수명주기간 단종 부품에 대한 대체품 개발 및 정비복귀시간 단축을 위하여 창정비 시설은 반드시 필요하다. 또한 창설비 구축과 더불어 운영부대에 예비품을 추가로 확보해야만 장비가동률 유지가 가능할 것이다.

이 연구를 통한 정책적 시사점 및 교훈은 다음과 같다.

첫째, 시스템은 가능한 상용품이나 표준장비를 구매해야 할 것이다. 비표준품목의 경우 ROC는 충족할지 몰라도 운영유지 비용이 표준품목에 비하여 높고 운용을 보장할 수 없다. 결국 경제적·운영유지 측면에서 불리하다.

둘째, 최초 사업 추진시 창정비를 포함한 후속군수지원 관련 사항을 반드시 고려하여 사업을 추진해야 할 것이다. 장비 획득 후 후속군수지원 사업을 고려한다면 나중에 더 어렵고 추진 비용이 더 많이 소요될 수 있다.

셋째, 시스템 획득시 신뢰성 있는 WBS 자료, MTBF 자료, 가격 자료 등 운영 관련 자료를 반드시 제공받을 필요가 있다. 장비 획득 후 운영유지 과정에서 필요 자료를 요구하면 그에 따른 추가 비용을 요구할 수 있다. 획득 초기 협상력이 있을 때 이런 필요 자료를 식별하여 요구해야 한다.

넷째, 획득 초기 정밀 부품, 단종 우려 품목, 정비복귀시간 장기 소요 부품 등에 대하여는 예비품을 충분히 구매해야 할 것이다. 필요한 경우 수명주기간 필요한 전량 구매까지도 고려해야 할 것이다. 특히 소량 획득의 경우 수명주기를 고려하여 도태/단종 및 생산중단이 예상되는 수리부속은 적절한 양을 초기 구매해야 할 것이다.

다섯째, 사업 집행의 전문성을 확보하고 사업 교훈을 잘 관리해야 할 것이다. 사업 초기부터 해당 분야 전문 인력을 확보 및 관리하고, 사업 과정의 모든 자료를 데이터베이스화하여 추후 성능개량이나 유사사업을 위한 자료로 활용할 수 있어야 한다. A 시스템 사업 초기에 비표준 FMS 연구개발 사업으로 이를 추진하면서 창정비 시설을 고려하지 못함으로 추후 비용 상승 요인이 있었는 바 이와 같은 요인을 분석하여 시행착오를 방지해야 할 것이다.

토의문제

1. 다음의 용어를 설명해보자.
   (1) 정비 악순환
   (2) 정비의 양파껍질 벗기기 현상
   (3) 정비복귀시간

2. 이 시스템이 당면한 가장 큰 문제는 무엇이라고 생각하는가? 이 문제를 해결하기 위한 방안은 무엇인가?

3. 해외 연구개발 사업의 군수지원 문제점은 무엇인가? 이를 해결하기 위한 정책적 대안은 무엇인가?

4. 무기체계나 장비의 핵심 기술 개발과 획득을 위한 전략적 방안을 논의해보자.

5. 이 사례에서 사업 초기부터 획득군수를 적용할 필요성이 있다고 생각되는가? 어떠한 이유인지 토의해보자.

6. 전자 통신 장비에 있어 시스템 통합연구실(SIL)이 왜 필요한지 토의해보자.

7. 장비가동률, 작전가능률(MCR: Mission Capable Rate), 운영가용도 개념의 차이를 설명해보자. 작전과 자원관리 측면에서 어떠한 성과 지표가 바람직한지 설명해보자.

참고문헌

L-3 Communications/Integrated Systems, *Depot Implementation Study Report No.G6282.00.81*, L-3 CIS Inc., 2002

PART 03 물류와 군수

제9장 군수 기능과 군수품
제10장 소요관리
제11장 조달관리
제12장 보급관리
제13장 재고관리
제14장 수송관리
제15장 성과관리와 성과기반군수

2부는 무기체계 군수지원을 살펴보았다. 3부는 군수를 흐름의 측면에서, 즉 물류와 군수라는 주제로 살펴본다. 군수의 본질은 야전 전투부대가 필요로 하는 군수품을 공급자로부터 획득하여 공급함으로 군사력을 준비하고 유지하는 것이다.

9장은 물류와 군수라는 주제를 알아가기 위해 기본적으로 요구되는 군수 기능과 군수품에 대해 살펴본다. 10장은 군수 기능 중에서 군수의 출발점이라 할 수 있는 소요관리에 대해 살펴본다. 11장은 군이 요구하는 물자인 군수품을 확보하는 조달과 계약관리에 대해 살펴본다. 12장은 군에 들어온 군수품의 보급관리에 대해 살펴본다. 보급관리는 내용이 방대하여 이 중 재고관리는 별도로 분리하여 13장에서 다루며 재고통제 방법을 포함한다. 14장은 군수품을 공급자에서부터 최종 사용자에게 흘러가는 중요 수단인 수송관리에 대해 살펴본다. 15장은 이 책의 마지막 부분으로 군수 성과관리에 대해 살펴본다.

제9장 군수 기능과 군수품

9장은 3개 절로 구성되어 있다. 1절은 군수 기능과 군수 영역에 대해 살펴본다. 2절은 군수품의 개념을 살펴보고, 군수품의 분류기준과 각종 기준에 따른 분류 방법을 살펴본다. 3절은 군수품의 표준화와 목록화에 대해 살펴본다.

제1절 군수 기능과 영역

1. 군수의 기능

군수 기능이란 군수를 구성하는 각 부분이 전체 군수에서 담당하고 있는 역할 또는 분야별 활동이다. 군수 전체적인 목표, 즉 전투부대가 군사력을 준비하고 유지하기 위해 군수 기능은 상호 유기적으로 협조되고 통합되어야 한다. 한국군에서 군수 기능은 8대 기능으로 구분하며 이는 연구개발, 소요, 조달, 보급, 정비, 수송, 시설, 근무활동이다.

(1) 연구개발: 연구개발은 군이 필요로 하는 새로운 장비 및 물자의 개발, 현재 사용 중인 장비나 물자의 개선, 기술 도입 개발, 각종 제도 및 기법 개발 등의 활동이다. 2부에서 다룬 바와 같이 무기체계 연구개발을 하는 경우 관련 군수지원 요소를 동시에 발전시키기 위하여 종합군수지원을 적용한다.

(2) 소요: 소요는 전투력 준비와 유지를 위해 필요로 하는 자원 등을 질적·양적으로 판단하는 기능으로써 인력, 장비 및 물자, 시설, 수송 소요 등이 포함된다. 국방 분야에서

소요는 기획관리체계(PPBEES: Planning Programming Budgeting Executing Evaluating System)인 소요 기획, 계획, 집행, 분석 평가 등의 과정을 통하여 반영되고 달성된다.

(3) 조달: 장비 및 물자, 시설 또는 용역을 획득하는 기능으로써 조달원에 따라 국내조달, 국외조달로 구분한다. 조달은 군이 요구하는 적절한 품질을 적절한 조달원을 선택하여 적절한 가격으로 이를 수행해야 한다.

(4) 보급: 획득된 장비 및 물자를 청구, 수령, 저장, 분배 및 처리하는 과정이다. 보급 활동은 재고관리와 유통관리로 이루어지며, 효과적인 보급지원을 위해서는 각종 소요관리 기법을 통한 정확한 수요예측으로 적정량을 확보하여 적시, 적소에 적량을 지원해야 한다.

(5) 정비: 장비 및 물자를 사용 가능한 상태로 유지하거나 사용 가능한 상태로 복구시키는 일체의 행위를 말한다. 이는 장비 및 물자의 사용 가치를 영구적으로 만들거나 또는 당초에 계획하였던 기준 수명을 더욱 연장시키기 위한 것이 아니라 효율적인 정비 활동을 통해서 조기 수명 단축 현상을 예방하여 사용 가능 상태로 유지시키려는 활동이다.

(6) 수송: 필요한 부대, 병력 및 화물을 적시·적소에 이동시켜 주는 수단, 방법 및 활동을 말한다. 수송 활동은 수송 수단 운용, 수송 터미널 운용, 이동관리로 이루어진다.

(7) 시설: 시설은 건물 및 장비를 포함하는 부동산과 이에 부속된 부대 설비를 획득, 유지, 처리하는 기능이다. 군사시설은 임무 수행이 가능하도록 시설 건설 방침에 따라 건설하며, 활동은 건설, 유지관리, 국유재산관리로 이루어진다.

(8) 근무활동: 상기 제 기능에 속하지 않는 군수 분야로서 기타근무와 기타활동으로 구분한다. 기타근무는 급양, 급수, 목욕, 세탁 및 수선, 영현근무, 소방, 환경보전, 재난관리 등의 지원을 말한다. 기타활동은 후방 전투지경선 위치선정, 전투근무지원부대의 일반적인 위치선정, 보급로 선정, 전투근무지원계획 작성, 지역피해 통제 등이 포함된다.

2. 군수의 영역

한국군은 군수 영역을 3차원으로 구분하고 있다. 즉, (1) 군수 기능별 구분, (2) 군수관리와 군수지원으로 구분, (3) 정책군수와 야전군수로 구분하고 있다. 군수 영역을 군수관리와 군수지원 분야로 구분하며, 군수 기능을 그룹핑하여 연구개발, 소요, 조달 기능을 정책군수라 분류하고, 보급, 정비, 수송, 시설, 근무지원 기능을 야전군수라 분류하고 있다.

〈그림 9-1〉 군수의 영역

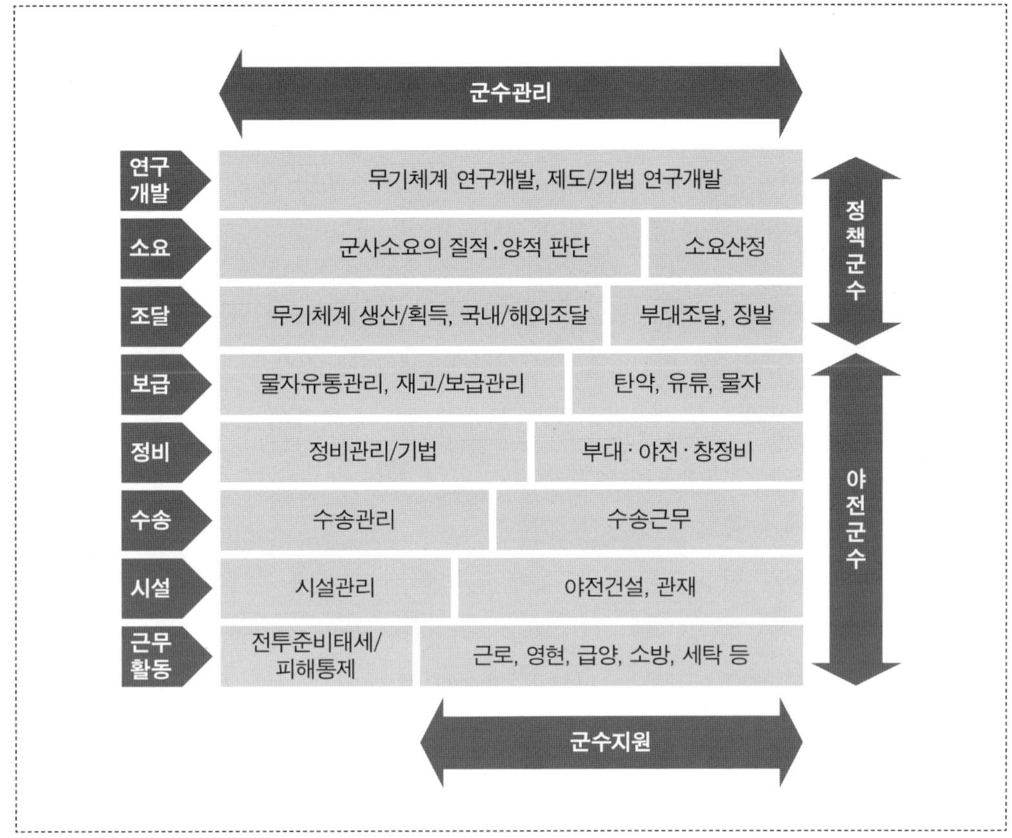

가. 군수관리

군수관리는 국방 목표 달성에 필요한 군사력을 경제적이고 효율적으로 준비, 유지시키기 위한 보다 합리적인 관리 과정, 제도 및 체제, 기법을 적용하는 제반 활동이다. 군수관리 목표는 인원, 물자, 자금, 시설, 용역 등의 가용 자원을 효과적이며 경제적으로 관리하고 능률적으로 수행하는 것이다.

나. 군수지원

군수지원은 부대 운영유지 및 작전 활동에 필요한 자원의 보급, 정비, 수송, 시설, 근무 활동을 적시, 적소, 적량 지원 보장에 목표를 두고 제공하는 제반 활동이다. 군수지원은 정책군수보다는 야전군수를 위한 활동에 중점이 있다.

군수지원은 전장 실제 상황을 고려하여 장비 및 물자, 시설, 근무에 대한 소요를 사용부대 중심으로 사전에 예측하고 확보하여 소요 발생에 따른 전체 지원 요소를 통합하는 것이다. 통합을 통해 적시·적소·적량을 부대분배 개념에 의해 추진 지원함으로써 전투지속 능력을 보장하고 전투부대가 전투에만 전념할 수 있도록 지원하는 것이다.

전투부대가 어떠한 상황에서도 최적의 군수지원을 보장받아 최상의 전투력을 발휘할 수 있도록 군수지원은 다음에 중점을 두고 수행되고 있다.

(1) 다기능 통합 군수지원: 다기능 통합 군수지원은 군수지원부대를 다양한 기능(보급, 정비, 수송 등)을 구비하여 편성함으로써 실시간으로 전체 전장을 동시에 지원 가능하도록 보장하는 것이다. 군수지원은 사용 부대의 요청에 대하여 창(depot)이나 업체로부터 원스톱(one-stop) 개념에 의거하여 직납 및 직송하는 체계를 구축하고 다양한 전장 상황에 신속하게 즉응할 수 있도록 해야 한다.

(2) 현장 위주 보급지원: 현장 위주 보급지원은 필요로 하는 곳에 적시적인 보급지원을 보장하기 위하여 세트화 및 패키지화 개념에 의거하여 분배 소요를 판단하여 분배 계획을 수립한 후 추진 보급하는 것이다. 필요한 경우 인접 부대 간에 수평보급(lateral transshipment)이 가능하도록 해야 한다.

(3) 기동화(mobile) 정비지원: 정비지원은 움직이는 공장 개념에 의거하여 정비 기본 요소인 정비 장비 및 공구, 수리부속, 기술 인력 등을 기동장비에 탑재하는 패키지화하여 정비 소요가 발생할 때 즉시 전투 현장에 투입하여 근접정비를 보장해야 한다.

(4) 통합 수송지원: 중앙집권화된 민·관·군 수송 운용 체계를 구축하여 수송 우선순위에 의거하여 최적의 수송 방법을 선택함으로써 연계된 수송지원을 보장하고, 제대별·축선별 수송 소요를 통합 지원해야 한다. 또한 관민교통정보 체계와 연계된 통합 수송정보 체계를 구축하여 수송 수단별 수송 소요와 수송 자산을 관리하며, 부대 이동추적 체계를 이용하여 실시간으로 수송 자산 위치를 가시화하는 중앙집권화된 이동관리 체계를 구축해야 한다.

(5) 통합 근무지원: 급양, 영현, 근로, 세탁 및 목욕지원 등 제반 근무지원을 통합 지원하여 전투지속 능력을 보장하고 건강유지 및 사기를 앙양하도록 해야 한다.

제2절 군수품과 분류

1. 군수품 개념과 관련 법규

군수품과 유사한 개념은 제품, 물품 등을 들 수 있다. 제품(product)은 기업을 포함한 경제 주체가 생산하여 판매하는 생산품으로 관련 용어 중에서 가장 많이 사용되는 용어이다. 물품은 주로 국가가 소유하거나 사용하기 위하여 보관하는 제품 혹은 동산과 관련하여 사용하는 용어이다.[1]

군수품관리법에서 군수품은 물품 중에서 국방과 관련하여 국방부와 각 군에서 관리하는 물품이라고 정의하고 있다. 군수품에서 물품이란 용어를 사용하는 것은 국가가 물품관리법에 근거하여 물품을 정의하고 물품이란 용어를 사용하고 있기 때문이다. 따라서 제품이나 물품은 군수품보다 포괄적이고 상위적인 개념이다. 즉, 물품은 국가가 관리하는 제품이며, 군수품은 군이 관리하는 물품이라고 할 수 있다.

군수품에 대하여 누가 어떻게 무엇을 관리하고 어떤 절차로 관리할 것인지 등에 관련한 사항은 법규에 근거하고 있다. 군수품 관리 공무원의 자격과 업무 분류, 군수품 목록화 및 등록, 군수품 조사 및 결산, 불용, 대여 등 관련 업무의 기본적인 사항과 절차는 군수품관리법, 대통령령인 군수품관리법 시행령, 국방부령인 군수품관리법 시행규칙에 명시되어 있다. 국방부는 군수품 관련 업무를 처리하기 위하여 군수품관리법, 군수품관리법

〈표 9-1〉 군수품 관련 법규 체계

구분	법규
법	군수품관리법
대통령법	군수품관리법 시행령
국방부령	군수품관리법 시행규칙
국방부 훈령	군수품관리 훈령
육·해·공군 규정	각 군별 군수품관리 규정

1 물품관리법에서 물품은 국가가 소유하는 동산과 국가가 사용하기 위하여 보관하는 동산을 말한다고 정의하고 있다.

시행령, 군수품관리법 시행규칙에 근거하며, 또한 하위 법규로서 군수품관리 훈령을 제정하여 군 전체적으로 군수품 업무를 처리하고 있다. 각 군은 국방부 군수품관리 훈령을 준용하지만 각 군의 특성에 맞추어 구체화된 각 군별 군수품 관리규정을 별도로 제정하여 군수품 관련 업무를 진행하고 있다.

2. 군수품 분류

가. 군수품관리법과 시행령에 의한 군수품의 분류

군수품관리법에는 군수품을 전비품과 통상품으로 구분하고 있다. 전비품이란 전투에 직접적으로 영향을 미치는 군수품으로 군사 보안에 관계되는 전투 장비 및 그 보조 장비와 수리부속, 군사기밀 관련 비밀지도 등을 의미한다. 통상품이란 전비품을 제외한 모든 물품을 의미한다.[2]

군수품관리법 시행령에는 군수품을 용도별·기능별·성질별 또는 그 밖에 국방부령으로 정하는 바에 따라 분류해야 한다고 명시하며 하위 법규에서 분류할 수 있는 방향을 제시하고 있다.

나. 군수품관리법 시행규칙에 의한 군수품의 분류

군수품관리법 시행규칙에는 시행령에서 명시한 분류 방법을 좀 더 구체적—규격별, 종류별, 기능별, 통제별, 수요도별, 소모성별, 주종별, 상태별, 기타—으로 〈표 9-2〉와 같이 구분하고 있다. 예를 들어 규격별 분류는 국가나 군에서 규격품으로 해당하는지 여부에 따라 표준품과 비표준품으로 분류하는 방법이다.

---

2 통상품은 조달청에서 규정한 물품 분류 체계에 따라 분류할 수 있다. 물품 분류는 품류(segment)-품명(commodity)-품목의 체계이며, 물품 번호는 8개 단위 번호로 구성한다. 품류는 물품의 대분류로 8개 번호의 상위 2단위이며, 품명은 물품의 세분류로 8개 번호의 하위 6단위이다. 품목은 품명을 규격으로 분류한 것이다.

〈표 9-2〉 군수품관리법 시행규칙의 군수품 분류

분류 방법	분류내용
규격별 분류	국가나 군 규격품 해당 여부에 따라 표준품과 비표준품으로 분류
종류별 분류	식량, 피복 및 병기 등 개괄적인 종류별로 분류
기능별 분류	화력, 기동, 통신전자, 특수무기, 함정, 함공 등 일반 장비와 탄약, 의무, 그 밖의 일반 물자 등으로 분류
통제별 분류	각 군 본부의 보급통제 대상에 속하는지에 따라 통제품과 비통제품으로 분류
수요도별 분류	수요 빈도에 따라 순환 수요품(보충군수품)과 계획품(미보충군수품)으로 분류
소모성별 분류	소모성 여부에 따라 소모품과 비소모품으로 분류
주종별 분류	장비 구성의 주종 관계에 따라 주장비품과 보조품으로 분류
상태별 분류	사용연한 또는 사용 가능 상태에 따라 신품, 중고품, 정비필요품 및 폐품 등으로 분류
그 밖의 분류	그 밖의 군수품 관리상 필요에 따라 기준을 정하여 분류

다. 군수품관리훈령에 의한 군수품의 분류

군수품관리훈령에는 군수품을 성질 및 특성에 따라 〈표 9-3〉과 같이 장비, 물자, 탄약으로 기본 분류하고 있다.

〈표 9-3〉 장비, 물자, 탄약의 정의

구분	정의
장비	전차, 함정, 항공기 등과 같이 동력원(엔신, 선지, 선기 등)에 의해 작동되고 비소모품이며 주요기능을 독립적으로 수행하면서 정해진 수명기간 동안 동일성을 유지하는 완제품
물자	물건을 만드는 재료 또는 재료를 활용하여 생성된 산출물로 정의하며 그 종류에는 식량류, 피복, 비품류, 유류, 건설자재류 등이며 장비성 군수품이라도 단순한 손질이나 수리가 필요하여 전문 정비 기술이 요구되지 않는 품목
탄약	특별히 제작된 용기 내 폭약, 추진제, 불꽃, 소이제 등 충전된 물질을 의미하며 주로 항공기나 총포 등으로 발사, 매설, 투하, 유도 등에 의해 사용됨

군수품은 기본 분류 아래 세부적으로 (1) 기능별로 분류하는 방법과 (2) 종별로 분류하는 방법이 있다. 기능별 분류는 군수품을 크게 12개 기능으로 구분하면서 〈표 9-4〉와 같이 세부 분류 형식을 취하고 있다.

〈표 9-4〉 군수품의 기능별 세부 분류

기능	세부 분류
화력	개인화기, 공용화기, 화포, 함포, 사격기재, 사격통제장치, 관측장비 등
특수무기	대공유도무기, 대공포, 대전차유도무기, 지대지 무기, 방공통제장비 등
기동	전차, 장갑차, 군 표준차량, 사용차량, 트레일러, 트랙터 등
항공	전투 임무기, 공중기동기, 헬기, 감시통제기, 훈련기, 정비지원 장비 등
함정	전투함, 전투지원함, 전투근무지원정, 항해 관련 장비, 지원 장비 등
통신전자	유선장비, 무선방비, 다중통신, 레이더, 전자전, 광전송 장비 등
일반 장비	건설장비, 발전기, 공기압축기, 도하장비, 소방장비, 화생방장비 등
정밀측정	전압계, 온도계, 굴절계, 측정기, 증폭기, 신호발생기, 분광분석기 등
공구	전동공구, 기계공구, 유압공구, 절삭공구, 측정공구, 작업공구 등
탄약	지상탄(소구경탄, 직사화기탄, 유도탄, 중로겟탄), 해상탄, 항공탄,
의무	외과장비, 치과장비, 방사선장비, 병리장비, 안경제작기구, 의약품 등
물자	식량류, 일반물자류, 피복류, 유류, 건설자재류 등

참고 9-1 **혼성 장비의 기능별 분류**

군수품 분류에 있어 단독 장비는 기능별로 분류가 가능하다. 그러나 2개 이상의 기능으로 구성된 혼성 장비는 어떻게 분류할 수 있는가?

(1) 주장비에 장착된 장비가 공용성이 없는 경우와 공용되는 품목은 어떻게 분류하는가? 예를 들어 항공기에 장착된 무전기, 발칸, 토우는 어떻게 분류하는가? 또한 1/4톤 트럭에 탑재된 무전기는 어떻게 분류하는가?

(2) 주장비와 분리되어 있는 보조 장비로서 단독기능을 수행할 수 있는 장비는 어떻게 기능을 분류하는가?(예: 통신전용 발전기(5, 10, 20Kw), 특수무기 충전기 등)

(3) 첨단 전자 광학 장비는 단독 장비로 분류해야 하는가? 분류한다면 광학 장비와 전자장비 중에서 어떻게 분류하는가? 전자 광학 복합 장비는 어떻게 분류하는가? 항공기, 특수무기에 장착된 전자, 광학 혼성 장비는 어떻게 분류하는가?

(4) 공용성 유무 판단이 곤란한 구성 장비류는 어떻게 분류하는가?

군수품을 종별로 분류하는 방법은 〈표 9-5〉와 같다. 이 분류 방법은 군수품을 용도, 성질, 보급 방법 등이 유사한 품목별로 묶어 분류한 것이다. 1종은 식량류로 이는 다시 주

〈표 9-5〉 군수품의 종별 세부 분류

종별	세부 분류
1종(식량류)	주식, 부식, 후식, 증식, 특수식량
2종(일반물자류)	피복/개인장구류, 병참 물자, 화생방 물자, 통신 물자, 공병 물자, 기타 물자류
3종(유류)	일반유류, 윤활유, 화공약품류, 연탄류, 가스류
4종(건설자재류)	건축자재, 축성자재, 전술/장벽자재
5종(탄약류)	항공탄약, 지상탄약, 해상탄약
6종	복지매장 판매품(PX 계통으로 획득 판매 품목)
7종(장비류)	화력, 특수무기, 기동, 항공, 함정, 통신전자. 일반 장비, 정밀측정
8종(의무 장비/물자류)	의무장비, 의무수리부속, 의무물자, 의약품류
9종(수리부속/공구류)	화력, 특수무기, 기동, 항공, 함정, 통신전자, 일반 장비, 정밀측정, 공구류
10종	기타 물자류(1종부터 9종 분류에 속하지 않는 물자)

식, 부식, 후식, 증식, 특수식량으로 세부 분류한다. 주식에도 주요 품목이 백미, 소맥분, 분식류, 햄버거 빵 등이 있다.

군수품 관리훈령에는 기능별·종별로 분류하는 방법 이외에도 무기체계와 전력지원 체계로 분류하는 방법과 상태별로 분류하는 방법이 있다.[3]

무기체계는 유도무기, 항공기, 함정 등 전장에서 전투력을 발휘하기 위한 무기와 이를 운영하는데 필요한 장비·부품·시설·소프트웨어 등 제반 요소를 통합한 것으로서 다음 8대 무기체계로 분류하고 있다.

(1) 통신망 등 지휘통제·통신 무기체계

(2) 레이더 등 감시·정찰 무기체계

(3) 전차·장갑차 등 기동 무기체계

(4) 전투함 등 함정 무기체계

(5) 전투기 등 항공 무기체계

(6) 자주포 등 화력 무기체계

3 상태별로 분류하는 방법은 군수품을 신품, 중고품, 요정비품, 폐품으로 분류하는 것이다.

(7) 대공유도무기 등 방호 무기체계

(8) 모의분석·모의훈련 소프트웨어, 전투력 지원을 위한 필수장비 등 그 밖의 무기체계

전력지원 체계라 함은 무기체계 외의 장비·부품·시설·소프트웨어 그 밖의 물품 등 제반 요소를 말한다. 무기체계와 관련하여 군수품은 방산물자와 구별할 필요가 있다. 방산물자는 무기체계로 분류된 물자 중에서 안정적인 조달원 확보가 요구되거나 엄격한 품질보증을 위하여 필요한 물자를 방산물자로 지정한 것이다. 그러나 무기체계로 분류되지 아니한 물자로서 대통령령에 의하여 방산물자로 지정할 수 있다. 방산물자는 주요방산물자와 일반방산물자로 구분할 수 있다.

제3절 군수품 표준화 및 목록화

군수품은 품목별 모델의 다양화를 방지하면서 경제적인 조달과 원활한 군수지원을 위하여 표준화, 목록화 등이 요구된다. 군수품 표준화를 위해서는 표준, 규격화, 형상관리가 필요하며, 이러한 절차를 거친 결과 군수품 목록화가 이루어진다.

1. 표준화 및 목록화 관련 용어 정의

가. 표준과 표준화

표준(standard)의 포괄적인 의미는 "인류가 문명을 형성해나가면서 사람들 간의 편의와 효율성을 도모하고 공정성과 안전을 확보하기 위해 정한 상호 약속"이다. 산업에서 표준은 "상품 및 서비스를 공통적이고 반복적으로 일관되게 사용함을 목적으로 재질, 공정, 용어 등에 관한 명세와 기준을 규정한 것"이다.

표준화(standardization)는 ISO/IEC(International Standardization Organization, International Electro-technical Commission) 규정에 "주어진 여건에서 최적의 상태 달성을 목표로 공통적이고 반복적인 사용을 위하여 실제적 또는 잠재적인 문제에 대하여 규정을 수립하는 활동"으로 정의하고 있다. 미 국방부는 표준화를 "물질의 양립성, 상호 운용성, 상호 교환가능성, 공통

성을 달성하기 위해 필요한 방법, 활동, 프로세스, 제품에 대해 일관적인 공학적 기준을 개발하고 합의에 의해 동의하는 프로세스"라고 정의하고 있다.

나. 규격과 규격화

규격(specification)이란 일반적으로 "품목의 물리적/화학적 특성, 제조 방법, 시험 방법을 과학적으로 규정한 표준"을 말한다. 미 국방부는 규격을 "요건이 충족되는지를 결정하기 위한 기준과 구매 물자를 위해 필수적인 기술적 요건을 설명하고 획득을 지원하기 위해 준비된 문서"로 정의하고 있다. 규격화는 군수품에 적용된 재료, 제품 및 용역에 관한 기술적인 요구사항과 필요 조건의 일치 여부를 판단하고 결정하는 절차와 방법에 대한 전체적인 체계이다.

다. 형상과 형상관리

형상(configuration)이란 제품의 기능적 또는 물리적 특성을 말한다. 형상관리는 제품의 형상을 식별하여 문서화하고, 그 특성에 대한 변경을 통제하며, 도면이나 규격서 등 형상을 식별할 수 있는 문서와 그 제품의 합치 여부를 점검하고, 형상의 변경을 승인할 경우 그에 대한 이행 현황 등의 필요한 정보를 기록 및 유지하는 활동이다. 형상관리는 형상 식별, 형상 확인, 형상 통제, 형상 자료유지 단계를 거쳐 수행한다.

라. 목록과 목록화

목록(catalog)이란 어떤 품목에 관련된 모든 제원과 자료를 일정한 형식과 체계에 따라 일목요연하게 나열한 일람표를 말한다. 군수 목록이란 군수품의 식별 및 관리에 필요한 정보 제공을 위하여 품목 정보 및 특성 등이 수록된 자료이다. 목록화 혹은 목록관리는 군수품의 품명, 군급 분류 및 특성 등을 식별하여 재고 번호를 부여하고 목록 자료를 생성하는 전체적인 과정이다.

2. 군수품 표준화 활동

군수품의 조달, 관리 및 유지를 경제적이며 효율적으로 수행하기 위해 표준을 설정해야 하며, 이러한 표준화를 위해서는 표준품목 지정, 규격화, 형상관리 등의 제반 활동이 필요하다. 이들 표준화 활동을 알아보자.

가. 표준품목 지정 활동

표준품목 지정이란 군에서 표준화된 장비나 군수품을 사용하기 위하여 특정 품목을 대상으로 표준품목을 지정하는 활동을 말하며 완성품에 대하여 지정한다.

표준품목을 지정하는 목적은 표준화된 장비 보급을 통하여 체계적인 전력 운영을 가능하게 하며, 비표준화된 다수 품목을 소량으로 확보하면서 발생할 수 있는 비용과 업무의 비효율성을 방지하기 위한 것이다. 군수품은 군수법 시행규칙에 있는 규격별 분류에 따라 표준품목, 제한표준품목, 시용품목, 비표준품목, 상용 품목으로 분류하여 지정하고 있다.

〈**표 9-6**〉 표준화와 관련한 군수품의 분류

구분	품목지정 기준 및 내용
표준 품목	• 군사요구도를 충족하는 품목으로서, 군의 특수성과 보급 및 정비 등의 후속 군수지원 등을 고려하여 단일모델로 지정된 품목 • 표준품목으로 지정된 장비는 국방 규격 등을 만족하는 제품으로 조달하고 그 수리부속품은 정상소요를 확보
제한 표준 품목	• 표준품목과 병행하여 계속 유지할 필요성은 있으나 새로운 표준품목으로 대치될 품목 • 제한표준품목으로 지정된 장비는 조달을 요구할 수 없고, 그 수리부속 부분품은 현보유량을 유지하기 위한 소요만을 조달할 수 있음
시용 품목	• 군수품 표준화를 위하여 시험평가를 하기 위한 품목 • 시용품목으로 지정된 장비는 시험소요, 그 수리부속품인 경우에는 시용기간의 소요만을 조달 요구할 수 있음
비표준 품목	• 군사요구도를 충족할 수 없으며 경제적으로 부적합하나 교육 및 훈련용으로 사용 가능한 품목 • 비표준품목으로 지정된 장비는 조달 요구를 할 수 없고, 관리 유지를 위한 수리부속품은 동류전용으로 확보
상용 품목	• 민수용으로 생산 또는 유통되고 있는 품목을 군에서 군수품으로 채택 사용하는 품목으로, 구매요구서에 의한 조달이 가능하고 후속군수지원에 문제가 없는 경우 상용 품목으로 지정 • 상용 품목으로 지정된 장비는 완제품 및 수리부속품의 정상소요를 반영하여 조달 가능

군수품 중 표준품목은 국방 규격을 제정할 필요가 있으며, 제한표준품목, 시용품목, 비표준품목은 국방 규격을 제정할 필요가 없다. 상용 품목은 국방 규격을 제정하지 않고 한국산업표준, 정부 규격, 국제표준, 단체표준, 업체 규격 순으로 적용한다.

나. 규격화

무기체계의 적정한 성능 유지는 규격 및 형상관리를 얼마나 잘하느냐에 달려 있다. 규격은 체계를 형성하는 근본이며 형상관리는 근본이 되는 체계를 효율적으로 유지하기 위한 수단이다. 규격은 제품 또는 용역의 기술적 요구사항과 그 기술적 요구사항의 일치 여부를 결정하는 절차 및 방법을 규정하고 있기 때문에 계약 및 계약 이행과 관련하여 사용되는 문서 중 가장 핵심적인 기술 문서이다.

군수품의 국방 규격은 기능성·표준성·경쟁성·경제성·최신성 및 시장성 등을 감안하여 제정함을 원칙으로 한다. 따라서 군수품의 종류, 형태, 생산 방법, 기술의 발전 및 시장성 등을 고려하여 적절한 시기에 제정한다.

국방 규격은 정식 규격, 약식 규격으로 구분한다. 국방 규격은 정식 규격을 적용하는데, 정식 규격이 제정되어 있지 않으면 약식 규격을 적용할 수 있다. 약식 규격은 용도와 조건에 따라 임시 규격, 포장 규격, 구매 규격, 도면 규격으로 구분된다. 특별한 군사요구도가 있는 경우는 국방 규격을 적용하고 군사요구도가 없는 군수품은 동일한 사항이 한국산업규격이나 정부 규격으로 제정되어 있을 경우는 이를 활용한다. 규격이 제정되어 있지 않은 경우에는 관계 기관에 규격 제정을 요구하고 가능한 한 국방 규격은 제정하지 않는다. 군수품의 국방 규격은 국산화 추진 가능품목, 소요량이 다수인 품목, 고가 품목 위주로 제정하며, 가능한 한 디자인 또는 외형 묘사적인 특징보다는 성능 위주로 작성하고 있다.

다. 형상관리

형상관리는 형상관리 품목의 기능적·물리적 특성을 식별하고 문서화하여 변경 내용을 통제하고, 필요한 정보를 기록 유지하며, 각종 기술 자료와 제품의 합치 여부를 점검하는 절차와 제도로서 무기체계 전체 수명주기 동안 중요한 기술 활동이다.

형상관리의 목적은 크게 두 가지이다. 첫째, 형상관리를 통해 무기체계(하드웨어, 소프트웨어)의 총 수명주기 동안 성능을 유지하고, 품목 통제 및 표준화를 용이하게 수행하고,

확실한 기술적 자료의 요구를 줄일 수 있다. 둘째, 무기체계의 총 수명주기비용을 최소화하는 데 있다. 수명주기 동안 요구 성능을 만족시키는 동시에 연구개발 및 양산 단계에 설계 및 개발 수준을 최적으로 유지하고, 배치 이후 군수지원 및 정비에 이르기까지 필요한 형상 통제를 적시에 적용하고, 초기부터 기술 자료의 표준화 및 통일성을 유지해야만 획득 비용과 운영유지 비용을 최소화할 수 있다.

형상관리의 주요 내용은 형상 식별, 형상 확인, 형상 통제, 형상 자료유지이다.

(1) 형상 식별은 요구조건을 식별하고 만족하기 위해 필요한 하드웨어나 소프트웨어 등 품목의 기준 특성을 정의하는 문서 작성 업무이다. 모든 형상관리 품목에 대하여 품목의 기준 특성을 식별하는 기술 문서 형식으로 작성하며 형상 통제 및 현황 유지를 위한 기본 자료로 활용된다. 이 때 작성되는 형상 식별서는 수명주기 단계별 기능적·물리적 특성을 식별하여 기술한 규격서, 도면 및 부품 목록 등 기술 자료를 말한다.

(2) 형상 확인은 형상 식별서와 제작된 제품이 기능적 또는 물리적으로 합치하는가 여부를 검검하는 활동이다. 기능적 형상 확인과 물리적 형상 확인으로 구분하여 수행한다. 기능적 형상 확인은 제시된 대표 제품(시제품 또는 최초 생산품)에 대하여 실시하며 물리적 형상 확인에 앞서 실시한다. 물리적 형상 확인의 목적은 제작된 형상관리 품목의 형상이 규격서, 설계 도면, 기술 자료 및 생산에 이용되는 시험 절차와 제품과 일치함을 보증하기 위해 수행된다. 제품 제조에 사용된 기술 문서가 완전하고 계속 생산에 적합한지에 대한 세부적인 확인 작업이다.

(3) 형상 통제는 결함 사항의 시정, 운용상 또는 군수지원상 요구를 충족하기 위한 변경, 수명주기비용의 효과적인 절감, 승인된 생산 일정의 지연 방지, 최신 기술 적용 및 성능개량, 규격 적합성 검토 결과 이의사항 반영 등이 발생하였을 경우에 형상과 형상 식별서의 변경을 통제하는 활동이다. 즉, 형상 통제를 통해 불필요한 변경은 억제하고 가치 있는 변경을 시행하고자 하는 것이다.

(4) 형상 자료유지는 승인된 형상 식별서, 제안된 형상 변경 사항, 제안된 형상 변경의 추진 현황, 승인된 형상 변경의 이행 상황 등의 필요한 정보를 기록 유지하는 활동을 말한다.

3. 군수품 목록화

군수품을 효율적으로 획득·관리하기 위하여 군수품 표준화 계획 수립이 필요하고, 표준화에 따라 군수품을 분류하여 품목 재고 번호를 부여하고 특성 등을 작성하여 이를 군수품 목록 정보로 관리해야 한다. 목록 업무라 함은 물품의 분류 체계를 통일하고 물품 정보에 대한 자료를 수집·분석·정리하여 이를 목록화·전산화하여 물품의 생산·조달·관리 및 운영의 모든 분야에서 경제적·효율적으로 이용할 수 있어야 한다.

군수 목록이라 함은 군수품의 식별 및 관리에 필요한 정보 제공을 위하여 품목 정보 및 목록 교범 등이 수록된 자료로서 군수 목록 체계에서 지원하는 목록 자료를 말한다. 군수품은 목록화 작업을 통하여 품명, 군급 분류, 재고 번호 등을 부여받아 조달, 관리, 운영상의 제반 과정 전 부문에서 자료로 활용하고 있다.

가. 목록의 분류와 활용

목록은 사용 목적에 따라 네 가지로 분류한다.

(1) 품목의 군급, 품명 등 품목을 식별하기 위한 식별 자료 목록
(2) 품목의 특성 자료를 기술함으로써 식별에 도움을 주는 특성 자료 목록
(3) 품목을 관리하는데 필요한 정보를 수록한 관리 자료 목록
(4) 부품 번호 및 생산자 등으로 재고 번호 상호 색인을 위한 참조 자료 목록

목록은 사용자에게 필요한 정보를 모아서 이용에 편리한 체계로 구성된 자료이다. 사용자 각자에 필요한 자료에 포함된 정보와 어떻게 활용할 것인지에 관련된 내용은 〈표 9-7〉에 나타나 있다.

목록 제도가 수행하는 가장 중요한 기능 중의 하나는 동일한 품목에 2개 이상의 재고 번호가 부여되지 않도록 하는 것이다. 만약 목록 제도가 없다면 다음과 같은 문제점이 발생할 수 있다.

(1) 보급 행정의 중복으로 인한 시간과 예산이 낭비될 수 있다.
(2) 적용 장비가 폐기된 품목인지 모르고 계속 저장 관리할 수 있다.
(3) 호환 및 대체 품목을 확인할 수 없으므로 긴급시 동류전용 및 대체 판단이 불가능하다.

〈표 9-7〉 목록 종류에 따른 수록 정보와 활용

자료명	수록 정보	활용
식별 자료 (SEG.A)	군급분류(FSC), 품명(영문, 한글), 품종, 제조 구분, 재고 번호 상태 등	군수품 분류기준(FSC), 활용·비활용 취소 품목 및 대체 재고 번호 등 확인
참조 자료 (SEG.C)	품목에 관련된 참조번호, 생산자, 참조번호 형태 등	품목 관련 생산자와 부품 번호로서 조달원 확인
관리 자료 (SEG.H)	군별 불출 단위, 단가, 적용 장비, 포장단위 등	품목의 조달, 청구, 저장 불출 방법 등 확인
특성 자료 (SEG.V)	품목의 재질, 크기, 모향, 성능, 물리, 화학적 성능	재고 번호, 품명에 의한 품목의 특성 확인

* 군급분류(FSC: Federal Specification Class)

(4) 국내·외 조달원 파악이 곤란하여 물자 보급에 문제가 발생할 수 있다.

(5) 군수품의 효율적이며 경제적인 수송 방법 선정이 곤란할 수 있다.

(6) 각종 군수 자료의 전산화(정보화)가 불가능하다.

나. 국가재고번호의 구성

국가재고번호는 어떤 품목에 대해 생산국이 부여하는 번호로서 가장 확실한 품목식별 자료이며 13자리 숫자로 되어 있다. 13자리 중에서 처음 4자리는 군급분류번호(FSC), 다음 9자리는 국가품목식별번호(NIIN: National Item Identification Number)이다. 국가품목식별번호는 국가부호 2자리, 품목식별번호 7자리로 구성된다.

참고 9-2 **M-60 기관총의 국가재고번호 사례**

국가재고번호: 84 05 00 6057719

84: 무기(群 번호)

05: 포, 30밀리 이하(級 번호)

00: 미국(국가부호)

6057719: 품목식별번호

(1) 군급분류번호: 미국 연방보급분류(FSC: Federal Specification Class)를 그대로 적용한다.

群(group): 보급품의 기능별 분류

級(class): 群別 세분류

(2) 국가부호(NCB: National Codification Bureau): NATO 목록국에서 부여한 부호를 사용한다. 한국은 37이며 미국은 00과 01을 사용한다.

(3) 품목식별번호(IIN: Item Identification Number): 국가부호별 7자리의 일련번호이다.

토의문제

1. 이클즈(Eccles)는 군수를 국가 경제와 야전 전투 현장을 연결하는 교량이라고 정의하고 있다. 이 정의와 군수의 기능인 소요, 조달, 보급, 수송 등이 어떻게 연계되어 있는지 설명해보자.

2. 군수는 군사력을 준비하고 유지하는 역할을 담당하고 있다. 이러한 측면에서 흐름으로서의 군수가 여기에 어떻게 기여하는지 토의해보자.

3. 군수품, 품목, 물품, 제품 등 용어의 차이점을 설명해보자.

4. 군수품 표준화는 왜 중요한가? 표준화, 규격화, 형상관리 용어를 정의해보자.

5. 군수품 목록화의 중요성을 토의해보자. 목록화에 있어 문제점은 무엇인가? 개선 방향을 토의해보자.

참고문헌

육군본부, 군수업무 야전 교범 4-0, 2009.6.30.

육군본부, 조달관리 야전 교범 4-11, 2008.10.15.

방위사업청, 방위사업개론 1판, (방위사업청, 2008.4.)

정진태, 방위사업학 개론, (21세기 북스, 2012.2.)

제10장 소요관리

소요는 군수 기능의 출발점으로 소요에 문제가 있으면 군의 다른 기능에 영향을 주게 된다. 적정 소요를 산출하지 못하면 예산의 낭비라는 경제적 손실뿐 아니라 보급, 정비, 수송 등에 영향을 미치며 심지어 전투력 상실이라는 위험한 상황을 초래할 수 있다. 소요의 과다 책정은 물자의 과다 재고를 발생시키고 이로 인한 비용 증가와 부대의 중량화로 기동둔화 현상이 초래될 것이다.

소요관리를 다루는 10장은 4개 절로 구성되어 있다. 1절은 소요의 정의와 구분을 다룬다. 2절은 소요 판단에 대해 살펴본다. 3절은 보급 수준 소요에 대해 살펴본다. 4절은 수요예측에 대해 살펴본다.

제1절 소요의 정의와 구분

1. 소요의 정의

소요(requirement)의 사전적 의미는 "필요나 필요한 것" 또는 "필요 조건, 요건"을 말한다. 소요는 수요(demands)라는 용어와 혼란이 있다. 두 용어의 차이를 설명하는 데 있어 군에서 수요는 과거 경험 자료에서 나온 필요이며 소요는 미래 발생할 필요라고 하고 있으나 쉽게 이해하기 힘든 설명이라 할 수 있다. 수요는 국어대사전에서 "어떤 재화나 용역을 일정한 가격으로 사려고 하는 욕구(wants)"라고 하고, 체계 경영학사전에서 "구매의욕과 구매력에 의해 뒷받침된 특정제품에 대한 욕구"로 정의하고 있다. 사전적 측면에서 수요는 필요한 것에 대한 **욕구**라는 단어에 중점이 있는 반면, 소요는 필요한 것에 대한 **요건**으로 **요구사항**에 더 중점이 있다고 할 수 있다.[1]

군의 소요는 크게 "군사소요(Military Requirement)"와 "물자소요(Material Requirement)"로 구분한다.[2]

군사소요는 "군사적 요구"로 해석할 수 있으며 국방 분야가 특정기간에 군사 목표를 달성하고자 할 때 필요하다고 결정된 광범위한 요구사항을 포함한다. 미 합동군사 용어사전에는 군사소요를 "승인된 군사 목표를 달성하거나 임무를 완수하는데 필요한 능력을 갖추도록 하기 위하여 적절한 자원 배분을 합법화하는 하나의 설정된 요구"라고 정의하고 있다. 여기에서 설정된 요구란 필요한 군사력 수준이나 목표 전력 수준이라고 표현할 수 있다. 필요한 군사력 수준이나 목표 전력 수준을 확보하기 위해서는 엄청난 비용을 요구하기 때문에 군사소요는 한정된 시간과 가용한 자원의 범위 내에서 결정될 수밖에 없다. 국방부나 합참은 군사 목표 달성을 위해서 장기 전략 및 장기 기획을 수립해야 하며 이러한 기획문서가 각 군의 소요 판단 지침이 된다. 각 군은 소요 판단 지침에 따라 군에 부여된 임무 수행을 위해 필요한 무기체계, 즉 각종 장비 및 무기와 이들을 지원하기 위한 전력화 지원 요구에 대한 소요를 제기하게 된다.

물자소요는 미 합동군사 용어사전에 "특정기간에 군이 부여된 임무를 완수함에 있어서 군을 무장시키고 보급 체계를 설정하여 유지시키는데 필요한 장비 및 보급품의 양"으로 정의하고 있다. 물자소요는 어떤 부대가 부여된 임무와 기능을 수행하기 위하여 일정 기간 동안에 필요로 하는 자원의 양을 말한다. 물자소요 정의에는 조직체(어떤 부대), 임무(기능), 기간(일정 기간), 품목(장비 및 보급품), 수량(자원의 양)이라는 다섯 가지 요소가 내재되어 있다. 따라서 이러한 요소들이 명확하면 명확할수록 더 정확한 물자소요를 산정할 수 있게 된다.

---

1 수요와 소요는 Collins Cobuild Advanced Learner's English Dictionary에서 다음과 같이 구분하고 있다. A demand is a **firm request** for something. A requirement is **a quality or qualification** that you must have in order to be allowed to do something or to be suitable for something.

2 소요 정의와 구분은 다음 J.S. Pustay, *Defense Requirement and Resource Allocation*, NDU, Washington D.C., 1982와 E.T. White, V.E. Hendrix, *Defense Acquisition and Logistics Management,* NDU, Washington D.C., 1984을 참조하라.

군수 분야에서 별도의 단서 없이 소요라 하는 경우는 대부분이 물자소요라 할 수 있다. 군사소요는 전력 수준을 결정하는 중요한 역할을 하고 있으며 모든 군사 행동의 시초라 할 수 있다. 반면에 물자소요는 군수 기능의 시발점으로 물자소요에 차질이 있으면 군수의 다른 기능에 영향을 주게 된다.

2. 소요의 역할

소요 기능은 군수관리 8대 기능 중에서 가장 중요한 역할을 하고 있다. 소요가 과다 책정될 경우에는 물자의 사장, 손실, 훼손 등으로 예산이 낭비되고 또한 부대의 중량화로 인해 기동둔화 현상이 초래된다. 반면에 소요가 과소 책정될 경우에는 필요할 때 재고 부족으로 인하여 작전상 본연의 임무 수행에 차질을 가져오게 된다. 따라서 소요가 과다 책정이나 과소 책정이 되지 않고 적절하게 책정되도록 하는 것이 효과적, 경제적인 군수관리 목표에 기여하는 것이다.

소요의 주요 역할은 다음과 같다.

(1) 소요는 군수지원의 시발점이 된다. 정확하고 적절한 소요 판단은 효과적인 군수지원의 시발점이며 다른 군수 기능 분야에 연쇄반응을 일으킨다.

(2) 소요는 적기 수요 충족에 기여한다. 적시, 적소, 적량의 군수지원을 하기 위해서는 적정 소요를 판단함으로써 사용 부대의 수요 충족에 기여하게 된다.

(3) 소요는 재고의 효과성과 경제성을 동시에 달성할 수 있다. 소요관리를 통해 최대한 수요를 충족해야 하는 효과성과 최소의 재고로 인한 비용의 절감이라는 경제성 목표를 상충됨이 없이 조화롭게 결합해야 한다.

(4) 소요는 재고 수준을 적정하게 유지하도록 해야 한다. 정확한 소요 판단을 통해 적정 재고 수준을 유지하게 하며 이를 통해 재고 고갈을 최소화하는 동시에 초과 재고를 억제하게 한다.

(5) 소요는 저장 공간을 효과적으로 사용하게 한다. 재고 수준을 고려한 정확한 소요 산정은 적기 수요 충족에 기여할 뿐만 아니라 과다 소요 산정으로 인한 불필요한 저장 공간의 확대를 예방할 수 있게 한다.

3. 소요의 구분

소요는 관점에 따라 상황별·성격별·용도별·형태별·적용 대상별로 〈표 10-1〉과 같이 구분된다.

〈표 10-1〉 소요 구분

구분	내용			
상황별	• 전시 소요	• 평시 소요		
성격별	• 투자비 소요[3]	• 경상운영비 소요		
형태별	• 인가 소요	• 소모 보충 소요	• 보급 수준 소요	
용도별	• 예산 편성 소요	• 조달 계획 소요	• 자금 배정 소요	• 청구 소요
대상별	• 부대당 소요	• 장비당 소요	• 병력당 소요	• 품목당 소요

소요 구분에서 형태별 분류가 많이 활용된다. 형태별로는 인가 소요·소모 보충 소요·보급 수준 소요로 구분된다.[4]

(1) 인가 소요: 인가 소요는 장비표(T/E: Table of Equipment), 물자배당기준서(T/A: Table of Allowances) 등에 의거하여 인가되는 기본소요이다. 이는 부대당·장비당·병력당 기준수에 적용 대상을 곱하여 산정한다.

(2) 소모 보충 소요: 운영상 소모되었거나 정상적으로 마모된 장비 및 물자를 보충하기 위한 소요를 말한다. 이를 운영(유지) 소요라 하는데 수요예측기법이나 소모 기준에 의거하여 산정한다.

---

3 투자비 사업은 소요 제기 단계로부터 계획-예산-집행·평가 단계까지 일관된 문서 체계에 의하여 관리되어야 한다. 방위력 개선사업의 첫 시발점이라 할 수 있는 투자비(사업) 소요 제기 업무는 매우 중요한 업무 단계이다. 투자비(사업)에서 다루는 소요는 다음 세 가지로 구분된다.

(1) 기획 소요: 군사전략 개념을 구현하기 위한 전력 구조별, 전장 기능별 순수 요망 소요로서 전시 동원·부대 확장 등 각종 계획 수립에 필요한 기준이 된다.

(2) 중장 목표: 가용 재원, 상비 전략 운영 수준, 작전 운용성 등을 고려하여 실제적으로 확보가 요망되는 소요로서 중기 계획 수립의 기준이 된다.

(3) 목표 소요: 소요 전력 우선순위에 입각하여 중기대상 기간 중에 반영한 군사력 건설 소요를 말한다.

4 형태별 소요 분류에 계획 소요를 추가하기도 한다. 계획 소요란 사업 계획에 의거하여 사전에 계획되어 반영된 소요이다.

(3) 보급 수준 소요: 가장 경제적이고 효율적으로 보급 운영의 지속성을 보장하기 위해 재고로 확보되어야 할 물량이 얼마인가에 관련된 소요이다. 이를 재고 보충 소요라고도 하며 안전 재고와 발주 및 수송 시간에 대처할 수 있는 요구량을 포함한다.

군의 소요에서 소모 보충 소요와 보급 수준 소요가 혼합되어 관리되는 경우에 정확한 수요예측이나 재고통제에 어려움을 겪게 된다.

제2절 소요 판단

1. 소요 판단 절차

소요관리에서 중요한 것은 정확한 소요 산정을 통하여 수요예측의 적중률을 향상시키고 자산의 초과나 부족을 방지하는 것이다. 소요 산정을 위한 소요 판단 절차는 다음과 같다.

우선, 소요 판단에 필요한 각종 자료를 수집해야 한다. 다음과 같은 고려 요소와 자료를 참조하여 소요 판단을 해야 적정 소요가 산출될 수 있다.

(1) METT-TC 요소: Mission(임무), Enemy(적), Terrain and weather(지형 및 기상), Troops availability(가용병력), Time(시간), Civilian(민간인)
(2) 소모 보충률, 폐기율(MR: Mortality Rate), 피해율: 평시 종별 소모율 산정 기준에 의한 소모 보충률, 정비창에서 적용하고 있는 폐기율, 전시 피해율을 적용한다.
(3) 수요 제원: 제대별, 연도별 과거 수요 자료를 활용한다.
(4) 비계획 특수 사업 소요: 천재지변, 무기체계 변경, 편제 변경 등 사전 계획에 포함되지 않았던 특수 사업 소요를 고려해야 한다.
(5) 장비 및 물자 상태: 보유하고 있는 장비와 물자의 사용 가능한 질적 상태를 사전에 구분하여 반영한다.
(6) 편성 또는 임무의 변동: 부대 구조, 편성과 임무의 추가, 변동, 조정, 삭제 등에 의한 변화를 판단하여 반영한다.
(7) 지리적 조건: 평지, 산악, 하천, 강, 바다 등 지리적 조건을 고려한다.

(8) 계획 소요: 사업 계획에 의거 사전에 계획되어 반영된 소요이다.

(9) 정확한 가용자산: 현재 편성 및 임무상 가용자산과 향후 변경 조정되는 소요를 예측 판단하여 가용자산을 판단 후 반영한다.

둘째, 자료를 수집한 후 각종 기법을 이용한 분석을 통하여 다음 기준을 산출한다. 장비류는 정비대체장비 수량, 전·평시 손실률(보충률)을 구해야 한다. 수리부속은 수요율, 폐기율을 구한다. 물자류는 소모 기준, 소모 및 보충률을 구한다.

마지막으로 수집된 자료에 의한 총소요 산정, 가용자산 판단, 실소요 산정 등의 순서로 소요 판단이 이루어진다.

가. 총소요 산정

소요 산정 기준과 상급 제대에서 하달한 지침에 의거하여 총소요를 산출한다. 즉, 부대의 초도 소요, 연간 군 운영을 위한 지원 소요, 보급 수준 소요, 계획 소요, 전쟁 예비 소요 등을 산출하게 된다. 통상 일정 기간의 이들 소요 합계를 총소요라 하며 장비류와 물자류의 소요 산정 방법은 상이하다. 장비류는 전시 일정 기간까지의 전투 손실을 포함한 소요를 산정하는데 반해 물자류는 통상 1년 단위로 소요를 산정한다.

총소요를 산정하는 방법은 그 대상과 목적에 따라 다르나 다음과 같은 방법을 사용하여 총소요를 산정한다.

1) 기준수에 의한 방법

소요 = 기준수 × 대상수

이 방법은 주로 초도 소요 산정에 적용된다. 기준수는 개인 또는 부대, 장비, 시설 등에 인가된 기준량이며 대상수는 지급 또는 지원을 필요로 하는 계획된 인원 또는 부대, 장비, 시설수이다.

2) 소모율에 의한 방법

소요 = 기준수 × 대상수 × 소모율

소모율이란 일정한 기간 내에 소모품의 수요량에 대한 한 품목의 월간 평균 수요량을 말한다. 소모율은 소모품에 한해서 적용된다.

$$\text{월간소모율} = \frac{\text{최근 1년간의 수요량}}{\text{1년간 월평균밀도} \times \text{사용기간(월)}}$$

평균밀도는 병력 또는 장비의 평균보유수이다.

3) 보충률에 의한 방법

소요 = 기준수 × 대상수 × 보충률

보충률은 일정한 기간 내에 보유중인 물자가 사용 불가 상태가 되거나 전투 피해, 폐기, 기타 원인으로 보충되어야 할 월간 평균 수요량을 말한다. 보충률은 비소모품에 적용된다.

$$\text{월간보충률} = \frac{\text{최근 1년간의 감소수}}{\text{1년간 월평균밀도} \times \text{사용기간(월)}}$$

4) 마모율에 의한 방법

소요 = 기준수 × 대상수 × 마모율

마모율이란 일정한 기간에 여러 가지 요인으로 장비, 부속, 비소모품의 마모 손실정도를 백분율로 나타낸 것이다.

5) 폐기율에 의한 방법

소요 = 예측소요 × (1 − 기본폐기율) − 재생계획량

폐기율이란 수리부속품의 손실률을 말하며, 폐기율의 산정 목적은 정비 계획과 연계하에 조달 및 예산의 판단을 위한 자료를 제공하며, 정비를 위한 수리부속품의 정확한 소요를 산정하고, 재고 고갈 및 초과품 발생을 방지하려는 데 있다. 수리부속품은 소모성 품목과 복구성(repairable) 품목으로 구분된다. 소모성 품목은 고장이나 수명이 만료된 경우 신품으로 교체하는 품목이며, 복구성 품목은 정비나 수리(재생) 후 다시 사용할 수 있는 품목이지만 이 과정에 재사용할 수 없는 경우가 발생할 수 있다. 기본폐기율이란 장비 및 구성품의 기본이 되는 품목의 폐품 발생률로서 복구성 품목을 분해 수리할 때 그 품목 자체가 감소 폐기처리되는 비율이다. 폐기율(부속소모율)은 모든 부속에 대하여 산출된다.

$$\text{기본폐기율} = \frac{\text{과거 2년간 폐처리 수량}}{\text{동 기간중 수집수량}}$$

6) 가동율에 의한 방법

소요 = 1일 소모 기준 × 장비수 × 운영 일수 × 장비가동율

장비가동률은 보유 장비 중 가동할 수 있는 장비수의 백분율을 말한다. 이는 주로 장비가동에 소요되는 연료 계산 등에 사용된다.

7) 계획량에 의한 방법

계획량은 사업별로 수립되는 계획 자체에서 소요로 책정된 물량이다. 즉, 소요 = 계획량이다.

나. 가용자산 판단

가용자산을 판단할 경우에는 현재고량(O/H: On Hand)뿐만 아니라 수입예정량(D/I: Due In), 불출예정량(D/O: Due Out)을 포함한다.

가용자산 = 현재고량 + 수입예정량 − 불출예정량

다. 실소요 산정

실소요는 총소요에서 가용자산을 감하여 산정하며, 예산 반영, 조달, 청구 등을 위한 소요이다. 이때 무기체계, 투자비 소요 등 장비 획득 및 도태 계획에 관한 각종 관련 문서를 고려하며, 장비 표준화 분류에 따르는 소요 반영상의 제한 사항과 보급 방침 및 사업 계획 범위 내에서 반영하도록 한다.

2. 제대별 소요 판단

모든 소요는 근원인 사용자가 소속한 단위부대, 편성부대, 야전지원부대, 군수사령부에 이르기까지 제대별로 소요 판단을 통해 이루어진다. 모든 장비 및 물자 분야에 대한 적절한

소요 판단을 위하여 품목의 특수성과 부대 임무 등을 고려한 수요예측기법과 해당 인수를 적용해야 한다.

가. 단위부대 소요 판단

단위부대는 편성부대의 일부로 분배받은 군수품을 운영하는 군수품 관리상의 최소 부대로 소총중대, 포대, 참모부 또는 처·부 단위가 이에 해당된다. 단위부대에서의 소요 판단은 청구 행위로 나타난다. 이러한 청구에는 과거에 수령한 경험이 없는 품목을 청구 획득하기 위하여 최초로 청구하는 초도 청구, 부대의 인가량을 보충하기 위하여 청구하는 보충 청구, 그리고 고장난 장비를 정비하기 위하여 소모된 부속품들을 청구하는 고장(DL: Dead Line) 청구 등이 있다. 단위부대에서 청구 소요를 판단할 때 다음과 같은 공식이 적용된다.

청구 소요 = 인가수량 − (현재고량(O/H) + 수입예정(D/I))

나. 편성부대 소요 판단

편성부대는 2개 이상의 단위부대로 구성된 보급 계통의 기본 부대이다. 편성부대에서는 보급품의 소요가 발생될 때마다 청구함으로써 소요가 제기된다.

(1) 1종 소요: 일일 평균 급식 병력에 의거 소요량을 산정하여 청구한다.
(2) 2종·3종·5종·8종 소요: 물자배낭기순서, 인가장비 또는 인가병력, 인가문서 등을 기준으로 하여 소요를 판단한다.
(3) 7종 장비류: 장비표 또는 물자배당기준서에 의거하여 소모량이 인가된다. 편성부대에서는 이러한 문서에 의거하여 인가된 수량을 전량 확보해야 하며 부족분이 있을 때에는 청구해야 한다.
(4) 9종 수리부속: 수리부속은 수요가 확률적으로 발생하기에 수요예측이 대단히 곤란하다. 사용중인 장비가 고장이 나야만 확실한 소요가 발생하기 때문이다. 그런데 장비가 고장이 나서 부족분을 청구한다면 수령까지 기간 동안 장비가동에 지장을 주거나 장비 사용이 불가능하게 된다. 편성부대에서는 이와 같은 장기간의 장비가동률 저하를 방지하기 위하여 부대정비용으로 통상 15일분의 규정휴대량(PL: Prescribed Load)을 확

보하도록 인가되어 있다.[5]

다. 야전지원부대 소요 판단

야전지원부대는 편성부대를 직접 지원하는 사단급 지원부대와 독립된 편성부대 및 사단급 지원부대를 지원하는 군지사 지원부대로 대별할 수 있다. 야전지원부대에서는 인가저장품목, 비인가저장품목, 기타 장비류에 관련된 소요 판단을 하게 된다.

(1) 인가저장품목(ASL: Authorized Stockage List)의 소요 판단: 인가저장품목이란 보급지원 부대에서 보급 수준을 유지하도록 인가(선정)된 품목을 말하며, 선정되지 않은 기타 품목을 비인가저장품목이라 한다. 보급 수준을 운영하는 보급 품목은 급식, 유류, 탄약, 장비를 제외한 전체 품목이 해당되며, 전체 품목 중에서 선정된 품목에 한하여 보급 수준을 설정하여 사전에 재고를 유지하게 된다. 인가저장품목으로 설정해서 유지해야 하는 품목으로는 전투 긴요 품목, 임무 수행상 또는 전투수행상 필수 품목, 최근 수요 빈도가 많은 다수요 품목, 편성부대의 규정휴대량 품목 등이다.

야전지원부대는 장비류를 제외한 보급품 중에서 인가저장품목으로 선정된 품목에 한하여 인가량을 확보하고 피지원부대를 지원한다. 자산이 재청구점에 도달하면 상급부대에 청구하며, 청구량은 청구 목표에서 가용자산을 감하여 산출한다.[6]

---

5 규정휴대량이란 편성부대, 독립중대, 격리된 파견대, 통신소, 레이더감시소 등에서 자체(부대) 정비를 실시하기 위하여 보유해야 할 15일분의 수리부속품과 인가된 특수 공구의 수량을 말한다. 규정휴대량 목록이란 장비의 부대정비를 위하여 15일분의 수리부속품과 인가된 특수 공구의 목록과 수량을 제시한 문서이다. 목록 설정은 보급 교범이나 회보 및 과거 수요 경험에 의하여 설정한다. 매년 설정하는 규정휴대량은 편성부대급 실무자의 주관적인 요소에 의하여 많은 차이가 발생함에 따라 사단 또는 군지사 제대에서 부대 유형별, 임무별로 표준 규정휴대량 목록을 작성함으로써 해당 편성부대에서는 이를 기초로 부대 보유 장비를 기준으로 선정할 수 있다.

6 인가저장품목 산정 기준 및 절차는 다음과 같다. 군수사에서는 전투긴요 품목, 임무필수 품목, 다수요 품목, 규정휴대량 품목을 ASL로 선정한다. 군지사에서는 임무필수 품목, 다수요 품목, 규정휴대량 품목이 선정된다. 사·여단에서는 임무필수 품목, 규정휴대량 품목이 선정된다. 편성부대에서는 규정휴대량 품목이 선정된다. 인가저장품목은 보급 수준이 인가된 사단급 부대 이상에서만 선정하여 상급지원부대에 건의하여 승인을 받은 후 회계연도 기간 중에 고정 운영함을 원칙으로 한다. 인가저장품목은 익년도 조달 계획에 반영할 수 있도록 당해연도 작성 기준일을 근거로 하여 제대별 취급 품목을 대상으로 연1회 설정한다.

- 실 청구 소요량 = 청구 목표 − 가용자산
- 가용자산 = 현보유 + 수입예정 − 불출예정
- 소요량 = 보급 수준 소요

(2) 비인가저장품목(NASL: Non Authorized Stockage List)의 소요 판단: 비인가저장품목은 인가저장 목록 산정 기준의 수요 빈도에 미달되는 품목으로 수시로 수요가 발생할 때마다 검토하여 반영한다.

(3) 장비류 관련 소요 판단: 야전정비지원 부대에 입고율이 높은 주요 장비에 대하여 입고 정비 기간 중 전투력의 공백을 방지하기 위하여 정비대체(MF: Maintenance Float)장비를 운영한다. 정비지원부대의 부품 부족, 작업량 과다, 중(重)정비 소요 등으로 제한된 정비 시간에 장비 수리가 불가능한 경우 우선 확보된 대체 장비를 1:1로 교환하여 불출한다. 단 장비의 특성에 따라 해당 입고장비는 정비 완료 후 소속부대로 원복시키고, 대여된 대체 장비는 정비지원부대로 회수하여 정비후 대체 장비로 다시 확보한다. 정비대체장비의 선정은 임무 수행상 긴요도, 장비인가량, 현보유량, 보급 및 정비 능력을 고려하여 선정한다. 정비대체장비는 두 가지로 구분하여 소요를 판단한다.

- 운영준비 대체(ORF: Operational Readiness Float)장비

  소요 = 장비인가량 × 불가동률 ÷ 가동률

- 순환장비 대체(RCF: Repair Cycle Float)장비

  소요 = 월 정비 계획 × 정비복귀일수 ÷ 30

라. 군수사 소요 판단

군수사는 매년 연간 소요 판단 지시에 의거 예산 편성을 위한 전군 지원 소요를 판단한다. 장비를 제외한 소모품 및 수리부속품의 소요는 수요 경험 및 각종 기준, 소모 보충률, 운영일수 등을 고려하여 결정하고, 장비류는 별도로 판단하여 중기 계획에 반영한다.

군수사 소요 판단을 위해서는 각종 인수를 적용해야 하는데 대표적인 인수로는 수요율, 소모 및 보충률, 폐기율 및 기본폐기율이 있다. 수요율은 경험 자료들을 이용하여 추

세분석기법을 활용하여 사용하는데 수요 경험 자료가 5년분 이상인 경우에는 최근 5년간의 연도별 자료를 활용하여 수요를 예측하고, 가용 자료가 2~3년분일 경우에는 분기별로, 그리고 2년분 미만의 자료는 월별로 종합하여 활용한다.

연간 소요를 구하기 위한 수요예측기법은 통제 기간 수요, 산술평균법, 이동평균법, 지수평활법, 최소자승법, 종합평가기법 등을 사용하고 있다. 연간 소요는 다음과 같이 산출한다.

- 총소요 = 인가 소요 + 운영유지 소요 + 보급 수준 소요 + 계획 사업 소요
- 가용자산판단 = 현보유 + 수입예정 + 야전초과 + 기타초과 + 기타가용(재생 및 동류전용, 정비 계획량 등) − 불출예정
- 실소요 = 총소요 − 가용자산

예산운영을 위한 소요를 판단할 경우에는 위에서 산출한 연간 소요(연간지원 소요)에 각종 계획 소요 및 전쟁 예비 소요량을 산출하여 합산한다. 각 종별 소요량 산정 판단 방법은 〈참고 10-1〉을 참조하라.

제3절 보급 수준 소요

1. 보급 수준의 개념

보급 수준(supply level)이란 재고 수준(inventory level)과 유사한 용어이다. 군에서 사용하는 용어로 "예상되는 수요에 대비하여 사전에 재고로 확보하여 유지하도록 상급 제대로부터 인가 지시된 보급 일수 또는 보급품의 수량"을 말한다. 보급 수준과 재고 수준의 차이는 재고 수준이 수량만을 의미한다면 군에서 보급 수준은 수량과 더불어 일수(days)로서 표현하는 개념이다.

보급 수준은 개념적으로 다음 세 가지 의미를 가지고 있다.

(1) "예상 수요"를 의미하며 이는 시시각각 변동하는 수요에 적응하기 위하여 필요한 재고라는 뜻이다. 예상 수요에 대비하기 위하여 무제한의 재고를 확보하여 지원하는 것이

아니라 경제성을 감안하여 적정한 재고 수준을 설정해야 하므로 이 개념에서 적정 보급 수준을 어떻게 설정할 것인가의 문제가 대두된다.

(2) "사전확보재고"의 의미이다. 사전에 재고를 유지하도록 인가되었다는 것은 현 재고만을 의미하는 것이 아니고 불출예정까지 포함하는 개념이다. 지원부대인 사용 부대로부터의 수요 변동에 적응하기 위해서는 미리 재고로서 확보해 두어야만 이에 대비할 수 있기 때문에 사전확보재고인 것이다.

(3) "보급 일수 또는 보급품의 수량"을 의미한다. 모든 보급 수준은 그것의 설정단위를 수량으로 설정하지 않고 일수단위로 설정한다. 다만 수량단위로 보급 수준량을 환산하는 이유는 청구량을 산정하기 위해서이다.

2. 보급 수준 소요 산정

보급지원부대에서는 각 제대별로 선정된 인가저장품목에 대하여 적정량의 재고 수준, 즉 보급 수준을 유지해야 한다. 이러한 보급 수준은 보급 추진 계통에 따라 보급된다. 보급 추진 계통은 대분배 계통(whole-sale pipeline)과 소분배 계통(retail pipeline)으로 구분한다. 대분배 계통이란 계약, 생산, 납품이 이루어지는 조달계통의 거래 관계로 공급업자로부터 군에 입고되기까지 보급 계통을 말한다. 소분배 계통이란 창 보급지원부대와 야전 사용자까지 군내 분배 계통을 말한다.

가. 소분배 계통 보급 수준 소요

소분대계통 보급 수준은 운영 수준, 안전 수준, 발주 및 수송 시간 등을 고려하여 청구 목표(RO: Requisition Objective)를 설정하게 된다. 청구 목표는 다음 〈표 10-2〉와 같이 구성된다.

〈표 10-2〉 청구 목표의 구성

<table>
<tr><td rowspan="3">청구 목표(RO)
자산의 최대량
= SO+OST
= OL+SL+OST</td><td>청구량(RQN)</td><td>운영 수준(OL)</td><td rowspan="2">저장 목표(SO)</td></tr>
<tr><td rowspan="2">재청구점(RP)</td><td>안전 수준(SL)</td></tr>
<tr><td>발주 및 수송 시간
(OST)</td><td></td></tr>
</table>

1) 운영 수준

운영 수준(OL: Operating Level)은 보충 보급의 청구와 청구 간 또는 수령과 수령 간에 정상적인 여건 하에서 일정 기간 동안 추가적인 수령 없이도 보급 운영을 지속할 수 있는 보급품의 수량 또는 보급 일수이다. 운영 수준의 결정 요소는 가용 자금, 저장 시설의 가용도, 재고관리 비용(청구비와 보관비), 업무 수행 능력 등이다. 운영 수준을 설정하는 기준은 경제적 발주량(EOQ: Economic Order Quantity)이다.

2) 안전 수준

안전 수준(SL: Safety Level)은 예상외의 수요 증가 또는 수송이 지연되는 경우에도 재고의 고갈이 없이 계속적인 보급 운영을 지속하기 위하여 추가로 인가하는 보급품의 수량 또는 일수이다. 일명 안전 재고 혹은 비상 재고라고도 한다. 안전 수준의 결정 요소는 수송 변동폭, 수송 수단의 견실성, 경제성 등이다.

안전 수준 설정 방법은 고정 안전 수준(FSL: Fixed Safety Level)과 가변 안전 수준(VSL: Variable Safety Level) 두 가지 중 하나를 적용할 수 있다. 고정 안전 수준은 전 품목에 동일한 일수를 인가해주는 것으로써 소요량은 수요율에 인가일수를 곱하여 산출한다. 가변 안전 수준은 일수로 인가하는 것이 아니라 재고 고갈 방지 요망 수준을 인가함으로써 이에 상응하는 수량을 품목별로 산출하여 적용한다. 가변 안전 수준의 산정 공식은 다음과 같다.

$$\text{VSL} = K\sqrt{(\sigma_d)^2 (LT) + (\sigma_t)^2 (FAMD)^2}$$

K: 안전 재고 요망 수준에 의한 안전계수(표준정규 분포표의 Z값)

σ_d: 수요의 표준편차

LT(Lead Time): 수송 시간(OST, PROLT의 월단위)

σ_t: LT의 표준편차(월단위)

FAMD(Forcasted Average Monthly Demand): 예상평균월간수요

3) 발주 및 수송 시간

발주 및 수송 시간(OST: Order & Shipping Time)은 청구 행위를 착수한 시점부터 해당 품목을 일정비율(90%) 이상 수령하여 기록 계정이 완료되고 불출이 가능하게 될 때까지의 기간이나 수량이다. OST는 중간기간 재고라고도 하며 현재 품목별로 5회 이동평균에 의하여 산출한

다. 다만 최근 3년 내의 실적이 5회 미만 시는 가용 자료를 이용하고, 실적이 전혀 없는 경우에는 유사품목의 자료를 적용한다. 또한 청구 및 불출 우선순위가 01부터 06까지의 우선순위 청구 자료는 제외시킨다.[7]

4) 저장 목표

저장 목표(SO: Stockage Objective)는 현 보급 운영을 지속하고 예상되는 수요를 충당하기 위하여 보유하고 있어야 할 보급품의 인가량 또는 일수이다. 저장 목표는 저장해야 할 최고 수준의 양으로서 운영 수준과 안전 수준을 합한 것이다. 이는 운영 수준이 접수될 시점에서는 현재고로서 최대량이기 때문에 저장 계획을 수립하는 경우 저장 공간의 소요를 산출하는 근거가 된다.

5) 재청구점

재청구점(RP: Reorder Point)은 안전 수준을 사용하지 않고 현 보급 운영을 유지할 수 있도록 수준 보충 청구를 해야 할 시점이나 수량이다. 재청구점의 설정 목적은 자산(현보유+수입예정-불출예정)이 재청구점 이하로 되면 즉시 청구하여 재고 고갈을 미연에 방지함으로써 효과성에 기여하려는 데 있다.

6) 청구 목표

청구 목표(RO: Requisition Objective)는 현 보급 운영을 지속하고 예상 수요의 충족을 위하여 보유하고 있거나 발주중에 있어야 할 보급품의 수량 또는 일수이다. 청구 목표는 해당 부대의 최대 인가량으로서 과잉 투자를 예방하여 재고의 경제성에 기여한다.

7) 청구량

재청구점과 자산을 비교하여 재청구점이 자산보다 상회할 경우에는 청구 행위를 할 수 있으며 청구량(RQN: Requisition Quantity)은 그 차이가 된다(재청구점 − 자산 = 청구량). 만약 재청구점이 자산보다 작을 경우에는 청구 행위를 할 수 없다.

---

7 청구 및 불출 우선순위(IPD: Issue Priority Designator): 부대 임무 우선순위와 물자소요 긴급순위에 따라 물자 청구와 불출을 통제할 수 있도록 지정한 순위이다.

예제 10-1 A품목은 일일 평균 소모가 2개이고 안전 수준이 15일, 운영 수준이 30일, 발주 및 수송 시간이 45일이다. 이 경우의 청구 목표, 재청구점, 저장 목표, 안전 재고를 구하여 보자. 이를 도시한 것이 〈그림 10-1〉이다.

〈그림 10-1〉 청구 목표, 재청구점, 저장 목표, 안전 재고의 예시

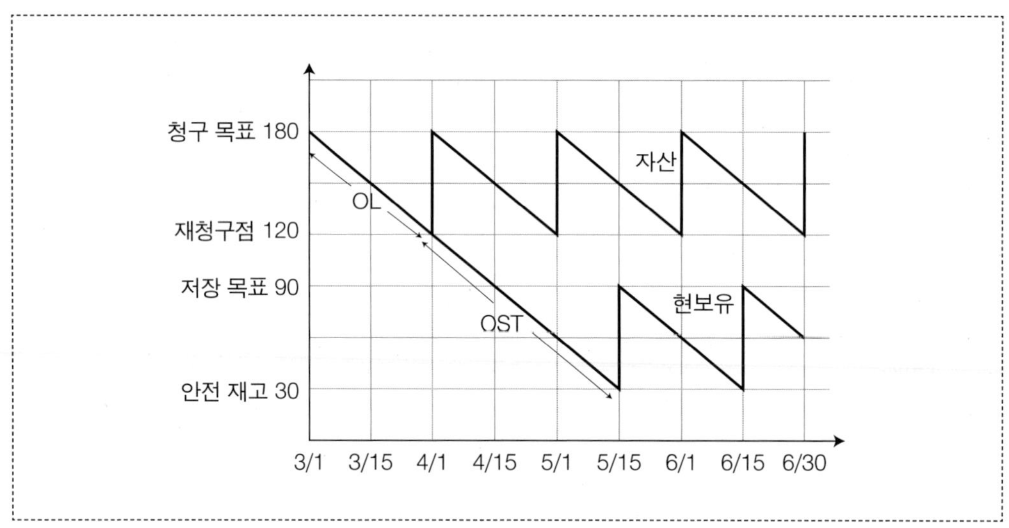

그림에서 세로축은 청구 목표량 180개, 재청구점 120개, 저장 목표량 90개, 안전 수준 30개를 표시하고 있으며, 가로축은 3월부터 15일 간격으로 시간을 표시한 것이다. 3월 1일 현재로 자산이 청구 목표량 180개가 있다면 이것은 청구 기간 목표 90일 후인 6월 1일까지 전부 소모되어 재고 고갈이 발생하게 된다. 재고 고갈을 방지하기 위하여 자산이 재청구점에 도달하는 4월 1일에 청구를 하게 되면 해당 품목은 발주 및 수송 시간 경과 후에 도착된다. 현보유가 안전 수준에 도달할 때 청구된 수량이 가산되어 현재 보유는 저장 목표 수준으로 상승하며, 자산은 운영 수준만큼 청구하게 되므로 자산은 180개로 증가한다. 청구량은 5월 15일에 입고하게 되며 현재고가 안전 수준 이하로 떨어지는 것을 방지하고, 저장 목표 수준에 도달하게 된다. 여기서 자산의 변동 범위는 재청구점과 청구 목표 사이에 위치하고 있으며, 현재고의 변동 범위는 안전 수준과 저장 목표 사이에 있다.

나. 대분배 계통 보급 수준 소요

대분배 계통의 보급 수준은 소요 목표(Requirement Objective)라고 하며, 안전 수준, 조달 소요 시간, 계획 소요, 재생 주기 소요, 전쟁 예비 소요, 저장 목표, 재청구점 및 청구량, 폐기율 소요 등으로 구성되어 있다.

1) 안전 수준

대분배 계통에서 안전 수준의 정의, 개념, 산정 방법은 소분배 계통과 같다. 그러나 소분배 계통에서는 통상적으로 고정 안전 수준을 인가하여 운영하고 있으나, 대분배 계통에서는 가변 안전 수준을 인가하는 것이 타당하다.[8]

2) 조달 소요시간

조달 소요시간(PROLT: PROcurement Lead Time)은 조달 지체기간이라고도 하며 이는 조달 조치를 취한 시점부터 해당 품목을 일정비율(85%) 이상 수령하여 기록 계정이 완료되고 불출이 가능할 때까지 경과한 시간적 간격을 말한다. 이는 소분배 계통의 발주 및 수송 시간(OST)과 같다. 조달 소요시간은 행정 소요시간(ALT: Administrative Lead Time), 생산 소요시간(PLT: Production Lead Time), 납품 소요시간(DLT: Deliverly Lead Time) 등 세 가지로 구성된다.

3) 계획 소요

계획 소요(PR: Programmed Requirement)는 비교적 정확히 그 소요를 예측할 수 있는 계획 사업에 필요한 보급품의 수량을 말한다. 정비창의 계획 정비 또는 재생 작업이나 장비의 수정 작업용 수리부속 소요, 계획 공사 또는 계획된 훈련 소요 등이 이에 속한다.

4) 전쟁 예비 소요

전쟁 예비 소요(WR: War reserve Requirement)란 전쟁발발시 급증하는 대량 소요를 중단 없이 계속 지원할 수 있도록 평시 예산으로 일정 기간 분량을 확보하여 저장한 보급품의 수량을 말한다. 이에는 비축 소요, 치장 소요, 전투 예비 소요, 사전배치 물자 등이 포함된다.

---

8 김영철, 이종헌,『소요관리』, 육군교육사령부 야전 교범 4-10, 2005.11.30. pp.2-70.

5) 재생 주기 소요

재생 주기 소요(RCR: Repair Cycle Requirement)란 수리 주기 소요 또는 정비 주기 소요라고 하며 복구성 품목이 정비 시설에 체류하는 동안에 필요로 하는 수량이다. 따라서 소모성 품목에는 적용되지 않고 복구성 품목에만 적용되는 보급 수준의 일부이다. 복구성 품목은 대부분 재생된 품목이 보급되며 실제 조달은 폐기처리되는 수량에 따라 결정된다. 따라서 복구성 품목의 수요율은 재생될 수량과 조달해야 할 수량으로 구분하여 산출한 후 각종 소요를 산출해야 한다.

순수예상불가동복구량(NFUR: Net Forecasted Unserviceable Return)은 예상 월평균 수요량 중에서 정비 시설에서 재생될 수량을 말한다. 불가동 반납률, 기술 검사 시 수리 불가 판정비율(α), 재생중 손실비율(β)에 의하여 다음과 같이 산출한다.

NFUR = 예상평균월간수요 × 반납률 × $(1 - \alpha)(1 - \beta)$

NFUR = 예상평균월간수요 × (1 − 기본폐기율)

순수예상평균월간수요(NFAMD: Net Forecasted Average Monthly Demand)란 예상평균월간수요 중 재생 보급되는 수량을 제외하고 순수하게 조달하여 보급할 수량을 말하여 다음과 같이 산출한다.

NFAMD = 예상평균월간수요 − 순수예상불가동복구량

복구성 품목의 보급 수준 소요는 다음과 같이 산출한다.

- 재생 주기 소요 = 순수예상불가동복구량 × 재생 기간
- 조달 소요시간 소요 = 순수예상평균월간소요 × 조달 소요시간 수준
- 안전 수준 소요 = 예상평균월간소요를 이용 산출(고정이나 가변)

6) 저장 목표

개념적으로 소분배 계통 저장 목표와 동일하다. 대분배 계통의 저장 목표는 안전 수준, 계획 소요, 전쟁 예비 소요, 재생 주기 소요의 합으로 구성된다.

7) 소요 목표

소요 목표는 소분배 계통의 청구 목표와 동일한 개념으로 현 보급 운영을 유지하고 예상되는 미래 수요를 충당하기 위하여 보유하고 있거나 발주중에 있어야 할 보급품의 수량 또는 보급 일수를 말한다.

대분배 계통의 소요 목표는 소분배 계통의 청구 목표와는 달리 그 구성 요소가 다소 복잡하다. 통상 조달 주기, 안전 수준, 조달 소요시간 등이 적용되나 계획 소요, 재생 주기 소요, 전투 예비 소요 등을 포함시킬 수도 있다.

3. 보급 수준 발주 방법

가. 보급 수준 인가 및 발주 방법

보급 수준은 부대별로 해당 품종의 인가저장품목에 한하여 인가한다. 부대별, 품종별 인가량(일수)은 각 군의 군수 방침에 근거한다. 보급 수준은 사용 부대의 장비가동률과 군수 환경 변화를 연계하여 연1회 검토한다. 보급 수준은 피지원부대에 중단없는 지원을 위하여 100%를 유지해야 하나 예산 등의 제한으로 저단가 품목의 보급 수준 소요는 100%, 고단가 품목은 능력 범위 내에서 적정 수준을 차등으로 유지한다.

보급 수준을 유지하기 위한 발주 방법은 품목의 성격 및 발주 제대에 따라 다음과 같은 방법을 선택적으로 적용한다.

첫째, 발주점법으로 이는 재고량이 어떠한 일정 수준(재청구전)까지 내려가면 자동으로 일정량 운영 수준을 발주하는 방법으로 일명 정량 부정기 발주법이라고 하며 지원부대에서 이 방법을 적용한다.

둘째, 정기발주법으로 재고량에 관계없이 발주 시기가 일정 시기에 도달하면 자동으로 발주량을 산정하여 발주하는 방법으로, 군수사령부에서 외자 품목 일부를 제외하고는 주로 이 방법을 사용한다.

셋째, 모듬발주법으로 장기간 소요량을 동시에 일괄 발주하는 방법으로서 군수사령부에서 일시 구매 품목 및 소액 품목을 발주할 때 적용한다.

나. 보급 수준 소요 선정의 문제점

보급 수준 소요와 연계하여 문제점으로 지적되는 것은 다음과 같다.

첫째, 인가저장품목의 선정 기준은 수요 횟수 기준이며, 보급 수준은 고정일수 개념이다. 이 기준은 장비가용도와 연계가 어려워 성과 중심의 군수 평가가 곤란한 측면이 있다. 결과적으로 보급 수준이 얼마나 적정하게 판단되었는지 투입 대 성과의 평가가 곤란하다.

둘째, 보급 수준 소요를 다단계 보급 체계에 따라 제대별로 독립적인 보급 수준을 결정하게 되므로 전체적으로 과도한 재고를 보유하게 된다.

셋째, 고가 품목과 저가 품목이 동일한 기준인 수요 빈도에 의해 인가저장품목으로 선정되므로 비효율적인 자원 운영이 초래된다. 일률적인 보급 수준 일수를 적용함으로 고가 품목의 인가저장품목 점유율(금액기준)이 높아서 재고 투자의 비효율을 초래하게 된다.

제4절 수요예측

1. 수요의 개념

군에서 수요란 "일정 기간 동안 피지원부대로부터 접수된 청구서를 검토하여 지원하였거나 지원할 것으로 결정된 자원의 양"을 말한다. 수요는 순환 수요(recurring demand)와 비순환 수요(non-recurring demand)로 구분한다. 순환 수요란 부대에서 계속 반복되는 수요를 말하며 비순환 수요란 통제 기간(통상 1년)중 동일 목적의 수요가 반복되지 않고 일시적으로 발생되는 수요를 말한다. 비순환 수요는 수요 자료를 검토할 때 별도로 집계하며, 수요율을 산정할 때 제외시키고, 순환 수요 자료만 가지고 수요율을 산정한다.

최초 소요를 제외한 일반적인 소요는 통상 수요 제원을 이용하여 산출한다. 즉, 일반적인 소요는 순환 수요 제원에 의하여 산출된다. 소요는 장차 예상치라 할 수 있으며, 수요는 과거의 경험치이다. 따라서 수요는 소요로 발전하며, 소요 판단은 과거의 실질적인 수요를 근거로 산정된다. 소요과 수요의 가장 이상적인 경우는 소요량과 수요량이 같을 때이나 이런 경우는 드물기 때문에 정확한 소요 판단을 위해서 지속적인 검토나 소요 판단 절차에 환류과정이 필요하다.

2. 수요예측의 문제점

소요가 정확하지 않는 경우는 제도적 요인도 있지만 수요예측기법을 잘못 적용하는 경우가 많다. 다음과 같은 경우를 들 수 있다.

(1) 수요예측기법에 대한 계량적 기준이 설정되지 못하여 담당자들의 주관적 판단에 따라 예측함으로 과다 예측할 수 있다.
(2) 과거 수요 제원에 대한 신뢰성과 타당성이 부족하여 잘못된 예측을 할 수 있다.
(3) 품목 특성과 수요 특성 등 수요 발생 원인에 대한 분석이 뒷받침되지 않은 상태에서 수요예측기법을 적용하여 예측의 정확도가 저하된다.
(4) 수요예측 시점과 조달 시점 간의 기간이 장기간이라는 문제가 있다.

가. 수요예측기법 적용에 있어 불명확한 기준

수요예측을 담당하는 품목담당관들은 수요예측기법을 적용함에 있어 수량을 과다하게 예측하는 기법을 선택할 가능성이 크다. 수요예측기법 중의 한 기법을 적용하는 데 있어 규정에는 수평형 추세일 때는 산술평균법, 감소 또는 증가추세일 때는 최소자승법을 선택한다고 하고 있으나 품목담당관들의 주관적 판단에 따라 선택하는 경우가 많다.

수요예측기법의 적용에 있어 품목담당관들은 사례별로 적용 기준이 일정하지 않고 재고 고갈 현상을 방지하기 위하여 수량이 많은 기법을 적용하는 경향이 있다. 이렇게 수량이 증가하게 되면 소요 예산이 증가하게 되고 따라서 예산 조정 작업 중에 필수 품목이 누락하는 현상이 발생하기도 한다. 또한 작업을 용이하게 하기 위하여 고단가 품목 위주로 수량을 감소시킴으로써 다음 연도의 재고 고갈 현상이 발생하는 등 수요와 공급의 불균형 현상이 발생할 수 있다.

나. 수요 자료의 신뢰성과 타당성 부족

수요예측에 사용되는 원천 자료의 부실은 수요의 불규칙성, 사용 부대의 부정확한 수집 등의 요인도 있다. 하지만 운영 소요의 산정에 있어 먼저 품목에 대한 선정이 빈번하게 변화하는 것이 큰 요인이라 할 수 있다. 즉, 인가저장품목에서 비인가저장품목으로 또는 그 반대로의 변동이 연도별로 빈번하기 때문에 원천 자료가 부실해질 수 있다. 이렇게 인가

저장품목이나 반대 방향으로의 변경은 보급 수준 변동을 초래하고 이로 인해 군수사에서 집계하는 수요는 변동의 폭이 커지며 상이해지는 수가 있다.

이런 사항 이외에도 수요예측에 사용하는 5개년 자료 중에서 이상점(outlier)에 대한 타당성 검토 과정에도 문제가 있을 수 있다. 자료가 5개 이하로 작은 경우 이상점은 대표값의 산정에 많은 영향을 미치게 되어, 왜곡현상을 초래하게 된다.[9] 이러한 이상점에 대한 타당성 검토가 수요예측기법을 적용하기 이전에 이루어져야 할 것이나 현재는 수요예측기법을 적용하고 예측치를 구하고 난 뒤 타당성을 검토하는 순서로 진행하고 있다. 이렇게 되다 보니 품목담당관들이 수천개 품목에 대한 타당성 검토를 성실하게 수행하기가 쉽지 않다. 수요예측기법을 적용하기 전에 원천 자료에 대한 타당성 검토를 수행해야 이상점을 포함할 것인지의 여부를 결정하고 적절한 수요예측기법을 선정할 수 있을 것이다. 이상점이 존재하거나 또는 원천 자료의 수가 적으면 아무리 좋은 수요예측기법을 사용한다 하더라도 예측의 정확도는 향상하기 힘들 것이다.

다. 품목 특성과 수요 특성을 고려하지 않는 수요예측기법의 선정

수요예측기법을 적용함에 있어 품목 특성, 품목 가치, 수요 특성을 고려하지 않은 단순하고 획일적인 기법을 사용하고 있다. 고단가인 부대교체품목(LRU: Line Replaceable Unit)이나 야전수리품목(SRU: Shop Repairable Unit)과 저단가인 하위 부속품의 수요예측기법이 동일할 수는 없다. 단가의 차이가 발생하고 정비 단계 및 고장 빈도도 다르기에 예측 기법을 달리 사용해야 한다. 서로 다른 수리부속은 각기 상이한 여러 가지 특성을 내포하고 있으며 그에 따른 수요 발생 형태도 상이하다.

수요예측 시 고려해야 할 수리부속의 품목 특성으로는 단가, LRU·SRU 여부, 품목 가치, 소모성·복구성 여부, 장비 1대당 구성수, 불출 단위, 장비 운영 거리 및 시간, 고장 간 평균시간 등을 들 수 있다. 〈표 10-3〉은 고려해야 할 품목 특성에 따른 수요 특성을 예시하고 있다.

9 이상점(outlier, extreme point)에 대한 정의와 논의는 통계학을 참조하라.

〈표 10-3〉 품목에 따른 수요 특성

품목		수요 특성 분석
수요 금액	저수요 금액 품목 (Low Dollar Value Items)	• 매년 전체 품목의 1/3 정도는 연간 수요가 없음 • 전체 수요 금액에서 차지하는 비중은 적지만, 수요액에 비해 장비의 효과적인 운영유지에 영향을 미치기 때문에 상대적으로 충분한 재고 확보가 필요함
	고수요 금액 품목 (High Dollar Value Items)	• 고가로 매년 수요가 발생하는 품목: 수요예측 오차의 영향이 크기 때문에 개별·품목별로 특별 관리가 필요함 • 비교적 고가로 수요가 많은 품목: 장비 운영 환경과 정비 환경 변화와 연계한 무기체계별 관리가 필요
LRU와 SRU	LRU 품목(Line Replaceable Unit)	• 장비에서 직접 교환되는 품목으로 완성장비의 가용도에 직접적인 영향을 주기 때문에 정교한 예측 기법이 필요함
	SRU 품목(Shop Repairable Unit)	• 정비 부대에서 복구성 품목의 정비·수리시 교환되는 품목으로 상위 품목의 고장율·교환율과 연계한 수요예측기법이 필요함
소모성 품목과 복구성 품목	소모성 품목 (consumable item)	• 복구성 품목에 비해 상대적으로 저가(low price) 품목 • 단가(저단가, 고단가)에 따라 수요 특성이 상이하기 때문에 구분하여 관리 필요함
	복구성 품목 (repairable item)	• 주로 고가 품목 또는 고수요 금액품목(high dollar value) • 품목수는 전체의 20~30% 이내이나 수요 금액은 전체의 80~90% 정도를 차지 • 수리율 및 수리순환주기와 연계한 신품 소요 산정이 필요하며 고가품의 경우는 일련 번호(serial number)에 의한 개체 관리에 의한 소모율과 고장율 추정이 필요함

출처: 장기덕(2005)

라. 예측과 조달 시점 간의 차이

1~5년 전의 과거 자료를 가지고 수요를 예측하는 수요예측 시점과 실제 납품되어 보급되는 조달 시점까지는 장기간이라 수요 추세를 제대로 반영하기 곤란하다. 예를 들어 2016년도 수요예측을 통해 조달하는 품목은 2010년~2014년까지의 수요 제원으로 2015년에 소요를 예측하여 그해 12월까지 조달 요구를 하여 보급된다. 조달 업무 체계를 개선하여 가장 최근의 수요 자료가 조달에 반영되도록 조달 주기를 단축시키거나 재고회전기금의 도입으로 필요시 즉시 조달할 수 있도록 조달 체계를 구축해야 한다.

3. 수요예측기법 향상 방안

수요예측기법 적용에 있어 고려해야 할 품목 특성들은 단가, 품목 가치, MTBF, 복구성·소모성, LRU·SRU, 연간 수요 금액, 주기 교환·고장 시 교환, 임무긴요도, 적용 장비 보유 밀도, 불출 단위, 장비당 구성수 등이다. 이러한 품목 특성에 따라 수요 형태가 어떻게 다른가를 분석하여 수요예측에 활용해야 한다. 품목 특성을 고려하여 수리부속을 "소모성 품목"과 "복구성 품목"으로 구분하고 이를 다시 "단가"와 "MTBF(고장율)"를 기준으로 분류한 다음 각 그룹에 따른 적정한 수요예측기법을 적용할 수 있을 것이다.

참고 10-1 군수품 종별 소요 판단

1. 1종

청구 소요 및 소모 보충(운영) 소요는 급식 기준, 급식 병력, 급식 일수에 근거하여 산정한다.

- 운영 소요 = 1일 기준량 × 1일 평균병력 × 급식 일수 ± 결산결과 과부족
- 보급 수준 소요 = 급식 병력 × 기준량 × 확보 일수

보급 수준 확보 일수는 군수 방침 및 절차에 명시되어 있다.

2. 2종

2종 인가 소요 또는 청구 소요는 물자배당기준서 또는 당해 연도 물자 보급지시서에 의해 인가된 기준과 병력에 의거하여 산정한다. 소모보충 소요는 수요예측기법과 보충률을 적용하여 산정한다. 보급기준은 물자배당기준서, 보충률, 보유 장비수, 대상 병력, 물자 보급지시서 등을 기준으로 하여 산정한다.

소요 판단에 있어 피복류는 인력운영 계획, 물자배당 지시서, 보충률, 예측 수요에 의거하여 판단한다. 공구류는 인가표, 물자배당표에 의거하여 판단한다.

3. 3종

장비 연료는 소모 기준과 장비 보유 대수 중에서 가동대수, 연간 운영 일수 및 1일 가동거리, 장비가동율에 의거하여 산정한다. 취사연료는 소모 기준과 취사장비 운영대수 및 연간 운영일수에 의거하여 산정하고 난방 연료는 소모기준과 난방기구 운영대수 및 연간 채난 일수에 의거하여 산정한다.

- 판단 방법
  = (보유 장비 + 증가장비 − 도태장비) × 1일 대당소모량(갤런)(시간이나 거리) × 연간 운영 일수 × 장비가동율(%) − 자산

4. 4종

일반 자재는 5개년 수요실적 및 야전에서 애로품목으로 제기 소요한 것을 적용하고, 창 상호지원자재는 군수사 예하부대 보급창 및 정비창 정비 제기 소요를 기본으로 하고 탄약적송결박 자재는 탄약창 및 탄약대대 탄약적송시 결박 자재 제기 소요로 하고 목재의 손폐율은 15% 적용한다. 전술 정비 자재는 육본 지침에 의거하여 소요를 반영하고 정비 계획은 장벽자재, 전술교량, 간편조립교, 리본부교는 매년 전체물량의 25~50%씩 실시한다.

참고 10-1 군수품 종별 소요 판단 (계속)

5. 5종

5종 소요는 탄약소요 업무규정과 탄약기본휴대량 인가 기준을 기준으로 한다. 전투용 탄약의 기본휴대량(BL: Basic Load)은 개인 또는 부대가 항상 보유하도록 인가된 탄약의 양으로써 정상적인 재보급이 이루어질 때까지 부여된 전투 임무를 수행하는데 필요한 예상 소요량이다. 산출은 합참에서 설정한 탄약 기본휴대량 인가 기준에 의거하고 탄약은 무기수 × 탄종별 화기당 인가발수 × 탄종별 비율(%)을 적용한다. 초도 소요는 기본휴대량 기준표에 근거하여 산출·청구하고 보충 소요에 대하여서는 소모 결과량을 지원부대에 청구한다.

저장 수준은 전시 보충 소요를 충당하기 위하여 보유하도록 인가된 탄약 보급지원부대의 전투 예비량이다.

- 저장 수준 소요 = 무기수 × 1일보급량 × 보급 일수 × 탄종별 비율(%)

소요보급률(RSR: Required Supply Rate)은 특정 기간 동안 제한이 없이 작전을 지속하기 위하여 소요되는 탄약량으로, 산출 방법은 전시 소요 산정모델에 의한 방법, 부대 가중치에 의한 방법, 경험치에 의한 방법이 있다.

- 부대 가중치에 의한 소요보급률

$$\frac{\text{작전사(축선)소모율} \times \text{부대(사단)작전비율} \times \sum \text{각부대 화기수}}{\text{동 기간중 수집수량}}$$

- 경험치에 의한 소요보급률

$$= \frac{\text{부대 일일 소모량 합계}}{\text{부대 보유 총 무기수}}$$

통제보급률(CSR: Controlled Supply Rate)은 지정된 작전 기간 중에 탄약재고의 가용성과 부대별 임무 및 우선순위를 고려하여 탄약소모량을 통제하기 위하여 지휘계통으로 하달된 각 부대의 탄약소모 기준이다. 상급부대에서 하달된 통제보급률 할당기준, 예하부대에서 건의한 소요보급률을 고려하여 예하부대별 통제보급률을 결정하고, 수시로 변경 통제한다. 연합사에서 군사령부, 군단급 부대까지는 탄약할당으로, 군단급 이하부대는 탄약 할당량을 통제보급률 산출 절차에 근거하여 다시 할당한다.

운영용 탄약은 공사, 시험사격, 경계 등의 평시에 정기 및 수시로 할당되어 소모하는 탄약으로 양호한 탄약 보유 시 전투용 또는 기본휴대량 탄약과 교체 사용된다.

6. 7종

장비표에 제시된 인가 기준에 의거하여 소요를 판단하고 소모 보충 소요는 장비 획득 및 도태 계획에 의거 교체 소요를 판단한다. 판단 방법은 인가 소요와 보충 소요로 구분하여 판단한다. 인가 소요는 장비표에 명시된 인가 기준에 의거하여 산정한다. 보급 수준 소요는 산정하지 않으며, 정비대체장비 소요를 산정한다. 소모 보충 소요는 장비 획득 및 도태 계획에 의거 교체 소요를 판단한다.

7. 8종

의무 장비 소요는 장비표를 기준으로 판단하고, 물자소요는 수요예측기법에 의거하여 소요를 판단하고, 그외 기타 품목은 배당표의 기준을 적용한다. 수리부속 소요는 9종 소요 판단을 적용한다.

8. 9종

편성부대의 청구 소요는 불가동 장비고장 해소분과 규정휴대량 보충분만 산정한다. 소모 보충 소요는 수요예측기법을 적용하여 산정하되 장비 획득 및 도태 계획을 고려하여 장비증감 요인을 추가로 고려한다. 보급 수준 소요는 소요 목표 또는 청구 목표로 산정한다.

지원구분별 소요 판단은 군수사에서 실시한다.

(1) 야전지원 소요는 장비별 품목단위로 산정하여 5년 이상의 수요 제원을 분석하여 수

참고 10-1 **군수품 종별 소요 판단 (계속)**

요량을 예측하며 보급 수준은 안전 수준과 조달 소요시간의 합이다. 초과자산을 포함한 군수사 보유 자산, 이월자산, 동류전용품, 창 재생계획량 등 가용자산을 정확히 판단하여 초과자산 발생을 근절한다. 군수품 표준화 규정에 의한 유지 소요를 반영하고, 표준화분류에 의한 장비 유지 제원은 군수사에서 산정한다. 정비대체장비 및 수리부속품 소요를 장비별로 판단하여 반영한다. 장비별 확보목표, 순환기간, 가용자산을 고려하여 당해연도 소요를 정확히 판단한다. 가용자산 판단 시는 이월자산, 재생소요, 동류전용 등을 고려하며 인가저장품목은 연간유지 소요 및 보급 수준 소요를 반영하고, 비인가저장품목은 유지 소요만 반영한다. 계절성품목 및 군수지원 전망에 의한 소요도 포함한다.

(2) 증가장비 유지 소요는 장비별로 유지비율을 적용하여 판단한다. 도입기간을 고려, 동시조달 수리부속은 최초 1년 기준으로 산정한다. 도태장비 및 노후교체로 인한 신규장비는 반영할 수 없다.

(3) 군수사 사업 소요는 장비별 보유 장비에 대한 정비 및 후송계획, 도태 계획 등에 의한 연간 정비 소요를 판단한다. 장비별, 정비분야별 부속 소요, 정비 인시 등을 산출한다. 보급 수준은 육군 군수 방침 및 절차를 적용한다. 가용자산을 정확히 판단해야 하며, 동류전용 부속을 가용자산에 포함한다. 군수 물자 원가 산정 기준에 의한 외주정비 소요를 산정한다. 해외 정비는 왕복 수송비를 포함한다. 경제적 수리한계내의 장비에 한하여 계획한다. 장비 표준화계획에 의한 정비 계획을 수립한다. 소량 소액 품목은 최초 구매단위(포장단위), 장비 유지연도, 가용예산 및 초과자산 발생 여부를 고려하여 산정한다. 보급원 생산 중단 예정 품목은 무기체계 유지기간 동안의 소요량을 고려하여 산정한다.

(4) 계획 소요는 정상적인 수요실적에 의거하여 수요를 예측하고, 불가시는 별도 사업설정 및 계획에 의거하여 소요를 산정한다. 소요 산정은 획득조건, 사업목표에 의거하여 세밀히 산정해야 하며, 초과자산 및 부족이 발생하지 않도록 한다. 사업별 세부 산출근거 및 명세서를 붙임하여 소요를 반영한다.

(5) 희소 및 격오지 장비 유지비 소요에서 희소장비는 유지부속 지원이 불가하거나 비효율적인 장비 및 소량 소액인 경우 현지부대에서 집행이 유리한 장비에 관한 유지비 소요를 산정하여 반영해야 한다. 격오지 부대 장비는 각군 사령관이 결정하며, 해안경계부·대중계통신소·방공포사격 기지 등의 장비 유지비 소요를 산정하여 반영해야 한다.

(6) 기타 사업 소요는 정상적인 수요실적에 의거하여 수요예측이 불가하거나 사업의 특수성에 의거하여 야기되는 소요로서 일시 구매 소요 및 장비개조 사업, 각종 노후 교체 장비 및 사격기재 교체, 기술용역비, 항공기 유지를 위한 소요 등이 이에 해당된다.

(7) 신규 사업 소요는 사업의 필요성, 연차계획 산출근거 등 사업설명서를 작성하여 반영한다.

수리부속품의 소요 산정 방법은 소요 형태에 따라 다음과 같이 산정한다.

(1) 인가저장품목의 소요량
- 군수사: (연간유지 소요 + 보급 수준 소요) − 자산
- 지원부대: 청구 목표 − 자산

(2) 비인가저장품목의 소요량: 불출예정 − 자산

(3) 계획지원 소요량: 지원 계획량 − 지원가능량(자산)

(4) 소모성 수리부속
- 소요: 예측소요 + 잔여소요 + 보급 수준 소요 + 군수사소요 − 자산
- 연간수요: 예측소요 + 잔여소요

참고 10-1 군수품 종별 소요 판단 (계속)

(5) 복구성 수리부속
- 예측소요는 복구지원 소요와 조달지원 소요로 구분된다.
- 복구지원 소요: 예측소요×(1 − 기본폐기율) − 재생계획량
- 조달지원 소요: 예측소요 − 복구지원 소요
- 보급 수준 소요: 예측소요 × 보급 수준 일수 ÷ 365
- 정비정체소요: 복구지원 소요 × 정비정체기간 ÷ 365
- 조달 소요: 조달지원 소요 + 보급 수준 소요 + 정비정체소요 + 계획 소요 − 자산
- 계획 소요: 정비 계획 × 구성수 × 기본폐기율
- 자산: 신품재고 + 신품수입예정 + 야전재고 − 불출예정

토의문제

1. 군수 기능 중에서 소요의 중요성을 평시 군수관리 측면과 전쟁사에서 사례를 들어 설명해보자.

2. 군사소요와 물자소요를 구분해보자. 군수 측면에서 어떤 소요가 활용되어야 하는지를 설명해보자.

3. 수리부속 소요 산정의 부정확성을 설명하는데 운영(소모) 소요와 재고 보충 소요가 혼합하여 관리되기 때문이라는 의견이 있다.
   (1) 어떤 경우에 운영 소요와 재고 보충 소요가 혼합 관리되고 있는지 사례를 들어 설명해보자.
   (2) 운영 소요와 재고 보충 소요를 분리하여 운영하기 위한 방안은 무엇인지 설명해보자.

4. 수요예측기법으로 산술평균법, 이동평균법, 지수평활법, 최소자승법, Boxs-Jenkins 법 등의 내용과 장·단점을 설명해보자.

5. 최근 수요예측기법으로 활용되고 있는 기법들을 설명해보자. 빅데이터와 인공지능(AI: Artificial Intelligence)을 결합한 기법 등이 군의 수요예측기법으로 활용될 가능성을 평가해보자.

6. 수요예측에 있어 수요예측기법과 수요 자료의 관련성을 평가해보자. 수요 자료를 연별, 반기별, 분기별, 월별로 구분하여 사용하는 것이 바람직한가? 어느 정도의 수요 자료가 필요할 것인지 품목의 수요 특성과 품목 특성을 고려하여 설명해보자.

연습문제

1. ○○ 기갑사단은 3개 기갑연대(연대의 편성은 같다고 가정)가 있으며 각각 40대씩을 운영하고 있다. 전차의 소모성 부품인 KK는 ○○사단에서 일일 소모율이 0.4개이다.
   (1) 기갑사단 보급 수준은 운영 수준 20일, 발주 및 수송 시간 30일, 안전 재고 15일분이다.
   (1-1) KK품목의 OL, SL, OST, SO, RQN, RP, RO를 구하여 표로 제시해보자.
   (1-2) KK품목의 현보유, 자산의 증감을 그래프로 나타내보자. 수직축은 수량, 수평축은 시간으로 시작은 1/1로 하며 한 달은 30일로 가정해보자. 이 그래프를 해석해보자(평균 재고, 최대 재고, 최소 재고, 연간 청구량 등을 제시해보자).

2. 육군의 2016년까지 제대별 인가저장품목 보급 수준은 군수사가 조달 소요시간 60일, 안전 수준 30일이며, 군지사가 운영 수순 25일, 발주 및 수송 시간 25일, 안선 수준 15일이다. 사단은 운영 수준 10일, 발주 및 수송 시간 10일이다.
   (1) A 군지사에서 9종 소모성 수리부속 KK품목의 1일 소모량은 0.4개이다. 해당 수리부속의 1월 1일부터 180일간의 자산과 현보유 수준을 그림으로 표현해보자. 그림에는 청구 목표, 재청구점, 저장 목표, 안전 수준이 표시되어야 한다. 청구량과 청구 주기는 얼마인가?
   (2) 보급 수준을 정하는 데 고정일자에 의한 방법에 대한 비판이 있다. 다음 확률적 재고통제 방법을 연구하고 있다.
   (2-1) 운영 수준 25일분에 대해 포아송 분포를 이용하여 확률적 재고 수준을 결정하려고 한다. 95% 보호 수준(protection level)을 설정하면 재고 수준은 얼마인가?
   (2-2) 군지사 수요가 정규 분포를 이루고 있다고 가정한다. 평균은 운영 수준 25일분이며, 분산은 발주 및 수송 시간과 안전 수준의 합이다. 95% 보호 수준을 설정하면 재고 수준은 얼마인가?

(3) 세 가지 방법에 의한 재고 수준을 구하는 방법을 비교 분석하여 최선의 방안을 제안해보자.

3. 어느 품목의 일일 평균 소모량이 10개이다. 군단을 지원하는 군수여단은 이 품목에 대한 운영 수준이 4일, 안전 수준이 2일, OST가 3일로 책정되어 있다.

(1) 이 경우의 1월 1일을 기준으로 시간에 따른 RO, SO, RP, SL을 그래프로 표시해보자. 재주문점(주문 간격)은 얼마이며 청구량은 얼마인가?

(2) 군수여단의 보급 수준 소요를 감축할 수 있는 방안을 설명해보자.

4. 군수사령부에서는 재고 번호 25107363993 패드에 대한 2011년도의 소요를 제기하려고 한다. 패드의 2005년부터 2009년까지의 수요가 각각 8, 5, 6, 4, 4개이다.

(1) 단순선형회귀분석을 이용하려고 한다. 목측(By eye)으로 대략 추정해보니 절편은 9이며 기울기는 −1로 예상하고 있다. 이 경우 잔차의 제곱합을 구해보자.

(2) 이동평균법, 지술평활법에 의하여 수요를 예측해보자.

(3) 최소자승법에 의한 표본회귀선을 도출해보자(이 경우 2005년에 해당하는 독립변수는 1이다).

(4) 2011년도의 패드 수요에 대한 95% 예측 구간을 구해보자.

(5) (1)번과 (3)번의 답을 비교하여 설명해보자(목록을 사용하여 예측하는 것의 문제점을 포함해보자).

5. 다음은 2011년부터 5년간의 어느 특정 군수 품목의 매년 수요량이다(단위: 개).

1, 5, 10, 18, 42

수요예측을 위해 다음 세 가지 함수를 이용하고자 한다.

(1) 선형추세함수

(2) 1차 자기회귀모델

(3) 지수함수곡선

1차 자기회귀모델의 계수

	계수	표준 오차	t 통계량	P-값	하위 95%	상위 95%
Y 절편	0.086957	3.269012	0.0266	0.981194	-13.9785	14.15239
수요량	2.195652	0.308205	7.123991	0.01914	0.869551	3.521754

(1) 선형추세선과 지수함수 곡선을 최소자승법을 이용하여 유도해보자(2011년에 해당하는 독립변수의 값은 1로 두고 분석해보자).

(2) 세 가지 모델 중 시계열 모델로 어느 것이 가장 적합한지를 분석할 수 있는 방법을 설명해보자.

참고문헌

육군본부, 군수업무 야전 교범 4-0, 2009.6.30.

육군본부, 소요관리 야전 교범 4-10, 2011.4.1.

육군본부, 수리부속 야전 교범 42-0-5, 2014.2.10.

김준식, 김종탁, 정재만, 이덕노, 국방자원 운영혁신 방안-추진전략 및 체계, 한국국방연구원 연구보고서, 2002.12.

김준식, 홍석진, 국방물류 체계 발전을 위한 실천방안, 한국국방연구원 국방발전모노그래프 9, 2004

문성암, "군수시스템에서의 팬텀오더(Phantom Orders)에 관한 연구," 국방대학교 안보문제연구소 안보연구시리즈, 6집1호, 2005

이상진, "합리적인 소요관리 방안 연구-소요 정확도 향상을 중심으로," 국방대학교 안보문제연구소 안보연구시리즈, 7집5호, 2006

장기덕, 김준식, 최수동, 이성윤, 군수혁신-선진화를 위한 도전과 과제. (한국국방연구원, 2005.8.)

장기덕, 정길호, 최종섭, 이호석, 홍석진, 국방경영혁신: 선택과 도전. 한국국방연구원 연구보고서, 2005.12.

주성종, 군수부대 재고 감축 방안-9종 수리부속을 중심으로, 한국국방연구원 연구보고서, 2000.12.

최수동, 보급 수준 적정성 검토, 한국국방연구원 연구보고서, 1998.12.

J.S. Pustay, *Defense Requirement and Resource Allocation,* NDU, Washington, D.C., 1982

E.T. White and V.E. Hendrix, *Defense Acquisition and Logistics Management,* NDU, Washington D.C., 1984

제11장 조달관리

조달은 군수 8대 기능 중의 하나로 다른 기능들과 연계되어 있으며 특히 소요와 보급을 연결하는 다리와 같은 역할을 수행하고 있다. 이 장은 4개 절로 구성되어 있다. 1절은 조달의 개념, 구분, 역할을 살펴본다. 2절은 국내조달에 대해 살펴본다. 3절은 국외조달에 대해 살펴본다. 마지막으로 계약관리에 관련한 내용을 살펴본다.

제1절 조달 개념과 구분

1. 조달, 구매, 획득의 개념

국방 분야에서 조달(procurement), 구매(purchase), 획득(acquisition) 세 가지 용어는 구별이 모호한 채 혼용되고 있다. 획득은 현실 세계에 존재하지 않는 물품(장비, 부품 및 용역을 포함)을 연구개발하거나, 조달 및 구매라는 수단을 통하여 물품을 확보하는 전략적 행위를 말한다. 조달과 구매는 현재 존재하고 있는 물품을 확보한다는 측면에서 획득과 구별이 될 수 있으며 조달과 구매 두 용어에도 개념의 차이가 있다.[1]

국방 분야에서 획득이라는 전략적 행위는 상대적으로 장기간(수년 이상)과 복잡한 절차가 요구된다. 획득을 통해 물품을 확보하는 방법은 시스템 공학을 통하여 현실에 없던

1 육군본부,『조달관리 야전 교범 4-11』, 2008.10.15. p.1-4-1-5.

물품의 형상을 구체화하여 사업관리 프로세스를 기반으로 물품을 만들어낸다. 획득이란 용어는 방위력개선사업과 관련하여 조달이나 구매보다 광의의 의미로 사용하고 있다.[2]

조달은 구매와 다음 세 가지 측면에서 구별될 수 있다.[3] 첫째, 구매의 경우는 일정한 대가(반대급부)가 수반되는 데 비하여 조달의 경우에는 반드시 반대급부가 수반되는 것은 아니다. 구매는 자기 이외의 다른 경제주체로부터 획득하는 교환 경제적 행위인 데 반하여, 조달은 교환 경제적 행위 이외에 자체 생산 활동이나 무상 취득 등에 의하여 획득하는 경제적 행위도 포함한다. 둘째, 구매는 그 대가가 주로 화폐 또는 이에 상당하는 경제적 가치를 가지는 유가물인 데 반하여, 조달은 그 대가가 반드시 화폐 또는 유가물은 아니다. 조달은 무상 취득이나 동원을 통한 물품 확보를 포함하고 있기 때문이다. 셋째, 구매의 대상은 물자와 용역의 경우로 제한되지만, 조달의 대상은 물자, 용역은 물론 자금도 포함한다. 자금 조달이란 용어는 자주 사용되고 있다.

조달은 일반적으로 경제 주체의 활동에 필요한 **적정한 물자, 시설 또는 용역을 필요한 시기와 장소에 획득**함으로써 경제주체의 활동을 원활히 하는 기능을 말한다. 따라서 국방조달이라 함은 군이 필요로 하는 적정 장비, 물자, 시설 및 용역 등을 적시, 적소에 획득하여 군의 활동을 원활하게 하는 것을 말한다. 국방조달은 (1) 신뢰할 수 있는 조달원에서 (2) 필요한 품목 및 수량을 (3) 규격에 의한 품질로 (4) 수요군이 요구하는 장소 및 납기에 (5) 적정 서비스(용역) 조건과 (6) 적정 가격으로 획득하는 행위이다. 즉, 국방조달은 위의 요소를 충족시키기 위해 조달원(source of supply) 관리, 품질관리, 원가관리, 입찰 및 계약관리 등을 계획, 집행, 분석 및 평가하는 활동이라 할 수 있다.

2. 국방조달의 구분

국방조달은 조달 방법에 따라 중앙조달, 부대조달, 조달청조달, 특정조달로 분류할 수 있다. 국방조달은 또한 화폐 지급 방식, 업체의 국적 혹은 국내법 적용 여부에 따라 국내조달, 국외조달로 구분할 수 있다.

---

2 방위사업법에서 "획득이라 함은 군수품을 구매(임차를 포함)하여 조달하거나 연구개발·생산하여 조달하는 것을 말한다." 이 정의에는 획득이 구매나 조달보다 광의의 개념이다.

3 허경, 국방조달관리, 『국방대학교 참고서지』, 2014, p.10.

가. 조달 방법에 따른 분류

1) 중앙조달

중앙조달이란 전체 군에서 필요로 하는 물자 중에서 현지 조달하지 않는 공통품목 등에 대하여 방위사업청에서 통합하여 조달하는 방법을 말한다. 군수품 조달은 중앙조달이 원칙이나 효율적 군수지원을 위해 필요한 경우에 방위사업청은 수요자(기관/군)과 협의하여 조달 집행기관을 조정할 수 있다.

중앙조달 대상 품목은 (1) 품목당 연간 조달 계획 금액이 3천만 원 이상인 품목이지만 3천만 원 미만이라도 중앙조달 실적이 있는 품목, (2) 중앙조달 품목과 동류 품목으로서 그 품목에 포함하여 일괄 구매하는 품목, (3) 방산물자로 지정된 품목, (4) 국외 대외군사판매 및 상업구매 품목, 단 국외 상업구매 품목의 경우 최근 3년간 반복적으로 응찰되지 못해 조달 취소가 된 경우는 부대조달이 가능, (5) 방산장비의 외주정비, (6) 예방 약품, 세트장비 내용물로서 중앙조달이 불가피한 의약품 등이다.

2) 부대조달

부대조달이란 소량·소액 품목 또는 각 군 군수사 또는 현지 부대에서 직접 조달하는 것이 효율적인 품목으로 대상 품목은 다음과 같다.

(1) 품목당 연간 조달 계획 금액이 3천만 원 미만인 품목이나 3천만 원 이상이라도 부대조달 실적이 있고 품목당 조달 계획 금액이 5천만 원 미만인 단일군 소요 품목은 부대조달이 가능하며, (2) 군 정비창에서 재생 또는 부품 생산에 필요한 소모성 물지 및 부대개발 시제품, (3) 규격이 없고 견본을 제시할 수 없는 견본품, (4) 긴급 구매, 보안 유지, 특수 제작설치 및 특수한 희소장비 유지 부품 등 부대조달이 불가피한 품목, (5) 중앙조달 이외의 일반 장비 및 세부 부품의 외주정비는 부대조달 대상이다.

3) 조달청조달

민과 군 간의 규격 호환이 가능한 일반 상용물자 및 정부 공통물자는 방위사업청에서 조달하지 않고 조달청에서 조달하고 있다. 조달청에서 조달함으로 민간 분야에서 군수품 조달시장의 저변을 확대하고 경쟁조달 여건을 조성할 수 있으며 방위사업청은 군 전용물자를 조달하는 전문기관으로 발전하도록 한 것이다.

일반 상용물자는 (1) 일반 시중에서 유통되고 있는 민·군 공통품목, (2) 기능 및 성능상 일반업체에서 생산과 조달이 가능한 품목, (3) 군 전투력에 직접 관계가 없거나 군사기밀에 속하지 않는 품목이다. 조달청에서 구매하는 대상 물자는 (1) 방위사업청의 군수품 조달 계획서상 각 군의 품목당 연간 조달 계획 금액 총액이 3천만 원 이상인 품목, (2) 품목당 연간 조달 금액이 3천만 원 미만이라도 조달청 구매 실적이 있는 품목, (3) 금액에 관계없이 연간 단가계약 품목, (4) 금액에 관계없이 조달청에 저장되어 있는 물품이다.

4) 특정조달

특정조달이란 WTO 정부조달협정에 제시된 양허품목(개방품목)을 특례규정에 의해 국제입찰로 조달하는 것을 말한다. 특정조달은 정부조달협정에 가입한 국가 중에서 특정조달협정에 가입한 국가에 적용되는 방식이다.

나. 화폐 지급 방식에 따른 분류

화폐 지급 방식에 따라 국내조달과 국외조달로 구분할 수 있다. 국내조달이란 군이 필요한 장비, 물자, 시설 및 용역 등을 **원화예산**으로 국내시장에서 조달하는 것을 말한다. 국외조달이란 일반적으로 국내에서 생산 또는 공급되지 아니하여 **외국으로부터 대외지급수단 또는 차관자금**으로 물자 및 용역을 구매하는 것을 말한다. 국내에서 생산이 불가능하거나 생산이 가능할지라도 경제성을 고려할 때 해외조달원에 의존하는 것이 현저히 유리하다고 판단할 때에는 해외 시장에서 조달하게 된다.

원화냐 외화냐는 화폐 지급 방식에 따라 분류하게 되면 어려움이 있을 수 있다. 특정조달 방식은 외국에서 생산되거나 공급되는 것을 원화예산으로 지급하고 있기 때문에 화폐 지급 방식으로 국내조달 혹은 국외조달로 분류하기 어려운 측면이 있다. 따라서 화폐 지급 방식으로 분류한다는 기준보다 조달 대상 국가나 조달원이 국내인지 국외인지 등 국내법 적용 여부에 따라 국내조달인지 국외조달인지 구분하는 기준이 더 합리적일 것이다.

3. 조달의 역할과 원칙

가. 조달의 역할

조달이 중요한 이유는 다음과 같은 조달의 역할이 있기 때문이다.

(1) 조달을 통해 군이 필요로 하는 군수품 소요를 충족시킬 수 있다. 사용 부대의 소요량은 조달 활동에 의하여 충족되어야 한다.

(2) 조달을 효율적으로 수행하여 국방 예산을 절약할 수 있다. 기업에서 조달은 비용 절감보다 이익을 창출하는 기능을 수행한다. 원자재를 저렴하게 구매하면 생산 단가가 낮아져 시장에서 경쟁력을 가질 수 있고 이를 통해 궁극적으로 매출액이 증가할 수 있다. 국방조달의 경우에는 기업의 이익 창출 역할보다 계약업자 선정 및 품질보증 활동을 합리적으로 수행하여 비용 절감의 역할을 감당할 수 있다.

(3) 군수 다른 기능을 보완하는 역할을 수행할 수 있다. 사용 부대의 소요량을 계약하여 납품하도록 하여 군의 임무 수행에 차질이 없도록 조달은 소요와 보급 및 정비 기능을 연결해주는 교량 역할을 한다.

(4) 조달을 통해 적정 재고 수준 유지에 기여할 수 있다. 군이 필요한 물자 소요에 신속하게 대처하기 위하여 적정량의 재고 수준 확보가 필요하다. 조달 활동, 즉 조달 주기 산정, 조달 소요시간 및 조달 방법 등의 판단을 통하여 적정 재고량을 확보할 수 있도록 도와줄 수 있다.

나. 조달의 원칙

조달 원칙은 일반적으로 8개의 R(8 Rights)로 표현하고 있다. 조달은 해당 조직이 필요로 하는 품목(right product)을 적정 수량(right quantity), 적정 품질(right quality), 적정 가격(right cost), 적정 방법(right way),[4] 적정 조건(right condition)[5]으로 조달하여 이를 적정 납지(right place)와 적정 시점(right time)에 납품하도록 해야 한다.

---

4 적정 방법이라 함은 적정한 조달 방법, 계약 방법, 입찰 방법 등을 통칭하고 있다. 조달 방법은 일반 상업구매, 한도액구매, FMS, 해외 직구매, 기타 등이다. 계약 방법은 확정계약, 개산계약 등으로 다양하며 입찰 방법도 경쟁입찰과 제한입찰 등으로 다양하다.

5 적정 조건이라 함은 제품이나 용역의 획득이나 구매 이후 보증 서비스 등 AS 조건 등을 규정하여 사용자가 해당 제품을 규정된 기간 동안 사용할 수 있도록 하기 위한 것이다.

이러한 일반적인 원칙 이외에 국방조달에는 다음과 같은 원칙이 있다.

(1) 국내조달 우선: 군수품은 가능한 한 국내·외 신뢰할 수 있는 조달원으로부터 양질의 품목을 조달하되, 적정량을 적기에 합리적인 가격으로 조달해야 한다. 단 특정조달 품목이 아닌 한 국내조달을 우선으로 하고, 특정조달 품목인 경우에는 내·외국인을 차별하여서는 아니 된다.
(2) 전투긴요 물자 우선 확보: 불요불급한 품목의 조달은 억제하고 전투긴요 물자 확보에 중점을 둔다.
(3) 재고 수준 유지: 조달 계획은 조달 소요시간을 고려하여 수립되어야 하며 수요예측과 재고 자산을 정확하게 파악하여 인가정수를 초과하거나 부족하지 않도록 해야 한다. 조달 프로세스 조정을 통해 군이 일정 수준의 재고 수준(보급 수준)을 유지하도록 해야 한다.
(4) 상용품 조달 및 일반경쟁계약: 국방 예산의 효율적 운영과 군수품의 품질 향상을 위하여 상용품 조달을 확대하고 일반경쟁계약에 의하여 조달하는 것을 원칙으로 한다.
(5) 동일품목 통합 조달의 원칙: 동일년도에 조달하는 동일품목은 통합 조달을 원칙으로 한다. 통합 조달의 의미는 동일품목의 조달 계획을 중앙·부대·조달청 조달, 국내·국외 및 특정조달로 분리하지 않아야 한다는 것이다. 예외인 경우는 다음 두 가지이다. ① 동일품목에 대하여 구매 계획과 정비 계획을 동시에 수립하거나 국외조달 품목의 국산화 개발을 위한 시제품 구매 등 불가피한 경우에는 분리하여 수행할 수 있다. ② 동일연도 동일품목이 다수의 사업에 포함되어 수시로 조달되는 품목은 연초에 집행기관에서 단가제로 계약하여 통합 조달하고, 소요 제기기관은 집행 전년도 말까지 품목별 연간 조달량을 집행기관에 통보해야 한다.
(6) 일괄 구매 허용: 생산이 중지되거나 혹은 중지될 가능성이 있는 품목 또는 소량·소액 품목 및 장비 유지를 위한 수리용 부품은 경제성과 최소 생산 가능 단위를 고려하여 적정 수량으로 일괄 구매할 수 있다.
(7) 조달 장기 소요 품목: 생산 시간이 장기간 소요되는 품목을 조달하고자 할 때에는 장기계약을 활용해야 한다.
(8) 전자입찰: 비밀사업과 국가계약법 시행령에서 수의계약을 할 수 있는 경우를 제외하고는 전자입찰을 실시한다.

제2절 국내조달

1. 국내조달 절차

군수품의 조달은 정부조달협정에 의한 특정조달 품목이 아닌 한 국외조달보다는 국내조달을 우선 검토하고 신뢰할 수 있는 조달원으로부터 양질의 군수품을 적기에 합리적인 가격을 조달함으로 원칙으로 한다. 국내조달의 일반적인 절차는 다음 〈그림 11-1〉과 같다.

〈그림 11-1〉 국내조달 집행 절차

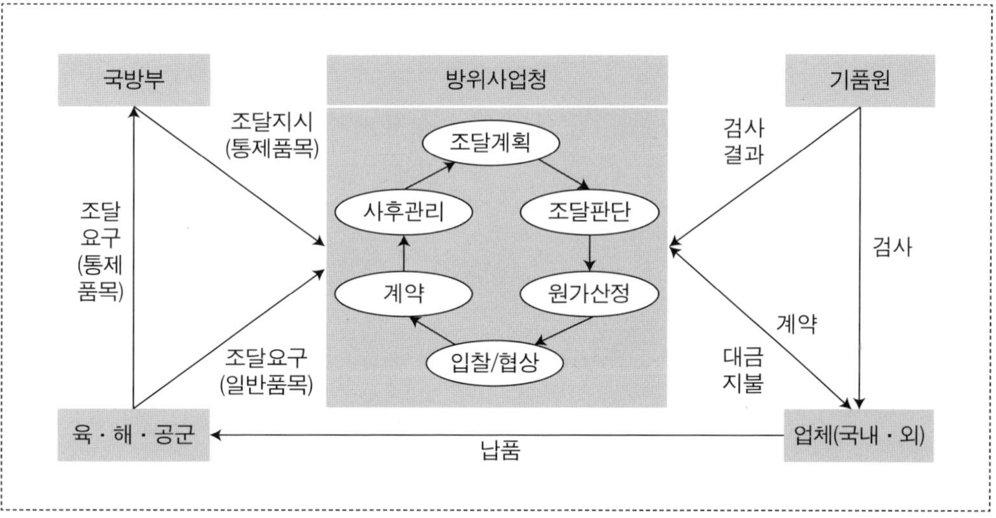

2. 조달 관련 주요 개념

가. 조달 계획

조달 계획이란 군이 필요로 하는 장비, 물자, 시설 및 용역 등을 사용 목적에 적합하도록 필요한 만큼 가장 유리한 조건으로 조달하기 위한 각종 조달 수행 요소에 관한 기본 계획을 말한다. 계획 수립을 위한 기본 요소는 다음과 같다.

(1) 품목: 품목에 관한 계획은 조달할 품목을 확정하여 국내조달원에서 조달할 것인가 아니면 해외조달원에 의존할 것인가 등을 검토해야 한다.

(2) 품질: 품질에 관한 계획은 조달 대상 품목에 따라 규격서, 상표 및 견본 등에 의한 방법으로 품질을 표시할 수 있으므로 어떤 방법을 적용할 것인가, 그리고 어떠한 방법으로 품질보증 활동을 할 것인가를 수립해야 한다.

(3) 시기: 조달 시기의 결정은 집행부서의 행정 소요시간, 업체의 생산 소요시간, 사용 부대의 소요 시기(전력화시기)를 고려해야 하며 국외조달은 납품 소요시간 등을 고려해야 한다. 발주 시기를 합리적으로 조정하고 설정된 조달 주기를 이행함으로 소요 시기와 납품 시기를 일치시킬 필요가 있다.

(4) 수량: 조달 소요량에 관한 계획 수립은 수요검토 목록서와 자산 보유 현황을 이용하여 조달 소요량을 산출한다. 조달 소요량의 결정은 총 소요량에서 보유 자산을 제외한 물량을 말한다.

(5) 가격: 조달 가격은 경제성과 직결되는 요소로서 조달 계획을 수립하는 데 있어서 가장 중요하다. 합리적인 조달 가격은 물품의 특성에 따라 정부고시가격, 거래실례가격, 원가 계산 또는 물가상승률 적용가격 등을 고려해야 한다.

(6) 방법: 조달 방법에 관한 계획은 계약에 관련한 문제로써 조달 환경과 여건에 가장 적합하면서 국방 예산 사용에 가장 유리한 계약 방법을 결정해야 한다.

나. 조달 요구

조달 요구란 수요군 및 기관이 조달 집행기관에 조달을 의뢰하는 행위를 말한다. 즉, 수요군 및 기관에서 정부세출예산의 최종안을 기준으로 다음 연도의 수요예상 품목에 대하여 사업별로 조달 계획서를 작성하여 국방부나 방위사업청에 제출하는 행위를 말한다. 품목이 통제품목인 경우는 국방부에, 일반품목인 경우는 방위사업청에 조달 요구서를 제출한다. 조달 집행기관은 확정된 조달 요구서로 계약을 체결하는 기관으로, 중앙조달품은 방위사업청이, 상용품은 조달청이, 부대조달품은 조달 요구기관에서 집행할 수 있다.

조달 요구서는 군수예산 중에서 조달에 필요한 예산을 총망라하여 사업별, 품목별로 조달 집행기관이 조달 집행 행위를 할 수 있도록 작성하는 문서이다. 문서에 포함되어야 할 주요 구성 요소는 예산 및 조달원 구분, 조달 요구 번호 구성, 재고 번호 및 품명, 수량, 규격 및 목록, 조달 금액, 납기 및 납지 등이다.

다. 조달 판단

조달 판단이란 집행기관이 합리적인 조달을 위해 조달 집행 전에 조달 계획서, 기술 자료에 의하여 조달 가능성, 조달원, 계약 방법, 업체 현황, 조달 소요시간, 납기 및 납지 등 조달 집행에 필요한 제원을 검토하고 조달 집행 가능 여부를 결정하는 행위를 말한다. 조달 판단은 가격을 결정하는 요소가 될 뿐만 아니라 업체가 경쟁에 참가하는 기본 요건을 규제하기도 한다.

조달 판단을 할 때 고려 사항은 (1) 조달 지시, (2) 조달원 관리, (3) 계약 방법, (4) 입찰 방법, (5) 납기, (6) 계약 특수 조건, (7) 품질보증 형태, (8) 기타 세부 내용 등이다.

라. 원가 산정

수요군의 조달 요구 내용이 승인 및 확정되어 조달 판단서의 접수로부터(원가 산정 의뢰) 준비 단계, 자료 조사 단계, 실시 단계를 거쳐 최종적으로 원가 계산서가 작성되어 예정가격을 결정한다. 그 예정가격을 기준으로 경쟁계약의 경우에는 입찰방식에 의하여 계약 가격을 확정하고 수의계약의 경우에는 협상에 의하여 계약 가격을 확정한다.

〈그림 11-2〉 원가 산정 절차

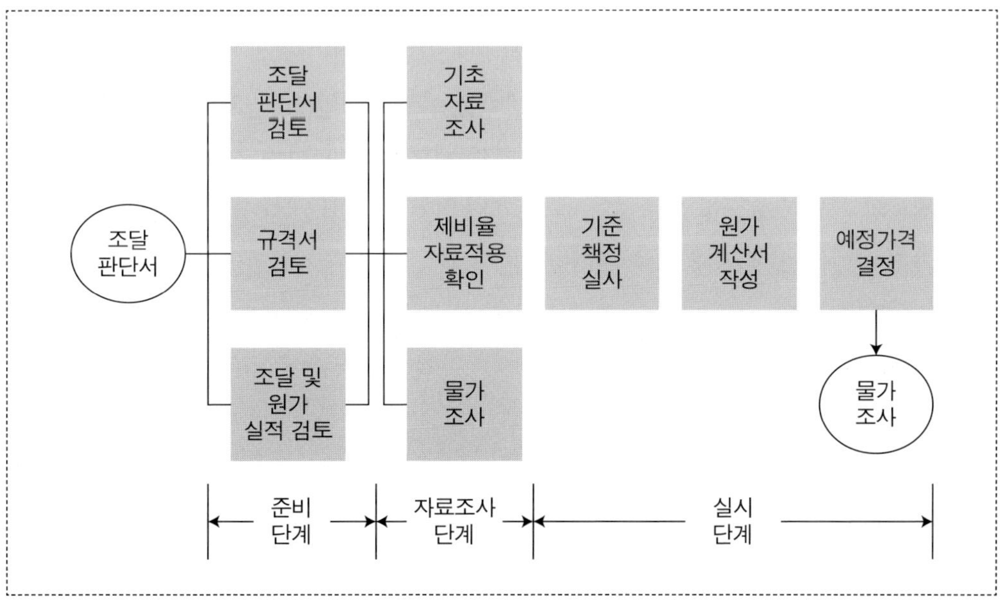

(1) 원가 계산: 국방조달에서 원가관리는 계약상대자로 하여금 원가 통제나 원가 절감을 유도하도록 해야 한다. 이를 위해 확실성 있는 자료를 근거로 합리적이고 공정한 가격을 결정하기 위한 원가 계산 기준의 법규화, 제출된 자료의 진실성 입증, 원가 계산 결과에 대한 적정성 검증 등의 제반 활동을 말한다.

정부가 계약집행 업무를 수행하는데 적용하는 규정은 국가를 당사자로 하는 계약에 관한 법률 및 동시행령, 시행규칙에 근거를 두고 있다. 정부관서 및 투자기관에서 조달하는 물자의 원가 계산은 재정경제부의 회계예규인 원가 계산에 의한 예정가격 작성준칙을 적용하고 있다. 국방조달 물자 중에서 방산물자는 방위사업법과 동시행령에서 계약상의 특례 등을 별도로 규정하고 있다.

(2) 예정가격: 예정가격이란 국가기관을 당사자로 하는 계약을 체결하기 위하여 입찰 또는 계약 체결에 앞서 낙찰자 및 계약 금액의 결정 기준으로 삼기 위하여 계약담당공무원이 미리 작성하여 비치해 두는 가격이다. 예정가격과 관련된 개념이 추정 가격이다. 추정 가격은 물품, 공사 및 용역 등의 조달 계약을 체결함에 있어서 국제입찰 대상 여부를 판단하거나 입찰공고 방법, 적격심사 낙찰제 대형공사 수의계약 등의 대상 여부를 판단하는 기준으로 삼기 위하여 예정가격 결정 또는 입찰공고에 앞서 산정한 가격이다.

마. 품질관리

품질은 다양한 의미를 포함하고 있으므로 관점에 따라 달리 사용할 수 있다. 품질은 설계 품질, 제조 품질, 사용자 품질로 구분하여 개념을 설명하고 있다.

설계 품질(quality of design)은 설계자 입장에서 제품 가격과 현존 기술이라는 제한 사항 아래 제품의 기능적 요구를 충족하는 품질 개념이다. 예를 들어 대형 승용차와 소형 승용차는 가격에 따라 설계 요구 사항이 다르지만 각각의 비용에 적합한 설계를 해야 한다.

제조 품질(quality of manufacturing)은 생산자 입장에서 최소의 비용으로 규격(혹은 설계)에 일치하게 만들어진 제품의 질이다. 제조 품질은 규격이나 설계에 얼마나 적합하게 만들어졌느냐의 의미로 적합 품질이라고도 한다.

사용자 품질은 사용자가 요구하는 유용성을 정하는 성질이나 제품의 사용 목적을 달성하기 위하여 갖추고 있어야 할 종합적인 특성이다. 사용자의 입장에서 사용 목적이나 유용성을 얼마나 달성하고 있는지 만족도 등을 평가하는 개념이다.

품질관리(QM: Quality Management)는 수요자의 요구에 맞는 제품을 경제적으로 생산 및 제공하기 위한 수단의 체계이며, 전체 수명주기 단계에서 요구되는 각종 품질 기준, 절차, 방법, 검사, 시험, 평가가 포함된 관리 체계이다.

품질보증(QA: Quality Assurance)은 제품의 전체 수명주기에 걸쳐 사용자 요구조건이 충족되도록 개발 단계에서 품질을 설계하고, 생산 단계에서 품질을 형성하며, 배치 및 운영 단계에서 품질을 유지하는 데 있어서 신뢰감을 확보하기 위하여 계획되고 조직된 모든 활동의 총체를 말한다.

품질관리 활동은 품질설계-공정관리-제품검사-품질평가라는 기능을 중심으로 주기를 형성하여 실행된다. 품질보증 활동은 군수품의 품질 특성에 따라 I형(단순품질 보증형), II형(선택품질 보증형), III형(표준품질 보증형), IV형(체계품질 보증형)으로 구분하여 실행하고 있다.

제3절 국외조달

국외조달이란 일반적으로 국내에서 생산 또는 공급되지 아니하여 외국으로부터 대외지급 수단 또는 차관자금으로 물자 및 용역을 구매하는 것을 말한다. 국내에서 생산이 불가능하거나 생산이 가능할지라도 경제성을 고려할 때 해외조달원에 의존하는 것이 현저히 유리하다고 판단할 때에는 해외 시장에서 조달하게 된다. 구매 방법에 따라 미국 정부 보증으로 구매하는 대외군사판매(FMS: Foreign Military Sales)와 모든 국가로부터 구매하는 상업구매로 구분한다.

국외조달의 장점은 (1) 고성능 첨단 무기체계나 주요 장비의 핵심 부품을 비교적 단기간에 획득하여 군의 전력 증강 목표를 조기에 달성할 수 있으며, (2) 절충교역(off-set trade) 등을 통해 첨단 군사기술을 도입하거나 수출 기회를 확보할 수 있는 등 방위산업 발전에 간접적으로 기여할 수 있다. 단점으로는 고가의 무기체계나 부품 구매에 따른 재정 부담 등이 문제가 된다.

1. 대외군사판매

미국의 대외군사판매는 판매국인 미국과 구매국 정부 간의 거래이다. 일반 상거래는 계약서를 작성하여 계약이 성립하지만 대외군사판매는 구매국 정부가 미국 정부에 오파를 요청하고 미국 정부가 이를 발행하면 구매국 정부에서 승인함으로 거래가 성립된다.

구매국 정부가 미국 정부에 보내는 구매의향서는 오파요청서(LOR: Letter of Request)이며 미국 정부가 판매를 승인하는 문서는 오파수락서(LOA: Letter of Acceptance)이다. 오파요청서는 국제무역에서 사용하는 오파와 같이 거래 상대방의 각종 조건을 파악하기 위한 절차적인 성격을 가지고 있으나 미국 정부에서 발행하는 오파수락서는 구매국에서 수락하면 계약서의 성격을 가지므로 국제무역에서 사용하는 오파와는 다르다.

대외군사판매는 미국 내 재고에서 판매하는 것과 조달하여 판매하는 형태 두 가지가 있다. 재고에서 판매하는 것은 미국 정부가 보유하고 있는 재고에서 판매하는 것이다. 물자를 조달하여 판대한다는 것은 미국 정부가 구매국 정부를 위하여 미국 내에서 물자를 구매하는 경우를 말하는데 이 과정에서 미국 정부가 손해를 봤을 경우 구매국이 그 손해를 부담하고 있다.

대외군사판매의 형태는 판대대상 장비, 물자 용역 등의 계약내용에 따라 지정판매(DO: Defined Order case), 총괄판매(BO: Blanket Order case), 보급지원협정(CLSSA: Cooperative Logistics Supply Support Arrangement)으로 구분한다.

가. 지정판매

지정판매는 구매국이 필요로 하는 대상 장비, 용역 또는 훈련/교육을 오파요청서로 명세내용과 수량을 요청하는 것을 말하며, 이에 대해 오파수락서에 그 내용을 지정하여 명시된다. 지정판매는 대부분 주요 완성장비, 중요 군사장비, 폭탄을 포함한 폭발물, 기술 자료묶음(TDP: Technical Data Package) 판매에 일반적으로 사용된다.

주요 완성장비는 대략 2년 정도의 초기 지원물량이 포함된다. 지정판매는 미 육군의 표준장비, 미 해군의 지정품목, 미 공군의 확정주문에 주로 적용된다.

나. 총괄판매

총괄판매는 구매국과 미국 정부 간의 협의에 의해 대상 품목과 수량은 지정하지 않고 총금액을 명시하여 오파(LOA)에 반영된 계약 형태를 말한다. 해당 오파(LOA)의 가용한 자금범위 내에서 구매국은 지속적으로 청구할 수 있다.

총괄판매 대상은 수리부속, 발간물, 지원 장비, 정비유지, 수리, 기술지원, 교육 훈련, 교보재 등이다. 총괄판매 제한 대상은 중요 군사장비, 비밀물자, 목재 및 상업용 물자, 기술 자료 묶음, 오존층 파괴물질 등이다.

〈표 11-1〉 대외군사판매 형태별 장단점 비교

형태	장점	단점	대상 품목
지정 판매	계약 대상 장비/물자에 대한 인도시기 예측 가능 미국에서 자동 청구하여 청구 행위를 위한 부담 감소	청구 건수별 계약으로 행정 비용 증가	주요 장비, 탄약, 유류, 용역 (수송 서비스)
총괄 판매	계약 건수 감소로 인한 행정 비용 절약이 가능하고 국내 수리품목에 유리하게 적용	보급에서 사용자 소요물량을 예측할 수 없어 구매국 사용량에 대한 재고확보 곤란, 조달 소요시간이 장기간 소요	수리부속, 발간물, 교육 훈련, 교보재, 항공기엔진, 통신 장비 등
보급 지원 협정	소요 발생 즉시 사용으로 PROLT 단축, 미군과 동일한 불출우선순위 제공, 초과품 발생 억제 가능, 미국 소요와 함께 대량 발주함으로 단가가 비교적 저렴하며 사용자 소요 사전예측	미군 상용 표준장비에 한정하여 적용, 발주 1호 사전 확보분에 대한 행정비 부담 증가. 행정비 계산에서 누진제 적용, 발주 1호 케이스 종결된 후에 구매국의 인출책임	미 표준장비/수리부속

다. 보급지원협정

보급지원협정은 외국이 보유하고 있는 미국산 장비류의 후속군수지원을 위한 수리부속을 지원하기 위해 설계된 협정이다. 이행 기관들은 미 국방안보협력본부(DSCA: Defense Security Collaborative Agency)를 통해 구매국에 보급지원협정을 승인하도록 요청할 수 있다. 보급지원협정의 장점은 미군이 운영하는 물자이동 및 불출 우선순위체계(UMMIPS: Uniform Materiel Movement and Issue Priority System) 내에서 미군과 동일한 수준의 군수지원을 받을 수 있다.

보급지원협정은 대외군사판매 발주 1호(FMSO I)와 대외군사판매 발주 2호(FMSO II)로 구성된다. 발주 1호는 미군 수요 경험과 구매국 예상 소요를 근거로 재고 수준을 유지해야 할 발주량(Stock Level Order)을 말하며, 이는 다시 제1부(Part A)와 제2부(Part B)로 구분한다. 발주 1호의 표준은 제1부에 Part A(5개월 상당), 제2부에 Part B(12개월 상당) 비중으로 투자된다. Part A는 판매국인 미국이 구매국의 청구에 대비하여 5개월분 재고를 확보해 두어야 하고 또한 구매국은 사전 확보 5개월분 재고 물량에 해당하는 금액을 사전에 예치해야 한다. 반면에 Part B는 발주중인 물자 중 해당 물자사령부에서 미군의 월평균 수요를 근거로 하여 12개월에서 20개월의 재고 물량을 확보해야 한다. 따라서 대외군사판매 발주 1호의 총 재고 물량은 12개월에서 25개월분이다.

라. 대외군사판매 계약절차

대외군사판매 계약절차는 다음과 같다.

(1) 선행 단계: 고객은 요구사항을 결정하고 구체적인 시스템 정보를 획득한다.
(2) 정의 단계: 고객과 미국은 기술 정보를 교환한다.
(3) 요청 단계: 고객은 가격 및 가용성(P&A: Price & Availability) 자료를 위해 오파요청서(LOR)을 제출한다.
(4) 오파수락서(LOA) 작성 단계: 미국은 LOA를 작성하고 서명하여 고객에게 제공한다.
(5) LOA 수락 단계: 고객은 LOA에 서명하고 초기 입금액을 입금한다.
(6) 집행 단계: 미국은 채무이행서, 이행지시서를 발생하며 이행 기관은 FMS 컴퓨터 체계를 가동한다.
(7) 이행 단계: 고객은 물품, 용역, 교육 훈련을 주문하고 미국은 물품과 용역을 선적하고 교육 훈련을 시행한다.[6]
(8) 조정 및 종결 단계: 미국은 종결확인서와 최종대금청구서를 송부한다.

6 대외군사판매에 있어 미국의 보급창에서 물자를 불출하면 한국 측의 수송대행업체가 물자를 인도받아 한국에 수송하여 군수사 보급창에 물자를 인계한다.

2. 상업구매

가. 국외 상업구매의 정의

상업구매는 일반적 상거래 절차, 관습 등 무역 관례에 따라 소요 물자를 세계 각국의 민간 기업으로부터 직접 구매하는 것을 말한다. 국외 상업구매는 방위사업청이 해외업체와 직거래로 구매하는 것을 원칙으로 한다. 다만 소량 소액 구매나 특수 구매사업 또는 긴급구매 등의 경우를 제외하고 주미 국제계약지원단에 구매를 지시하여 조달하기도 한다.

나. 국외 상업구매의 형태

국외 상업구매는 계약 형태 및 계약 방법에 따라 구분할 수 있다. 계약 형태에 따라서는 일반경쟁계약, 제한경쟁계약, 지명경쟁계약, 수의계약으로 분류한다. 계약 방법에 따라서는 확정계약과 한도액구매계약(BOA: Basic Ordering Agreement) 등으로 구분한다.[7]

국외 상업구매는 확정계약을 원칙으로 하고, 작전상 불가피한 경우와 장비 정비유지를 위하여 유리한 경우에는 한도액구매계약에 의할 수 있다. 한도액구매계약은 구매 대상 품목, 수량, 가격이 확정되지 않은 상태에서 계약한도액만을 정하여 체결하는 계약이다. 반면 확정계약은 계약 당시에 대상 품목, 수량, 가격, 납기 등 제반 조건을 확정하여 체결하는 계약이다.[8]

3. 절충교역

절충교역은 구매하는 국가가 군용 장비, 물자 및 용역을 획득할 때에 외국계약자에 의해서 기술 이전 및 부품 수출 등 일정한 반대급부 제공을 요구하는 조건부 교역이다. 적용대상은 국외조달의 형태인 미국을 중심으로 이루어지는 대외군사판매와 전 세계 모든 국가에서 이루어지는 상업구매 모두에 적용될 수 있다.

---

7 항공기수리부속긴급구매(AOG: Aircraft On the Ground)는 공군에서 항공기수리부속에 대한 긴급한 수요가 발생할 것을 대비하여 공군이 직접 업체와 계약하는 부대조달 방법이다. 대외군사판매, 한도액구매계약으로 획득이 불가능하거나 AOG에 의한 도입 조건이 상대적으로 좋을 때 적용한다.

8 상업구매에 있어 미국 업체로부터 물자를 불출하여 한국으로 수송하는 계약은 일반적으로 인코텀즈(INCOTerms) 방식에 따른다. 인코텀즈는 13개의 조건으로 구성된 가격조건으로 이들은 네 가지로 그룹화할 수 있다.

절충교역은 획득하고자 하는 군용 물자와 직접 관련이 있는 직접 절충교역과 획득하고자 하는 군용 물자와 직접 관련이 없는 간접 절충교역 형태로 구분한다. 간접 절충교역은 획득하는 군용 물자와 직접 관련이 없는 장비에 대한 수리부속 구매, 시험 및 지원 장비 판매, 기술 및 자료 제공 등 다양한 방식이 있다.

제4절 계약관리

1. 계약의 개념과 구분

계약이란 사법상의 효과를 발생시키는 것을 목적으로 서로 대립되어 있는 의사가 합치함으로써 성립하는 것이다. 이것은 광의로 해석하는 계약이고 협의로는 채권의 발생을 목적으로 하는 서로 대립되어 있는 2개 이상의 의사가 서로 합치함으로써 성립하는 법률행위를 말한다.

계약은 크게 민법상 계약과 국가계약법상 계약으로 구분한다. 민법에 규정된 14종의 계약은 양도계약(증여, 매매, 교환), 대차계약(소비대차, 사용대차, 임대차), 노무제공계약(도급, 위임, 고용), 기타 계약(임치, 현상광고, 조합, 화해, 종신정기금)으로 구분한다.

국가계약법상 계약이란 국가를 당사자로 하는 계약에 관한 법률, 또는 국제법상의 계약을 말한다. 이는 사법상의 계약 중 채권, 채무의 발생을 목적으로 하는 협의의 계약인 채권계약만을 의미한다.

계약의 구분은 크게 계약 체결 방법에 의한 분류, 기간에 의한 분류, 금액 결정에 의한 분류, 기타 분류 방법 등 네 가지로 구분한다.

2. 계약 체결 방법에 의한 분류

가. 일반경쟁입찰에 의한 계약

일반경쟁계약이란 계약의 목적물을 공고하여 일정한 자격이 있는 불특정 다수의 희망자로 하여금 경쟁입찰시킨 후 계약주체에 가장 유리한 조건을 제시한 자를 선택하여 이와 계약을 체결하는 계약방식이다. 일반경쟁계약은 (1) 계약 조건을 공고하고, (2) 예정가격을 작성하고, (3) 입찰등록자로 하여금 국가를 당사자로 하는 계약법에서 정한 입찰보증금을 접수하고, (4) 입찰을 실시하여 낙찰자를 결정하는 방식이다. 정부계약은 일반경쟁계약 방식이 원칙이다.

나. 제한경쟁입찰에 의한 계약

제한경쟁입찰이란 입찰참가자의 자격을 제한하여 그 자격 요건에 적합한 업자들만 경쟁에 참가시켜 일반경쟁입찰의 절차에 따라 낙찰자를 결정하는 방법이다. 일반경쟁입찰은 일반적인 참가자가 자격 요건을 구비하면 누구든지 참가할 자격을 주는데 대하여 제한경쟁입찰에서는 입찰에 참가할 자격이 있는 업자라 하더라도 입찰공고에서 특별히 제한하는 자격 요건에 적합한 자가 아니면 경쟁에 참가할 수 없다는 점에서 차이가 있을 뿐 기타의 모든 점은 일반경쟁입찰과 동일하다.

다. 지명경쟁입찰에 의한 계약

지명경쟁입찰이란 업자의 자산과 신용이 확실하고 기술이 우수하다고 인정하는 특정 다수자의 업자를 지명하여 이들로 하여금 경쟁입찰하게 한 연후에 그 중에서 국가기관에 가장 유리한 상대방을 선택하여 그 자와 계약을 체결하는 방법이다.

라. 희망수량경쟁입찰에 의한 계약

희망수량경쟁입찰이란 국가기관이 다량의 동일 물품을 매입 또는 매각할 때에 입찰자로 하여금 희망수량 및 단가로 입찰하게 한 후에 매입하는 경우에는 예정가격 이하의 최저가격 입찰자 순, 매각하는 경우에는 예정가격 이상의 최고가격 입찰자 순으로 희망하는 수량에 도달할 때까지 복수 업자를 낙찰자로 결정하는 방법이다.

희망수량경쟁 계약을 적용하는 범위는 매입의 경우 1인 생산 시설로는 생산과 납품이 불가능하거나 제한될 때이며, 매각의 경우 1인의 능력으로 전량 매수가 불가능하거나 곤란할 때이다. 또는 수인의 공급자 또는 매수자와 분할 계약하는 것이 가격·품질 등 기타 계약 조건이 국가기관에 유리할 때이다.

마. 수의계약

수의계약이란 경쟁 방법에 의하지 아니하고 계약이행에 가장 적당하다고 인정하는 특정인을 선정하여 그 자와 계약을 체결하는 방법을 말한다.

수의계약을 적용할 수 있는 대상 범위는 다음과 같다. (1) 계약의 성질 또는 목적상 경쟁을 할 수 없는 경우, (2) 천재지변, 군 작전, 국가의 긴급한 행사로 경쟁에 붙일 여유가 없을 때, (3) 조달 시기가 긴급한 경우, (4) 계약의 내용이 비밀인 경우, (5) 국가 정책상 필요한 경우, (6) 재공고입찰에서도 입찰자 또는 낙찰자가 없는 경우, (7) 낙찰자가 계약을 체결하지 않는 경우, (8) 다른 국가기관 또는 지방자치단체와 계약을 체결할 경우, (9) 기타 수의계약을 체결하는 것이 현저히 유리하거나 불가피한 경우이다.

3. 계약기간에 의한 분류

가. 단년도 계약

단년도 계약이란 당해연도 세출예산에 계상되는 예산으로 체결하는 계약방식이며 당해 회계연도 내에 이행이 완료되는 것을 원칙으로 한다.

나. 장기계속 계약

장기계속 계약이란 계약의 성질상 수년간 계속하여 존속할 필요가 있거나 이행에 수년을 요하는 경우에 체결하는 계약이며 계약의 이행은 각 회계연도 예산 범위 내에서 이루어진다. 예를 들면 임차·운송·보관·전기·수도 등의 계약이 이에 해당된다.

4. 계약 금액 산정 방식에 따른 분류

가. 총액계약

총액계약이란 단가와 수량을 요소로 하여 확정된 총액을 내용으로 체결하는 계약을 말한다. 총액주의는 예를 들어 자동차의 각종 부속품을 50여종 구매하는 계약의 경우에 그 50여종에 해당하는 물량의 총액에 대하여 체결하는 계약이다.

나. 단가계약

단가계약이란 단위당 가격을 약정하여 체결하는 계약으로써 계약 금액의 결정은 약정된 단가를 기준으로 하며 계약은 당해연도 예산 범위 내에서 체결할 수 있으며 일정 기간 계속되는 제조, 가공, 매매계약 등이 이에 해당된다.

5. 계약 금액 확정 여부에 따른 분류

가. 확정계약

확정계약이란 계약 체결 시 계약 금액을 확정할 수 있고 계약이행 기간 중에 가격변동, 원가 절감 등이 없을 것으로 예상되는 경우에 계약 금액을 확정하여 체결하는 계약을 말한다. 확정계약은 다음 네 가지 경우에 적용할 수 있다.

(1) 계약당사자가 모두 충분한 정보를 갖고 원가 발생에 대한 예측의 신뢰성이 높은 상황으로 생산실적이 많아 발생원가 정보가 정확한 경우이다.
(2) 생산물량이 충분하게 많으며 조업도가 일정하여 간접비 배분의 변동이 적은 경우이다.
(3) 원가회계시스템의 신뢰성이 높은 경우이다.
(4) 규격, 성능 및 목록 등의 기술적 요구조건이 확정되어 있고 가격분석 또는 원가분석으로 예정가격을 설정할 수 있을 경우이다.

나. 개산계약

개산계약은 계약을 체결할 때에 계약 금액을 확정할 수 있는 원가 자료가 없는 경우, 계약 금액을 계약 이행 중에 확정하려고 하는 경우에 체결하는 계약이다. 개발 시제품의 제조계약, 시험·조사연구, 연구용역 계약 등이 이에 해당된다.

개산계약의 장점은 사후에 공급자가 제출하는 실제 원가 자료에 근거하여 비교적 적정하고 객관적인 원가를 용이하게 계산할 수 있다. 단점은 계약상대자가 계약목적물을 생산하는데 발생한 모든 원가를 구매자가 부담한다는 점이다. 개산계약 범주에 해당하는 것을 예로 들면 특정비목불확정계약, 중도확정계약, 원가정산이익확정계약, 유인부원가정

산계약, 사후원가검토조건부계약 등이 있다.[9]

(1) 특정비목불확정계약: 특정비목의 원가를 예상하기 곤란할 때 사용하는 계약 방법이다. 확정되지 아니한 비목만 계약이행 후 실제 발생하는 원가 자료를 바탕으로 산정한다.
(2) 중도확정계약: 원가 자료의 부족으로 계약 가격의 확정이 곤란할 때 계약이행 중간에 확정시기를 정하여 계약 금액을 산정한다.
(3) 원가정산이익확정계약: 계약을 체결할 때 이익금만 확정하고 원가는 계약 이행 이후 정산하여 확정하는 계약 방법을 말한다.
(4) 유인부원가정산계약: 계약을 체결할 때에 계약 금액을 확정할 수 없지만 공급자에게 원가 절감 활동을 요구하여 원가를 절감할 수 있다. 계약 금액은 실제 발생 원가에 목표이익과 유인이익을 합하여 설정한다. 목표이익은 목표원가에 일정한 이윤율을 곱하여 산출한 금액이며 유인이익은 목표원가에서 실제 발생 원가를 차감한 금액에 분담 비율을 곱하여 산출된 금액이다.
(5) 사후원가검토조건부계약: 사전원가를 정하고 계약을 체결하는 확정계약일 때 불확실한 비용 항목에 대한 계약이행이 완료된 후 원가를 검토하여 구체적인 내용, 범위 및 방법 등을 규정하는 방법이다.

6. 기타 분류

가. 공동계약

공동계약이란 공사·제조 등의 계약을 체결할 때 계약상대자를 2인 이상으로 하여 체결하는 계약이다.

나. 종합계약

종합계약이란 동일 장소에서 다른 중앙관서·지방자치단체·정부투자기관이 관련되는 공사 등에 대하여 관련기관과 공동으로 체결하는 계약이다.

---

9 방위사업법에는 개산계약 6종류 이외에 다른 개산계약 방식이 나와 있다.

참고 11-1 사례 연구: 수리부속 해외조달

1. 수리부속 해외 구매 실태

해외 수리부속 구매계약 규모는 2013년 기준으로 미 달러화 기준 3억 45만 달러이며 이는 한화로 연간 약 4천억 원에 해당한다.[10] 이를 조달 방식별로 구분해보면 한도액구매 40%, FMS 표준 36%, 일반 상업구매[11] 17%, FMS PROS 6%, 해외 직구매 및 기타 1%의 순이다.

한도액구매(BOA)는 수리부속 구매 한도액을 설정하고 해당 한도액 내에서 계약업체에 부품 공급을 요구하는 조달 방식이다. 계약업체는 다양한 하위 협력업체를 통해 군이 발주한 수리부속을 조달하여 공급한다.

대외군사판매는 미 국방부에서 운영하는 FMS 프로그램을 통한 조달방식이다. 미군이 사용 중인 FMS 표준품에 한하여 조달이 가능하다.

FMS PROS(Parts & Repair Ordering System)는 미군 주관 조직인 안보지원센터(AFSAC: Air Force Security Assistance Center)에서 관리하며, 민간업체인 S&K Aerospace가 실제 운영을 담당하여 자체적인 공급사슬을 통하여 수리부속을 조달하고 공급하는 조달 방식이다. 이 조달 방식을 통하면 FMS 비표준품목의 조달도 가능하다.

일반 상업구매는 각 군에 소속된 군수사령부가 품목 단위로 방위사업청에 조달을 의뢰하게 되면, 방위사업청이 일반경쟁 방식으로 조달 프로세스를 진행하여 부품을 공급하는 조달 방식이다. 일반적으로 국내 무역 대리상이 입찰에 참여한다.

해외 직구매는 각 군 군수사령부 자체적으로 해외 수리부속을 조달하는 방식으로 수의계약 형태로 진행된다. 현재 공군만이 직구매 조달 방식을 활용하고 있다. 기타 방식으로 조달이 어려운 품목에 대하여 해외 주재 무관을 활용하여 조달원을 식별하고 계약을 체결하는데 조달 규모는 크지 않은 실정이다.

2. 조달 방식별 주요 이슈

조달 방식에 따라 주요 이슈가 다르며 소요군별(육·해·공군) 상황에 따라 조달 방식의 활용 수준에 차이가 있다. 육군의 해외 구매 규모는 1억 달러이며 FMS(PROS 포함) 59%, 일반 상업구매 26%, BOA 15%의 순이다. FMS 비중이 높은 이유는 육군 항공장비용 부품의 FMS 의존도가 높기 때문이다. 해군의 구매 규모는 9천만 달러이며 BOA 52%, 일반 상업구매 30%, FMS(PROS 포함) 18%의 순이다. 해군은 품질보증 수준을 달성하기에 상대적으로 용이한 BOA나 FMS를 선호하고 있으나 함정 장비의 노후화로 인하여 FMS를 활용할 가능성은 제한적이다. 공군은 해외 구매 규모가 1억 9,400만 달러로 가장 많으며 BOA 47%, FMS(PROS 포함) 44%, 일반 상업구매 7%, 해외 직구매 2%의 순이다. 공군은 품질보증 수준을 달성하기에 상대적으로 용이한 BOA나 FMS 조달 방식을 선호하고 있다.

(1) 일반 상업구매 관련한 이슈

상업구매는 조달 방식 특성상 FMS나 한도액구매와 비교할 때 조달 성공률이 상대적으로 낮을 수밖에 없다. FMS 표준품목인 경우 미국 정부에서 총괄구매, 지정구매, 보급지원협정을 통해 수리부속 조달을 보장해주기 때문에 조달 성공 여부는 큰 문제가 아니다. 오히려 조달

---

10 2011년 해외 수리부속 조달 규모는 4억 4,200만 달러, 2012년은 3억 8,400만 달러이었다. 매년 조달 방식별 비중은 비슷하나 2012년에 상업구매가 29%로 증가하였는데 이는 공군에서 F15K 하위 시스템을 상업구매(약 500억 원)로 일시 구매하였기 때문이다.

11 일반 상업구매로 표시하는 것은 이를 상업구매의 일종인 한도액구매(BOA)와 구별하기 위함이다.

참고 11-1 **사례 연구: 수리부속 해외조달 (계속)**

가격 변동이나 조달기간 장기화가 이슈가 될 수 있다. BOA는 장비를 제작한 업체와 수리부속 조달 계약을 체결하기 때문에 조달 여부가 문제가 아니라 마찬가지로 가격 변동이나 조달기간이 문제가 될 수 있다. 그런 측면에서 상업구매는 조달 성공 여부가 큰 관건이 될 수 있다. 조달 성공률이 낮게 나오는 가장 근본적인 원인은 장비가 노후화됨에 따라 업체의 소멸과 합병, 부품 생산 라인의 폐쇄 등으로 조달 여건이 악화되고 있기 때문이다.

국방부는 상업구매 조달 성공률을 매년 개선시켜 왔다. 조달 요구 품목 대비하여 조달 성공률이 2011년 48%에서 2013년 65%로 증가하였다.

매년 조달 성공률이 개선되어 조달 실패 품목수는 감소했지만 아직도 무응찰, 가격저항, 단일응찰 등의 문제가 지속되고 있다. 조달 실패 품목 중에서 무응찰은 2011년 56%에서 2013년 64%로 증가하였다. 2011~2013년 3년간 조달 요구된 품목 중에서 약 8% 정도는 만성적으로 무응찰 문제가 발생하고 있어 수리부속 수급 전망이 밝은 편은 아니다.[12]

가격저항이나 단일응찰로 인한 조달 실패의 경우 입찰가격이 목표가격 대비하여 5배 이상 높은 품목이 전체 품목 중에서 30% 수준이다. 이들 조달 실패 품목은 목표가격 책정이 현실적으로 타당하였는지와 업체 제시 가격이 타당하였는지 비용과 관계된 분석이 필요하다. 이는 계약이 체결된 품목의 경우에도 계약단가가 목표가격을 상회하는 품목이 전체의 50% 수준에 이르고 있기에 가격 타당성 분석이 필요할 것이다. 이외에도 대체 조달원의 개발 가능성과 협상 능력 개선 등을 검토할 필요가 있다.

조달 성공에 문제가 발생하는 주요 원인으로 장비의 노후화를 들고 있는데 노후화 수준으로 설명되지 않는 현상이 나타나고 있기도 하다. 예를 들어 노후장비인 UH-1H와 AH-1S의 경우 상대적으로 신형인 UH-60과 대비하여

〈표 11-2〉 상업구매 조달 요구 대비 실패 비율과 실패원인(2011~2013)

구분	조달 요구 품목수	조달실패 품목수	무응찰	가격저항	단일응찰	기타
2011	3,968 (100%)	2,071 (52%)	1,160 (56%)	435 (21%)	435 (21%)	41 (2%)
2012	3,284 (100%)	1,413 (43%)	834 (59%)	184 (13%)	353 (25%)	28 (2%)
2013	3,332 (100%)	1,161 (35%)	743 (64%)	186 (16%)	220 (19%)	12 (1%)
소계	10,584 (100%)	4,645 (44%)	2,737 (59%)	805 (17%)	1,008 (22%)	81 (2%)

12 여기서 무응찰이 만성적이라는 기준은 유찰된 무응찰 품목에 대한 조달 요구가 2회였을 때 연속하여 2번 모두 무응찰이 된 경우, 3회였을 때 3회 모두 무응찰이 된 경우이다.

참고 11-1 **사례 연구: 수리부속 해외조달 (계속)**

오히려 높은 수리부속 조달 성공률을 보이고 있다. 또한 천마, 현무 등 국내에서 개발된 최신 장비들도 일반적인 예상과 달리 해외 수리부속 조달에 어려움을 겪고 있다. 따라서 장비 노후화 이외의 해외 수리부속 조달의 어려움을 발생시키는 다른 근본적인 요인에 대한 연구가 필요할 것이다.

조달 성공에 영향을 미치는 요인으로 조달 품목의 단가나 소규모 구매 규모를 들고 있다. 즉, 단가가 싼 품목은 비싼 품목보다 조달 성공률이 낮을 것이라는 설명을 할 수 있다. 육군 품목의 경우 $10 이하의 저단가 품목의 조달 성공률이 고단가 품목 조달 성공률보다 낮은 실정이다. 그러나 해군의 경우 소량 소액 품목의 조달 성공률이 다른 품목과 유사하거나 높은 수준이다. 따라서 단순히 소액 소량 품목이라고하여 조달 성공 여부에 영향을 미친다고 설명하기는 힘들 것이다. 이러한 차이를 발생시키는 다른 요인 해군, 육군 장비의 차이 등에 대한 분석이 필요할 것이다.

일반 상업구매에 있어서 조달 성공이라는 이슈와 함께 조달이 성공한 이후, 즉 계약 이후 품목의 납기가 지연됨으로써 수리부속의 적시(right time) 수급에 어려움이 존재하고 있다. 해당연도 계약성공 4,972개 품목[13] 중에서 납기 내에 납품된 품목은 3,703품목으로 74%에 불과하며 납품이 지연된 것은 1,269품목(26%)이다. 납품이 지연된 품목 중에서 3개월 이내 납품한 경우는 46%, 3개월 이상 지연된 품목은 35%이고, 2014년 6월 당시까지 납품되지 못한 품목도 19%에 달하고 있다.

(2) BOA에 관련한 이슈

BOA 계약에 포함된 일부 품목의 경우 가격 인상폭이 매우 높은 수준이며 BOA 방식의 계약 금액 중요성을 고려할 때 상황에 대한 대응이 필요하다. 예를 들어 F-15K 엔진의 GE 계약 사례를 살펴보자.[14] 2011~2014년 가격 목록(price list)에 포함된 품목 중에서 연평균 가격 인상율이 0~10% 인상된 것은 63.4%, 10~30% 인상된 것은 17.4%, 30% 이상 초과 인상된 것은 4.7%이다.

GE 및 Boeing과 같은 소수의 대형업체와 거래하는 BOA 계약 특성에 있어 군의 협상력이 제한되는 상황이다. 따라서 앞으로 조달 및 계약 방식을 변화시켜 군에서 직접 하위 협력 업체들과 직접 공급계약을 체결한다든지 하여 협상력을 증진시키고 조달 비용을 절감하는 방안이 필요할 것이다.

(3) FMS PROS 관련 이슈

공군은 비표준 FMS 체계를 활용하여 조달에 애로가 있는 수리부속 품목을 다량 조달할 수 있는 어느 정도의 성과를 달성하였다. 그러나 FMS PROS에서도 다음과 같은 문제점이 식별되고 있다.

① 조달기간의 장기화: 표준 FMS의 조달기간이 평균 110일 소요되는 데 비해 FMS PROS는 평균 243일 소요되고 1년 이상 장기간 소요되는 것도 상당수로 납기에 대한 예측이 불확실하다. 이는 한국측에서 FMS PROS 체계의 세부적인 구조나 절차 파악이 이루어지지 않아서 그 체계 안에서 어떤 일이 일어나는지 알 수 없는 블랙박스 형태이기 때문이다.

② 조달요청의 취소: 공군이 발주한 FMS 품목이 갑작스럽게 취소되는 경우가 존재하였고 이로 인해 부품 수급의 문제점이 발생하였다. 또한 요청 취소에 대한 명확한 사유를

13 현재 조달이 진행 중이고 납기일이 도래하지 않은 품목들은 분석에서 제외하였다.

14 가격목록 총 2,577품목 중에서 과거 가격목록이 존재하는 1,703개 품목을 대상으로 조사하였다.

참고 11-1 사례 연구: 수리부속 해외조달 (계속)

FMS PROS 업체로부터 전달받지 못하는 경우에는 이후 유사한 문제가 발생할 경우에 재발을 방지하기 어렵다.

③ 기타 문제: FMS PROS에도 가격 급상승, 과도한 최소 구매량 요구, 하자보증 기간이 충분하지 않다는 문제가 있다. 초기 통보 가격보다 최종 요구 가격이 과도하게 높은 경우가 종종 발생하고 있다. 또한 FMS 표준 및 일반 상업구매의 경우 하자보증은 선적일로부터 1년이 일반적이나 FMS PROS는 3개월~1년 수준으로 하자보증 기간이 짧은 문제가 있다.

토의질문

1. 국외조달에 있어 FMS와 관련한 문제점은 무엇인가 토의해보자.
2. 수리부속 해외조달에 있어 애로사항은 장비의 노후화가 있다. 이외에 어떠한 요인이 조달 애로에 영향을 미치는지 영향 요인을 도출해보자.
3. 수리부속 국외조달의 문제점이 무엇이며 이를 해소하는 방안들을 토의해보자.

토의문제

1. 획득, 조달, 구매의 차이점과 공통점을 설명해보자.
2. 군수에서 조달이 수행하는 기능을 설명해보자. 특히 소요와 보급과의 관계에서 역할을 설명해보자.
3. 미군의 조달기금과 한국 조달청의 조달기금의 운영에 대해 조사해보자.
   (1) 2개 기관의 조달기금 운영의 공통점과 차이점은 무엇인가?
   (2) 단년도 회계제도의 문제점에 대해 논의해보자.
   (3) 국방조달에서 조달회전기금이 수행할 수 있는 역할을 설명해보자.
   (4) 한국군에서 조달회전기금이 어떻게 발전해야 할 것인지 토의해보자.
4. 국방조달에서 제기되고 있는 조달애로 품목, 무응찰 품목 등 문제점이 무엇이며 어떻게 해소할 수 있는지 설명해보자.
5. 성과기반군수(PBL: Performance-Based Logistics)와 연계하여 성과기반계약이 발전할 방향을 토의해보자. 성과기반군수 초기와 정착 이후 어떠한 계약제도가 바람직한지 논의해보자. 업체의 성과에 따라 유인(incentive)하거나 벌칙(penalty)을 부과하기 위한 계약 방법을 논의하고 이것이 한국 현실에 가능할 것인지 토의해보자.

참고문헌

육군본부, 조달관리 야전 교범 4-11, 2008.10.15.

권오철, 이종영, 정동욱, 조달입찰과 구매관리 실무, (학문사, 2006)

손병식, 국방구매공급관리, (범한, 2010)

정동욱, 조달이론 및 입찰실무, (교우사, 2005)

추욱호, 박명섭, 구매조달관리, (청구, 2004)

허경, 국방조달관리, (국방대학교 참고서지, 2014)

D.W. Dobler and D.N. Burt, *Purchasing and Supply Management, Text and Cases,* 6th ed., (McGrow-Hill, 1996)

제12장 보급관리

보급(supply)은 군수품을 조달하여 사용자에게 공급하기까지 물자, 정보, 자금의 흐름(flow)과 연관된 제반 활동이다. 군의 보급관리는 기업의 물류관리로 볼 수 있다. 군의 보급관리 내용 중에서 재고관리는 중요한 비중을 차지하고 있기에 재고관리를 별도로 구분하여 다룰 필요가 있다.

보급관리 중에서 8장은 군의 물류 보급 체계에 대해 다루며 9장은 재고에 대해 별도로 다룬다. 8장은 4개 절로 구성되어 있다. 1절은 보급과 관련한 용어와 개념에 대해 살펴본다. 2절은 산업 분야 공급사슬관리(SCM: Supply Chain Management) 개념을 살펴본다. 3절은 군의 보급 체계에 대해 살펴본다. 4절은 군 보급 체계와 관련한 이슈를 분석하여 발전방향을 제시한다.

제1절 보급 관련 용어의 정의

보급은 산업계나 기업에서 사용하는 물류(physical distribution), 공급사슬관리, 로크레마틱스(rhocrematics), 로지스틱스 등 용어와 구별할 필요가 있다. 군사 용어에서도 보급은 병참(quartermaster)과 차이가 있다. 이외에 보급과 관련되어 사용하는 용어로 제3자 물류(3PL: Third Party Logistics), 크로스 도킹 등이 있는데 이는 주로 로지스틱스 전략이나 방법론으로 사용되고 있다.

1. 보급과 병참

군사용어 사전에서 보급이란 "군 임무 수행을 위하여 필요로 하는 재화를 소요 부대에 공급하여 주는 일체의 행위를 말하며, 군수 물자의 소요 판단, 획득, 저장 및 분배, 처리에 관한 모든 업무"를 말한다. 병참이란 "부대의 전투력을 유지, 증대시키기 위하여 작전을 지원하는 기능으로 보급·정비·회수·위생 등을 총칭하며, 개인이나 부대에 대한 식량·연료·탄약·무기·축성자재 등의 보급, 파괴된 각종 물자의 회수, 숙박·목욕·세탁·급식 등에 이르는 광범위한 업무"을 말한다.[1] 군사적으로 병참은 보급보다 좀 더 포괄적인 개념으로 사용되며, 파괴된 물자의 회수, 병력의 숙박, 목욕, 급식 등 군수 근무활동을 포함하는 광의의 개념이다.

2. 물류와 보급 체계

가. 물류

물류(physical distribution, 物流)는 물적 분배 혹은 물적 유통이라 할 수 있다. 물류는 생산자로부터 소비자에게 재화 및 서비스를 이전시키고, 장소·시간 및 소유의 효용을 창조하는 활동이다.[2] 물류 활동은 물자 유통 활동과 정보 유통 활동으로 구분하는데 물자 유통 활동은 수송 및 이동에 필요한 기반을 제공하는 활동으로 이에는 수송, 보관, 하역 및 포장 활동을 포함한다. 정보 유통 활동은 정보 전달을 위한 주문정보시스템 구축과 이에 필요한 주문 정보 수집 및 공유를 위한 활동이다.

기업 물류는 구매(조달) 물류, 생산 물류, 판매 물류로 구분할 수 있다. 구매(조달) 물류는 발주자로부터 공급 요청을 받은 납품업체가 제품을 포장하여 발주자가 지정한 창고까지 수송하고, 입고된 제품을 창고에 보관하거나 재고를 관리하는 단계까지를 말한다. 생산 물류는 자재 창고에서 출고로부터 생산 공정으로의 운반, 하역, 그리고 다시 완제품을 창고에 입고하기까지의 과정을 말한다. 생산 물류는 운반 및 하역 자동화와 창고 자동화가 관리의 초점이 된다. 판매 물류는 제품이 소비자에게로 전달될 때까지의 수·배송활

---

1 육군본부, 『군사용어사전』, 2012.12.1.

2 조직에서 물류가 시간, 장소, 소유, 형태 효용을 창조하는 활동에 대한 자세한 내용은 〈참고 1-2〉를 참조하라.

〈그림 12-1〉 기업의 물류 활동과 내용

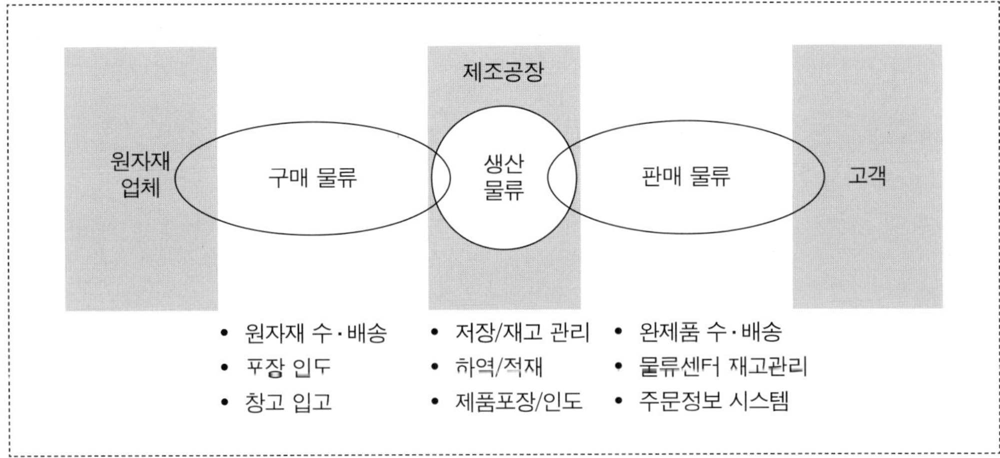

동으로써 제품 창고로부터 제품의 출고, 배송센터까지의 수송, 배송센터로부터 각 대리점이나 고객에게 배송되는 작업 등이 포함된다.

나. 군의 보급 체계

군의 군수품을 보급하는 체계는 보급 추진 계통(supply pipeline) 혹은 보급 계통이라고 한다. 이는 보급품을 생산자로부터 사용자에게 공급하기 위한 계통으로 생산자-군수사 및 보급창-시설부대-편성부대-사용자에 이르는 일련의 파이프라인을 말한다. 군의 일반적 보급 체계는 〈그림 12-2〉와 같다.

〈그림 12-2〉 군의 보급 체계

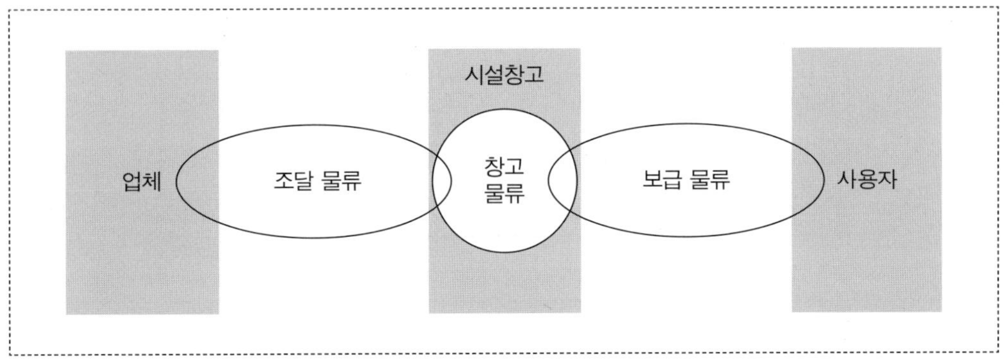

군의 물류는 기업과 비교하여 생산 물류가 없기 때문에 이를 창고 물류로 대체할 수 있다. 이에 따라 국방 물류는 조달 물류, 창고 물류, 보급 물류로 구분할 수 있다. 조달 물류는 방위사업청에서 계약한 납품업체로부터 납지인 군수사, 군지사, 사단의 시설 보급창고, 즉 군에 최초로 입고되기까지 장비 및 물자의 흐름에 관련된 과정이다. 창고 물류는 보급창고 내에서의 물자 흐름을 의미한다. 국방 분야에서 창고 물류의 초점은 각 창에서의 운반 및 하역, 창고 자동화, 효율적인 재고관리 등이다. 보급 물류는 물자 및 장비가 군 내 창고에서 사용 현장에 전달될 때까지의 수·배송 활동으로서 출고와 관련된 정보 체계, 이동관리, 수·배송 작업 등이 주요 관심사항이다.

군은 물류를 조달 물류, 창고 물류, 보급 물류로 구분하지 않고 다음과 같은 두 가지 기준을 적용하여 보급 체계를 구분하고 있다.

첫째, 보급 체계를 단계 기준으로 구분하고 있다. 생산업자로부터 조달하여 군 내부 보급창이나 시설창고에 입고되기까지 군수품 흐름은 대분배 계통(whole-sale pipeline) 보급이라 하고, 군 내부에서 사용자 수요를 직접 충족하기 위해 군수품의 흐름은 소분배 계통(retail pipeline) 보급이라 한다.

둘째, 생산 소요시간(PLT: Production Lead Time)이 수반되는가 여부에 따라 구분할 수 있다. 생산이 없는 계통은 소분배 계통이고, 생산 소요시간이 수반되는 경우는 대분배 계통이다. 생산 소요시간은 조달 소요시간의 주요한 구성 요소이다. 조달 소요시간은 행정 소요시간, 생산 소요시간, 납품 소요시간 등 세 가지 합으로 조달행위를 착수한 때로부터 군에 입고할 때까지 경과시간이다. 반면에 소분배 계통에서는 조달 소요시간과 유사한 개념으로 발주 및 수송 시간(OST: Order & Shipping Time)을 사용한다.

〈그림 12-3〉 대분배 계통과 소분배 계통

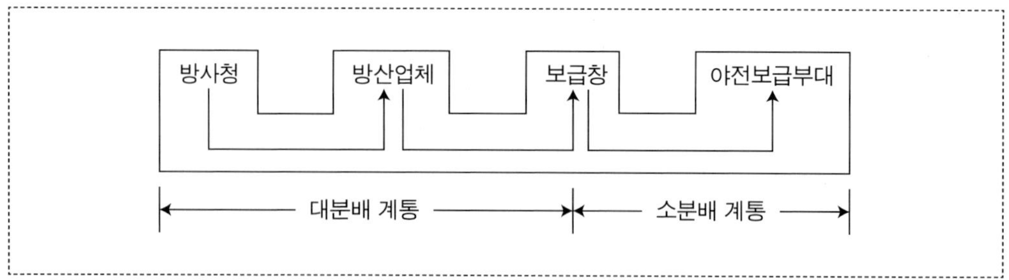

대분배 계통이란 계약, 생산, 납품이 이루어지는 분배 계통으로 방위사업청-생산업체-보급창 간의 거래 관계를 포함한다. 대분배 계통은 획득 및 조달을 통해 공급자로부터 군 내부에 군수품이 흘러올 때까지 납품 과정이라 할 수 있다.

소분배 계통이란 대분배 계통에 이어지는 군 내부의 보급 체계, 즉 군수사(보급창)로부터 사용자에 이르기까지의 분배 체계를 의미한다. 소분배 계통이란 군 내부 분배 목적을 위한 보급 과정으로서 창 보급지원부대로부터 야전 사용자까지의 거래 관계를 포함한다.

한국에서 6.25전쟁 이후 1970년대까지는 미국의 군사원조에 의한 단순한 분배 목적을 위한 보급 계통으로 생산이 수반되지 않았기 때문에 소분배 계통이었다. 그러나 지금은 많은 제품이 국내에서 생산하여 보급되고 있으므로 대분배 계통 보급 체계로 관심이 옮겨가고 있다. 분배 계통에 따라 청구 목표와 소요 목표의 구성이 달라진다. 자세한 내용은 제10장 소요관리에서 다룬다.

3. 물류 유사 용어

가. 로크레마틱스 개념

로크레마틱스는 물자의 유통을 관리하는 과학이다.[3] 그 내용은 생산 및 판매와 관련된 기본적인 기능을 포괄하고 상품의 수송, 가공, 운반물 취급 내지 하역 보관 및 배분 등의 부차적 기능을 보다 효과적으로 결합한 것이다. 원재료 단계로부터 그 처리 및 최종 제품의 배분까지의 과정을 물자의 흐름으로 파악하는 입장에서 이의 관리나 조작을 분석·연구하려는 것으로 로지스틱스의 내용과 거의 같다. 로크레마틱스는 그리스어의 흐름을 뜻하는 'rhoe'와 자재 내지 물자를 뜻하는 'chrema'를 합성한 용어이다.

나. 제3자 물류의 개념

제3자 물류는 기업이나 고객이 생산한 제품의 보관, 하역, 운송, 배송 등 물류의 모든 과정과 입·출고 및 재고관리 등 각종 관리업무를 외부업체에 아웃소싱하는 것이다. 이를 통해 제조업체는 물류비를 절감하여 영업 등 본업에만 주력하여 경쟁력을 강화하고 물류업

---

3 김원수, 『체계 경영학 사전』 (법문사, 1992), pp.797-798.

체는 고정 물량을 확보하여 원가를 절감함으로 원가를 개선할 수 있다. 3PL은 4PL 등의 개념으로 진화 발전하고 있다.

다. 크로스 도킹의 개념

크로스 도킹(cross docking)은 창고나 물류센터로 입고되는 상품을 창고에 보관하지 않고, 분류나 재포장의 과정을 거쳐 곧바로 다시 배송하는 물류시스템이다. 물류센터는 상품 이동 중개기지 역할을 효과적으로 수행하여, 대량의 여러 상품이 여러 공급자/생산업자로부터 물류센터에 도착하면 보관하지 않고 바로 각 매장이나 고객 주문에 맞게 소량으로 나누어 배달하여 물류센터에서 무재고를 달성하는 개념이다. 이를 통해 보관 및 피킹 작업 등을 제거함으로써 물류 비용을 절감할 수 있으며 입고 및 출하를 위한 모든 작업이 긴밀하게 동시에 연계된다.

제2절 공급사슬관리

1. 공급사슬관리 개념

공급사슬관리(SCM: Supply Chain Management)는 공급자에서 시작하여 구매, 제조, 분배, 유통을 거쳐 소비자에게 이르는 모든 공급사슬에서 재화 및 서비스, 그리고 그것의 흐름에 수반되는 가치를 통합·연계하여 공급사슬을 전체적인 하나의 시스템으로 이해하고 분석하려는 개념이다. SCM은 물류의 각 기능(수송, 보관, 하역, 정보, 재무/회계처리 등)을 통합하는 과정으로 공급자, 생산, 분배, 유통, 소비자들의 정보공유를 바탕으로 공급사슬의 수요 불확실성 등을 감소시키는 활동이다.

전형적인 공급사슬은 〈그림 12-4〉에서 보는 바와 같이 원재료가 공급업자로부터 조달되고, 제품이 생산되고, 생산된 제품들이 보관창고로 수송되어 보관된 후 다시 도매상, 소매상 등의 유통 경로를 거쳐 소비자에게 배송된다. 이러한 공급사슬은 물자, 정보 및 자금이 다단계 공급사슬을 거치며 단계적으로 흘러간다. 물자는 원재료 공급자로부터 공장, 창고, 도매상, 소매상을 거쳐 소비자에게 전달되며, 자금은 소비자에서부터 반대로 전달되고

〈그림 12-4〉 전형적인 다단계 공급사슬

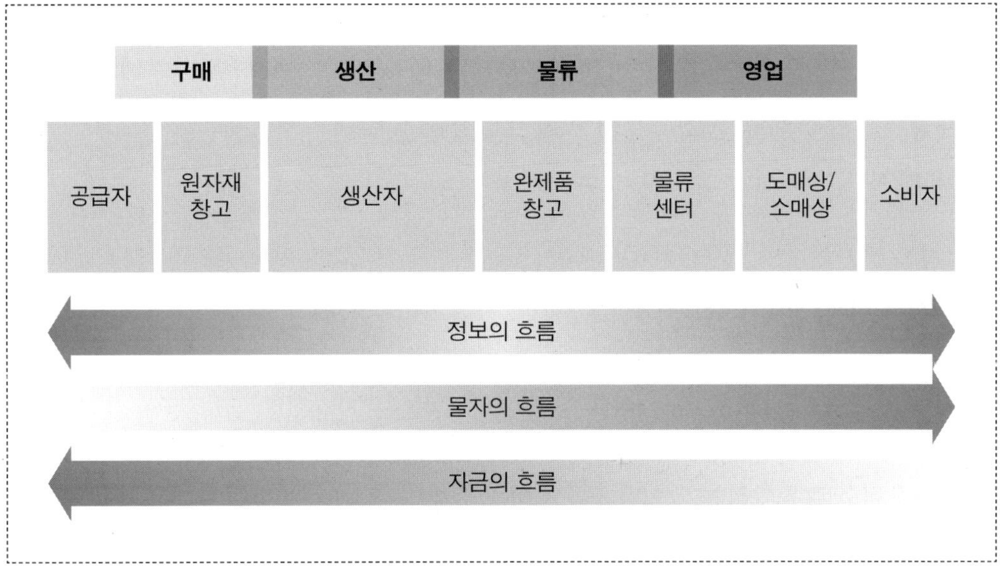

있다. 구매, 조달 및 재고정보는 쌍방향으로 전달되지만 여러 단계를 거쳐 전달되고 있다.

〈그림 12-4〉의 공급사슬은 과거 물류 패러다임에서 어느 정도 적절하고 효과적이었다. 그러나 최근 인터넷을 비롯한 정보기술의 발달과 전자상거래, 3PL 등의 도입으로 공급사슬은 변화되고 있다. 〈그림 12-5〉와 같이 생산자로부터 소비자에게 공급되기까지 단계적으로 물자가 전달되는 것이 아니라 단계를 생략하여 전달되며 공급과정의 수·배송

〈그림 12-5〉 변화되는 공급사슬

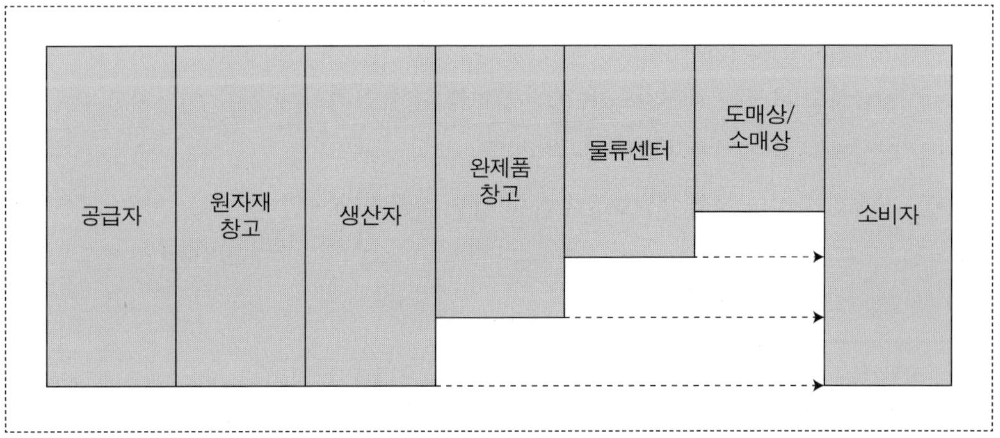

도 직접 생산자가 담당하는 것이 아니라 3PL 등의 아웃소싱을 사용하기도 한다. 자금과 정보의 흐름도 전사적 자원관리 시스템에 의해 정보가 공급사슬 구성원 모두에게 실시간으로 공유할 수 있게 되었다. 또한 과거 공급사슬이 생산자를 중심으로 구매하는 부분과 배송하는 부분으로 구분된 것에 비해 공급사슬 중점이 고객서비스 중심으로 변화되고 있다.[4]

2. 공급사슬관리 추진전략

SCM은 물류 체계의 전체 비용을 최소화하며 적절한 수량을, 적절한 장소에, 적절한 시간에 생산하고 고객들에게 전달하게 하기 위하여 공급자, 제조업자, 창고, 보관업자, 소매상들을 효율적으로 통합하는 것이다. 즉, SCM은 전체 물류 관점에서 물류 시스템을 효율적이며 비용 효과적으로 만들려는 것이다.

SCM의 성공적 추진을 위해 기업에서는 다음 네 가지 전략을 통합하여 실행하고 있다.

(1) 고객서비스 전략(customer service strategy): 이는 공급사슬을 고객과 제품이 요구하는 특성에 맞게 설계하는 것이다. 예를 들어 제품과 고객에 따라 표준화와 단순화가 요구되는 공급사슬은 차별화와 다양화를 요구하는 공급사슬과 서로 달라야 한다. 모든 제품과 고객에게 획일적으로 동일한 공급사슬을 적용하는 것이 아니라 제품과 고객의 특성에 맞는 공급사슬을 설계해야 한다.

(2) 소싱전략(sourcing strategy): 기업에서는 핵심 역량만을 수행하여 경쟁력을 강화하고 나머지 비핵심 분야는 아웃소싱하고 있다. SCM에서 소싱전략을 추구하는데 원칙이 되는 기본 방향은 다음과 같다.

- 공급사슬의 모든 관련자가 목표와 가치를 함께 공유하며 품질, 인도기간, 비용, 유연성에 대한 성과를 함께 제고한다.
- 거래자 사이의 불확실성을 감소하여 상호 이익을 추구한다.

---

4 미 국방부는 걸프전쟁 이후 린 로지스틱스(lean logistics), 집중군수(focused logistics), 속도관리(velocity management) 등 새로운 군수전략을 매우 활발하게 개발·발전시키고 있다. 이들 전략은 적시 조달, 재고 감축, 속도 향상, 비용 절감 등의 목표에 있어서 공급사슬관리 추진 목표와 공통 부분을 가지고 있다.

- 과거 비용을 중시하던 사고에서 가치를 창조하는 쪽으로 공급사슬 설계 전략의 중점을 변화하여 단순한 구매 비용 절감에서 총비용 절감으로 중점이 옮겨가고 있다. 따라서 총소유비용, 공급업자 재고관리(VMI: Vendor Managed Inventory), 3PL 등의 개념을 도입하여 고객과 공급자의 가치를 창출하며 전체 최적화에 기여하고 있다.

(3) 협력과 정보공유 전략(strategy of collaboration and information-sharing): 공급사슬 내 구성원들 간의 협력을 통한 정보공유로 불확실성을 감소시키는 전략을 사용하고 있다. SCM의 궁극적인 목표는 공급과 수요를 일치시키는 것, 즉 수요의 불확실성과 변화를 관리하는 것이다. 수요의 불확실성을 제거하기 위해서는 영업, 생산, 자금 분야의 정보공유를 통하여 수요를 예측하고 관리하는 것이 중요하다.

(4) 정보기술 활용 전략(IT utilization strategy): SCM의 성공적 추진은 정보기술의 발전과 정보 솔루션의 개발에 많이 의존하고 있다. 현재 SCM에 관한 발전과 적용은 정보시스템 회사에서 주도해 간다고 할 수 있다. 전사적 자원관리시스템(ERP: Enterprise Resource Planning)과 같이 패키지화된 도구들과 바코드, RFID(Radio Frequency IDentification)와 같은 인식 기술, 위치추적 기술 등 정보기술을 함께 활용함으로 SCM의 성공에 기여하고 있다.

SCM은 공급자에서 고객에 이르는 전체 프로세스의 가치통합을 목표로 하기 때문에 추진 방법론은 다양할 수 있다. 일반적으로 현황분석(As Is 분석)을 거친 다음 핵심 성과요인을 도출하고 핵심 성과요인에 따라 현재 어느 물류 체계가 어떻게 취약한지를 계량적으로 분석한다. 주로 (1) 수요와 공급의 불일치를 어떻게 해소할 것인지, (2) 물류 흐름의 효율성을 어떻게 보장할 수 있을 것인지, (3) 물류 관련 정보 인프라를 어떻게 구축할 것인지에 기반을 두고 시행하고 있다.

3. 기업의 SCM 추진 사례: 델 컴퓨터

델 컴퓨터는 1984년 마이클 델이 텍사스 오스틴에서 설립한 회사이다. 델 컴퓨터는 불과 설립 후 20년내에 IBM, 컴팩, HP를 제치고 2001년 세계 최대 PC 생산업체로 성장하였다. 2001년 4분기 시장 점유율이 14%에 달했으며 2001년 매출액은 312억 달러에 달할 정도의 대형 PC 생산업체가 되었다. 지금은 위상이 많이 약화되었지만 아직도 PC 업체로써 영향력을 행사하고 있다.

델 컴퓨터가 설립 이후 이토록 짧은 기간에 성공을 거두게 된 것은 다른 PC 업체와 달리 기업 성장전략으로 공급사슬관리를 환경 변화에 맞게 아주 적절하게 채택했기 때문이다. 델 컴퓨터의 공급사슬관리에서 성공 이유는 크게 다섯 가지로 지적할 수 있다.[5]

〈그림 12-6〉 델과 컴팩의 SCM 모델 차이점

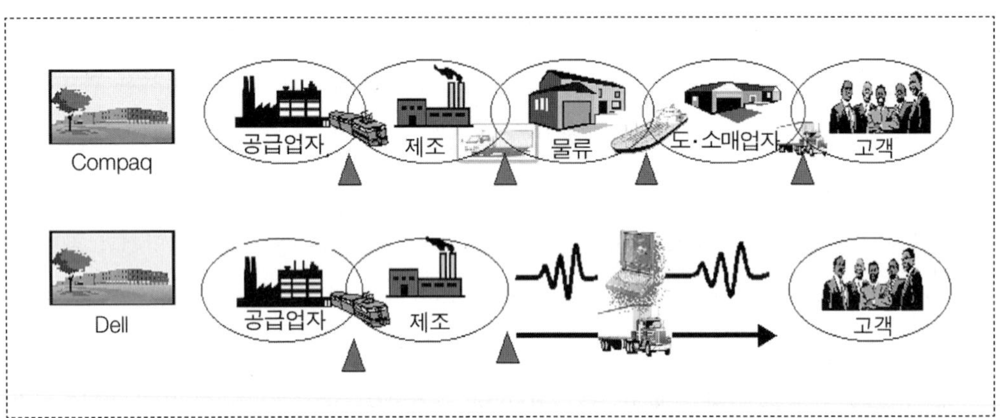

첫째, 델 컴퓨터는 다른 PC 업체와는 달리 인터넷 비즈니스로 고객의 주문을 받고 직접 판매하는 공급사슬 방식을 도입하였다. 중간상이나 대리점을 통해 PC를 판매하지 않으며 전화나 인터넷을 통해 고객의 주문이 있을 때 중간상이나 대리점을 거치지 않고 자사 고객센터에서 배달하는 영업 방식을 채택하고 있다. 중간상을 배재함으로써 공급사슬 사이의 갈등이나 마찰이 없어지며, 유통 경로상의 PC 완제품 재고가 없어지게 된다. 따라서 유통 경로를 관리하는 관리 부담을 없앨 수 있고 유통 비용을 절감할 수 있다. 이렇게 함으로 다른 회사 제품에 비해 10~15% 낮은 가격으로 출고하여 총 매출액 대비 20%까지 비용을 절감하였다.

둘째, 재고 최적화로 거의 무재고에 가까운 재고통제를 실시할 수 있었다. 부품 조달은 협력업체가 책임지고 15분내 부품 조달이 가능하도록 조처하였다. 이는 당시 PC 생산 경쟁자인 컴팩의 부품 조달이 12~18시간 소요되며, IBM과 Gateway는 약 2일 소요되는 것과 비교하면 부품 조달기간이 상당히 빠른 편이다. 부품재고가 없기 때문에 PC 부품별로 수요를 정확히 예측하는 것이 중요한데 이러한 수요예측을 위해 ERP 시스템을 활용하

---

5 M. Dell, *Strategies that Revolutionized an Industry*, (1999), 김중찬 (역), 『직접 팔아라』, (동방미디어, 1999)

였다. 실시간으로 고객의 과거 주문 자료와 현재 주문 상황을 분석하여 부품의 수요를 예측하는 ERP 시스템을 구축하고 정보를 공유함으로 델 본사와 협력업체 모두가 최적의 재고를 유지할 수 있었다. 이와 같은 노력의 결과 재고 자산이 8일분으로 감축되었고 이것은 동종업체 재고의 1/8에 불과한 수준이었다. 또한 재고의 최적화를 통해 재고 관련 비용(재고 유지 비용과 기회비용)을 절감할 수 있었다.

셋째, PC와 노트북은 주문생산(make-to-order) 방식으로 만들었으며 고객 개개인이 직접 PC 규격을 선택할 수 있는 다품종 소량생산체제를 유지하였다. 이렇게 함으로 완제품 재고가 없어지며 또한 고객 취향에 따라 수천 종의 다양한 PC제품을 생산하여 고객의 다양한 욕구를 최대한 충족시킬 수 있었다.

넷째, PC 생산이후 고객에게 배달할 때까지 배송은 델 컴퓨터 자체의 배달조직이 이를 담당하지 않고 3PL로 해결하였다. 델 컴퓨터가 경쟁력을 가지지 못한 배송 분야는 과감하게 특급배달업체인 UPS에게 소싱함으로 3PL을 채택하기 이전보다 정시 배달율을 40%나 증가시켰다. 이러한 경영전략으로 제품의 수주에서부터 배달까지의 주문-수령 사이클 타임을 불과 4일로 단축할 수 있었다.

다섯째, PC 주문시 대금을 선불로 받음으로써 현금 유동성을 높였다. 제품을 주문할 때 고객은 사전에 돈을 입금해야 하므로 델 컴퓨터는 제품을 만들기 전에 이미 제품 가격을 받을 수 있다. 다른 PC 업체들은 제품 생산 이후 중간상, 대리점을 거쳐 고객에게 판매한 이후 다시 자금을 회수할 때까지 현금 회수기간이 상당히 소요되나 델은 그 반대이어서 뛰어난 현금 유동성을 실현하게 되었다. 이러한 초기 현금 결제 방식은 현금 유동성 향상뿐 아니라 금융이자 소득의 증대 등으로 가격경쟁력 향상에 큰 도움이 되었다.

제3절 군 보급 체계

1. 군 보급 체계의 특징

군수품 보급 체계는 품종에 따라 다양한 보급 계통 유형을 나타내고 있다. 보급 체계는 업체에서부터 사용 부대까지 다단계(multi echelon)로 진행되는 경우부터 중간 단계를 생략한다든지, 업체에서 사용 부대에 직접적으로 보급하는 수요지 직납의 형태도 가능하다.

2. 군수품 종별 보급 체계

군수품은 종별 혹은 사용 부대 특성에 따라 보급 체계는 달라질 수 있다. 어떤 군수품은 특성에 따라 중간 재고가 필요하여 다단계 보급망이 적절한 경우도 있다. 또한 다른 군수품은 종별 특성과 사용 부대 특성에 따라 보급 계통 유형을 달리할 수 있을 것이다.

가. 1종(식량류) 보급망

1종 보급은 상당 부분 지역지원 개념으로 수행된다. 주식류는 농협창고로부터 군수지원부대로 직납하여 배분하는 보급망을 유지하고 있다. 식량류는 군수지원부대 차량을 이용하여 군수지원부대 출발-해당 지역 농협창고(농창)에서 적재-사용 부대(편성 부대) 순회배송-군수지원부대 복귀라는 부대분배(추진 보급)의 형태로 수행하고 있다.[6] 식량류를 분배하는 데 있어 부대분배와는 달리 보급소 분배의 형태를 취할 수도 있다. 보급소 분배는 식량이 필요한 사용 부대(편성 부대)에서 직접 차량을 이용하여 군수지원부대로 와서 식량을 배분받아 사용 부대까지 수송하는 방식이다. 부식류는 중앙조달이나 부대조달 방식으로 분배가 이루어진다. 중앙조달 부식의 경우 수요지에서 직접 납품 형태의 보급이 이루어지고 부대조달 부식의 경우 각 지역별 농협창고나 수협창고에서 해당지역의 군수지원부대로 직납된다.

나. 3종(유류) 보급망

3종 평시 보급은 청구보급 원칙으로 재고 수준에 표시된 일수(days)를 기준으로 정유업체로부터 군수지원부대와 편성 부대(사용 부대)로 직납된다. 일반 유류와 윤활유는 다른 보급 계통으로 보급되고 있다. 포장유류는 다단계 보급망을 통하여 사용 부대에 배분되고 있다.

---

6 부대분배는 군수지원부대의 인원 및 수송 수단을 이용하여 사용 부대(편성 부대)까지 직접 추진하여 보급하는 것이다. 추진 보급은 부대분배의 한 방법으로 군수지원부대에서 사용 부대의 필요로 하는 장소까지 군수품을 지원해주는 것이다. 부대분배와 대비되는 개념이 보급소 분배이다. 보급소 분배는 군수 피지원부대의 인원 및 수송 수단을 이용하여 지원부대에서 직접 수령하는 방식이다.

다. 5종(탄약) 보급망

편성 부대(사용 부대)에 대한 탄약 보급은 탄약창, ASP(Ammunition Stock Point), 사단 탄약소대 등의 보급원에서 공급받는다. 탄약창은 탄약사령부의 재고통제를 받으며 전국적으로 산재해 있고, 국내 생산업체 및 국외 보급원에서 탄약을 획득하여 탄약 지원부대나 편성 부대(사용 부대)에 탄약을 추진 보급하고 있다.

라. 9종(수리부속) 보급망

9종 수리부속은 제품 특성상 수요 빈도, 단가, 전투 임무 긴요도, 수요의 불확실성 측면에서 다양한 품목으로 구성되어 있다. 수리부속 품목은 수요 빈도가 일률적이 아니라 높거나 낮는 등 확률적(stochastic) 특성을 보이고 있다. 〈그림 12-7〉은 9종 수리부속의 전형적인 보급망 구조를 보여주고 있다.[7]

〈그림 12-7〉 9종(수리부속류) 보급망

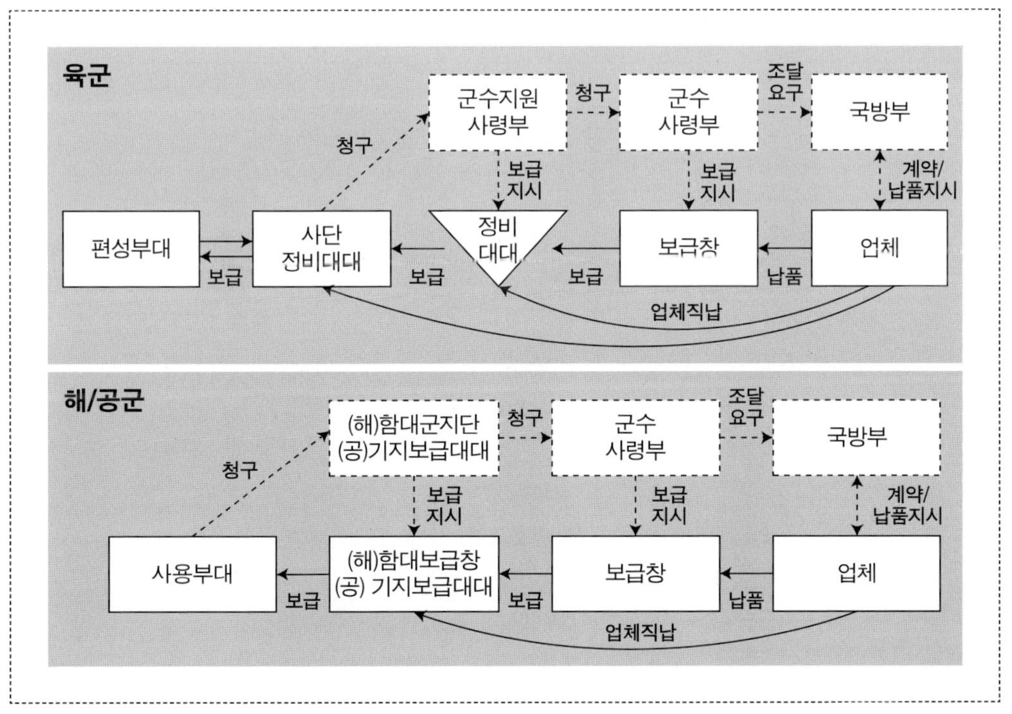

7 문성암, 이상진, 이상용, 정진웅,『군 물류 체계 개선방안』, 국방부 정책연구보고서, 2004.12., pp.8-18.

9종 보급 체계에서 나타나고 있는 정보와 물자의 흐름은 다음과 같다. 정보의 흐름은 5단계로 편성부대-사단 보수대대-군지사-군수사-업체로 흘러가고 있다. 물자의 흐름은 〈그림 12-7〉에서 보는 바와 같이 5단계, 4단계, 3단계로 구성되어 있다. 정보의 흐름과 물자의 흐름이 일치하지 않는 구조이며 특히 다단계인 정보의 흐름 계통이 물자의 흐름을 지연시키는 구조이다. 해·공군의 경우 정보의 흐름은 4단계이며 물자의 흐름은 3단계 혹은 4단계의 구조를 가지고 있다.

3. 다단계 보급 체계와 문제점

군의 보급은 다단계 보급 체계에서 단일단계(single echelon) 보급 체계로 전환을 지향하고 있다. 단일단계 보급 체계는 편성 부대(사용 부대)에서 군수품을 정보 체계를 통해 청구하면 가장 인근에 있는 보급창이나 공급자(생산자)로부터 직접 배송하는 One-stop 체계이다. 〈그림 12-8〉은 편성부대 청구에서 수령할 때까지의 육군의 전형적인 다단계 보급 체계이다.

〈그림 12-8〉 다단계 보급 체계 청구 및 불출 소요시간

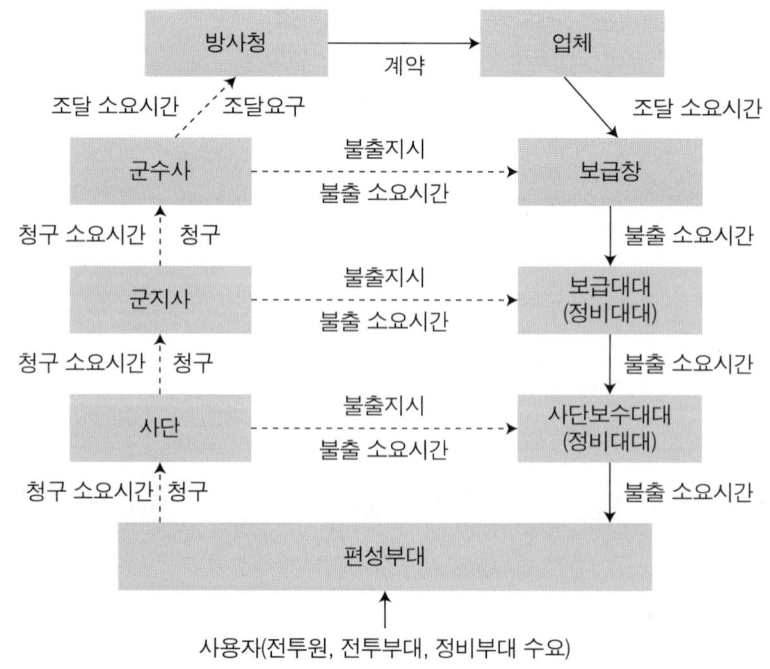

방사청
계약
업체
조달 소요시간
조달요구
조달 소요시간
군수사
불출지시
불출 소요시간
보급창
청구 소요시간
청구
불출 소요시간
군지사
불출지시
불출 소요시간
보급대대 (정비대대)
청구 소요시간
청구
불출 소요시간
사단
불출지시
불출 소요시간
사단보수대대 (정비대대)
청구 소요시간
청구
불출 소요시간
편성부대
사용자(전투원, 전투부대, 정비부대 수요)

사단은 편성부대의 청구를 받아서 재고가 있으면 불출지시를 하게 되고 재고 부족분이나 소모량에 대하여 공급자인 군지사에 청구를 한다. 군지사는 청구를 상위 제대인 군수사에 하게 되고 군수사는 불출 절차를 수행한다. 이때 하위 제대에서 상위 제대에 청구하여 접수가 완료되는 프로세스 시간을 청구 소요시간이라 한다. 상위 제대에서 재고를 보유하고 있을 때 불출지시를 하여 하위 제대까지 수·배송시간 등을 합하여 수입이 완료되는 시간을 불출 소요시간이라 한다.

군지사의 청구에 대하여 군수사 예하의 보급창에 재고가 없다면 군수사는 방위사업청에 조달 요구를 하게 된다. 이 경우 방위사업청은 업체와 납품계약을 하고 업체로 하여금 군수사에 물자를 입고하게 한다. 조달 요구에서 입고까지 시간을 조달 소요시간(PROLT: PROcurement Lead Time)이라 한다.[8]

청구와 불출 과정 중에 사단에 재고가 없거나 불출 이후 소모량에 대해 군지사에 청구를 하게 된다. 사단은 군지사에 대한 청구량을 결정하기 위해 편성부대의 수요를 예측해야 한다.[9] 이때 편성부대의 소모 자료를 공유할 수 없다면 편성부대의 청구량을 그대로 사용하거나 과거 군지사에 대한 청구량의 증감분을 예측하여 사용하게 된다. 이 경우 사단 청구의 변동폭은 편성부대 청구의 변동폭보다 더 크게 된다. 그렇게 되면 군지사는 많은 안전 재고를 보유할 수밖에 없고, 사단에 지원할 물량의 원활한 운영을 위해서 사단보다 많은 양의 물자를 보유해야 한다. 각 보급 단계에서 상위 단계로 갈수록 수요의 변동이 더 심해지는데 이것이 보급망의 수요 채찍효과(bullwhip effect)이다.[10]

보급 체계에 있어 수요 왜곡현상은 다음 요인으로 인해 발생하고 있다.

첫째, 각 단계별로 하위 단계의 수요에 대한 정확한 정보를 공유하고 있지 못하기 때문이다.[11] 하위 단계의 수요에 대한 정보를 상위 제대에서 갖지 못할 때 이를 대비하기 위

---

8 현재 조달 계약에 있어 단년도 예산제도로 인해 조달 소요시간이 과도하게 소요되는 측면이 있다.

9 수요를 예측할 때 하위 제대의 운영(소모) 소요와 재고 보충 소요가 혼합관리되므로 수요예측의 확률적 특성이 상실되어 수요예측에 한계가 있다. 장기덕, "신국방시대의 군수 개혁방안,"『국방품질』, 22호, 2002, pp.70-71.

10 수요 채찍효과 혹은 왜곡현상은 H.L. Lee, P. Padmanabhan, and S. Whang, "Information Distortion in a Supply Chain: the Bullwhip Effect," *Management Science*, 43, 1997, pp.546-558와 H.L. Lee, P. Padmanabhan, and S. Whang, "Bullwhip Effect in a Supply Chain," *Sloan Management Review*, 38(Spring), 1997, pp.93-102를 참조하라.

11 H.L. Lee, K. So, and C. Tang, "The Value of Information Sharing in a Two-level Supply Chain," *Management Science*, 46(5), May 2000, pp.626-643.

참고 12-1 **군수 파이프라인의 속도가 수량을 결정한다**

대기행렬이론(Queueing theory)에서 리틀(Little)의 법칙은 보급 파이프라인의 재고 물량이 속도와 비례관계가 있다는 것을 보여준다.

$$L = \lambda W$$

L: 보급 계통 내의 평균 재고량
λ: 보급 계통에 요청하는 수요율
W: 보급 계통에서 청구에서 수령할 때까지 평균시간

리틀의 법칙은 보급에서 청구 이후 수령할 때까지의 시간이 짧으면 짧을수록 파이프라인에서의 재고량은 줄어든다는 것이다. 이 법칙은 정비 파이프라인에서도 그대로 적용된다. 장비의 고장률이 높고 장비의 정비복귀시간(TAT)이 길수록 정비 파이프라인에 체류하고 있는 장비의 수량은 많아진다. 따라서 군수 파이프라인에서 정비 적체나 재고를 감축하기 위해서는 속도가 중요하다.

한 안전 재고를 더 보유하게 된다.

둘째, 다단계 보급 체계에 있어 소요시간(청구 소요시간 + 불출 소요시간 + 조달 소요시간)이 길어지면 상위 단계로 갈수록 변동폭의 증대가 심화된다.

셋째, 수요가 공급을 초과하거나 보급 체계에 대한 신뢰성이 저하되어 있을 때 하위 제대는 과다 청구를 하게 되고 이것이 수요의 왜곡현상을 증대시킨다. 하위 제대에서는 공급량이 수요량에 미치지 못할 것 같으면 과다 청구를 하게 되는데, 이는 청구량의 비율에 따라서 공급량을 할당받는다는 것을 예상하고 이러한 청구를 하게 된다. 그런데 이 기간이 지나면 하위 제대는 정상적인 청구로 돌아가고 결국 수요예측에 왜곡과 변동을 가져온다.

제4절 단일단계 보급 체계 추진 전략

1. 단일단계 보급 체계 개념

다단계에서 단일단계 보급 체계로 전환하는데 두 가지 방법이 있다. 하나는 물리적으로 중간 제대를 모두 제거하거나 합병하여 단일 지원부대에서 직접 편성부대로 지원하는 것이다. 다른 하나는 군수사에서 중앙재고통제를 하여 편성부대에서 군수사로 청구를 하면 편성부대에서 가장 인접한 시설부대의 재고 유무를 파악하여 재고가 있는 시설(사단 보수대대, 군지사 보급대대, 보급창)에서 편성부대에 직접 불출하게 하는 체계이다.

물리적인 합병은 재고 감축이나 행정 부담의 감소를 통하여 비용을 절감할 수 있다. 그러나 사용자의 청구 이후 납품될 때까지 수송 시간이 길어지는 등 군수반응시간(Logistics Response Time)이 증가할 뿐 아니라 전시 집중 공격의 위험이 있는 등 다양한 문제점이 있다. 그래서 물리적 합병과 같은 재고 감축 등의 효과를 달성할 수 있으면서도 분산하여 운영할 수 있는 중앙재고통제를 통한 단일단계 보급 체계가 반응시간 등의 측면에서 바람직하다. 〈그림 12-9〉는 중앙재고통제를 통한 단일단계 보급 체계를 나타내고 있다.

〈그림 12-9〉 단일단계 보급 체계

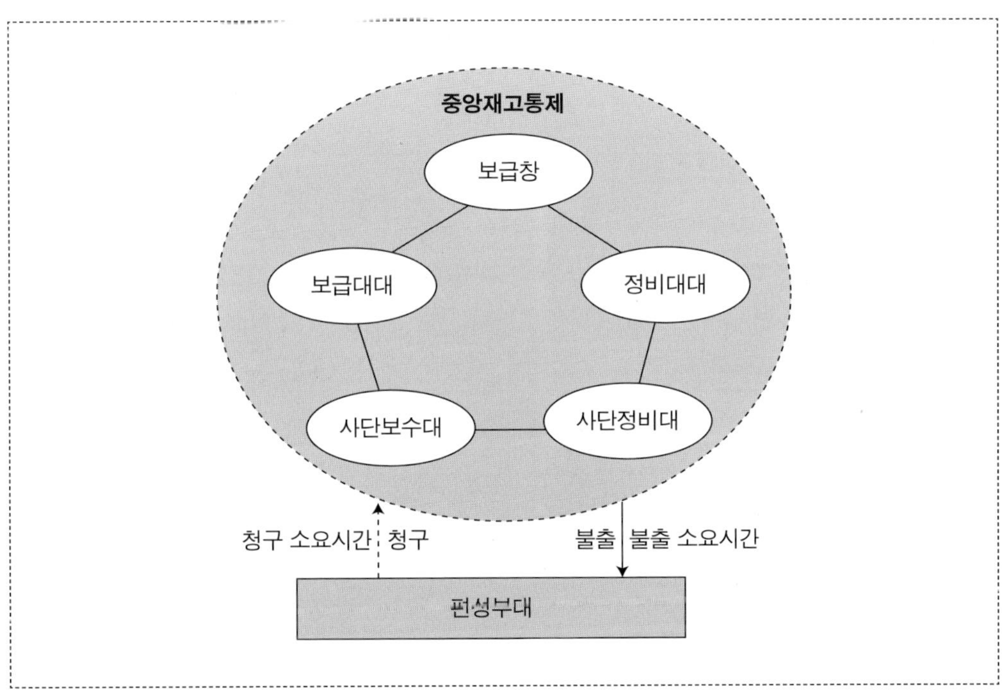

단일단계 보급 체계의 청구 및 불출 절차는 다음과 같다. 편성부대에서 군수사의 중앙재고통제소를 통해 청구를 하면 군수사는 실시간 자산가시화 시스템을 통해 모든 시설부대의 재고 유무를 파악한다. 이를 위해 실시간 자산가시화와 군수정보시스템이 구축되어 있어야 한다. 군수사는 청구에 대하여 최단시일 내에 지원할 수 있는 시설부대를 확인하고 수송 방법과 수송일정을 지정하여 편성부대에 불출하도록 지시하게 된다.

2. 단일단계 보급 체계 구축을 위한 선행 단계

단일단계 보급 체계를 구축하기 위해서는 자산가시화, 군수정보시스템, 중앙재고통제제도가 〈그림 12-10〉과 같이 선행적으로 구축되어 있어야 한다.

첫째 기반은 RFID 시스템과 군수정보시스템의 연동 및 실시간 자산가시화이다. 자산가시화 및 군수정보시스템을 위해서는 현장에서 자산가시화를 위한 RFID가 선행적으로 구축되어야 한다. 둘째 기반은 자산 소유권의 일원화, 전환보급 제도, 중앙재고통제 제도 등이 확립되어 있어야 한다. 중앙재고통제를 위해서는 전환보급 제도와 더불어 자산가시화, 군수정보시스템이 함께 선행되어야 한다.

〈그림 12-10〉 단일단계 보급 체계를 위한 선행 수단

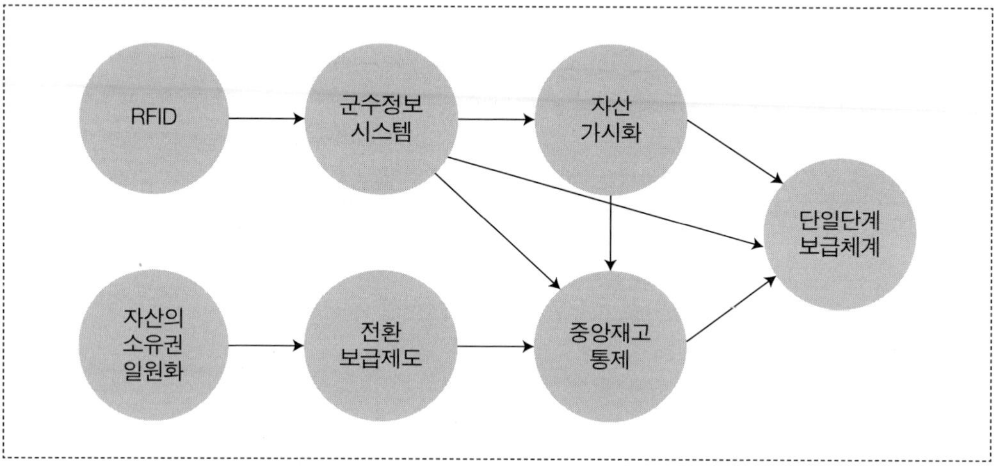

자산가시화, 중앙재고통제, 군수정보시스템을 통해서 자산의 상태에 대한 정보 공유를 달성할 수 있으며 청구 이후 사용자대기시간에 대한 단축과 불확실성을 제거할 수 있다. 정보의 공유, 사용자대기시간의 단축과 불확실성 제거는 궁극적으로 재고의 감축으로 연결될 수 있다.

가. 자산가시화의 내용과 선행 수단

국방 분야 자산가시화(TAV: Total Asset Visibility)는 국방물자의 어느 품목이, 어느 곳에, 어떤 상태로, 얼마나 있느냐를 사용자, 공급자, 군수 관련자(조달, 보급, 정비, 수송 등 관련자) 등

관련 이해관계자들이 모두 실시간으로 정보공유를 할 수 있게 만드는 시스템이다. 자산가시화 체계를 통해 이해관계자들에게 자산의 위치, 수량, 상태 등에 대한 정보를 제공하여 이들이 자산의 조달, 저장, 운영, 정비, 수송에 대한 식별, 판단, 결심이 가능하도록 지원해 주어야 한다. 자산가시화는 저장 자산가시화뿐만 아니라 이동 자산가시화(In-transit TAV)가 동시에 가능해야 완성될 수 있다.

자산가시화를 달성하기 위해서는 다음과 같은 기반 기술이나 수단을 필요로 한다.

첫째, 자료의 표준화와 통합 데이터베이스 구축이 필요하다. 모든 사람이 실시간으로 자산 정보를 공유하기 위해서는 자료가 표준화되어야 하고 데이터베이스 통합이 필수적이다. 오케스트라가 연주를 할 때 모든 단원이 같은 시점에 꼭 같은 악보를 읽을 수 있도록 해야만 성공적인 연주를 할 수 있는 것과 같은 이치이다.

둘째, 정보기술 기반 구축이 필요하다. 자산가시화를 위한 기반 기술로 RFID 시스템이 필요하다. RFID는 자산가시화를 위한 물품의 흐름, 정보의 흐름을 보다 더 신속 정확하게 전개하게끔 도와주는 기반 기술이다. 또한 이동 중인 자산의 가시성을 확보하기 위해 위치확인 시스템(GPS: Global Position System)과 무선 인터넷 및 무선 상거래 기술을 필요로 한다.

1) 자산가시화 선행수단: RFID

RFID는 마이크로 칩을 내장한 태그(tag)와 태그를 판독할 수 있는 리더(reader) 등을 이용하여 비접촉식으로 태그 내의 데이터를 인식하는 기술이다. RFID 시스템은 태그에 내장된 데이터가 리더기를 거쳐서 미들웨어에 수집된 후에 각종 응용시스템까지 최종적으로 흘러가는 체계이다.

RFID는 공군에서 사용하던 항공기 피아식별장치(IFF: Identification Friend or Foe)에서 아이디어가 시작되어 1980년대에 태그의 크기가 소형화되고 가격이 낮아지면서 각종 산업 및 물류 분야에서 활용되었다. RFID 시스템은 태그, 리더기, 미들웨어라는 주요 구성품을 가지고 있다.

2) 자산가시화 선행 수단: RFID와 군수정보시스템의 연동

군수정보시스템으로도 물품과 정보의 흐름을 추적하여 자산가시화를 어느 정도 달성할 수 있다. 그러나 실시간으로 자동화하여 물품과 정보의 흐름을 보다 더 신속 정확하게 전개하기 위해서는 군수정보시스템과 RFID의 연동이 필요하다. 이런 의미에서 RFID는 실시간 자산가시화를 위한 기반 기술이며 선행 수단이라고 할 수 있다.

RFID 구축 효과를 달성하기 위해서는 군수정보시스템과의 연동이 필요하다. RFID는 사람의 개입이 없이 자동으로 RFID 태그로부터 읽힌 데이터를 리더기를 거쳐서 미들웨어로 집계하며 이후 군수정보시스템으로 전달하고 있다. 군은 RFID 적용을 통해 보급 단계별로 품목 위치, 속성, 수량 등 상황 정보를 실시간으로 정확하게 취득할 수 있다. 그런데 이들 정보가 군수정보시스템과 연계되어야만 보급 체계의 최적화를 위한 기반이 될 수 있다. 즉, RFID 미들웨어는 군수정보시스템과 연동되어야 실시간으로 군수 분석 및 군수 관련 각종 의사결정을 지원할 수 있다.

물자 관련 정보 수집을 실시간이나 자동화하여 수행할 필요가 없다면 RFID 시스템은 필요가 없다. 그러나 실시간 정보가 공유되는 효과를 완전히 구현하기 위해서는 RFID가 구축되어야 할 뿐 아니라, 미들웨어가 군수정보시스템과 연동되어야 한다.

나. 중앙재고통제의 필요성과 필요 조건

1) 중앙재고통제의 개념과 필요성

보급체제가 다단계화 수직화되어 있어 전군 자산의 통합적 관리가 제한된다. 이는 보급지원 단계별로 자산을 관리하게 되므로 과다 재고를 유지하게 되며 수송 비용의 증가와 청구물자에 대한 보급 지연 현상이 발생하게 된다. 중앙재고통제 제도란 군수사 등 중앙에서 재고통제를 통해 수요부대의 청구에 대하여 보급 계통상 최고 근접한 지원가능 시설에 불출을 지시하고 수송지원 방법을 지정하여 군수지원 속도를 향상할 수 있도록 하는 것이다. 군수사가 중앙재고통제소(CICP: Central Inventory Control Point) 역할을 수행하며 전군 전환보급 제도와 더불어 모든 청구에 대하여 전군 재고 자산을 효율적으로 활용할 뿐만 아니라 전군 재고 수준을 감축하는 효과를 기대할 수 있다.

2) 중앙재고통제의 필요 조건

중앙재고통제를 위해 필요한 선행 조건은 〈그림 12-11〉에서 보여주고 있다.

〈그림 12-11〉 중앙재고통제의 선행 수단

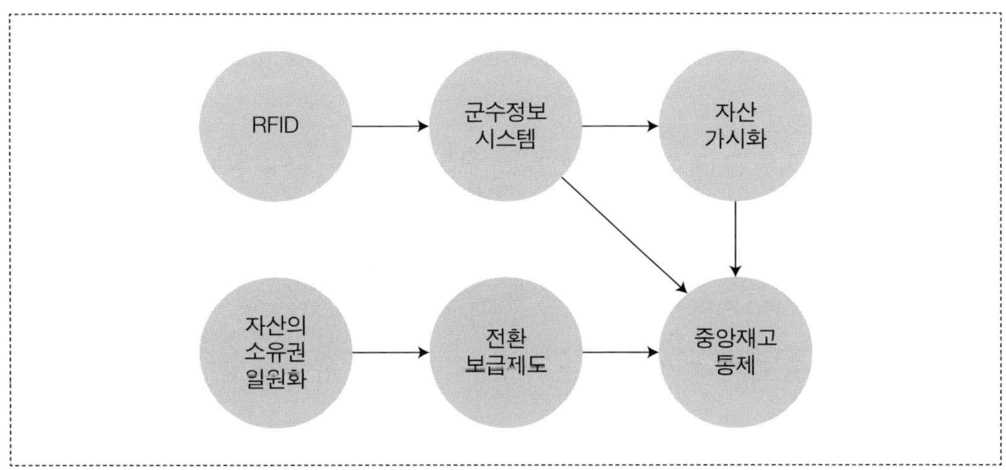

가) 전환보급 제도와 자산의 소유권 일원화

중앙재고통제를 효과적으로 수행하기 위한 선행 조건으로 전환보급(lateral trasshipment) 제도의 확립과 자산 소유권의 일원화가 필요하다.[12]

고가품과 전시 긴요 품목은 우선적으로 군수사가 소유권을 확보해야 한다. 고가품이나 전시 긴요 품목의 자산 소유권을 군수사로 전환하여 저장은 야전에서 하더라도 재고통제 권한을 군수사가 갖도록 하면 보급효율을 높일 수 있으며 전군 재고를 감축할 수 있다.

군의 전환보급은 경제적 군 운영을 위해 현 다단계 수직보급지원 체제를 수평보급이 가능하도록 보완하여 군수지원의 효율성 및 신속성을 증진하여 상시 준비태세 완비에 기여하기 위해 시행하고 있다. 육군에서 전환보급 제도는 〈그림 12-12〉와 같이 군수사, 군지사, 사단 등에 의해 수행된다.

한국군의 전환보급은 현행 보급지원 체제를 유지하면서, 사단과 군지사(직접지원중대), 사단과 사단 간 상호지원이 가능하도록 지원 체제를 보완한 것이다. 정상적인 보급 계

12 민간 분야는 수평보급이라는 용어를 사용하는 반면 군은 전환보급이라는 용어를 사용하고 있다. S. Axsater, "Modelling Emergency Lateral Transshipments in Inventory Systems," *Management Science*, 36(11), November 1990, pp.1329-1338, H.L. Lee, "A Multi-echelon Inventory Model for Repairable Items with Emergency Lateral Transshipments," *Management Science*, 33(10), October 1987, pp.1302-1316, B. Hoadley and D. P. Heyman, "A Two-echelon Inventory Model with Purchases, Dispositions, Shipments, Returns and Transshipments," *Naval Research Logistics Quarterly*, 24(1977), pp.1-19.

〈그림 12-12〉 전환보급 개념도

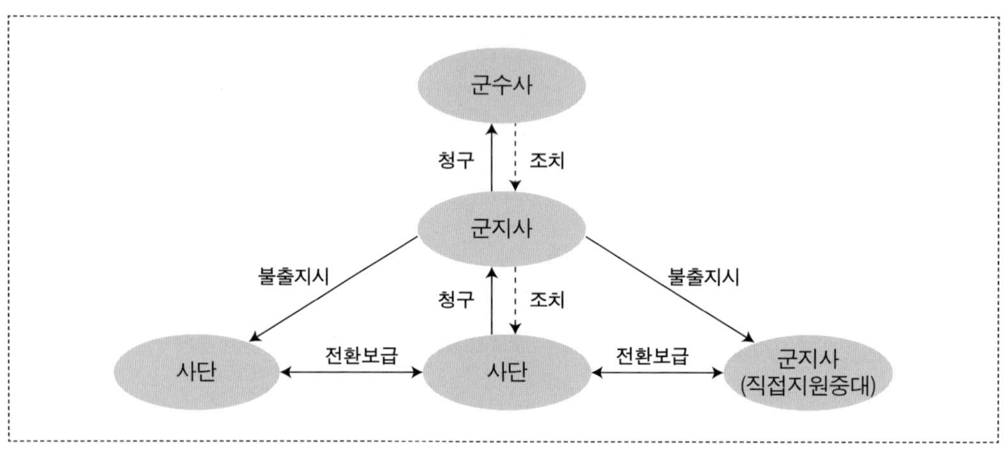

통에 의해 지원이 제한될 경우 긴급소요가 발생한 부대에서 군지사로 청구하게 된다. 군지사가 예비품을 보유하고 있으면 즉각 조치가 가능하나 재고가 없을 경우에는 재고가 있는 부대에서 청구부대를 지원하도록 하는 방법이다.

전환보급을 시행하는 효과는 다음과 같다. 첫째, 전환보급을 통해 청구 물자의 대기시간을 감소시켜서 군수지원의 속도와 보급조치율의 증가를 가져올 수 있다. 둘째, 부대 간 상호지원을 통해 한정된 군수자원을 효과적으로 활용하게 한다. 전 군의 재고 자산을 통합적으로 활용함으로 자원 배분의 최적화를 달성할 수 있다.

전환보급 제도를 성공적으로 수행하기 위한 선행 요인은 다음 세 가지이다.

첫째, 군수부대의 재고 자산을 파악할 수 있는 자산 정보에 대한 공유 체계가 갖추어져야 한다. 자산가시화가 이루어지면 실시간 정보공유가 이루어지게 되고 전환보급 제도는 성공적으로 운영될 수 있다.

둘째, 전환보급 결산프로그램이 군수정보시스템과 연동되어 운영되어야 한다. 전환보급을 위해 자산 증·감 현황의 처리, 부대 간 자산의 증가 및 감소에 대한 일치 여부 확인, 자금 전환 등의 업무가 지원되어야 한다. 또한 부대별 품목별 재고 현황이 군수사나 군지사에서 조회할 수 있도록 재고 현황 전송 및 관리 체계가 되어 있어야 한다. 전환보급 시스템과 군수정보시스템이 연동이 되어야 긴급청구에 대하여 정보시스템을 통해 재고 유무를 파악하며, 수송 시스템에서 수송 수단과 수송일정 등을 지정하여 긴급 청구부대에 신속하게 배송할 수 있기 때문이다.

셋째, 자산의 소유권이 일원화되어야 한다. 현재 전환보급 제도가 해·공군에서는 상당 부분 수행되고 있으나 육군에서는 활성화되지 못하고 있다는 평가를 받고 있다. 이러한 이유 중의 하나가 육군의 경우 보유 자산의 소유권을 군수사가 아니라 군지사나 하위부대가 갖기 때문이며, 또한 전환보급 시행에 대한 인센티브가 없기 때문이다. 전환보급이 동급부대 간의 수평보급뿐 아니라 상이한 수직제대 간의 수직보급에도 시행되게 하려면 자산 소유권에 대한 일원화 작업이 선행 요인이라 할 수 있다.

나) 자산가시화와 군수정보시스템 구축

중앙재고통제를 효과적으로 수행하기 위해서 실시간 자산가시화와 군수정보시스템의 구현이 필요하다. 자산가시화를 통해 재고 자산을 중앙에서 통제하게 되면 One-stop 지원이 가능한 보급체제가 된다. one-stop 지원이 되면 신속보급이 가능해 지고 지원에 대한 신뢰성과 책임성이 증가될 것이다.

자산가시화는 군수정보시스템과 연동되어 구축되어야 한다. 청구부대의 청구에서부터 품목확인, 불출지시, 수송지원 방법, 자금거래 등이 군수정보시스템과 연동되어야 행정적 부담을 줄일 수 있고 청구-수령까지의 소요일수를 단축할 수 있다.

토의문제

1. 보급, 병참, 물류 등 관련 용어를 구별하여 정의해보자.

2. 산업 분야의 공급사슬관리와 군의 보급관리의 차이점과 공통점을 비교해보자. SCM 전략이 군의 보급망관리에 어떻게 적용될 수 있을 것인지 토의해보자.

3. 군의 종별 보급 체계에서 각 종별로 물자의 흐름, 정보의 흐름을 살펴보자.
   (1) 1종부터 9종까지 종별로 물자의 흐름, 정보의 흐름을 도식해보자.
   (2) 산업 분야 발전에 걸맞는 군 보급망의 발전방안을 토의해보자.

4. 다단계 보급 체계와 단일단계 보급 체계를 비교해보자.

5. 군의 보급망이 단일단계로 가기 위해 어떠한 정책 혹은 수단이 선행적으로 요구되는지 논의해보자. RFID, 군수정보시스템, 자산가시화, 자산 소유권, 전환보급 제도, 중앙재고통제 등의 수단과 정책의 내용이 무엇이며, 이들간의 관계를 토의해보자.

6. 군의 보급관리에 있어 주요 성과 지표는 무엇인가? 성과 지표별로 내용을 정리해보자. 어떤 성과 지표가 속도와 정확성 측면에서 가장 바람직할 것인가?

연습문제

1. 공군정비창의 평균 TAT(Turn Around Time)는 86.8일이다. 공군 3개 정비창의 추정된 재고가격은 44억 달러이다. 공군 군수사령부는 국방대학교 국방관리전공에 10억의 예산을 지원하여 교수연구와 학생논문에 지원하려는 계획을 가지고 있다. 이 연구를 통해 정비창의 평균 TAT가 5일 감축될 수 있다고 한다. 이러한 투자가 공군을 위해 바람직한지를 군수사령관에게 제안하려고 한다. 매년 재고 유지 비용이 21%라고 가정해보자.

2. DSS 회사는 우주선과 위성을 위한 아주 고도의 복잡한 특수엔진을 제작하고 있다. 회사는 지난 6개월간 50개의 엔진을 제작하여 인도하였다. 각각의 엔진 제조는 평균 196일이 소요된다. 아주 엄격한 품질 규격 때문에 생산된 엔진의 오직 30%만이 실제로 인도될 뿐이다. 여기서는 분석의 목적상 70%의 엔진은 재작업(rework)하는 것이 아니라 재고공정의 마지막에 폐기처리된다고 가정한다. 평균 WIP(Work In Process)는 얼마인가? WIP, TAT 및 연간 재고 감축 비용은 얼마인가?

3. 현재 공군 ○○정비창에는 정비를 위해 대기하는 F4기 엔진 8개가 있다. 문제를 간단하게 하기 위하여 이 문제에서는 엔진 1대가 하나씩 정비된다고 가정한다. 현재 정비파이프라인에 있는 8개가 다 수리될 때까지 다른 엔진은 받지 않는다. 각각의 엔진은 비용이 140만 달러이며 재고 유지 비용은 매년 21%로 가정한다.

엔진의 도착순서	1	2	3	4	5	6	7	8
정비 요구시간(일)	20	18	1	9	12	5	11	3

(1) 현재 수리규칙은 선입선출법을 적용한다. 평균 WIP와 TAT는 얼마인가?

(2) WIP와 TAT를 줄이기 위한 스케줄링 방법은 무엇인가?

4. 한국제약회사는 국군의무사령부에 약품을 공급하는데 매달 평균 총 공급액이 6억 원이다. 한국제약회사는 과거에 의무사령부가 지정한 창고에 약품을 납품 후 25일째에 수표를 편지로 받게 되고 이후 장부에 기장하고 난 후 은행에 입급할 때가지 3일이 더 소요되어 돈을 받을 때까지 28일이 걸렸다. 의무사령부에서는 한국제약을 프라임벤더로 지정하려고 하는데 필요 조건이 인터넷 기반의 주문처리시스템을 구축해야 한다는 것이다. 인터넷 기반의 주문처리시스템을 구축하면 구축 비용과 유지 비용이 연간 5천만 원이 소요된다. 그러나 주문처리시스템이 설치되면 현재 주문처리를 위한 인력이 5명에서 3명으로 줄게 된다(1인당 평균 연봉은 2천만 원이다). 그리고 인터넷 기반의 주문처리시스템을 도입하면 납품 이틀 후 바로 은행에서 현금을 찾을 수 있어 회사의 유동성에 도움이 된다(즉 과거 TAT가 28일에서 2일로 단축). 회사의 현금수익율(cost of capital)을 연 10%라고 가정한다(1만 원이 회사에 외상이 아니라 현금으로 있으면 1년간 1,000원의 가치가 있다). 한국제약회사는 인터넷 기반의 주문처리시스템을 설치하여 국군의무사령부의 주공급자(prime vendor)가 되고자 하겠는가?

5. 어느 공군 기지에는 F00기종 3개 편대가 있으며 각 편대는 11대로 구성되어 있다. 각 기지에서는 I-수준 정비를 수행할 수 있다(예방정비는 없다고 가정해보자).

(1) 다음의 자료를 기초로 이 기지 F00 기종의 작전가능률(MCR: Mission Capable Rate)을 구하고 빈칸을 채워보자.

비행기대수	33	임무불가능대수	
No of spares	0	작전가능률	
No of Channels	1	수리 TAT	1.4517
고장율 대당	0.01	수리중인 WIP	
수리율	1.0		

(2) 다음의 값들을 가지고 다음의 표를 채워보자. (힌트: 비행기대수, 고장율, 수리율의 관계를 파악하면 대략적인 작전가능률 값을 구할 수 있다.)

비행기대수	33	임무불가능대수	
No of spares	0	작전가능률	
No of Channels	1	수리 TAT	
고장율 대당	0.025	수리중인 WIP	
수리율	0.04125		

6. ○○군의 공군은 T-00기종 160대를 보유하고 있다. 이 기종의 표준 창 수준 정비는 매 3년이며, 표준 창 수준 정비의 TAT는 6개월이다. 공군 기참부장은 어느 날 회의에서 국방대학교 국방관리를 졸업한 장교로부터 다음과 같은 보고를 받았다. 공군이 정비 및 물자관리정보시스템과 프로세스를 개선하면 표준 창 수준정비의 TAT가 3개월로 줄어든다는 내용이었다. 그러나 정보시스템 개선을 위해서는 100억이 소요된다는 것이다. 이 장교의 보고에 대하여 작전참모 ○○은 "100억이면 이 기종 2대값이다. 정비/보급 정보시스템에 그 돈을 투자하는 것은 웃기는 소리"라고 일축하며 2대를 더 사는 것이 작전에 더 유용성이 높다고 한다. 중립적인 입장에서 두 가지 옵션에 대해 평가해보자(답에 대해 확실한 근거를 제시해보자). 두 가지 경우에 있어 정비파이프라인(정비 시스템) 내에 비행기가 있을 평균값을 구해보자.

7. 국방대학교는 1,000개의 전화회선을 가지고 있다. 이중 국방부와 군과 통화하기 위해서는 국방대학교 중앙교환대를 거쳐서 통화를 하고 있다. 어느 불특정 시점에 중앙교환대를 거쳐 군내와 통화를 하려는 분포는 평균 20회의 포아송 분포를 이루는 것으로 조사되었다. 각 회선은 하루 평균 10회의 국방부와 군과 통화를 하고 있으며 평균 통화시간은 10분이다(한달에 20일만 이런 식으로 운영된다). 현재 국방대학교는 국방부와 연결회선이 25회선이다. 그런데 군내 전화를 통하지 않고 바로 일반전화로 국방부와 각 군을 연결할 수도 있다. 이 경우 전화요금은 분당 평균 400원이다. 이 경우 국방부와 연결회선을 하나 더 가지는 경우 돈을 얼마나 절감할 수 있는가? (여기서 국방부와 회선 증설 및 사용 비용은 무료라고 가정한다.)

참고문헌

육군본부, 군수업무 야전 교범 4-1, 2009.6.30.

육군본부, 병참작전 야전 교범 운용-6-12, 2017.6.30.

김호용, 박성의, 물자 보급학, (노드미디어, 2013)

이상진, "자산가시화 및 전환보급 제도 발전방안 연구," 국방대학교 안보문제연구소 안보연구시리즈, 8집4호, 2007.8.

이상진, "군수 물자 공급망 효율화 방안-성과기반군수와 연계하여," 국방대학교 안보문제연구소 안보연구시리즈, 10집4호, 2009.12.

D.J. Bowersox and D.J. Closs, *Logistical Management: The Integrated Supply Chain Process,* (McGraw-Hill Book, 1996), 윤현덕, 박재원 (역), 물류관리론, (법영사, 1999)

M. van Creveld, *Supplying War: Logistics from Wallenstein to Patton*, (Cambridge University Press 2004), 우보형 (역), 보급전의 역사, (플래닛미디어, 2010)

제13장 재고관리

재고가 과다하면 그 재고 자산에 해당하는 만큼의 기회비용(opportunity cost)과 재고 유지 비용이 발생하여 조직의 활동을 위축시키거나 경직시킬 수 있다. 또한 재고가 부족하면 생산과 판매의 중단으로 기업을 궁지에 빠뜨릴 수 있고 군에 있어서는 전투준비태세에 막대한 지장을 초래할 수 있다. 그래서 어느 물자를, 얼마만큼, 어디에 재고로 유지할 것인지는 해결해야 할 중요한 문제의 하나이다.

13장은 3개 절로 구성되어 있다. 1절은 군의 재고 개념과 특성 등에 대해 다룬다. 2절은 경제적 주문량 모델을 중심으로 재고 모델에 대해 다룬다. 3절은 수리부속 재고 모델을 다루며 복구성 수리부속 재고 모델인 METRIC에 대해 살펴본다.

제1절 재고관리

재고란 미래에 발생하는 수요를 충족시키기 위해 물자를 축적해 두는 것이다. 재고가 발생하는 이유는 (1) 공급과 수요가 정확하게 일치하지 않으며, (2) 공급율과 수요율이 다르기 때문이다. 즉, 물품을 취급하는 조직에서 재고는 수요율보다 공급률이 높을 때 발생된다.

1. 재고 고려 요소

재고관리와 재고통제를 할 때 다음을 고려해야 한다.

(1) 수요(demands) 요소로 수요율, 수요 규모, 수요 발생 형태 등을 고려해야 한다.
(2) 보급(replenishments) 요소로 회당 배송 규모, 형태, 발주 기간 등을 고려해야 한다.
(3) 재고와 관련한 제약 조건으로 저장 비용, 저장 공간, 후불(backorder)[1] 여부, 수요 충족률, 서비스 단계 등을 고려해야 한다.

2. 재고 기능

재고의 기능은 다음과 같다.

(1) 시간의 차이를 극복한다. 생산 시점과 소비 시점의 불일치를 극복할 뿐 아니라 수요를 충족시키기 위해 발주기간을 단축시킬 수 있다. 주문-생산-분배-소비 과정에서 주문이후 빠른 시간 내 소비자에 도달하도록 한다.
(2) 물류 흐름의 불연속성(discontinuity)을 극복한다. 물류 과정에 포함된 제 기관(소매점, 도매점, 창고, 공장, 공급자)들이 보다 경제적으로 운영될 수 있도록 공급-생산-분배 과정의 단계를 자유롭게 할 수 있다.
(3) 미래 불확실성을 극복한다. 수요 추정의 잘못, 생산율의 변화, 장비고장, 노동 파업, 발송 지연 등으로 인한 문제의 해결 방안이 될 수 있다.
(4) 할인 등을 통해 경제성을 달성할 수 있다. 대량구매를 통해 할인을 받을 수 있다.

3. 재고관리 중요성

재고관리가 중요한 이유는 다음 세 가지로 볼 수 있다.

1 후불이란 현재 재고가 부족하여 수요를 충족하지 못할 때 발생하는 것으로 추후 납품이라고도 한다.

(1) 재고로 보유한 수량만큼 재고 기회비용이 발생한다. 기업은 총 투자자본의 25~40%가 재고 자산일 정도로 총 투자자본의 상당액을 재고가 차지하고 있다. 재고 자산만큼 부가가치가 상실되거나 기회비용이 발생한다.

(2) 재고를 유지하기 위하여 비용이 발생한다. 보관비, 감가상각비, 보험료 등 유지 비용이 발생한다.

(3) 재고가 부족할 때는 조직의 정상적인 목표 수행에 상당한 차질이 생길 수 있다. 기업의 입장에서는 생산이나 판매의 일시 중단으로 기업의 이미지가 손상될 수 있으며, 수요자는 거래선을 변경할 수도 있고, 결과적으로 단기적·장기적인 재정적 손실을 초래할 수 있다. 군도 탄약, 유류, 수리부속 등의 전쟁 긴요 물자의 적정 재고 유지는 전쟁 억지력에 기여한다.

> "When the enemy assesses our forces, he values only those forces which the logistics community has ready for combat, or can **get ready in time**, and **then sustain for a requisite period of combat.**"
>
> — F.M. Rogers, 미공군대장(예)

4. 재고관리의 목표

재고관리의 목표는 재고가 부족하지도 과다하지도 않는 적정 재고를 유지하는 것이다. 이와 관련된 문제는 (1) 재고 품목의 선택(what items to stock? what range?), (2) 각 품목을 얼마만큼 쌓아둘 것인가(How much of each item to stock?), (3) 얼마나 자주 재고에 대한 주문이 이루어져야 하는가(재주문점 결정), (4) 얼마나 많은 양을 주문해야 하는가(최적 주문량 결정)이다. 이와 더불어 보급망이 다단계일 경우는 재고를 어디에 두어야 할 것인지 재고 위치(stock position) 결정이 중요하다.

제2절 재고관리 모델

1. 모델 종류와 형성 고려 요소

가. 재고 모델의 종류

재고 모델은 수요와 조달기간의 성격에 따라 확정적 모델과 확률적 모델로 구분한다. 재고는 미래 수요를 만족시키기 위하여 유지되므로 수요의 성격을 예측해야 한다. 어떤 제품의 수요가 일정하다면 이는 확정적 수요라 할 수 있다. 수요량이 일정하지 않고 각 수요량이 확률 분포를 따르게 되면 확률적 수요라 한다. 조달기간도 공급자에게 주문하는 때부터 그것을 실제로 받을 때까지의 시간이 분명하면 확정적 조달기간이라 하고, 확률 분포로서 나타내면 확률적 조달기간이라 한다. 수요량과 조달기간이 시간의 경과에도 일정하며 사전에 알고 있다고 가정하면 이 때 재고 모델은 확정적 모델이라 하고 이 중 하나라도 확률 분포로 나타내면 확률적 모델이라 한다.

재고에 대한 수요는 독립수요(independent demand)와 종속수요(dependent demand)로 구분한다. 독립수요는 어느 품목에 대한 수요가 다른 품목에 대한 수요와 아무런 관계가 없을 때 발생한다. 어느 재고 품목에 대한 수요율이 기업 외부의 시장조건에 의하여 결정되면 이는 사전에 알 수 없으므로 예측이 필요하다. 이런 품목은 완제품, 수리부속 부품 등이 있다.

종속수요는 다른 품목에 대한 수요와 관계가 있으며, 시장조건에 의하여 독립적으로 결정되지 않는다. 종속수요는 다른 품목을 제조하는데 필요한 구성품의 수요이다. 그러므로 어느 품목에 대한 종속수요는 예측에 의하여 결정되는 것이 아니고 그 품목을 이용하여 만드는 친부모 품목(parent item)에 대한 수요로부터 계산할 수 있다. 종속수요 결정 모델로 대표적인 것이 자재소요계획(MRP: Material Requirement Planning)이 있다.

나. 재고 모델 형성을 위한 고려 요소

재고관리 모델을 형성하기 위해서는 먼저 재고 관련 비용을 이용하여 수리적 모델을 형성할 수 있다. 재고 관련 비용은 크게 주문 비용, 재고 유지 비용, 재고 부족 비용으로 구분한다.

(1) 주문 비용(ordering cost)은 인수비, 검사비, 입고비, 주문 청구에 관련된 제 비용을 포함한다. 주문 비용은 주문량의 크기와는 관계없이 일정액으로 표시된다.

(2) 재고 유지 비용(inventory holding cost)은 재고를 실제로 유지하고 보관하는데 소요되는 제 비용을 말한다. 재고투자에 묶인 자본에 대한 기회비용, 보관비, 부패화 비용, 감가상각비, 보험료 등을 포함한다.

(3) 재고 부족 비용(inventory shortage cost)은 고객 상실로 인한 비용(판매기회 상실), 주문 거절로 인한 사례 비용, 주문량을 대체하기 위한 비용을 포함한다.

재고의 수리적 모델을 구성하기 위해서는 다음 요소를 고려해야 한다.

(1) 제품의 수요가 결정적(deterministic)인가? 확률적(stochastic)인가?

(2) 인도기간(lead time)에 대한 고려로 상품인도가 발주하는 즉시 이루어지는가? 또는 일정기간이 지난 후 이루어지는가?

(3) 구매 능력(생산 능력)에 대한 고려로 발주 즉시 상품 전량이 인도되는가? 또는 부분적으로 단계별로 이루어지는가?

(4) 재고 부족에 대한 고려로 재고 부족을 허용하는가? 또는 허용하지 않는가?

(5) 할인(discount)에 대한 고려로 구매되는 구매량에 따라 할인이 되는가? 된다면 어떻게 차이가 나는가?

(6) 재고 보관 능력에 대한 고려로 상품을 보관하는 창고 능력에 제한이 있는가 또는 없는가를 고려한다.

위와 같은 요소를 고려하여 해당하는 가정조건을 결합하여 수리적 재고 모델을 형성할 수 있다. 수리적 모델 중에서 가장 기본적인 경제적 주문량 모델을 형성하는 방법을 먼저 살펴본다.

2. 경제적 주문량 모델

가. 경제적 주문량 모델의 정의와 가정

경제적 주문량(EOQ: Economic Order Quantity) 모델은 다음의 기본 가정조건 하에서 경제적 최적 주문량(optimal quantity)과 재주문점(reorder point)을 결정하는 모델이다.

가정조건은 첫째, 수요는 결정적이며 일정하다. 둘째, 발주 즉시 상품이 인도된다(No lead time). 셋째, 발주 즉시 구매량 전량이 배달된다. 넷째, 재고 부족을 허용하지 않는다. 다섯째, 구매량에 대한 할인은 없다고 가정한다. 여섯째, 재고 보관 능력이 무한하다. 마지막으로 재주문점(t)에서 주문량(Q)은 늘 일정하다고 가정한다.

이런 경우 재고량의 변화를 다음 〈그림 13-1〉에서 보여주고 있다. 경제적 주문량 모델은 재고량이 마치 톱니와 같다고 하여 톱니 모델이라 부르기도 한다.

〈그림 13-1〉 EOQ 모델

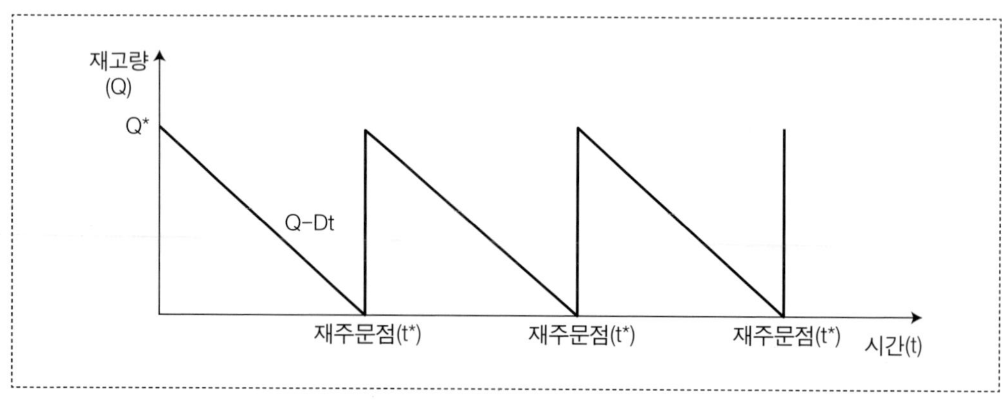

나. 경제적 주문량 모델의 유도

경제적 주문량과 재주문점을 결정하기 위해 재고 관련 비용을 이용하여 다음과 같은 수리적 모델을 형성할 수 있다. 재고 비용은 다음과 같이 계산한다.

(1) 1회당 총 주문 비용 = 주문 비용 + (구매 단가 × 최적 주문량)

$$= K + cQ$$

여기서, 주문이 이루어지지 않을 때 총 주문 비용은 0이다.

(2) 재주문점까지 사이클당 총 재고 유지 비용

= 재고 유지 단가 × 평균 재고량 × 재주문점

$= h(Q/2)(Q/D)$

$= (hQ^2/2D)$

(3) 재주문점까지 총비용

TC = 총 주문 비용 + 총 재고 유지 비용

= K + cQ + (hQ^2/2D)

(4) 단위시간당 총비용

TCt = 재주문점까지 총비용/재주문점(=TC/t)

= (K + cQ + (hQ^2/2D))/(Q/D)

= (DK)/Q + cD + (hQ)/2

여기서 Q: 최적 주문량

K: 주문(발주)시 비용(원/1회주문)

h: 단위 시간당 상품 1개의 재고 유지 비용(재고 유지 단가)

c: 상품 1개당 구매 비용(구매 단가)

D: 단위시간당 수요량

t: 재주문할 때까지 걸리는 시간(재주문점)

TC: 재주문점까지 총비용

TCt: 단위시간당 총비용

단위시간당 총비용은 재고량에 따라 〈그림 13-2〉와 같이 변화하고 있다. 그림에서 보면 단위시간당 총비용 곡선이 2차 함수이기 때문에 2차 함수의 최소점을 찾을 수 있다. 즉, 어느 특정 재고 수준(최적 재고량)에서 단위시간당 총비용이 최소가 된다. 이 최소점 (Q, TCt)을 구하기 위해 (4)의 식을 Q에 대하여 편미분하면 최적 주문량과 재주문점을 구할 수 있다.

∂TCt/∂Q = −(DK)/Q2 + h/2 = 0

Q* = $\sqrt{2DK/h}$ (최적 발주량)

t* = Q*/D (재주문점)

〈그림 13-2〉 총비용의 구성

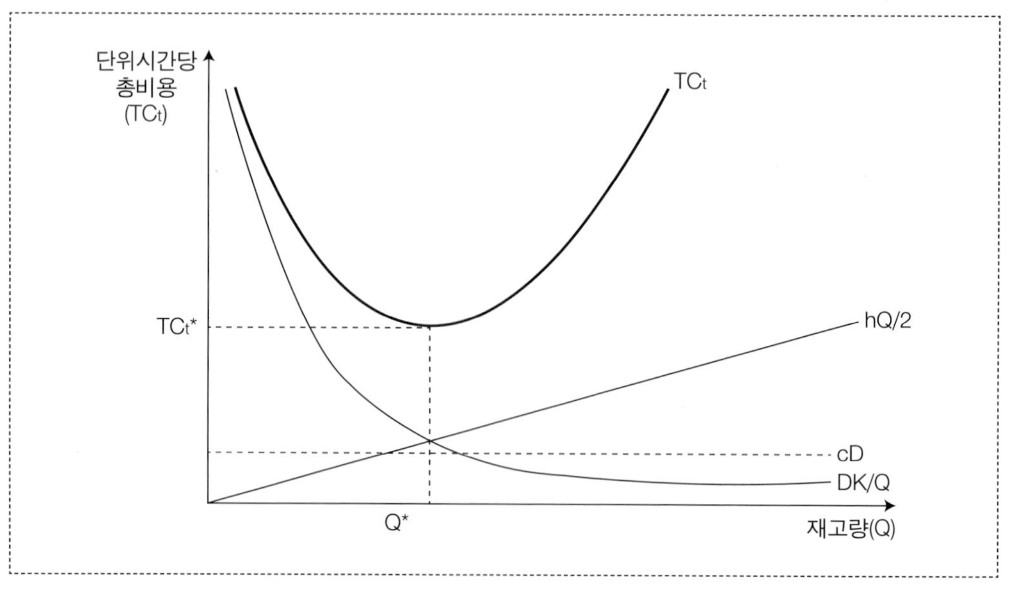

〈재고 모델 예제문제〉

서울시내 어느 마을버스 회사는 매달 16,000리터의 휘발유를 사용하고 있다. 휘발유의 도매가격은 리터당 1,400원이며 주문 비용, 즉 발주 비용은 400,000원이다. 재고 유지 비용은 한 달에 리터당 4원이다. 주문하면 휘발유 전량이 즉시 배달된다.

(1) 재고 부족을 허용하지 않을 때 재주문점과 최적 주문량은 얼마인가?

(2) 재고 부족을 허용하는 경우 재고 부족 비용이 발생한다. 부족한 휘발유는 인근의 주유소로부터 소매가격으로 구입하는데 리터당 1,600원이 된다. 이 경우에 재주문점과 최적 주문량은 얼마인가?

(3) 휘발유를 대량 구매할 때 가격 할인이 되는 경우가 있다. 휘발유를 40,000리터까지 주문하면 리터당 1,500원, 40,000리터에서 80,000리터까지는 리터당 1,400원, 그리고 80,000리터 이상은 리터당 1,300원이다. 이 경우에 재주문점과 최적 주문량은 얼마인가?

(4) 휘발유를 주문했을 때 담당지역 저유소의 배달 능력에 한계가 있어 주문한 날로부터 매일 2,000리터씩 배달된다. 이 경우에 재주문점과 최적 주문량은 얼마인가?

(5) 휘발유를 주문했을 때 담당지역 저유소의 사정으로 15일 후에 전량이 한꺼번에 배달된다. 이 경우에 재주문점과 최적 주문량은 얼마인가?

(6) 마을 버스회사는 휘발유를 50,000리터 이상은 저유시설 부족으로 보관할 수 없다. 그 이상을 저장하려면 차고지 옆의 유휴지를 임대해 그 곳에 보관해야 한다. 임대 비용은 연간 계약으로 비용이 360만 원이다. 이 경우 재주문점과 최적 주문량은 얼마인가?

예제 13-1 마을버스 휘발유 문제에서 경제적 주문량에 따른 최적 주문량과 재주문점을 계산해보자. 문제 해결을 위해 필요한 자료는 다음과 같다.

D = 16,000리터/매달, c = 1,400원/리터, K = 400,000원, h = 4원/리터당 매달

이 경우 최적 주문량과 재주문점은 다음과 같다.

Q* = 56,568.54리터, t* = Q*/D = 3.536개월

EOQ 모델에서 조달 발주시간(lead time)이 요구될 때 재주문점은 어떻게 변화되는가? 예를 들어 발주 기간(제품을 인도하기까지 걸리는 시간)이 15일이 소요될 때 8,000리터가 남아 있을 때가 재주문점이 된다.

다. 경제적 주문량 모델의 한계와 장·단점

경제적 주문량 모델의 장점은 다음과 같다.

(1) 간단하면서도 사용이 편리하다.
(2) 모델의 수리적 기반이 견고(robust)하여 자료 오류가 재고 수준 결정에 크게 영향을 미치지 않는다.
(3) 독립적인 수요가 발생하는 상황에 적합하다.
(4) 비용과 조화를 이루어 재고 수준을 결정할 수 있다.

경제적 주문량 모델의 단점은 다음과 같다.

(1) 공급사슬의 다른 단계에 대한 영향을 고려하지 않는다.
(2) 재고 문제에 적극적인 반응보다 수동적으로 반응한다.
(3) 많은 가정을 필요로 한다. 가정이 충족되지 않을 때 모델 형성이 어려워질 수 있다.

(4) 가능한 재고를 유지하는 방향으로 결과를 산출한다. 그 결과 재고 유지로 인한 낭비가 발생할 수 있다.

EOQ 모델은 상대적으로 수량이 많은 예비품이나 소모성 수리부속의 재고 수량이나 재주문점 결정에 일반적으로 적용할 수 있다. 고가품, 복구성 품목, 임무 핵심 품목의 재고 수량 결정에는 다른 방법을 적용할 필요가 있다. 재고 모델 방법 결정에 있어 고려해야 할 내용은 다음과 같다.

(1) 고가 품목은 획득 비용이 높아 개당 차원에서 구매해야 한다. ABC 재고관리에서와 같이 이들 고가제품은 A 제품군에 속하는 품목이다. 이들은 소량이지만 전체가격 비중이 다른 예비품이나 수리품의 가격보다 높다. 따라서 기회비용과 높은 재고 유지 비용을 고려하여 재고 수량을 결정해야 한다. 특히 고가 품목이면서 복구성 수리부속인 경우는 고장율과 같은 확률적 특성을 고려한 재고 모델을 활용할 필요가 있다.
(2) 임무의 긴요성을 고려해야 한다. 긴요 품목의 재고 수준 결정은 비용과 크게 관련이 없을 수도 있다. 비록 가격이 상대적으로 낮더라도 운영가용도에 영향을 미치는 등 임무에 핵심적인 품목이라면 재고 수준 확보와 재고관리에 더 관심을 가져야 한다.
(3) 예비품 공급업자를 고려해야 한다. 예비품의 조달에 영향을 미치는 공급업자가 다수인지, 독점인지, 혹은 합병 등으로 없어질 가능성이 있는지 등을 고려해야 한다. 공급업자가 단일 공급자라면 특히 이들이 제품을 계속 생산할 수 있는 능력 등을 고려해야 한다.

3. 경제적 주문량 모델의 변형 모델

가. 재고 부족을 허용할 경우의 재고 모델

재고가 부족하면 고객의 수요를 만족시키지 못함으로 여러 문제가 발생한다. 그래서 재고 부족 현상을 피하려고 하지만 경제적인 관점에서 재고 부족 현상이 더 바람직한 경우도 있다. 단위당 재고 유지 비용이 매우 큰 경우에는 이러한 현상이 발생한다. 특히 고가품의 경우 재고를 보유하지 않고 고객의 주문을 받은 후 몇 주일 후에 인도해도 되는 경우가 있는데 이런 경우에는 이 모델이 적합하다 할 것이다.

이러한 경우를 후불이라고 하는데 후불까지 주문을 취소하지 않는다는 것을 가정하고 재고 부족이 허용되는 경우의 EOQ 모델을 형성한다. 이 모델은 다음 〈그림 13-3〉과 같이 나타낼 수 있다.

〈그림 13-3〉 재고 부족을 허용하는 경우의 EOQ 모델

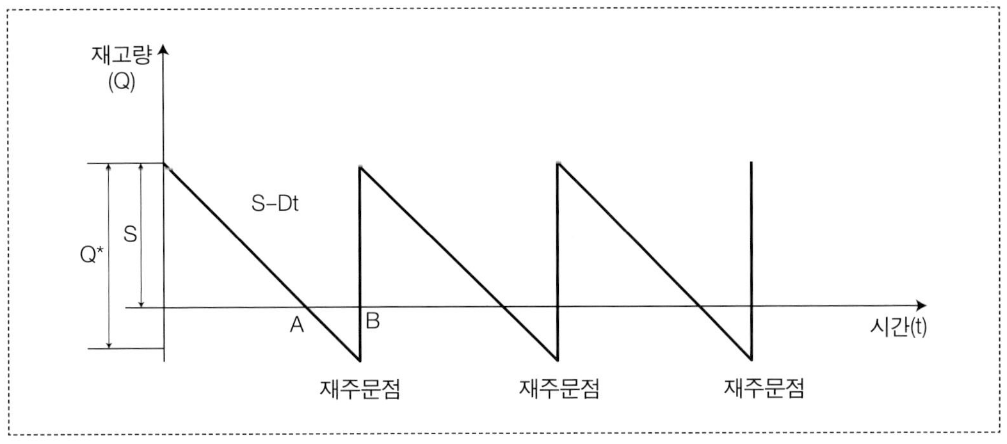

여기서 S: 초기 재고량

p: 재고 부족 시 한 단위당 손해 비용

총 주문 비용 = K + cQ

재주문점까지의 총 재고 유지 비용 = $hS^2/2D$

재주문점까지의 손해 비용 = $p(Q - S)^2/2D$

재수눈점까지의 총비용 = 총 주문 비용 + 총 재고 유지 비용 + 손해 비용

= K + cQ + hS2/2D + p(Q − S)2/2D

단위시간당 총비용 = TCt = DK/Q + cD+ h S2/2Q + p(Q − S)2/2Q

위의 단위 시간당 총비용의 식에서 최적 재고량을 계산하기 위해 미분하면 다음과 같이 최적 재고량, 최적 주문량, 재주문점을 구할 수 있다.

최적 재고량 S* = $\sqrt{2DK/h}\ \sqrt{p/(p+h)}$

최적 주문량 Q* = $\sqrt{2DK/h}\ \sqrt{(p+h)/p}$

재주문점 t* = Q*/D

예제 13-2 사례문제에 재고 부족을 허용하는 경우의 최적 재고량, 최적 주문량, 재주문점을 구해보자.

해당되는 자료를 식에 대입하면 S* = 55,470.0리터, Q* = 57,688.8리터, t* = 3.6개월을 구할 수 있다.

나. 구매 능력이 유한일 경우의 재고 모델

이 모델은 기본 모델 가정들에서 구매 능력을 무한에서 유한으로 변경시킨 것으로 〈그림 13-4〉와 같이 표현할 수 있다. 점 A까지 구매가 서서히 이루어짐과 동시에 판매가 이루어진다. 일단 점 A에서 구매가 끝나면 재고는 감소하기 시작한다.

〈그림 13-4〉 구매 능력이 유한인 경우의 재고 모델

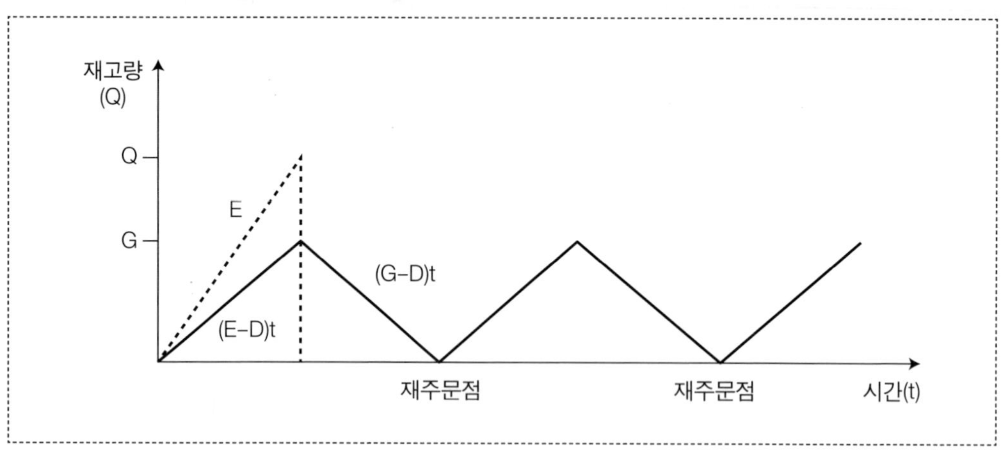

여기서 E: 단위시간당 구매 능력

G: 최고 재고량

점 A까지 걸리는 시간: Q/E

점 A에서 B까지 걸리는 시간: G/D

최고 재고량 G = (E − D)t = (E − D)(Q/D) = (1 − D/E)Q

점 0에서 B까지 걸리는 시간 = Q/E + G/D

= Q/E + (1 − D/E)Q/D = Q/D

(1 − D/E)Q = a로 두고 재고 유지 비용을 구해보자.

총 재고 유지 비용 = 재고 유지 단가 × 평균 재고량 × 재주문점

= h(G/2)Q/D

= ahQ/2

단위시간당 총비용 TCt = DK/Q + cD + ahQ/2

이 식에서 최적 주문량과 재주문점을 구할 수 있다.

$Q^* = \sqrt{2DK/ah}$,

$t^* = \sqrt{2K/ahD}$ 2K/ahD

다. 구매시 할인이 있을 경우의 재고 모델

기본적 EOQ 모델에서는 대량구입의 경우에도 수량 할인이 없음을 전제로 하였다. 그러나 대량 구입하는 품목에 대해서는 단위당 가격을 할인해주는 경우가 있다. 이 경우 기본적 EOQ 모델을 어떻게 사용하는지 살펴보자.

예제 13-3 마을버스 휘발유 구매에 할인이 되는 사례를 고려하여 이 경우 최적 주문량과 재주문점을 결정해보자.

주문량이 40,000리터 이하이면 리터당 단가가 1,500원, 80,000리터까지는 1,400원, 그 이상인 경우는 1,300원으로 가격이 할인된다. 구매량에 대한 할인에 대해서 각각의 경우에 대해 단위시간당 총비용을 각각 계산한다. 각각의 범주에 대하여 기본적 EOQ 모델을 적용하여 단위시간당 총비용 곡선을 다음 〈그림 13-5〉과 같이 표현할 수 있다.

TCt = (DK)/Q+cD+(hQ)/2에 해당하는 자료를 대입하면,

c = 1,500,	Q < 40,000;	Q′ = 40,000,	TCt = 24,960,000
c = 1,400,	40,000 < Q < 80,000;	Q′ = 56,568,	TCt = 22,626,274
c = 1,300,	80,000 < Q:	Q′ = 80,000,	TCt = 22,480,000

세 가지 대량 구입 할인 범주를 종합하여 최적 주문량과 재주문점을 계산할 수 있다.

〈그림 13-5〉 할인이 있는 경우의 재고 모델

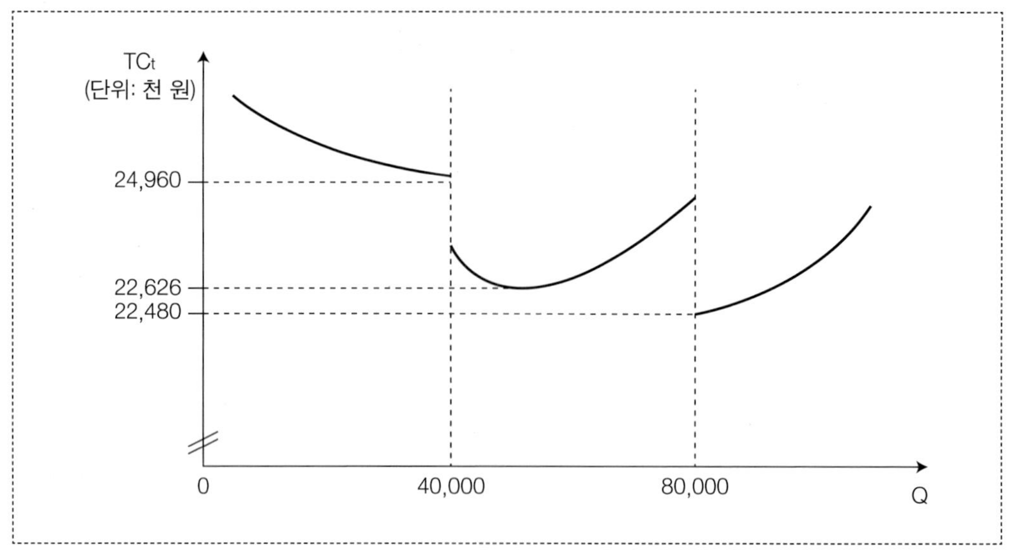

단위시간당 총비용이 가장 작은 경우는 주문량이 80,000리터일 때 비용이 22,480,000원으로 가장 낮다. 따라서 최적 주문량은 80,000리터이며, 재주문점은 t* = Q*/D = 5개월이다.

라. 수요율 계산을 위한 방법

경제적 주문량을 결정하는 모델에 있어 주요 변수는 수요율이다. 수요율은 일일, 월별, 연간 수요를 계산해야 하는데 수요율을 계산하기 위해서는 수요예측이 필요하다.

수요예측을 위해서는 시계열 모델이나 인과관계식을 이용할 수 있다. 수요는 일정한 확률 분포로 나타내기 어려우나 수요의 변화가 장기적 추세, 계절적 변동, 순환적 변동의 모습을 띠는 경우, 수요나 재고량에 대한 시계열 통계적 모델을 형성할 수 있다. 시계열분석에 있어서 과거의 재고량은 종속변수이고 시간은 독립변수를 활용한다.

시간을 독립변수로 연간 실제 수요를 종속변수로 하는 최소자승법과 같은 인과관계식을 이용하여 수요를 예측할 수 있다. 회귀식을 이용하는데 회귀식도 1차형 회귀식 혹은 지수함수를 포함한 비선형회귀식을 활용할 수 있다. 품목의 성격에 가장 적합한 함수식을 이용하는 것이 바람직하다.

예제 13-4 재고 번호 000 부품에 대한 2018년도 예상 수요를 계산해보자. 이 부품의 2012년부터 2016년까지의 수요는 각각 2, 6, 12, 24, 39개였다.

(1) 이동평균법, 지수평활법, 최소자승법을 이용하여 수요를 예측해보자(이 경우 2012년에 해당하는 독립변수는 0이며 2016년은 4이다).

(2) 자기회귀(auto-regressive) 모델과 지수함수 회귀모델을 이용하여 수요를 예측해보자.

(3) 수요예측에 있어 어느 것이 시계열 모델으로 가장 적합한지를 밝히고 설명해보자. 이를 평가하는 기준은 무엇인가?

4. 확률적 재고 모델

시간이 지남에 따라 상품의 가치가 떨어지는 물품은 수요가 확률적이라 할 수 있다. 예를 들어. 일간신문과 부패화되는 상품(채소, 생선, 우유 등) 등은 수요가 확률적이다.

수요가 확률적인 경우의 재고 문제를 해결하기 위해 한계이익(MP: Marginal Profit)과 한계손실(ML: Marginal Loss)의 개념을 이용할 수 있다. 한계이익이란 한 단위를 판매함으로써 얻는 이익을 말하며, 한계손실이란 판매되지 않은 한 단위를 재고로 보유함으로써 입는 손실을 말한다.

재고 부족으로 인해 발생할 수 있는 기대손실보다 그 제품을 판매함으로써 얻을 수 있는 기대이익이 클 때까지 재고를 유지한다. 즉, 최적 재고는 기대손실과 기대이익이 같은 점이다. 이를 식으로 정의하면 다음과 같다.

p = 추가된 한 단위를 판매할 수 있는 확률

MP = 한계이익, ML = 한계손실

$p(MP) = (1 - p)(ML)$

주문량을 한 단위 추가하면 추가된 제품에 대한 기대이익은 p(MP)이며, 이 추가된 제품이 판매되지 않을 확률은 (1 − p)이고 기대손실은 (1 − p)(ML)이다. 이 경우 기대이익이 기대손실보다 크다면 주문량을 증가시킬 것이며 반대로 기대이익이 기대손실보다 작다면 주문량을 줄일 것이다. 따라서 기대이익과 기대손실이 같아지는 점이 최적 주문량이 된다. 이를 p에 대하여 풀면 다음과 같다.

$p = ML/(ML + MP)$

수요의 확률 분포는 이산 확률 분포나 연속 확률 분포를 이룰 수 있다. 수요가 연속 확률 변수인 경우 확률밀도함수를 통한 최적 주문량은 다음과 같이 구한다.

연속 확률 분포(확률밀도함수) = $\int \Phi(x)dx = p = ML/(ML + MP)$

$\Phi(x)$: 확률밀도함수

예제 13-5 KK유업에서는 보존기일이 30일인 우유를 생산하고 있다. 0.2리터의 원가는 상자당 200원, 보존기일 전에는 450원에 팔리지만 이후에는 100원에 팔아치워야 한다. 재고 유지 비용은 상자당 10원이다. 수요의 확률 분포 함수는 다음의 지수 분포를 가진다. 최적 재고량은 얼마인가?

(해답) $\Phi(x) = (1/10{,}000)e^{-X/10{,}000}, x \geq 0$

$\int \Phi(x)dx = e^{-X/10{,}000}$

한계이익은 250원(450 − 200)이며 한계손실은 110원(200 − 100 + 10)이다.

$e^{-X/10{,}000} = 110/360 = 0.306$

최적 재고량은 11,856상자이다.

제3절 수리부속 재고관리 모델

1. 수리부속 예비품 특성

무기체계나 장비를 운영함에 있어 예방 및 고장 정비를 수행하기 위해 재고로 유지하는 예비 수리부속은 예비품(spares)이라 한다.[2] 군에서 수리부속 예비품은 획득 당시에 주장비

2 예비품은 무기체계나 장비에 장착되어 있는 구성품(component)-조립품(assembly)-부품(parts)을 제외하고 고장 혹은 예방 정비를 위해 보유하고 있는 추가부품(back-up item)이다.

와 동시에 조달하게 되며, 이를 동시조달품목(CSP: Concurrent Spare Part)이라 한다.[3] 동시조달품목의 선정과 적정 수량 결정은 시스템 운영 이전에 획득할 때 결정해야 하며, 이들 결정은 운영유지 단계의 재고관리 및 재고 수준 결정에 영향을 미치게 된다.

예비품 결정은 어느 정비 수준에서 어떤 예비품을 얼마만큼 획득하여 재고로 유지해야 할 것인지를 결정하는 것이다. 예비품 최초 소요는 시스템 정비 개념에 근거를 두어야 하며 군수지원분석을 통해 검증되어야 한다.[4] 예비품의 수량은 고장율(수요율)의 함수이며 다음을 고려해야 한다.

(1) 예비품은 고장정비 및 예방정비를 위해 필요로 하는 복구성 품목(재생 품목)과 소모성 품목(비복구성 품목)으로 구분할 수 있다.
(2) 정비가 진행되고 있는 복구성 품목을 보충하기 위해 추가적인 재고를 고려해야 한다. 만약 어떤 품목이 야전정비나 창정비 시설에서 수리를 위해 대기하고 있다면 이 품목은 연이은 정비 활동에 사용되지 못할 것이다. 따라서 재고 수준은 재고 고갈 조건을 초과한 기대치 이상으로 요구되어야 한다. 또한 시험 장비 능력, 정비 인력과 시설 능력, 정비복귀시간이 예비품 재고에 직접적으로 영향을 미친다.
(3) 획득을 위한 조달 소요시간을 고려하여 예비품 재고 수준을 결정해야 한다. 예를 들어, 과거 경험 자료 혹은 예측 자료를 통해 다음의 경우가 예상된다고 해보자. 어떤 품목의 교체를 요구하는 정비 활동이 6개월 내에 10번 발생하며, 또한 공급자로부터 이 품목을 획득하기에는 9개월이 소요된다고 해보자. 이 경우 시스템의 운영 필요와 장기간의 조달 소요시간을 보충하기 위해 상당한 예비품을 필요로 할 것이다. 또한 재고 수준은 고장이 발생하는 경우 수리할 것인가 혹은 폐기할 것인가의 수리 수준 결정에 따라 달라진다.
(4) 복구성 품목의 폐기처리(condemnation)된 수량을 보충하기 위해 예비품 재고량을 추가적으로 고려해야 한다. 야전이나 창정비 시설에 보내진 복구성 품목은 경제적 수리한계를 초과하여 폐기처리 결정이 내려질 수 있다. 폐기처리는 장비의 활용도, 환경, 전력 핵심 장비인지의 유무 등에 따라 결정된다. 폐기율이 높을수록 예비품의 수요는 증가하게 된다.

---

3 한국군에서는 획득 당시 예비품을 동시조달품목이라 명칭하지만 미군은 초기예비품(ISP: Initial Spare Parts)으로 명칭한다.

4 군수지원분석은 무기체계나 장비의 군수지원성(supportability)를 분석하기 위한 도구로서 이 책 2부의 4장과 6장에서 자세하게 다룬다.

2. 예비품 수요 결정

고장정비로 인한 품목 교체의 결과 예비품의 수요를 결정하기 위해 다음과 같은 보급지원(supply support) 요소를 고려해야 한다. 고려 요소는 (1) 예비품의 신뢰도, (2) 시스템에서 사용된 품목의 수량, (3) 예비품을 필요로 할 때 수요를 충족시킬 수 있는 목표 확률, (4) 임무성공에 있어서 품목의 긴요성, (5) 비용 등이다.

가. 예비품 수량에 따른 시스템 임무 성공확률

시스템 임무 성공확률은 시스템 신뢰도와 관계가 있다. 예비품을 얼마나 보유하느냐에 따른 임무 성공확률은 높아질 수 있으며 이런 경우를 〈예제 13-6〉을 통해 살펴볼 수 있다.

예제 13-6 어느 특정 시스템은 하나의 구성품으로 되어 있으며 이 구성품의 t시간 동안 신뢰도는 0.8이다. 고장은 무작위적으로 발생하며 지수 분포를 이루고 있다. 구성품 1개를 예비품으로 보유하고 있다. t시간 동안 1개의 예비품을 보유한 이 시스템의 임무 성공확률을 계산해보자.

(해답) 이 상황은 이중 중복 대기 시스템의 신뢰도를 구하는 경우와 유사하다. 1개의 중복 대기를 가진 시스템 성공확률은 다음과 같이 계산한다.

$$p = e^{-\lambda t} + (\lambda t)e^{--\lambda t}$$

신뢰도 0.8에 해당하는 λt값은 0.223이다.[5] 이 값을 위의 식에 대입한다.

$$\begin{aligned} p &= e^{-0.223} + (0.223)e^{-0.223} \\ &= 0.8 + (0.223)(0.8) = 0.9784 \end{aligned}$$

예비품을 보유하지 않은 경우 성공확률이 0.8인데 비해, 예비품 1개를 보유한 경우는 0.9784이다.

예비품을 k개 보유한 경우의 성공확률은 포아송 분포를 이루며 다음과 같이 구한다.

---

5 $R(t) = e^{-\lambda t}$에서 R(t)가 0.8이기에 λt는 0.223이다.

$$p = e^{-\lambda t} + (\lambda t)e^{-\lambda t} + \frac{(\lambda t)^2 e^{-\lambda t}}{2!} + \cdots + \frac{(\lambda t)^2 e^{-\lambda t}}{k!}$$
$$= e^{-\lambda t}\left[1 + \lambda t + \frac{(\lambda t)^2}{2!} + \cdots + \frac{(\lambda t)^k}{k!}\right]$$

위의 문제에서 만약 2개의 예비품을 보유하고 있다면 성공확률은 0.9983이 된다. 즉, 예비품 보유량이 0개 → 1개 → 2개로 증가함에 따라 임무 성공확률은 0.8 → 0.9784 → 0.9983으로 증가한다. 여기서 예비품 수량이 첫 1단위 증가할 때는 성공확률이 0.1784 증가하지만 다음 단위에서는 0.0199로 비선형으로 증가한다.

위와 같은 문제에서 시스템이 만약 하나의 구성품으로 구성되어 있지 않고 2개 이상으로 구성될 수 있다. 2개의 구성품으로 조립되어 있으며 예비품을 보유하지 않은 경우의 성공확률은 다음과 같다.

$$p = e^{-\lambda t} \cdot e^{-\lambda t} = e^{-2\lambda t} = e^{-0.446} = 0.64$$

2개의 구성품으로 조립되어 있으면서 예비품을 k개 보유한 경우의 시스템 성공확률은 다음과 같다.

$$p = e^{-2\lambda t} + (2\lambda t)e^{-2\lambda t} + \frac{(2\lambda t)^2 e^{-2\lambda t}}{2!} + \cdots + \frac{(2\lambda t)^2 e^{-2\lambda t}}{k!}$$
$$= e^{-2\lambda t}\left[1 + 2\lambda t + \frac{(2\lambda t)^2}{2!} + \cdots + \frac{(2\lambda t)^k}{k!}\right]$$

n개의 구성품으로 조립되어 있으면서 예비품을 k개 보유한 경우의 시스템 성공확률은 다음의 식과 같이 확장할 수 있다.

$$p = e^{-n\lambda t} + (n\lambda t)e^{-n\lambda t} + \frac{(n\lambda t)^2 e^{-n\lambda t}}{2!} + \cdots + \frac{(n\lambda t)^2 e^{-n\lambda t}}{k!}$$
$$= e^{-n\lambda t}\left[1 + n\lambda t + \frac{(n\lambda t)^2}{2!} + \cdots + \frac{(n\lambda t)^k}{k!}\right]$$

예제 13-7 어느 통신 시스템이 항공기에 장착되어 있다. 통신 시스템의 고장율은 시간당 0.05이다. 15대의 항공기가 2시간의 임무를 수행하려고 한다. 최소한 12대가 고장이 없이 이 임무를 수행할 확률을 구해보자.

(해답) 포아송 분포를 그대로 적용할 수 있다. 여기서 $n\lambda t$ = (15)(0.05)(2) = 1.5이다. 고장이 발생할 확률 변수를 x라 하면, 12대가 고장이 없는 경우는 확률 변수 x가 3이다.

x = 1, f(0) + f(1) = $e^{-1.5}$(1+1.5) = 0.557

x = 2, f(0) + f(1) + f(2) = 0.2231(1 + 1.5 + 1.125) = 0.8087

x = 3, f(0) + f(1) + f(2) + f(3) = 0.93435

그러므로 15대 중 12대가 성공적으로 임무를 완수할 확률은 93.435%이다. 이 문제에서 최소한 13대가 임무를 완수할 확률은 80.87%이다.

나. 예비품 수량 결정

예비품 수량 결정은 부품의 신뢰도, 시스템 내에서 사용되는 부품의 수량, 안전 수준 등에 의해 결정된다. 예비품 수량 결정을 위해서는 포아송 분포 방정식이 활용된다. 안전 수준(safety level)은 보호 수준(protection level)이라고도 하며 이것은 품목을 필요로 할 때 보유해야 할 확률이다. 품목의 수요 특성이 확률적일 때는 안전 수준보다 보호 수준이라는 용어를 사용한다. 보호 수준이 높아지면 예비품 수량은 많아지게 되며 재고 수준이 높아져서 조달 비용과 재고 유지 비용이 증가한다. 예비품 수량 결정을 위한 식은 다음 누적 포아송 분포 방정식으로 표현할 수 있다.

$$p = \sum_{x=0}^{s} f(x) = \sum_{x=0}^{s} \frac{(n\lambda t)^x e^{-n\lambda t}}{x!}$$

여기서, p = 보호 수준

s = 재고로 유지하는 예비품의 수량

R = $e^{-n\lambda t}$

n = 시스템 내에서 사용된 예비품 수량

예제 13-8 어느 장비가 특수 반도체 20개를 포함하여 조립되어 있다. 반도체는 1,000시간당 0.1번의 고장이 발생한다. 장비는 24시간 무중단 운영된다. 특수 반도체는 3개월마다

한 번씩 조달하여 창고에 보관한다. 매번 조달할 때마다 95%의 보호 수준을 유지하기 위해 몇 개의 특수 반도체를 예비로 유지해야 하는가?

(해답) n= 20개, λ = 0.0001, t = 3개월이다.

$n\lambda t = (20)(0.0001)(24)(30)(3) = 4.32$

이 자료를 이용하여 예비품으로 보유할 재고량 s를 결정할 수 있다.

$$f(0) + f(1) + \cdots + f(s) \geq 0.95$$

$$e^{-n\lambda t}(1 + (n\lambda t) + \frac{(n\lambda t)^2}{2!} + \cdots + \frac{(n\lambda t)^s}{s!}) \geq 0.95$$

이를 충족시키는 s는 8개이다.

〈그림 13-6〉 포아송 누적 분포

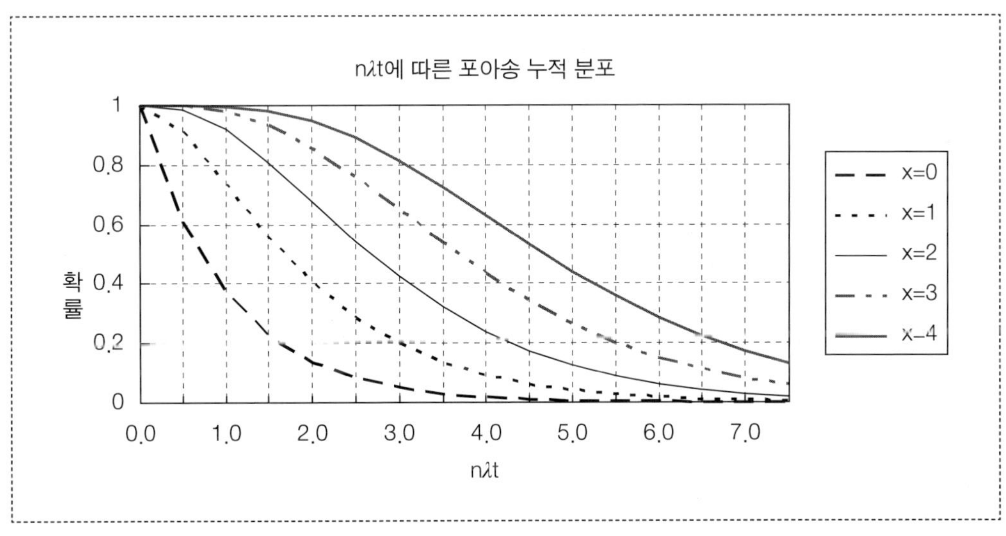

예제 13-9 어느 특정 부품은 3개의 장비(A, B, C)에 동시에 사용된다. 각 장비에서 사용되는 부품의 개수와 장비 운영 시간은 다르다. 장비에 따라 고장 발생 시간이 달라진다. 이 부품은 매 180일마다 조달된다. 최소 90% 이상의 재고 안전 수준을 유지하고자 한다. 매번 구매할 때 몇 개의 부품을 조달해야 하는가?

품목	k	1,000시간당 고장	일일 운영 시간	$n\lambda t$
A	25	0.10	12	5.40
B	28	0.07	15	5.29
C	35	0.15	20	18.90
계				29.59

$n\lambda t$의 합인 29.59와 안전 수준 90%를 포아송 분포 방정식에 적용하면 예비품으로 36개를 확보해야 한다.

3. 복구성 수리부속 재고 수준 결정

복구성 수리부속의 적정 재고 수준 유지는 장비 운영가용도 측면에서 매우 중요하다. 특히 장비에서 핵심적인 역할을 수행하는 고단가 저수요 복구성 수리부속의 경우 재고가 부족한 경우 불가동이 발생한다. 따라서 예산 범위 내에서 장비 운영가용도를 최대화하기 위해 최적 재고 수준을 산정하는 것이 중요하다. 하지만 보급 및 정비 시스템이 상위 창과 하위 기지로 구성되어 양쪽 모두 재고를 보유하고 정비가 가능한 다단계(Multi-Echelon) 시스템인 경우 적정 재고 수준 산정은 복잡해진다. 여기에 수리부속이 상위 구성품(LRU)과 하위 결합체(SRU)로 구성된 다계층(Multi-Indenture) 구조를 가지는 경우 더욱 복잡해진다.

다단계 시스템 재고 모델은 Sherbrooke의 METRIC(Multi-Echelon Technique for Recoverable Item Control)으로부터 발전해왔다. 창과 기지 단계로 구성된 시스템에서 재고 부족을 최소화하는 재고 수준을 산정하는 계산 논리를 제시하였다.

가. METRIC 모델을 통한 재고 결정

군에서 적용하고 있는 수리부속산정 재고 모델인 METRIC은 부대(base)와 창(depot)이라는 2단계 정비 보급 체계에서 복구성 수리부속의 기대 후불값의 합을 최소화하는 재고 위치와 재고량을 동시에 결정하기 위해 고안되었다. 따라서 기대 후불값 계산 논리는 METRIC 모델의 핵심 내용이 된다. 기본적인 다단계 METRIC 모델에서 가정한 정비 보급 체계는 〈그림 13-7〉과 같다.

〈그림 13-7〉 복구성 품목 다단계 정비 보급 체계

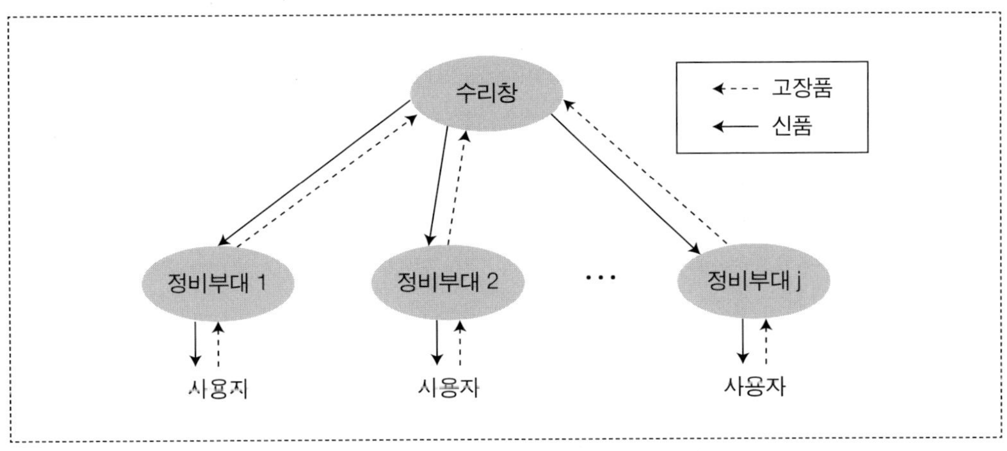

사용 현장에서 수리부속 고장이 발생하면 고장품에 대해 부대 정비소에서 신품으로 교체한다. 이때 교체할 신품이 없을 경우는 재고 부족(후불)이 발생한다. 고장품은 부대 정비소에서 수리되며 부대에서 수리 불가할 경우 창으로 후송된다. 고장품을 창으로 후송할 때 부대에서는 창에 신품을 청구한다. 창에서는 부대의 신품 청구에 대하여 창에서 보유한 예비품이 있으면 즉시 불출하지만 예비품이 없으면 고장품의 수리가 완료될 때까지 불출이 지연되어 재고 부족이 발생한다.

METRIC 모델을 위한 가정 사항은 다음과 같다.

(1) 기지와 창은 정비 능력이 충분하여 고장품은 입고 즉시 정비된다.
(2) 각 기지에서 발생하는 장 수리수요에 대한 창에서의 지연시간은 서로 독립이다.
(3) 각 기지에서의 고장 발생(수요)는 독립적이며, 고장률은 일정하고 포아송 분포를 따른다.
(4) 기지에서 재고 보유는 $(s-1, s)$ 정책을 따른다. 이는 현 재고에서 한 단위를 소모한 시점에 청구가 이루어져 1개 보충되는 재고 정책이다(1:1 교환).
(5) 전환보급이나 동류전용은 고려하지 않는다.
(6) 고장품은 모두 수리가 가능하며 폐기는 없다.

METRIC 모델을 설명하기 위해 필요한 기호들의 정의는 다음과 같다.

j = 부대 및 창 번호(0, 1, 2, ⋯, J)(창은 0을 의미)
λ_j = 부대 j에서의 수요율(고장율)

λ_0 = 모든 부대에서 창으로 후송되는 수요율

r_j = 고장품 중 부대 j에서 수리할 수 있는 확률

R_j = 부대 j에서 수리하는데 걸리는 평균 수리시간

R_0 = 창에서 수리하는데 걸리는 평균 수리시간(후송시간 + 수리시간)

O_j = 부대 j의 평균 주문/수송 시간(창 ↔ 부대)

s_0 = 창 예비품 재고

s_j = 부대 j 예비품 재고

x_0 = 창 수리 중 재고량

x_j = 부대 j 재보급선 재고량

$B_j(s_j)$ = 예비품 재고가 s_j일 때 부대 j 재고 부족량

f_j = 모든 부대로부터 오는 창 수요에 대한 부대 j로부터 오는 수요의 비율

여기서 부대 j 재보급선 재고량(x_j)은 부대 j로 복귀할 재고량으로서 수리 중이거나 수송중인 재고량을 말한다. 따라서 부대 예비품 재고(s_j) = 현재고 + 재보급선 재고량(x_j)이다. 재고 부족량은 예비품 재고(s_j)에서 재보급선 재고량(x_j)을 뺀 값이다. 재보급선 재고량은 확률 변수이므로 METRIC은 이를 포아송 분포로 가정하여 재고 수준별로 기대 후불값을 산출한다. 그리고 그 기대 후불값이 최소가 되는 재고 수준을 최적 재고 수준으로 산출한다.

다음은 METRIC을 수행하는 절차이다.

(단계1) 창에서 기대 후불값은 다음 식과 같이 산출한다.

$$E[B_0(s_0)] = \sum_{x_0=s_0+1}^{\infty} (x_0 - s_0)\,p(x_0 \mid \lambda_0 R_0)$$

이 식은 창에서의 재고 수준이 s_0일 때 기대 후불값을 구하는 식이다. 창에서는 재보급 중인 재고량이 창 수리에 의한 재고량뿐이므로 확률 변수 x_0의 평균은 $\lambda_0 R_0$로 나타내며 포아송 분포의 모수로 사용된다. λ_0는 기지에서 창으로 유입되는 고장율이다.

$$\lambda_0 = \sum_{j=1}^{J} \lambda_j (1 - r_j)$$

(단계2) 재보급선 재고량에 대한 기댓값을 다음 식과 같이 산출한다.

$$E[x_j] = \lambda_j(1 - r_j)O_j + \lambda_j r_j R_j + E[B_0(s_0)]$$

재보급선 재고량 $E[x_j]$는 다음 단계3에서 포아송 분포의 모수로 사용될 평균 재보급선 재고량을 의미한다.

(단계 3) 최종적으로 기지별 기대 후불값을 다음 식과 같이 산출한다.

$$E[B_j(s_j)] = \sum_{x_j=s_j+1}^{\infty} (x_j - s_j)\,p(x_j \mid E[x_j])$$

위와 같은 단계를 거치면서 기지의 기대 후불값을 구할 수 있다. 이 값은 기지와 창의 재고 위치에 따라 변화하게 된다. 기지와 창의 재고 수준별로 변화하는 기대 후불값이 최소가 되는 재고 수준이 최적 재고 수준이 된다.

나. 수치예제

수치예제를 통하여 METRIC에서 기대 후불값을 구하는 식을 분석한다. 수치예제 입력값은 Slay(1980)의 논문에서 사용한 값을 적용하였다.

예제 13-10 부대수 = 3, 창 = 1, λ_j = 0.1/일(모든 부대에서 동일)

r_j = 0.5, R_j = 5일, R_0 = 45일, O_j = 5일(모든 부대에서 동일)

이 문제에서 창과 기지의 재고에 따른 기대 후불값을 구해보자.

(해답)

재고 수량	창의 기대 후불값	기지의 기대 후불값	재고량
$s_0 = 5, s_j = 1$	2.0887	1.6638	8
$s_0 = 5, s_j = 2$	2.0887	0.9334	11
$s_0 = 6, s_j = 1$	1.4224	1.0687	9
$s_0 = 6, s_j = 2$	1.4224	0.4961	12
$s_0 = 8, s_j = 1$	0.5460	0.3973	11

다. METRIC 모델의 발전

METRIC은 수리 단계(echelon)를 반영하였지만 해당 시스템의 계층 구조(indenture)는 반영하지 않았다. Muckstadt는 수리부속 계층 구조를 반영한 MOD-METRIC을 개발하였다(MIME: Multi-Indenture Multi-Echelon). 하지만 이는 METRIC과 같이 재보급선 재고량 확률 분포를 포아송 분포로 가정하여 재고 수준을 과소 산정하는 단점이 그대로 존재했다. 이를 보완하기 위해 Slay는 재보급선 재고량 확률 분포를 음이항 분포로 가정한 Vari-METRIC을 개발하였다. Vari-METRIC 모델은 미 공군에서 사용하는 AAM(Aircraft Availability Model)에 적용되었으며, 전시 상황을 반영하여 수요율 변화를 고려한 Dyna-METRIC을 개발하여 공군 ASM(Aircraft Sustainability Model) 모델에 적용하였다.

Vari-METRIC은 METRIC을 개선하는 효과를 가져왔지만 여러 가지 가정 사항으로 현실에 적합하지 않은 경우가 발생하고 있다. (1) 정비 능력을 무한대로 가정한 것은 기대 후불값 계산에 있어 많은 오차를 가져올 수 있다. (2) 기지간의 재고를 서로 주고받을 수 있는 전환(수평)보급을 허용하지 않는다. 다단계 시스템에서 보급은 창에서 기지로만 이루어지기 때문이다. 하지만 현실에서는 기지의 재고 부족 상황 발생 시 재고를 보유한 다른 기지의 수리부속을 전환보급하여 사용하는 경우가 발생한다. 이러한 경우를 반영해야만 보다 현실적인 재고 모델이 될 수 있다. (3) 동류전용을 허용하지 않는다. Vari-METRIC의 이러한 가정 사항을 극복하는 분석적 모델과 시뮬레이션 모델이 개발되고 있다.

토의문제

1. 재고관리와 재고통제의 차이를 비교 설명해보자.
2. 경제적 주문량 모델의 내용과 가정을 설명해보자. 경제적 주문량 모델의 장점과 단점을 토의해보자.
3. 복구성 품목과 비복구성 품목의 재고관리에 있어 어떠한 차이가 발생할 수 있는지를 구체적으로 논의해보자.

4. 소분배 계통의 재고 수준 결정에 있어 운영 소요, 안전 재고, 중간기간 재고를 고려하고 있다.
   (1) 군의 입장에서 운영 소요 이외에 안전 재고와 중간기간 재고를 재고 수준으로 보유하는 것이 전투준비태세 완비라는 측면과 재고 비용의 증가라는 측면에서 서로 비교해보자.
   (2) 안전 수준과 보호 수준의 공통점과 차이점을 설명해보자.

5. 예비품이나 동시조달품목의 산정에 있어 신뢰도 요소가 중요한 이유를 토의해보자.

6. 획득 단계에서 예비품 수량을 결정하는 데 있어 어떠한 요소를 고려해야 하는가? 예비품의 수량을 결정하는 방법을 토의해보자.

연습문제

1. 어느 정찰 항공기가 적 지역을 비행하는 임무를 부여받았다. 항공기는 SAM의 공격을 시간당 3개의 비율로 받을 수 있다. SAM 발사는 포아송 분포를 가진다. 항공기는 채프(chaff)를 각각의 SAM에 대해 발사하여 무력화될 수 있으며 만약 채프가 사용되지 않는다면 항공기는 격추될 수밖에 없다.
   (1) 만약 항공기가 3기의 SAM을 무력화할 수 있는 채프를 보유하고 출격한다면 1시간의 임무를 무사히 완수하고 기지로 복귀한 확률은 얼마인가?
   (2) 만약 항공기가 15기의 SAM을 무력화할 수 있는 채프를 보유하고 출격한다면, 5시간의 비행 임무를 무사히 완수하고 기지로 복귀할 확률은 얼마인가?
   (3) 조종사가 5시간의 임무 비행을 무사히 마치고 기지로 복귀할 확률이 최소한 0.90, 0.95, 0.99가 되기 위해서 항공기가 싣고 가야 할 채프는 얼마인가(한계분석을 실시해보자)?

2. 100대의 험비(HUMMV)가 해외 ○○지역에서 실행된 ○○훈련을 위해 파견되었다. 험비 축전기(generator)의 MTBF는 1,200시간이다. 각각의 험비는 작전 일일당 12시간 운영한다.

(1) 10일간 훈련 기간 동안 축전기의 예비품은 몇 개이어야 하나? 95%의 안전 수준을 유지하고자 한다. 험비의 축전기가 고장이 나면 즉각적으로 예비품과 교체되고 훈련 장소에서는 수리 작업이 진행되지 않는다고 가정한다.

(2) 이 문제를 해결하기 위해 활용한 이론적 배경을 토의해보자.

3. ○○구조전단은 전시 조종사를 구조하는 임무를 가지고 있다. 구조전단은 10대의 구조 헬기를 운영하고 있다. 각각의 헬기 MTBF는 500시간이며 고장시간은 지수 분포를 이루고 있다. 임무시간은 15시간이 소요된다. 헬기 중 2대 이하만 임무를 실패할 확률은 얼마인가(전투 중 손실은 발생하지 않는다고 가정한다)?

4. (1) F00 전투기 TFE actuator의 MTBF는 3,600시간이 되도록 설계되어 제작되었다. ○○비행단에서는 2개의 F00 전투 비행대대를 갖고 있으며 각각의 비행대대는 12대로 구성되어 있다. actuator가 고장이 나면 actuation 회로판을 교체해야 하는데 고장은 지수 분포를 이루며 발생한다. 각 전투기는 2개의 actuator를 가지고 한 달에 평균 50시간 임무 비행을 하고 있다. 이 비행단이 해외 파병 임무를 수행하려고 한다. 6개월의 임무 수행 동안 actuator에 대한 지원이 없다고 하였을 때 회로판은 몇 개의 재고가 요구되는가? 안전 재고 수준은 95%이다.

(2) 실제 임무를 수행해본 결과 MTBF는 300시간이라는 것이 밝혀졌다. 만약 문제(1)에서 유지하고 있는 재고 수준이라면 실제 안전 재고 수준은 몇 %인가?

(3) 신뢰도가 낮게 평가된다면 로지스틱스 지원과 준비태세라는 관점에서 어떠한 문제가 있을 것인지를 논해보자.

5. 전자 정보 수집 안테나 시스템이 있다. 이 안테나 시스템의 핵심 부속품 A의 고장 간 시간간격은 지수 분포를 이루며 MTBF는 2,500시간이다. 해당 부대는 안테나 시스템을 10대 보유하고 있으며 이 안테나 시스템은 해외에서 직구매하였기에 국내에서 정비할 수 없으며 해외 제작업체와 정비계약을 체결하여 정비를 수행하고 있다. 각 안테나는 매주 100시간 작동하며 매년 50주 동안 가용한다고 가정해보자. A품목이 고장이 발생하여 수리하는데 하나당 $1,000을 지불한다. 해당 부대는 2012년도 A품목의 연간 정비 비용으로 $20,000을 책정하였다. 2012년도가 종료되기 전에 A품목의 정비 비용이 다 소비될 확률은 얼마인가?

6. 육군 장비에 필요한 특수 반도체가 있다. 특수 반도체는 시간당 평균 0.002회 고장이 발생한다. 고장 발생은 지수 분포를 가정한다. 특수 반도체를 사용하는 장비는 일일 평균 10시간씩 매일 운영한다. 특수 반도체는 해외에서 구매해야 하는데 매 6개월마다 조달하려고 한다(한 달은 30일 기준).
   (1) 이 부품의 안전 수준을 95% 이상 확보하려고 한다. 몇 개의 재고가 필요한가?
   (2) 지수 분포를 가정하지 않고 시간당 0.002회의 고장이 결정적이라면 몇 개의 재고가 필요한가? 정규 분포라면 몇 개의 재고가 필요한가?
   (3) 이 부품에 속한 장비가 효과적으로 운영하기 위해 필요한 부품의 재고관리 방법을 논해보자(가능한 교과서에 나와 있는 재고관리 개념을 최대한 이용해보자).

7. 어느 보급창 "가"의 소모성 품목 A의 주간 수요는 포아송 분포를 이루며 평균 5이다. 보급창 "나"의 주간별 수요는 같은 분포를 이루며 평균 5이다.
   (1) 만약 안전 재고 수준을 95%로 유지하기 위해 매주 초에 요구되는 재고 수준은 얼마인가?
   (2) 만약 2개의 보급창이 합병된다면 요구되는 재고의 양은 얼마인가?
   (3) 만약 합병된 보급창의 재고가 18개라면 재고 수준은 얼마인가?
   (4) 만약 이러한 보급창이 10개가 통합된다면 요구되는 재고의 양은 얼마인가?
   (5) (4)번 문제를 정규 분포를 이용하여 해결하려고 한다. 어떠한 논리적 근거에서 할 수 있으며 정규 분포로 구한 값과 (4)에서 구한 값을 비교해보자.

8. 국방대학교는 1,000개의 개인 전화번호가 있다. 이 전화를 통해 군내부와 통화하기 위해서는 중앙교환기를 거쳐야 한다. 군 내부와 통화하려는 사람들이 즉각적으로 90%(95%, 99%) 통화 가능하도록 하기 위해 몇 개의 회선이 필요한가? 각 전화기에서 요구되는 군내 통화 빈도는 어느 특정 시점에 0.01회라고 알려져 있다.

9. 어느 소모성 품목의 월별 재고는 각 보급창에서 다음과 같다. 보호 수준을 0.95로 유지하려고 한다. 이 경우 각 보급창을 개별적으로 유지하는 경우의 재고 수준과 합병하는 경우의 재고 수준을 구해보자.

(1) A 보급창: 평균 23의 포아송 분포

(2) B 보급창: (18,30)의 일양 분포

(3) C 보급창: 평균 20의 포아송 분포

(4) D 보급창: 평균 20과 표준편차 3의 정규 분포이다.

이렇게 합병하는 경우의 장점과 단점을 논해보자.

10. 4개 재고통제소(ICP: Inventory Control Point)에서 어떤 소모성 품목의 월별 수요는 다음과 같고 재고 보호 수준을 95%로 유지하려고 한다.

통제소 1: 정규 분포로 평균은 30, 표준편차는 3이다.

통제소 2: 포아송 분포로 평균이 23이다.

통제소 3: 일양 분포로 최저값 18, 최고값 30이다.

통제소 4: 포아송 분포로 평균이 26이다.

통제소별로 재고를 유지하는 경우의 재고와 합병한 경우의 재고의 차이를 비교해보자. 왜 이러한 차이가 났는지를 설명해보자.

11. ○○국의 해군은 3개의 함대로 구성되어 있다. 각 함대는 특수 임무를 수행하는 2척의 함정을 가지고 있다. 각 함정은 1년 중 2차례 작전을 하게 되는데 작전 기간은 2날이다. 1년은 360일, 한 달은 30일을 가정한다. 함정 운용에 핵심 부속품 KK를 예비품으로 적재하며 MTBF는 4,000시간이며 고장은 지수 분포를 이루고, 엔진은 작전 기간 중 무중단 운영된다. 단 작전 기간이 아닌 경우에는 엔진 운용시간은 무시할 수 있다.

(1) 함정이 작전에 나갈 때 KK 품목을 몇 개를 보유해야 하는가? 95%의 안전 수준을 유지할 예정이다. 예비품을 보유하지 않는다면 작전을 완수할 가능성은? (작전 중 수리부속의 재보급은 없다고 가정한다.)

(2) 해군은 생산업체로부터 단년도 예산제도에 따라 1년 단위로 한 번 KK 품목을 계약하고 있다. 해군 재고를 보급 수준 360일로 유지하는 경우의 소요는 얼마인가? 변동 소요를 고려하여 운영 소요+안전 재고로 구성하려고 한다. 안전 재고의 보호 수준은 95%이다. 보급 일수로 유지하는 경우와 변동 재고 수준을 비교해보자(힌트: 재고 수준과 함정 작전가능률 등을 비교).

참고문헌

육군본부, 군수업무 야전 교범 4-0, 2009.6.30.

김진호, 이상진, 정성태, "항공기 예비엔진 및 모듈 재고 수준이 전시 운용가용도에 미치는 영향," 경영과학, 31권2호(2014), pp.33-48.

박찬우, 김창곤, 이효성, "다단계 수리체계의 성능 평가를 위한 폐쇄형 대기행렬 네트워크 모형", 한국경영과학회지, 25권4호(2000), pp.27-44.

서용성, 정상환, 박영택, "다단계 기계수리 문제의 (S-1,S) 예비품 재고 정책에 관한 연구", 품질경영학회지, 19권1호(1991), pp.129-141.

우제웅, 이혁수, 선미선, 평시 수리부속 소요 산정 개념 연구, 한국국방연구원 연구보고서, 2008

윤혁, 이상진, "Vari-METRIC을 개선한 다단계 재고 모델의 효과측정," 경영과학, 28권1호(2011), pp.117-127.

이상진, 김성원, "한국형 헬기의 목표 운용가용도 달성을 위한 정비대체장비 최적 재고 수준 결정", 경영과학, 24권2호(2007), pp.81-93.

이상진, 신창훈, 윤진환, "수평보급을 고려한 다단계-다계층 재고 모델의 효과 분석," 경영과학, 35권2호(2018), pp.57-70.

정성태, 이상진, "한계분석법과 유전알고리즘을 결합한 다단계 다계층 재고 모델의 적정 재고 수준 결정," 경영과학, 31권3호(2014), pp.61-76.

B.S. Blanchard, *Logistics Engineering and Management,* 5th ed., (Prentice Hall, 1998)

N.A. Glaskowsky Jr., D.R. Hudson, and R.M. Ivie, *Business Logistics,* 3rd ed., (The Dryden Press, 1992)

A. Harrison and R. van Hoek, *Logistics Management and Strategy,* 2nd ed., (Prentice Hall, 2005)

R.J. Hillestad, *Dyna-METRIC: Dynamic Multi-Echelon Technique for Recoverable Item Control*, R-2785-AF, Rand, Santa Monica, 1982

J.A. Muckstadt, "A Model for Multi-item, Multi-echelon, Multi-indenture Inventory System", *Management Science*, Vol.20, 1973, pp.472-481.

T.J. O'Malley, "*The Aircraft Availability Model: Conceptual Framework and Mathematics*", Technical Report AF201, Logistics Management Institute, Washington, D.C., 1983

C.C. Sherbrooke, "METRIC: A Multi-echelon Technique for Recoverable Item Control", *Operations Research*, Vol.10, 1968, pp.122-141.

C.C. Sherbrooke, *Optimal Inventory Modeling of System*, 2nd ed., (Kluwer Academic Publishers, 2004)

C.C. Sherbrooke, "VARI-METRIC: Improved Approximations for Multi-Indenture, Multi-Echelon Availability Models", *Operations Research*, Vol.34, 1986, pp.311-319.

F.M. Slay, *Arificial Retrospection, The Distribution Enforcement Method*, IR806R1, Logistics Management Institute, Washington D.C., 2007

F.M. Slay, et. al., *Optimizing Spares Support: The Aircraft Sustainability Model*, Technical Report AF501MR1, Logistics Management Institute, Washington D.C., 1996

F.M. Slay, *VARI-METRIC: An approach to modeling multi-echelon resupply when the demand process is Poisson with a Gamma prior*, Technical Report AF301-3, Logistics Management Institute, Washington, D.C., 1980

H. Yoon, S.T. Jung, and S.J. Lee, "The effect analysis of multi-echelon inventory models considering demand rate uncertainty and limited maintenance capacity," *International Journal of Operational Research,* Vol.24, No.1, 2015

제14장 수송관리

수송은 군수 기능 중에서 조달, 보급과 밀접하게 연계되어 있다. 야전 전투 현장에 병력, 군수품이 적시에 이동되어야만 전투력이 준비되고 유지될 수 있는데 이를 위한 핵심 기능이 수송이다. 군수품이 조달을 거쳐 군에 유입되더라도 전투 지역까지 흘러가도록 수송되지 않는다면 군수 다른 기능은 의미를 발견하기 어려울 것이다. 그만큼 군에서 수송의 역할은 사람의 혈관과 같이 필수적이라 할 수 있다. 이 장은 5개 절로 구성되어 있다. 1절은 수송의 정의 및 수송 운용에 대해 살펴본다. 2절은 이동관리에 대해 살펴본다. 3절은 수송 수단의 운용에 대해 살펴본다. 4절은 터미널관리에 관련한 내용이며 마지막으로 컨테이너 수송에 대해 살펴본다.

제1절 수송의 정의와 수송 운용

1. 수송의 정의 및 업무 분야

육군 교범에서 "수송이란 필요한 부대, 병력 및 화물을 적시·적소에 이동시켜 주는 수단과 방법 및 활동 등을 말한다"라고 수송을 정의하고 있다. 이 정의에는 (1) 수송의 본질이 이동(moving)이라는 것, (2) 수송 대상은 군수품뿐 아니라 병력이라는 것, 또한 (3) 수송 대상을 적시(right time) 및 적소(right place)에 이동하기 위한 수송 수단, 방법, 활동을 포함하고 있다.[1] 이런 측면에서 병력이나 군수품이 필요한 시간에 필요한 장소에 수송되지 않으면 전투력 발휘가 제한되기 때문에 교범의 정의는 군 수송에 포함되어야 할 요소를 명확하게 명시하고 있다고 할 수 있다. 수송관리란 병력, 군수품을 적시·적소에 이동시키기 위한 수단과 방법 및 활동을 계획·집행·평가하는 과정이라고 정의할 수 있다.

수송 업무의 주요 분야는 다음 세 가지이다. (1) 출발지에서 도착지까지 적시에 원활한 이동이 되도록 이를 계획, 조정, 통제 및 협조하는 이동관리, (2) 지상, 해상, 공중 수송 자산을 수단으로 이동을 지원하는 수송 수단 운용, (3) 부대, 병력 및 화물을 수용하고, 화물을 적·하화하거나 수송 수단의 전환을 지원하는 수송 터미널 운용이 있다.

수송 업무는 이들 주요 업무 이외에도 (1) 중·장기적인 수송 소요 분석을 통한 지상, 해상, 공중 수송 자산의 동원(mobilization) 및 운용 계획 수립, (2) 군 수송 자산이나 인프라 부족을 보완하기 위해 민·관·군 수송 체계의 통합 및 연계 수송 방안 정립, (3) 한국군의 해외 도입물자 수송 및 미국 증원 전력의 수용, 대기 및 전방 이동 등 연합 수송에 대한 계획, (4) 해외 파병과 국가재난 상황 등 우발 상황에 따른 수송 작전 지원, (5) 병력 및 군수품의 실시간 이동 가시화(in-transit visibility) 및 수송 관련 정보의 수집, 기록 유지 및 분석을 위한 수송정보화, (6) 전시 수송지원을 보장하기 위한 호송 작전 발전 등의 업무가 필요하다.

2. 전략군수, 작전군수, 전술군수와 연계한 수송의 구분

군수를 전쟁 수준에 따라 전략군수, 작전군수, 전술군수로 구분하였듯이 이에 대응하여 수송도 전략수송, 작전수송, 전술수송으로 구분할 수 있다.

(1) **전략군수와 전략수송**: 전략군수는 국가의 군사력을 지원하는데 필요한 자원을 계획하고 제공하는 국가적 차원의 군수 분야이다. 전략군수는 산업에 기반을 둔 동원과 생산, 전구간(inter-theater) 군수지원의 전략적 집중과 배분을 다루고 있다. 전략수송은 부대, 병력, 군수품을 공급지(생산지)에서 전구까지 이동을 위하여 필요한 수송 자산 확보(획득과 동원) 및 운용 계획, 이동관리 계획, 터미널 계획 등을 포함하고 있다.

1 수송에서 2R(2 rights)만을 포함하고 있는데 이외에 적량(right quantity)이 포함되어야 한다고 할 수 있다. 그러나 적량을 수송하지 못하면 적시에 수송한다는 의미가 없어지기 때문에 적시 수송이라는 용어는 적량을 포함한다고 볼 수 있다.

〈그림 14-1〉 군수지원의 범위

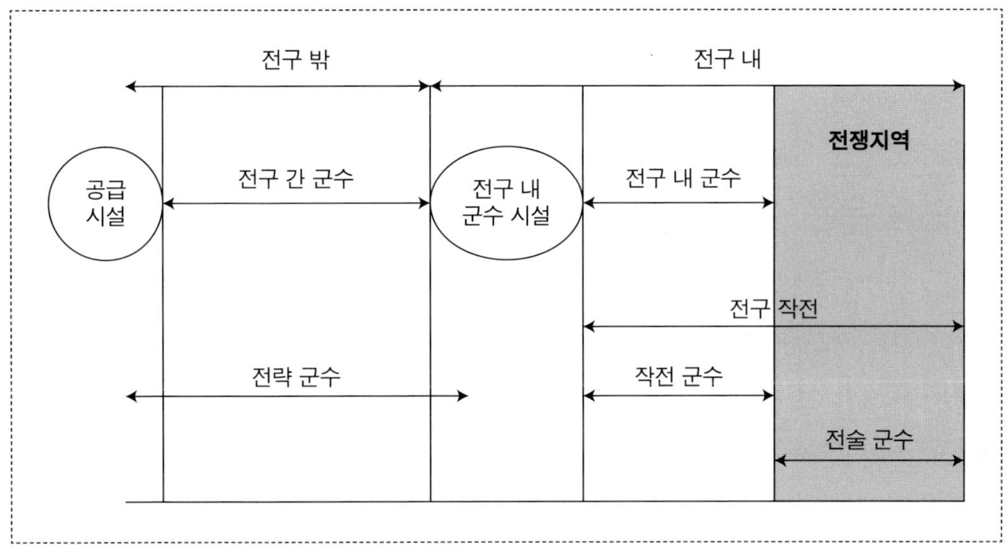

한국군의 전략수송은 국내 생산 및 동원 물자의 군 시설부대로의 수송, 해외에서 국내로 오는 해외 도입물자의 수송, 미군 증원 전력의 수송지원뿐 아니라 국내에서 해외로 이동하는 부대, 병력, 화물 등에 대하여 수송을 지원하는 활동을 포함하고 있다.

(2) 작전군수와 작전수송: 작전군수는 전략군수 계획에 따라 전구까지 수송된 장비, 물자, 인원 등을 전구 내에 위치한 시설부대로부터 전투 지역의 전투지원부대나 시설부대로 작전 목표에 따라 배분하며 지원하는 군수 분야이다. 작전군수는 주요 전쟁 작전의 모든 단계에 있어 전투력이 계속 발휘되도록 보장하는 역할을 수행한다. 작전군수에 대응하여 작전에 필요한 전투력의 이동을 지원하는 것이 작전수송이다.

한국군의 작전수송은 후방의 공항, 항만 및 지원 시설로부터 야전군 집결지 또는 지원 시설까지의 이동을 위한 수송지원을 말한다. 이외에 미군 증원 전력의 수송·대기·전방이동(RSO: Reception Staging Onward movement)에 필요한 연합 이동관리를 비롯하여 제병협동 및 합동수송을 포함한다.

(3) 전술군수와 전술수송: 전술군수는 전투 지역 내에서 전투, 교전이나 다른 전술적 행동을 지속하기 위한 지원책을 계획하고 제공하는 군수 분야이다.

전술수송은 야전군 집결지 및 지원 시설로부터 전투 현장까지 수송을 지원하는 것으로 공격·방어 간 전방지원에 보다 비중을 둔다. 이는 다양한 형태의 부대기동지원에 필요한 수송지원을 포함하고 임무·적·지형 및 기상·가용부대·시간 및 민간요소(METT+TC) 등에 상대적으로 많은 영향을 받는다. 전술군수는 군단 및 군수지원(여)단 이하 제대에서 담당한다.

3. 수송 운용

수송 운용이란 이동관리, 수송 수단 및 터미널 운용 등을 상호 연계하여 사용자가 요구하는 시간과 장소에 수송지원이 보장되도록 하는 일련의 모든 프로세스를 말한다. 이를 위해서는 수송 업무 지원 체계가 연계되어 확립되어야 하고, 수송지원을 위한 정확한 소요를 판단하여 실시간으로 지원이 되어야 한다.

가. 수송 운용 기본 원칙

수송 소요는 여러 요인으로 인하여 변동이 심하여 현재 군이 보유하고 있는 수송 능력을 초과하는 경우가 자주 있다. 이러한 이유로 계획된 수송보다 계획되지 못한 수송이 더 많아질 수 있다. 수송 수요의 변동성(variability)은 평시보다 전시에 더 심각하여 긴급한 폭발적 수요(surge demand)를 현재 수송 능력으로 충족하기가 힘들 것이다. 이러한 수송 수요의 불확실성에 대비하기 위해 가용한 병참선, 수송 수단 및 시설을 효과적으로 사용해야 한다. 수송 능력을 효과적으로 사용하기 위한 수송 운용의 기본 원칙은 다음과 같다.

(1) 계획은 집권화하여 수립하되 시행은 분권화하여 수행한다. 전·평시 수송 능력은 소요에 비해 제한적이므로 이를 효과적으로 활용하기 위해서는 조정 및 통제 능력이 있는 상급 제대에서 집권화하여 계획하고, 실시간으로 수송지원 시 불확실한 요인에 긴급 대처하기 위해 현장에서 조치가 이루어지도록 분권화하여 시행되어야 한다.

(2) 수송 관련 집단 간의 상호 협조, 조정 및 통제가 필요하다. 원활한 수송지원을 위해서는 제대 간, 지원 및 피지원부대 간 상호 협조, 조정 및 통제가 필요하다. 협조, 조정 및 통제가 이루어지지 않으면 수송 능력이 제한되고, 교통 혼잡 또는 교통 두절 등의 제한 사항을 효과적으로 극복할 수 없으며, 수요자에 대한 수송 소요를 충족시킬 수 없을 것이다.

(3) 수송지원의 계속성과 융통성을 유지해야 한다. 적시·적소 지원을 위해 이동관리, 수

송 수단, 수송 터미널이 유기적으로 통합되어 중단 없이 이루어져야 한다. 상황에 따라 신속하고 적절하게 대처할 수 있도록 수송 능력을 집중, 전환 및 조정할 수 있는 융통성을 유지해야 한다. 수송지원의 계속성과 융통성을 유지하기 위해서는 수송부대의 생존성 보장을 비롯하여 관련 시설, 병참선 등에 대한 호송과 경계 대책 등이 종합적으로 관리되어야 한다.

(4) 수송 능력을 최대한 이용해야 한다. 전시에는 수송에 대한 소요가 능력을 초과할 수 있으므로 가용한 수송 능력을 최대한 이용해야 한다. 특히 수송 목적에 맞는 최적의 수송 수단 선정 및 사용, 화물 및 이동제대의 가시화를 위한 실시간 위치추적 체계 운용과 교통 혼잡이 예상되는 지역에 이동관리 기구를 사전에 배치하여 통제함으로써 수송 수단의 유휴화와 이동관리의 사각 지역 발생 등을 억제해야 한다.

나. 수송정보시스템

수송 운용이 효과적이고 원활하게 수행되기 위해서는 군수 관련 정보를 수집, 분석하여 공유하는 수송정보시스템이 필요하다. 한국군의 수송정보시스템(DTIS: Defense Transportation Infomation System)은 수송 자산운용, 이동관리, 수송근무, 수송지휘정보, 국제운송의 5대 분야로 구분하여 운용되고 있다.

제2절 이동관리

이동관리는 수송 수단 및 터미널 운용 등과 연계하여 수행되어야 하나 여기에서는 이를 모두 포함하지 않고 이동관리, 호송 및 경계 작전 등을 중심으로 기술한다.

1. 이동관리 개념

이동관리는 지상, 해상, 공중 병참선을 통하여 이동하려는 수송 소요를 지원하기 위하여 육로, 철도, 해상, 항공수송 등의 제반 수송 수단과 출발 및 도착지(경유지 포함) 터미널 운용을 적절히 통합 및 연계하는 활동이다.

이동관리와 연계가 있는 개념으로 전장순환통제가 있다. 전장순환통제는 작전 지역 내의 기동로 및 보급로를 확보하여 통제하고, 기동로 및 보급로에서 발생 가능한 각종 제한요소를 제거하고 극복함으로써 부대 기동을 원활하게 하고 전투력 이동을 지속적으로 보장하기 위한 제반 활동이라 할 수 있다.

이동관리는 이동을 원활하게 하기 위하여 전략제대에서 전술제대까지 이동관리 부대 및 기구를 편성하여 상호 연계된 이동 계획을 수립, 조정, 협조 및 통제한다. 이동관리 계획은 상급 제대에서 집권화하여 수립한다. 반면에 전장순환통제는 부대기동의 원활화와 전투력 이동의 지속성을 보장하기 위해 이동관리 기능을 포함한 전장순환통제기구를 운용하여 제한요소를 제거하거나 극복하는 것이다. 전장순환통제는 작전 지역 내 기동로와 보급로에서 발생 가능한 각종 제한 요소를 제거하기 위해 통제기구를 어떻게 운용할 것인가에 중점을 두고 해당 작전부대에서 계획을 수립한다는 점에서 이동관리와 차이가 있다.

이동관리를 효과적으로 수행하기 위해서 다음을 고려할 필요가 있다.

(1) 이동 소요를 예측해야 한다. 모든 이동 소요를 예측하여 추후 작전을 위한 이동관리 능력을 구비해야 한다. 육로, 철도, 해상, 항공 이동로에 요구되는 사용 소요를 예측하고 판단하여 계획된 시점에 지원할 수 있어야 한다.

(2) 작전과 연계되어야 한다. 이동 계획은 작전 목표를 달성하기 위해 작전 계획을 적극 지원해야 한다. 작전 성공을 위해 작전, 보급 및 정비, 호송 관련 기구와의 유기적인 협조와 통합 운용이 이루어져야 한다.

(3) 이동의 지속성을 유지해야 한다. 이동과 관련한 변화를 끊임없이 탐지하고 조정하여 예기하지 못한 상황에 의해 전투력의 이동이 영향을 받지 않도록 해야 한다.

(4) 불확실성에 대비한 적응성을 갖추어야 한다. 작전 지역 내 이동은 긴급사태나 예상하지 못한 상황이 우발적으로 수시로 발생할 수 있기에 이에 대한 신속한 반응이 요구된다.

2. 호송 및 경계

호송과 경계는 전장순환통제의 한 부분으로 진행되는 작전이다. 군의 수송 수단이나 병참선이 적 특수 부대의 공격, 항공기의 지상공격 등으로 인하여 파괴되는 것을 방지하여 야전 전투 현장에 병력, 군수품 등이 적시에 이동될 수 있도록 보장하는 활동이다. 군에서 호송이 중요한 이유는 전쟁 사례를 통하여 살펴볼 수 있다. 전략수송에 있어서 호송은 주로 해상 교통로 보호를 위한 선단 호송에서 살펴볼 수 있다. 작전 및 전술 수송에 있어서는 주로 내륙 병참선인 육로, 철도, 터미널 등에 대한 호송 및 경계가 필요하다.

가. 선단 호송 작전

한국 작전 전구 내에서 선박 통제는 해군 선박 통제 조직과 민간 선박 통제 조직과의 유기적인 협조 체제를 유지하여 이루어져야 한다. 해군 선박 통제 조직은 호송 소요를 고려하여 호송에 대한 전략, 구간, 항로, 속력, 시간 등을 판단하고 해군 선박 통제소를 이용하여 선박의 출·입항을 통제하여 호송 작전을 수행한다.

선박 통제는 입항의 경우 (1) 선박 집결지[2]에 입항 선박 집결, (2) 선박 집결지로부터 선박 통제점[3]까지 호송, (3) 항만 입항의 순이다. 출항의 경우 항만에서 출항하여 선박 통제점에서 선단을 구성하여 위험구역을 거쳐서 외해의 선박 집결지까지 이동하는 선박을 호송하게 된다. 선박을 호송하는 방식은 위험구역을 통과하는 선박이 선단을 형성하고 군함이 선단을 호송하는 선단 호송 방식과 선박 집결지와 선박 통제점 사이를 선박이 통행할 때 군함이 필요한 지역 단위로 경계하는 방식 등이 있을 수 있다.

나. 육로 호송 작전

육로 호송은 전략군수 영역보다는 상대적으로 작전군수, 전술군수 측면에서 많이 필요하다. 호송은 적의 특수 부대나 항공기 등의 공격에 대해 병참선을 보호하는 것으로 먼저 자체 초소 운영이나 호송을 실시하든지 자체 능력이 부족한 경우 헌병대 등 외부 호송을 요청할 수 있다. 육로 호송은 6.25전쟁에서 중국군의 경험을 통해 그 중요성을 찾아볼 수 있다.

---

2 선박 집결지는 작전 전구 외곽에서 진입하는 선박 또는 선단에 대한 선박 통제를 용이하게 하기 위하여 설정된 지점으로서 선단의 구성, 호송 세력의 편성, 호송 작전의 개시와 종료 등의 기준점으로 활용된다.

3 선박 통제점(SCP: Shipping Control Point)은 선박 통제 및 보호를 위해 선박 위험구역(SRA: Shipping Risk Area)의 경계선 출입점이나, 선박 통제 해역 내 혹은 인접항구에 설치되는 지점으로 선박 집결지보다 항만에 인접해 있다.

참고 14-1 **6.25전쟁에서 중국군의 병참선 보호**

6.25전쟁에서 중국군은 1차 공세(1950년 10월 25일~11월 5일) 이전, 즉 중국군이 최초로 압록강을 넘어서고 난 이후 작전 및 전술 군수 측면에서 수송 체계를 갖추는 것뿐 아니라 이와 함께 강조한 것이 병참선을 보호하는 것이었다. 1차 공세 이전에 중국군은 천진에 주둔하던 제66군을 안동으로 이동하여 전투 예비대로 편성하였는데 예하 1개 사단은 신의주, 정주 간의 병참선을 보호하도록 배치하였다.

병참선 보호는 특히 항공기 공격에 대비한 고사포 부대 및 공군을 증강하는 것에 중점을 두었다. 중국의 제1차 후방지원회의(1951년 1월 20일) 직후 중국 총리 저우언라이는 수송로 보호를 위해 교통 감시 및 대공 초소를 건설하고, 고사포 부대와 병참선 긴급 수리부대를 배치하여 '보급이 끊어지지 않는 강철같은 수송 체계'를 건설하도록 지시하였다.[4] 고사포부대는 4차 공세(1951년 1월 12일 시작일) 이전에 3개 고사포 사단, 22개 고사포 대대, 2개 방사포 사단, 9개 로켓포 연대, 3개 유탄포 연대를 훈련시키고 전쟁에 투입하도록 대기시켰다.

공군의 지원을 통한 병참선 보호 작전은 훨씬 더 시간이 소요되었다. 1차 공세부터 소련 공군이 공중에서 병참선을 보호해줄 것을 기대하였으나 소련군이 적극적으로 참여하지 않았다. 소련 공군은 3차 공세 이후 병참선을 보호해주었다. 1951년 1월 10일부터 소련 공군은 2개 사단이 출동하여 집안에서 강계, 안동에서 안주까지 2개 철도선을 엄호하여 수송 활동을 지원하였다.

제3절 수송 수단 운용

1. 수송 수단

수송 수단 운용은 가용한 수송 자산을 이용하여 부대, 병력 및 화물을 적시·적소에 이동시키는 모든 활동을 일컫는다. 수송 수단 운용을 위해서는 병참선의 종류, 작전의 긴급성, 수송 요망 시간, 수송 물량, 지원 능력 등을 고려해야 한다.

수송 수단은 지상, 해상, 공중의 공간을 통하여 차량, 열차, 선박, 항공기 등의 장비를 이용한 육로, 철도, 항공 및 수로 수송 운용 등이 있다.

가. 육로수송

육로수송은 단거리 구간에서 가장 신속한 수송 수단으로, 작전 환경과 지형 및 기상이 허

---

4 이상진, "6.25전쟁에서 중국군 군수지원을 통해 본 전쟁과 군수(I)", 『국방대학교 교수논총』, 25권2호(통권 69집), 2017.11., pp.183-190.

용하는 한 모든 지역에서 수송이 가능하고 다른 수송 수단에 대비하여 발착지 및 적·하화에 대한 부담이 없다. 그러나 장거리 및 대량 수송의 경우에는 많은 차량이 필요하므로 비경제적이다.

철로, 항공, 수로 등 다른 수송 수단을 이용하여 수송하더라도 사용자까지 최종적인 연결은 육로수송이 담당한다. 또한 육로수송을 원활하게 수행하기 위하여 수송 터미널 운용 및 이동관리와 긴밀하게 연계되어야 한다.

나. 철도수송

철도수송은 장거리 구간에 부대, 병력 및 화물을 신속하고 대량으로 수송할 수 있는 지상 수송 방법으로서 다른 수송 수단에 비해 경제적이다. 또한 기상 조건에 제한받지 않고, 계획된 시간과 장소에 지원이 가능하며, 열차 이동의 추적 및 통제가 용이하다. 그러나 장비 및 화물을 수용할 수 있는 도착 및 출발역 시설과 적·하화할 수 있는 물자취급 장비가 필요하며, 철도 시설이 설치된 지역에서만 철도수송지원이 가능하고, 적의 특수 작전부대와 공중 공격에 취약하여 일시에 대량손실을 받을 위험이 크다. 또한 종착역에 도착하면 다른 수송 수단으로 연계 또는 전환하여 목적지까지 수송해야 하므로 철도터미널 운용과 이동관리를 동시에 고려해야 한다.

참고 14-2 **공중 공격을 통한 철도 수송 피해 사례**[5]

6.25전쟁에서 중국군이 제5차 공세(1951년 4월 22일~4월 30일) 초반에 중국군은 각종 보급품을 미 공군의 폭격으로 날려 보내는 큰 손실을 입었다. 중국군은 평안북도 강동군에 위치한 작은 철도역 삼등에 양식, 피복, 그리고 부식품 등을 화차와 함께 야적하고 이 지점으로부터 중국 야전군에 물자를 배분하고 있었다. 은폐 중이던 화차와 군수품들이 미군 항공기에 발각되어 150량 회치분 중에서 90량이 폭격을 받아 날아가 버렸다. 대략 군량 260만근, 콩기름 33만근, 각종 군복 등 피복류 40만 8천 벌 등이 잿더미가 되어 버렸다. 이 때 피해로 5차 공세 때 1개 군 규모의 병사들에게 제대로 옷을 입히지 못했고, 5차 공세와 연이은 6차 공세도 작전 지속 기간이 8일 이하로 제한되는 결과를 가져왔다.

---

5 박실, 『중국 공문서와 자료로 본 6·25전쟁과 중공군』, (청미디어, 2015), pp.253-254.

다. 항공수송

항공수송은 항공기 형태에 따라 회전익 항공기 수송과 고정익 항공기 수송으로 구분한다. 고정익 항공기 수송은 평시 수송 소요가 많은 지역을 연결하여 운용하는 평시 정기공수와 전시 작전 소요를 충족시키기 위한 전시 정기전술공수(STAR: Scheduled Tactical Airlift Route)를 이용하여 지원한다. 고정익 항공기 수송에 대한 추가적인 소요는 부정기 공중수송을 통해 지원을 받으며 군의 항공수송 능력을 초과하는 경우는 동원된 민간 항공기로 지원을 받는다.

항공수송의 장점은 지형의 제한을 극복할 수 있고, 다른 수송 수단 운용이 불가능한 지역에 대한 지원과 지상 병참선이 신장된 거리에 있는 전방부대에 신속하게 긴요 품목을 재보급할 수 있다. 그러나 수송 품목 및 적재량이 제한되고, 운용 비용이 고가이며, 기상에 대한 제한이 있는 등 단점이 있다.

라. 수로수송

수로수송은 대양을 횡단하여 국가와 국가 간에 이루어지는 대양수송, 연해내 해안선과 섬과 섬 사이에서 이루어지는 해안수송, 내륙과 연계된 하천 및 운하, 호수 등을 이용하는 내륙수로수송 형태로 구분한다. 수로수송에 있어서는 전략수송 및 작진수송과 연계하여 항만 운용 및 해안양륙 군수지원을 함께 고려해야 한다.

수로수송은 비교적 느리지만 화물의 종류에 관계없이 수송할 수 있고, 병력 및 화물을 대량으로 수송할 수 있으며, 원거리 수송에 있어 경제적이고, 항로를 다양하게 선택할 수 있는 장점이 있다. 그러나 내륙과 연계하기 위해 터미널이 필요하고, 화물 종류별로 취급에 적합한 적·하화 장비가 필요하며, 적의 해상 활동에 따라 해상 병참선이 위협을 받을 수 있고 해상 상태(기상)에 많은 영향을 받는 단점이 있다.

2. 수송 수단 상호 비교 분석

수송 수단별 일반적인 장점과 단점은 〈표 14-1〉과 같다.

〈표 14-1〉 수송 수단의 장단점 비교

수단	장점	단점
육로	• 단거리 수송에서 신속함 • 수송 물량의 지속적 운반 가능 • 적·하화, 저장 관리 부담 최소 • 유지 보수에 용이	• 동시에 대량 수송 곤란함 • 초중량급 물동량 수송 제한 • 수송 적시성 등 신뢰성 부족
철도	• 동시 대량 물량 수송 가능 • 중량급 화물 수송 가능 • 편리한 발착 시설 • 기상 제한이 없음	• 철도 관리 유지 제한 • 적·하화, 저장 관리 부담 • 국지 전환 수송 시 다른 수송 방법 필요
수로	• 동시 대량 물량 운송 가능 • 수송 비용 상대적으로 저렴	• 항만 시설 제한(장애물) • 적·하화, 저장 관리 부담 • 국지 전환 수송 시 제한이 있음 • 기상 제한(해상 상태)
항공	• 신속한 수송 가능 • 지상 장애 극복이 가능	• 비행장 시설 제한 • 각종 비용 과다 소요 • 화물 형태에 따른 중량물 수송 제한

수송 수단을 선택하는 데 있어 적용되는 기준은 다양하다. 일반적인 기준으로는 지리적인 접근성, 수송되는 제품에 따른 수송 수단의 능력, 수송 시간, 수송 수단의 신뢰성, 제품의 안전성, 수송 비용 등을 들 수 있다. 일반 민간 분야에서 수송 수단의 선택은 경제성 기준에서 접근성, 제품의 특성, 수송 비용 등을 고려해야 할 것이며, 이는 군에서 평시에 수송 수단을 선택하는 기준으로 활용될 수 있을 것이다. 그러나 전시에 수송 수단을 선택하는 기준은 전투 현장에서 필요한 부대, 병력 및 화물을 적절한 시점에 수송하는 적시성이 중요하기 때문에 전시에는 작전 소요 충족이라는 기준이 중요할 것이다.

제4절 터미널 운용

1. 터미널의 정의와 운용 개념

수송 터미널이란 한 수송 수단으로부터 다른 수송 수단으로 또는 한 부대로부터 다른 부대로 전환하는 경우, 필요로 하는 시설 및 장소를 말한다. 수송 터미널은 수송 수단과 연계하여 운용되며 수송 대상을 적재, 하화, 대기, 분류 및 보관, 해체 및 포장 등을 통하여 원활하게 수송하여 작전부대의 전투력을 지속시키는 역할을 수행한다.

터미널은 각각의 수송 수단을 연결하기 위한 허브(hub)의 역할로서 전구 내 작전 지역의 진입 혹은 도착 지역이나 작전 지역으로 출발하는 보급 시설 및 분배소에 위치하여 운용된다. 공급지에서 도착지까지 지속적인 수송을 보장할 수 있도록 각종 수송 수단 운용 및 이동관리와 연계되어야 하고 가능한 민·관 시설 및 자산을 우선적으로 활용해야 한다.

2. 내륙터미널

내륙터미널은 육로, 철도, 항공 수송 체계의 양쪽 단말지점과 중간 전환지점에 설치하여 화물과 인원을 전환하는 수송 기반 시설을 말한다. 내륙터미널은 수송 대상을 전환하는 데 소요되는 수송 수단을 다양하게 운용하고, 이와 연계하여 전투 지역 후방에서 전방까지 또는 긴급 수송의 경우에도 운용이 가능할 뿐 아니라 근접지원 및 패키지화 지원 등의 융통성이 있으며 경제적이다.

내륙터미널은 편성부대의 수송부를 포함하여 각종 기지 시설, 저장소, 화물 전환기지, 행군출발 대기지점, 전환수송 지점 등에서 육로터미널, 철도터미널, 항공터미널, 내륙수로 터미널의 형태로 구분된다.

(1) 육로터미널: 육로터미널은 수송지원을 위한 병참선 상의 양 끝단이나 직접수송이 제한될 경우에 수송 수단의 전환을 위해 수송 중간 지점에 설치된다. 수송지원에 사용되는 장비들의 집결지로서 차량 배차소 역할을 수행하며, 인원, 화물, 장비의 배차 또는 전환을 위하여 운용한다. 또한 중계수송을 위해 거리 및 작전 지속 능력 등을 고려하

여 이동 경로에 있는 트레일러 전환지점(TTP: Trailer Transfer Point)을 설치하여 트레일러의 교환, 검차, 배차 등을 지원한다.

(2) 철도터미널: 철도터미널은 인원의 승하차, 화물의 적재 및 하화, 열차의 조성, 차량의 입환 및 열차의 교행 또는 대피를 위해 사용되는 장소이다. 이는 실질적인 철도 수송 업무를 취급하는 주요 시설로서 수리 및 근무 시설, 철도원 시설, 종착역을 포함하여 통상 장거리 수송 시에 출발 및 목적지 양쪽과 중간 지점에 설치된다. 철도터미널은 기지에서 추진된 물자를 도착지 터미널에서 보급소로 전환하거나 필요시 터미널에서 사단급 지원 시설까지 직접 수송이 가능하도록 사단급 제대 이상의 직접지원 시설을 철로역변에 설치하거나 운용한다. 특히 종착역은 인원, 물자, 장비를 수용, 대기하고 전투 지역으로 이동을 위한 다른 수송 수단 전환이 가능한 규모로 설치하고 운용한다.

(3) 항공터미널: 항공터미널은 항공 병참선상의 출발 및 도착 비행장에 설치되는 시설이다. 공군의 공수취급소, 육군의 공수근무지원소에서 터미널 운용에 필요한 제반 근무지원을 수행한다. 항공터미널은 적재 및 하화, 대기 및 임시 야적, 적하목록 작성 등 수송지원을 위한 준비 및 화물 처리를 위한 활동을 수행하기 위해 설치하고 운용된다.

(4) 내륙수로터미널: 내륙수로터미널은 내륙의 하천, 강, 호수, 운하 등 내륙수로의 출발점이나 도착점에 설치되며, 중간터미널은 전환수송이 요구되는 지점에 수로를 따라 설치된다. 내륙수로터미널은 상황에 따라 가장 가까운 지역의 해상터미널에 접근이 용이하고, 계류 시설, 화물 적·하화 시설 및 장비, 수리 및 지원 시설을 보유하고 있어야 한다.

3. 해상터미널

해상터미널은 선박의 접안, 화물의 적재 및 하화를 위하여 사용중이거나 예정된 항만, 해변 등을 말한다. 해상에서 수역, 외곽 시설, 계류 시설, 임항교통 시설 등이 갖추어진 항만(해안) 및 하천·운하·호수 등에서 내륙으로 적재 및 하화, 전환수송을 위한 접안 시설, 적·하화 시설, 교통 시설, 급유 및 급수 시설, 통신 시설, 정비 시설, 저장 시설 등을 포함한다. 특히 해상터미널은 전·평시 전략수송과 작전수송이 주를 이루게 된다.

해상터미널은 작전 지역 내에서 기존 항만 시설을 우선 사용한다. 항만 능력이 부족한 경우에는 해변 시설을 사용한다. 특히 항만 시설이 소요를 지원하기에 부적합하거나 이용할 수 없을 때, 또는 적 공격에 대비하기 위하여 소산을 필요로 할 경우에는 인원의 상륙과 화물의 양륙을 위하여 해변에 운용할 수 있다. 해상터미널은 작전 환경과 지리적 위치에 따라 항만터미널과 해변터미널로 구분한다.

(1) 항만터미널: 사회 기반 시설로서 기존에 설치된 영구 항만터미널은 수로상의 수심이 깊고 부두의 길이가 길며, 화물 적·하화 및 항만 전이를 효과적으로 지원하기 위해 고도로 정교한 설비와 장비, 조직 구조를 보유하고 있다. 대형 선박의 접안 및 정박이 힘들거나 화물 취급 장비가 부족하여 정상적인 임무 수행이 제한받는 터미널은 미개발 항만터미널로 분류한다.

(2) 해변터미널: 해변터미널은 영구터미널을 운용할 상황이 아니거나, 기타 터미널 시설이 가용하지 않을 때 사용하며, 주로 연합 및 합동 해안양륙 군수지원, 상륙작전 후 군수지원 등의 한 방법으로서 사용한다. 해상에 정박중인 대형 선박에서 소형 선박이나 회전익 항공기를 통해 내륙으로 물자를 양륙하는 해상전환수송에서 해변터미널을 활용할 수 있다.

제5절 컨테이너 수송

국가 간 교역량에 있어 신속한 항공수송 비중이 점차 증대되고 있지만 아직도 해상수송의 비중이 대부분을 차지하고 있다. 해상물동량 중에서 컨테이너 수송이 상당량을 차지하고 있으며, 해상수송에 활용되는 컨테이너가 육로수송, 철도수송과 복합하여 복합수송 수단으로 활용되고 있다.

1. 컨테이너 정의와 컨테이너 수송의 특징

가. 컨테이너 정의와 컨테이너 수송의 발달

컨테이너는 일정한 크기 이상의 용적을 가진 내구성이 강하며 반복사용이 가능하고 중량하중에도 견디며 화물의 적재적출이 용이하고 인봉장치가 구비된 용기라고 정의할 수 있다. 컨테이너를 화물로서 최초로 도입한 회사는 미국의 센트럴철도회사이다. 센트럴회사는 1921년 3월 오하이오주의 클리블랜드와 시카고 사이에서 철도 사상 처음으로 컨테이너로 화물 수송서비스를 시작했다. 해상수송에서 컨테이너 용기의 사용은 2차 대전 중에 미군이 대량 수송을 위해 코넥스라는 컨테이너 사용계획이 실용화되는 단계였다. 상업용으로 컨테이너 수송이 시작된 것은 미국 씨랜드회사에서 1957년 재래선박을 컨테이너선박으로 개조하면서부터이다. 이러한 컨테이너 해상수송을 통해 톤당 수송비가 대폭 절감되는 효과가 있어 컨테이너 수송이 본격화되었다.

나. 컨테이너 수송의 특징

컨테이너 수송이란 화물을 담을 수 있는 용기인 컨테이너를 사용하여 화물을 일정한 크기로 단위화하고 소수 인원이 기계장치를 이용하여 용이하게 취급할 수 있도록 함으로써 단시간내에 대량의 화물을 운송할 수 있는 수송 형태이다. 화물의 컨테이너화로 하역과 포장과정에서 기계화, 자동화를 가능하게 하고, 대형 운송기관에 정형화된 화물을 대량으로 적재, 운송할 수 있도록 하여 규모의 경제를 가능하게 한다. 또한 운송과 관련되는 전체 과정을 유기적으로 결합시킴으로써 육로, 해상, 항공의 일관수송체계를 가능하게 한다. 컨테이너 수송은 수송 수단 및 작업 절차 등의 변화에 따라 다음과 같은 특성을 가진다.

(1) 경제성: 컨테이너화에 따라 운송에 소요되는 제반 경비, 즉 운송비, 포장비, 하역 및 보관비, 보험료 및 인건비 등이 절감된다. 컨테이너화에 따라 컨테이너에 밀봉된 화물을 수송 수단의 전환에도 불구하고 재적입이나 적출없이 일관되게 수송이 가능함으로 얻을 수 있는 경제적 이익뿐 아니라 화물 처리 과정에서의 자동화와 기계화가 가능함으로 생성될 수 있는 이익이다.

(2) 안전성: 컨테이너 용기는 항구적인 성질을 가지며 반복적인 사용이 가능할 정도로 견고해야 하며 화물을 보관할 수 있도록 완전히 혹은 부분적으로 둘러싸여 있어야 한다. 따라서 하역 및 선적, 그리고 운영 과정상 발생할 수 있는 화물의 손상을 방지할 수 있으며 용도에 따라 냉장, 온열이 가능한 컨테이너를 사용함으로써 화물의 변질을 방지할 수 있다.

(3) 신속성: 컨테이너 화물의 경우 적입시 이미 단위화 되었기 때문에 포장 및 개봉할 때 일반 벌크화물에 비해 시간을 단축할 수 있으며 환적이나 적·하화시 기계화 및 자동

화로 작업시간을 단축할 수 있다. 뿐만 아니라 육로, 해상, 항공 일관수송체계가 가능함으로써 불필요한 화물의 재취급 없이 수취인에게 인도될 수 있으므로 신속성을 보장받을 수 있다.

(4) 간소화: 단일 단위로 취급되는 컨테이너는 통관 절차가 간소화될 수 있으며 정보처리 과정에서도 용이하여 재고관리 측면에서도 편의성이 보장될 수 있다.

이와 같은 컨테이너수송의 장점이 있는 반면에 컨테이너화를 위한 대규모 자본이 요구되며, 운송과 취급에 있어 전문적인 지식과 기술이 필요하다. 또한 컨테이너에 적입할 수 있는 화물이 제한되어 있고 이를 취급할 수 있는 컨테이너 항만 시설이 필요할 수 있다.

2. 컨테이너 화물의 수송 경로 및 형태

컨테이너 수송의 가장 이상적인 형태는 내륙수송에서 육로수송의 융통성과 철도수송의 경제성을 최대한 이용하게 하고 빈 컨테이너의 회수 및 보관 등을 용이하게 할 수 있도록 내륙 컨테이너 기지를 활용한 복합운송 형태이다.

〈그림 14-2〉에서 화주는 트럭을 이용하여 내륙기지까지 컨테이너 화물을 수송한다. FCL 화물인 경우에는 화주가 지정한 장소에서 화물을 컨테이너에 적재하여 내륙기지로 운송하며, LCL[6] 화물은 내륙기지에서 화물을 집결하여 목적지나 혼적 가능성을 고려하여

〈그림 14-2〉 내륙 컨테이너 기지를 활용한 수송 경로

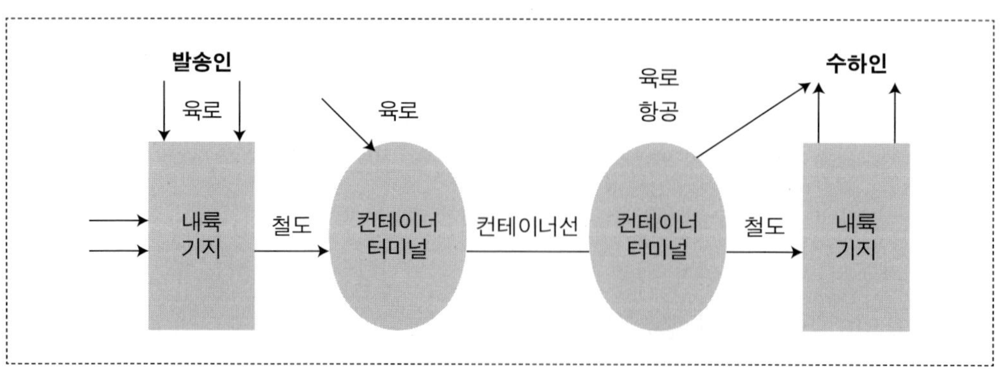

6 FCL(Full Container Load)은 단일화물이 1개 컨테이너 이상을 완전히 채울 수 있는 화물이며 LCL(Less Than Container Load)은 1개의 컨테이너를 채울 수 없는 소량화물이다.

하나의 컨테이너에 다른 화물과 혼재하여 FCL 화물과 마찬가지로 컨테이너 전용열차에 의해 컨테이너 터미널로 운송된다. 컨테이너 터미널은 내륙기지의 역할을 겸하게 된다.

컨테이너 화물의 운송 형태를 내용별로 살펴보면 다음과 같다.

(1) CY/CY(FCL/FCL: Door to Door) 운송: 발송인의 공장이나 창고에서 수취인의 영업소나 창고까지 육상, 해상, 공중을 연결하여 컨테이너 화물을 운송하는 방법이다. 이 방법은 복합운송의 가장 대표적인 운송 형태로 신속성, 경제성, 안전성의 수송 원칙을 최대한 충족시켜 주는 운송 형태이다.

(2) CY/CFS(FCL/LCL) 운송: 선적지의 발송인이 지정한 CY(Container Yard)로부터 목적항의 CFS(Container Freight Station)[7]까지 컨테이너 화물을 운송하는 형태이다.

1인의 발송인이 동일 목적항을 갖는 다수의 LCL 화물을 혼재하여 목적항의 CFS까지 운송한 후 이곳에서 다수의 수취인에게 화물을 인도하는 경우이다. 즉, 한 수출업자가 동일한 지역의 여러 소규모 수입업자에게 동시에 화물을 운송하는 경우에 많이 이용되고 있다.

(3) CFS/CY(LCL/FCL) 운송: 발송인이 지정한 선적항의 CFS로부터 목적지의 CY까지 컨테이너 화물을 운송하는 형태이다. 운송인이 다수의 발송인으로부터 LCL 화물을 선적항의 CFS에서 집하하여 1개의 컨테이너에 적입한 후 최종 목적지인 수취인의 공장이나 창고까지 운송하는 형태로 CFS/CFS 운송보다 진일보한 방법이다. 일반적으로 대량 수입업자가 다수의 발송인으로부터 각각의 LCL 화물을 주문하여 일시에 자기 창고까지 운송하는 경우에 많이 이용하는 방법이다.

(4) CFS/CFS(LCL/LCL) 운송: 가장 초보적인 운송 형태로 선적항의 CFS로부터 목적항의 CFS까지 컨테이너를 운송하는 방법으로 부두에서 부두까지(Pier to Pier) 또는 LCL/LCL 운송이라고 한다. 이 방법은 운송인이 여러 화주로부터 LCL 화물의 운송을 수탁받아 이를 목적지별로 분류하여 1개의 컨테이너에 혼재하여 운송한 후 목적지 CFS에서 다수의 수취인에게 화물을 인도하는 운송 방법이다. 이 운송 형태는 다수의 화주와 다수의 수취인으로 구성되며, 운송인은 선적항과 목적항 간에 해상운송비만을 징수하고 이에 따른 운송 책임만 지게 된다.

---

7 LCL 화물을 적입 및 적출하는 장소로서 일반적으로 철도나 도로가 잘 발달된 위치하여 화물 저장과 분배를 위하여 유개 창고를 필요로 하는 것이 특징이다.

3. 내륙 컨테이너 수송 수단 비교

컨테이너의 내륙 수송 수단인 육로와 철도 수송 중에 어떤 수송 수단을 선택할 것인지는 출발지와 목적지의 분포, 거리, 비용, 신속성, 신뢰성, 안전성, 신축성, 편의성 등으로 구성되는 서비스의 질에 달려있을 것이다. 컨테이너의 내륙 철도와 육로 수송의 장단점을 비교 평가하면 다음 〈표 14-2〉와 같다.

〈표 14-2〉 내륙 수송 수단별 장단점 비교

구분	철도 수송	육로 수송
수송거리	다량, 중량 화물의 중장거리 수송	중·단거리 수송
운송비	경직적이며 장거리 수송 시 유리	탄력적이며 단거리 수송 시 유리
안전성	높음	낮음
일관수송	일관수송체계 사용 미흡	일관수송체계 사용 용이
중량제한	거의 없음	제한 있음
화물수취	편리성 적음	편리성 높음
수송 시간	장시간	비교적 단시간
배차	융통성이 결여됨	탄력적 배차가 가능함
편의성	미흡함	양호함

토의문제

1. 수송은 인원, 화물을 적시(right time)·적소(right place)에 적량(right quantity)을 이동해야 한다는 원칙에 근거하여 군수의 다른 기능과 비교하여 어떻게 연계되는지 평가해보자.

2. 전략군수, 작전군수, 전술군수에 대응하는 전략수송, 작전수송, 전술군수의 개념을 설명해보자. 전쟁사에 있어 전략수송, 작전수송, 전술수송의 성공과 실패 사례를 연구해보자. 수송의 핵심 성공요인과 실패요인을 분석해보자.

3. 수송 운용의 3대 주요 요소인 이동관리, 수송 수단 운용, 터미널 운용이 어떻게 연계·통합되어야 하는지를 설명해보자.

4. 이동관리에 있어 호송과 경계가 왜 중요한지 설명해보자. 전략, 작전, 전술 수송 측면에서 선단 호송의 사례 및 호송과 경계의 성공과 실패 사례를 분석해보자.

5. 수송 수단 운용에 있어 육로, 철도, 수로, 항공 수송의 장단점을 비교해보자. 평시와 전시에 있어 어떤 차이가 있을 것인지를 설명해보자.

6. 수송관리에 있어 민관군 협조 체계의 중요성을 평가해보자.
   (1) 수송 동원 체계가 왜 중요한지 설명해보자.
   (2) 이동관리에 있어 민관군 협조 체계가 왜 중요한지 설명해보자.

7. 전시 수송 동원은 중요한 과제이다. 전시에는 인원, 화물 수송 소요가 급격하고 불확실하게 증대될 가능성이 있다. 이를 위하여 수송 시설, 장비, 부대의 확대가 요구된다. 그런데 전시 수송 동원의 급속한 확충은 어려운 주제이다. 전시 수송 동원이 어떻게 효과적으로 수행될 수 있는지 토의해보자.

8. 전시 전략물자를 해외로부터 도입함에 있어 전략수송의 중요성을 설명해보자. 전략수송 능력을 판단하는 요인은 무엇인가? 항만 적·하화 능력, 선단 적재 능력, 호송 능력, 항만 혼잡도(congestion) 등을 고려해보자.

참고문헌

육군본부, 군수업무 야전 교범 4-0, 2009.6.30.

육군본부, 수송부대 야전 교범 43-7, 2013.2.18.

추장엽, 김진웅, 물적 유통론, (형설출판사, 1993)

D.J. Bowersox and D.J. Closs, *Logistical Management, The Integrated Supply Chain Process,* (McGraw-Hill, 1996)

제15장 성과관리와 성과기반군수

2부는 획득군수에 관련한 내용으로 시스템 군수지원에 대해 다루었다면 3부는 전투 현장에서 요구되는 장비, 물자, 병력을 적시에 경제적으로 흘러가는 군수지원을 다루었다. 군수 전체적으로 이러한 군수지원 활동이 계속 발전하기 위해서는 두 분야에 대한 성과관리가 필요하다.

15장은 군수 성과에 대해 다룬다. 1절은 군수 성과관리 특히 전투준비태세 평가지표와 군수지원 성과 지표를 다룬다. 2절은 성과기반군수(PBL: Performance Based Logistics)에 대해 살펴본다.

제1절 군수 성과관리

군수는 국방 목표 혹은 부여된 임무를 달성하기 위해 필요한 군사력을 준비하고 지속적으로 활용하는 것에 핵심적으로 기여하는 것이다. 다시 말하면 군수의 핵심 성과는 군사력의 준비와 지속성 유지라 할 수 있다. 이러한 군수 활동을 통한 성과가 얼마나 달성되고 있느냐를 평가하기 위해서는 측정이 중요하다. 올바른 측정 없이는 개선이 없다. "There is no improvement without measuring right performance." 이 말과 같이 군수 목표와 연관된 적절한 군수 성과를 측정하지 않고는 군수 분야의 발전이 어렵다.[1]

1 조직의 성과관리를 수행하기 위해서는 전략 목표-성과 목표-성과 지표로 연결되는 구조를 형성해야 한다. 군수 분야도 전략 목표들을 설정하고 개별 전략 목표를 달성하기 위한 성과 목표들을 설정한다. 이러한 성과 목표에 대해 정성적, 정량적 성과 지표를 설정하고 이들 정량적 성과 지표에 대해서는 목표 지수를 부여한다.

이 절에서는 현재 군수 분야에서 사용하고 있는 성과관리를 살펴보기 위해 국방부 전투준비태세 평가 훈령과 군수지원 성과관리 훈령에 제시되고 있는 성과 지표를 살펴본다. 다음으로 이들 성과 지표 중에서 구분이 명확하지 않아 혼란을 주는 경우가 있는데, 운영가용도와 장비가동률에 대한 차이를 살펴본다. 또한 성과 지표에 있어 개념이 명확히 구별될 부분 등을 살펴본다.

1. 군수지원 성과 지표

군수의 본질은 전투 현장에 군사력을 준비시키고 유지시키는 것으로 요약하자면 전투준비태세를 제고시키고 전투 지속성을 보장하는 것이다. 이러한 목표 달성과 동시에 군수를 경제적이고 효율적으로 운영하기 위해 군수 운영 효율성을 제고하는 것이 필요하다. 따라서 전투준비태세 측면의 성과와 효율성 측면을 동시에 강조하고 있는 군수지원 성과관리 성과 지표를 살펴본다.

가. 전투준비태세 평가

전투준비태세는 적의 적대 행위가 발생하기 이전에 부대의 최종 전투 준비상태를 말하며, 부여된 임무나 과업 또는 기능을 수행할 수 있는 해당 부대의 전투 임무 수행 능력(capability)이다. 현재 군은 평시에 전투준비태세를 평가함에 있어 정량적 평가 수준, 정성적 평가 수준, 종합 평가 수준으로 구분하여 평가한다.

정량적 평가 수준은 정량적 평가 요소인 병력·장비·물자·훈련(상비전력), 인원·물자 동원, 향토 예비군 장비·물자, 예비군 훈련(예비전력)에 대한 수준으로서 C등급(Category Level)을 활용하여 평가한다.[2] 군수는 전투준비태세 평가를 위한 항목 중에서 정량적 평가 수준에 기여하고 있으며, 정량적 평가 수준에서 장비와 물자에 대한 분야를 담당한다고 할 수 있다.

장비는 전시 편성 대비 장비가동률로 평가하되 모든 장비를 대상으로 하지 않고 주요 장비만을 평가한다. 물자는 3종(유류)·5종(탄약)만을 평가한다. 유류는 대상 유류를 지정

2 C등급은 4개 등급으로 나누며 최상위 1등급은 부여된 전시 임무나 과업을 완전히 수행할 수 있는 자원과 훈련 수준을 유지하는 능력이다. 최하위 등급은 추가적인 자원이나 훈련이 없이는 부여된 임무나 과업을 수행하기 힘든 등급이다.

하여 평가하고 인가 대 보유 수준을 평가한다. 탄약은 주요 탄약 종류를 대상으로 선정하여 평가하되 소요 기준 보유율로 평가한다.

전투준비태세 중에서 군수 성과 평가의 중점은 임무가 부여될 때 주요 장비 및 물자에 대한 보유 수준이라고 할 수 있다.

나. 군수지원 성과 지표

성과 지표는 조직에 부여된 기능에 대하여 수행한 결과를 일정한 표준이나 기준에 의해 계량화시킨 지표를 말한다. 국방부 군수지원 성과관리 훈령에는 12개 성과 지표가 제시되어 있는데, 그 유형에 따라 〈표 15-1〉과 같이 성과관리지표와 정책관리지표로 구분하고 있다. 성과관리지표는 내부 평가 목적으로 사용되며 정책관리지표는 정책 발전을 위해 활용되고 있다.

〈표 15-1〉 성과 지표 구분

구분	성과관리지표(6개)	정책관리지표(6개)
전투부대 관련 지표	장비가동률 사용자대기시간	급식·피복·일반물자 만족도
정비 관련 지표	정비 기간	
보급 관련 지표	청구대기기간 정시 도착률	직불률 재고관리(재고 현황)
조달 관련 지표	조달기간	적기조달률 조달단가상승률
소요 관련 지표		수요예측 정확도

12개 해당 지표별 정의와 이를 계산하는 식은 다음과 같다.

(1) 장비가동률은 일일 단위로 평가하며 가동장비를 총장비수로 나눈 값이다. 장비가동률 측정 대상 장비는 군의 핵심 장비이며 보유 장비가동률과 편제장비가동률로 구분하여 산정하고 있다.

$$장비가동률 = \frac{가동\ 장비}{장비\ 수량} \times 100(\%)$$

편제장비가동률은 장비 수량이 편제표에 반영된 장비의 편제장비 수량이며, 보유장비가동률은 부대가 현재 보유한 장비 수량이다. 가동장비는 장비 수량에서 불가동장비를 제외한 수량으로 즉각 전투 임무 수행이 가능한 상태의 장비를 말한다.

(2) 사용자대기시간(CWT: Customer Waiting Time)은 군수품의 최종 사용자인 **편성부대**가 군수품(인가저장품목과 비인가저장품목 모두 포함)을 청구하여 100% 수령할 때까지 경과되는 시간이다.

$$CWT = \sum_{i=1}^{n}(i차수입기간 \times \frac{i차수입량}{청구량}),\ n = 수입\ 차수$$

사용자대기시간은 청구 이후 모든 청구량이 최종적으로 수입되는 시점까지 여러 번에 걸쳐 수입되는 수량에 대한 가중평균의 개념이다.

예제 15-1 편성부대인 A 연대는 2종 품목인 KK를 3월 1일 50개 청구하였다. 4월 10일에 30개가 입고되었고, 4월 20일에 10개, 4월 30일에 10개가 최종적으로 수령되었다. 이 경우 사용자대기시산은 얼마인가?

$$\begin{aligned} CWT &= 10일 \times \frac{30}{50} + 20일 \times \frac{10}{50} + 30일 \times \frac{10}{50} \\ &= 16일 \end{aligned}$$

---

(3) 정비 기간(RCT: Repair Cycle Time)은 전투부대 전투 장비 중에서 완성장비에 대하여 고장장비나 순환정비 대상 장비가 제대별 정비 부대에 입고되어 제대별 정비 부대에서 정비 완료 후에 해당 부대로 복귀할 때까지 소요되는 시간이다. 정비 기간은 부대정비, 야전정비, 창정비로 구분하여 산정하며 정비 기간 산정에 있어 계획된 일일 혹은 연간정비를 실시하는 부대정비는 성과 지표 산정에서 제외한다.

(4) 청구대기기간(RWT: Requisition Waiting Time)은 하위 군수지원부대가 상위 군수지원부대에 군수품을 청구하여 청구한 수량의 100%를 수령할 때까지의 경과기간이다.

$$\text{RWT} = \sum_{i=1}^{n} (\text{i차수입기간} \times \frac{\text{i차수입량}}{\text{청구량}}),\ n = \text{수입 차수}$$

청구대기기간은 사용자대기시간과 산정식이 같으나 성과 지표 산정 대상이 사용자부대가 아니라 군수지원부대를 대상으로 한다는 점에 차이가 있다.

(5) 정시 도착률(On Time Delivery)은 지정된 기간 안에 청구한 총량 대비하여 군수품이 도착하여 수령한 건수의 비율을 말한다.

$$\text{정시 도착률} = \frac{\text{목표 수준 기간이내 도착건수}}{\text{총 청구 건수}} \times 100(\%)$$

(6) 조달기간(PROLT: PROcurement Lead Time)은 각 군 군수사, 방위사업청 및 조달청 등에서 물품을 조달하여 수입을 완료한 날까지 소요되는 기간을 말한다. 조달기간은 조달 소요시간이라고도 한다. 조달기간은 납지부대에서 해당 물량의 85% 이상을 납품받아서 수입을 완결한 일자이다. 실제 조달기간은 두 가지 경우로 나누어 산정하는데, 각각의 경우에서 조달 요구 혹은 청구 일자를 산정하는데 차이가 있다.

첫째는 중앙조달, 부대조달, 조달청 조달을 포함하는 국내조달, FMS 지정구매, 상업 확정구매의 경우에 조달기간을 산정하는 방법이다. 이 경우 분할 납품 기간은 조달 요구 승인연도인 매년 1월 1일부터 최초 수입일자까지를 조달기간으로 산정한다. 추가조달은 추가조달 요구 일자로부터 수입완료까지의 일자이다.

둘째는 FMS 총괄구매, 보급지원협정, 상업 한도액구매와 국내 한도액구매, 국내 단가제 계약구매의 경우이다. 이 경우 분할 납품 기간은 청구 일자로부터 최초 수입일자까지를 조달기간으로 산정한다. 추가조달은 추가조달 요구 일자로부터 수입완료까지의 일자이다.

(7) 급식·피복·일반물자 만족도는 1,2,4종을 대상으로 품목의 양과 질적 수준에 대한 만족도를 직접 설문을 통해 분석하고 산정한다.

(8) 직불률(Fill Rate)이란 청구를 요청한 부대의 청구량에 대비하여 군수지원부대가 현재 보유하고 있는 재고로 청구 시점으로부터 24시간 이내에 불출한 수량의 비율을 말한다.

$$\text{직불률} = \sum_{i=1}^{n} \frac{i^{th}\ \text{청구에 대한 현보유 재고로 즉시 불출량}}{i^{th}\ \text{청구량}} \times 100(\%),\ n = \text{청구건수}$$

(9) 재고관리 지표는 재고 현황을 말하는 것으로 재고의 효율적 관리를 위하여 보유하고 있는 재고의 수량 또는 금액을 말하며, 현보유 재고 현황(On Hand), 자산 현황, 정비 부대 현재고 현황, 정비재고 현황으로 구분한다. 현보유 재고 현황이란 군수지원부대가 군수품을 실제 보유하여 즉시 불출이 가능한 품목 및 수량을 말한다. 여기서 동시조달품목 및 계획 소요에 의해 확보된 재고도 현보유 재고 현황에 포함하여 산정한다.

자산 현황은 다음과 같이 산정한다.

자산 = 현보유 재고 현황 − 수입예정(Due In) − 불출예정(Due Out)

(10) 적기조달률은 각 군 군수사가 요구한 조달 납기일 이내에 수령된 수량 및 금액의 비율을 말한다. 적기조달률은 수량이나 금액을 기준으로 산정할 수 있다.

(11) 조달단가상승률은 각 군 군수사가 방위사업청에 조달 요구한 중앙조달 품목, 조달청 조달 품목, 부대조달 품목에 대한 품목별 단가 상승률을 말한다.

(12) 수요예측 정확도는 다음 연도 전투부대가 요구하리라 예상되는 수리부속 수량의 예측 적중률을 나타내는 성과 지표이다.

2. 운영가용도와 장비가동률

성과 지표로 사용되는 운영가용도(Ao: Operational Availability)와 장비가동률의 개념을 먼저 살펴보고, 장비가동률 산정 방식의 문제점을 분석하고, 두 지표의 사용 방향을 제시한다.

가. 운영가용도와 장비가동률의 개념

운영가용도는 시스템이 실제 운용 환경 또는 규정된 조건하에서 사용될 때 임의의 시점에 만족스럽게 작동할 확률이다. 운영가용도에는 현실적으로 발생할 수 있는 모든 불가동 시간을 포함하며 시스템을 운용하는 경우에 실제 값이 계산될 수 있다. 시스템이 불가동한 경우는 시스템 자체의 직접적인 원인과 간접적인 원인에 의할 수 있다. 정비와 관련하여 시스템이 가동되지 않는 직접적인 원인은 정비 능력이 부족한 경우이며, 간접적으로는 예비 수리부속품이 부족하여 이의 재보급을 위한 행정, 수송, 조달 등에 소요되는 시간에 불가동이 발생하며, 또한 재보급 과정에 우발 상황이 발생하여 지연되는 경우도 있다. 다음은 운영가용도를 산출하는 식이다.

$$A_o = \frac{\text{MTBM}}{\text{MTBM + MDT}}$$
$$= \frac{\text{uptime}}{\text{uptime + downtime}}$$
$$= \frac{\text{총운영시간}}{\text{총운영시간 + 총정비시간 + 총지연시간}}$$

여기서, MTBM(Mean Time Between Maintenance): 정비 간 평균시간

MDT(Mean Downtime): 평균 불가동시간

$MDT = \overline{M} + ADT + LDT,$

$\overline{M}$ = 평균 수리시간,

ADT(Administrative Delay Time): 행정지연시간

LDT(Logistics Delay Time): 보급지연시간

여기서 보급지연시간과 행정지연시간을 합한 값은 수리부속이 부족한 경우 상급부대나 타 부대에 청구하여 수령하는 시간으로 사용자대기시간(CWT: Customer Waiting Time)으로 간주할 수 있다.

한국군은 가용도 척도로서 연구개발 분야에서는 운영가용도 지표를 활용하고 있으나 시스템이 야전에 배치된 이후에는 장비가동률을 사용하고 있다. 장비가동률은 국방부 "전투준비태세 평가업무훈령"에서 다음과 같이 산정하도록 규정하고 있다.

$$\text{장비가동률} = \frac{\text{가동장비}}{\text{편제장비수}} \times 100(\%)$$

한국군의 장비가동률은 미군 작전 분야에서 관심을 가지고 활용하는 작전가능률(MCR: Mission Capable Rate)과 유사하다. 작전가능률은 무기체계가 해당 주요 전투기능을 발휘하는지 여부에 따라 임무 수행 가능 여부를 판단하게 된다. 작전가능률은 전체 시스템 차원, 즉 완성 장비 수준에서 산정하는 반면에 운영가용도는 시스템 차원에서 뿐 아니라 하위 시스템-구성품-조립품 등의 하위 수준에서도 산정할 수 있다.

작전가능률 지표는 시스템 구성품이나 하위 수준에서 고장이 발생하더라도 시스템 전체 수준의 임무 수행에 영향을 주지 않을 수도 있기 때문에 중점이 임무 수행 가능 정도를 판단하는 것이다. 이런 면을 고려하여 하위 구성품이나 부품에 고장이 발생하더라도 시스템 전체 임무 수행 여부를 완전 작전 수행 가능(Fully Mission Capable), 부분 작전 수행 가능

(Partially Mission Capable)으로 판단하여 다음과 같이 완전 작전가능률(FMCR: Fully Mission Capable Rate), 부분 작전가능률(PMCR: Partially Mission Capable Rate)로 구분하여 산출하게 된다.

$$\text{FMCR} = \frac{\text{완전 임무 수행 가능장비}}{\text{총장비대수}}$$

$$\text{PMCR} = \frac{\text{부분 임무 수행 가능장비}}{\text{총장비대수}}$$

나. 장비가동률 산정의 문제점

운영가용도는 가용도를 측정함에 있어 시간 개념으로 산정한 것이라면, 장비가동률은 장비 대수를 기준으로 한 값이다.[3] 만약 장비가동률을 매일 매순간 항상 측정한다면 두 값은 동일할 것이다. 그러나 장비가동률의 분모인 장비 산정 기준과 분자인 가동장비 판단 기준을 측정하는 시점에 따라 장비가동률 자체는 많이 달라질 수 있다

1) 장비대수 산정 기준에 따른 장비가동률 차이

장비가동률 산정에 있어 분모를 편제장비 대신 보유 장비로 계산하면 장비가동률은 작아지는 경향이 있다. 장비가동률 산정에 대해 군수 성과관리 지표에는 편제장비와 보유 장비를 모두 분모로 사용하도록 하고 있다. 편제장비 수량은 일반적으로 보유 장비보다 적다. 이는 보유 장비는 편제장비에 정비대체장비(MF: Maintenance Float)와 운영대체장비(Operational Float)를 포함하고 있기 때문이다. 따라서 장비가동률 산정에 있어 분모로 편제장비를 사용하게 되면 장비가동률은 상대적으로 증가하게 된다.

2) 가동장비 판정 기준에 따른 장비가동률 차이

장비가동률 산정에 있어 분자인 가동장비 판단을 위한 기준을 살펴보자. 정비중인 장비를 정비 범위에 따라 가동장비와 불가동장비로 판정하는 기준을 다음 〈표 15-2〉과 같이 제시하고 있다. 이러한 기준 이외에 공통적으로 적용되는 것은 48시간 이내에 정비가 완

3 작전가능률은 시간 단위로도 측정할 수 있다. 그러나 작전가능률은 일반적으로 장비 대수를 기준으로 하고 있다.

$$\text{FMCR} = \frac{\text{가동시간}}{\text{총시간}}$$

료되어 작전 임무 투입이 가능한 장비는 가동장비로 판단된다. 또한 육군 지상장비와 공군 방공무기는 창정비가 완료된 후 부대로 적송을 대기하고 있는 장비도 가동으로 판단한다. 이와 같이 장비가동률은 현재 장비가 불가동 상태이지만 일정시간 내에 작전에 투입될 수 있다면 작전 측면에서 가동으로 판단하여 척도를 산정하게 된다. 장비가동률은 작전 측면에서 장비를 작전에 얼마나 준비하고 있냐를 측정하는 것이다.

〈표 15-2〉 각 장비별 가동 및 불가동 판정기준

구분	지상장비	함정	항공기
가동장비 판정기준	• 일일점검 • 계획예방정비: 주간, 월간, 분기, 반년, 연간 정비 등	• 일일점검 • 출동 전·후 점검	• 임무 수행 전·후 점검
불가동 장비 판정기준	• 주요핵심 부품 교환대기 • 주요 부품 고장으로 사단급 이상 정비 부대 입고 및 입고대기 • 군지사급 이상부대 계획 정비 입고 • 창정비를 위한 후송 대기 장비 • 창/외부 정비 포함	• 주요핵심 부품 교환 대기 • 주요 부품 및 탑재 장비 고장으로 2계단 이상 정비 부대 입고 및 입고 대기 • 2계단 정비 부대 이상 계획 정비 입고 • 창/외주 정비 포함	• 야전 및 창 계획 정비 • 비계획 정비 • 기술지시 • 시험비행 대기 "작전 불가능 기준 적용"

한국군은 시스템이 야전에 배치되기 전까지 연구개발 단계에서는 RAM 요소인 운영가용도를 활용하지만 야전에 배치되고 난 후에 장비정비정보 체계에서 이를 산정하는 것이 용이하지 않아, 대신 장비가동률을 성과 지표로 사용하고 있다. 장비가동률을 성과 지표로 사용하게 되면 산정 기준의 가동 및 불가동 판정에 따른 다음과 같은 문제가 발생할 수 있다.

첫째, 계획예방정비 중인 장비가 가동장비로 포함될 수 있다. 계획예방정비 중인 장비를 가동으로 판정하면 장비가동률은 실제보다 높아지며 현실과 괴리가 일어날 수 있다.

둘째, 부대정비시간은 정비 기간에 있어 야전정비나 창정비보다 더 비중이 높은데도 불구하고 부대정비시간의 상당 부분을 가동으로 산정할 수 있다. 미 육군의 경우 전체 정비 기간 중에서 약 72%가 부대정비 기간으로 이의 비중이 높다. 부대정비를 수행하는데 이 시간을 가동으로 산정한다면 창정비 입고시기를 조절하든지 후송대기를 하든지 부대정비 기간의 확장을 통해 장비가동률을 상승시킬 수 있는 여지가 있다.

과거 한국군에서 2008년 이전 장비가동률 산정에 있어 위에 지적된 현상으로 인해 장비가동률은 상대적으로 높아질 수밖에 없었다. 2006년도 육군 장비가동률은 평균 98%, 공군 항공기가동률은 평균 95% 수준이었다. 이는 상당히 높은 편으로, 현실과 괴리가 있으며 이로 인해 예산 획득 및 배분에도 어려움이 있었다.[4]

3) 측정 시점에 따른 장비가동률 차이

장비가동률을 일일 단위로 측정하도록 규정하고 있으나 실제적으로 어느 특정 시점을 정하여 가동률을 계산하는 경우가 많다. 예를 들어 기간 말에 특정 시점을 택해서 가동률을 산정하게 되면 기간 말에 인위적으로 가동률을 변경시키는 문제가 발생할 수 있다. 미 육군의 경우 월별로 한 특정 시점에 보고를 받았으나 실질적인 가동률보다 높게 나타나 현실성이 부족하다는 지적을 받고 있다.

〈그림 15-1〉은 무인 항공기 시뮬레이션 연구에서 2년간 운영가용도에 대한 변화이다.

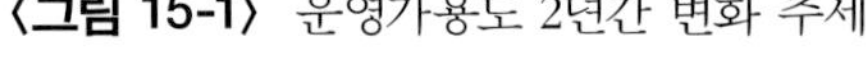
〈그림 15-1〉 운영가용도 2년간 변화 추세

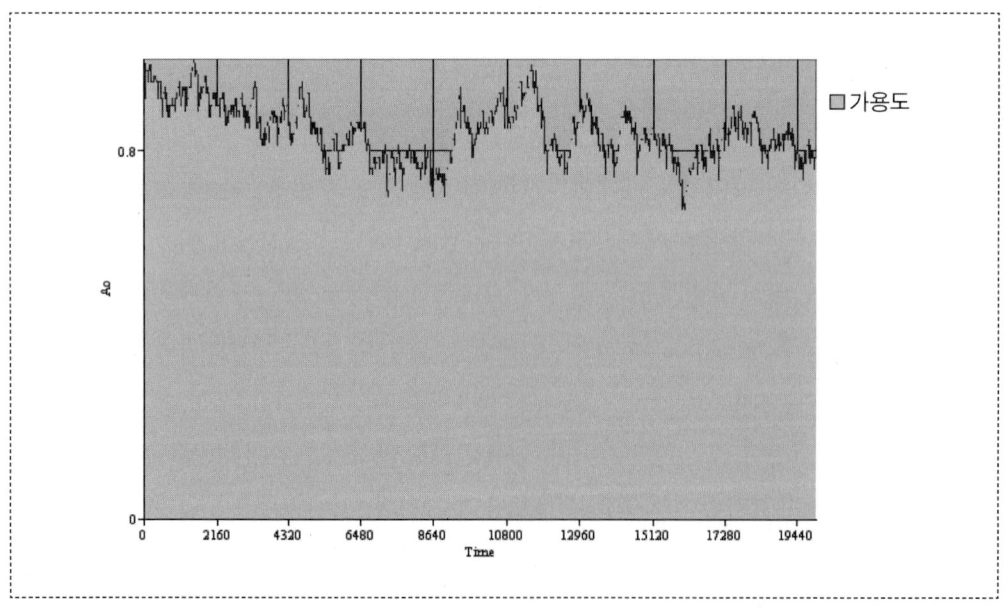

4 2006년까지의 육·해·공군의 장비 가동률 산정 실태와 이로 인한 문제점 등에 대해서는 최수동, 선미선, "사용자 중심의 군수지원 성과 지표 개발에 관한 연구," 『국방정책연구』, 제76호 2007 여름, pp.11-42와 이성윤, "장비 유지예산 진단 및 발전방향," 『국방정책연구』, 제76호 2007 여름, pp.43-80을 참조하라.

그림은 2년간 운영가용도가 어떻게 변화하는지 보여주고 있다.[5] 2년간의 무인 항공기 평균 운영가용도는 83.68%이지만 운영가용도 편차는 크다고 할 수 있다. 평균 운영가용도보다 큰 기간도 있으며 작은 경우도 있다. 이 운영가용도를 3개월 단위, 즉 2,160시간마다 가용도를 측정한다면 다음과 같은 〈표 15-3〉와 같은 자료를 구할 수 있다.

2년간 전체 시간을 합하여 계산한 평균 운영가용도는 83.68%이지만 〈표 15-3〉에서 보는 바와 같이 일정 특정 시점(매 2,160시간)을 택하여 계산하면 평균 운영가용도가 85.18%이다. 그런데 실제 현장에서 분기말마다 가동률을 산정할 때 인위적으로 정비 물량, 시간 등을 조정할 수 있으므로 현실의 장비가동률보다 더 달라질 수 있다.

〈표 15-3〉 2년간 매 분기말 운영가용도

시점	3개월	6개월	9개월	12개월	15개월	18개월	21개월	24개월	평균
가용도	0.900	0.875	0.875	0.713	0.900	0.888	0.825	0.838	0.852

다. 운영가용도 및 장비가동률 지표 사용 방향

장비가동률은 장비 대수 개념으로 가용도를 측정하는 것으로 전투준비태세 측면에서 필요한 지표이다. 그런데 장비가동률을 대수로 산정함으로 시간 개념으로 측정하지 못하는 데 따른 문제점이 제기되어 왔다. 이런 문제를 해결하기 위해 연구자들은 일일 단위 개념의 장비가동률을 사용할 것을 주장하였다.[6] 일일 단위 개념의 장비가동률은 일정한 시점에서 전체일수와 가용일수를 계산하여 구하는 가동률이다.

$$\text{장비가동률} = \frac{\text{가용일수}}{\text{전체일수}} \times 100(\%)$$

장비가동률을 일일 단위 개념으로 산정하면 시간 개념과 같은 장점이 있으나 입고기록을 통해야만 고장장비를 파악할 수 있으며 산정 방법이 복잡하여 행정 소요가 발생하는 단점이 있다. 일수를 산정할 때에 정비를 반일(하루 8시간에 4시간 정비) 수행한다면

5 이상진, "군수 물자 공급망 효율화 방안—성과기반군수와 연계하여," 『국방대학교 안보문제연구소 안보연구시리즈』, 제10집4호, 2009.12.

6 최수동·선미선, "사용자 중심의 군수지원 성과 지표 개발에 관한 연구", 『국방정책연구』 제76호, 2007 여름, pp.11-42.

이를 가동으로 할 것이냐 불가동으로 판정할 것이냐에도 문제가 있다. 또한 하루 2~3시간이나 6~7시간의 정비를 수행하는 경우 이를 0일이나 하루로 간주할 것인지 등 시간 단위까지 세분하여 가동이냐 불가동을 판정하기 어려운 문제점이 있다. 그런 측면에서 일일 단위 개념의 장비가동률도 시간 단위와 같은 효과를 거두기에는 어려움이 있다.

운영가용도는 시간 개념으로 장비의 가용도를 산출하는 식으로 임의의 시점에서 실질적인 가동률로 볼 수 있다. 또한 이 산정식을 통해 전체 시간 중에서 불가동이 일어나는 원인을 구분하여 파악할 수 있다. 즉, 정비 능력에 문제가 있다면 정비 계단별로 부대정비, 야전정비, 창정비에서 어떤 불가동시간의 비중이 가장 높은지 파악할 수 있다. 이렇게 할 때 계획 정비 및 부대정비에 소요되는 정비 능력, 즉 정비 인력, 정비 시설 및 설비, 정비 장비(시험 장비 포함) 등이 불가동시간에 미치는 영향을 평가할 수 있을 것이다. 또한 수리부속에 대한 보급 지연이 문제라면 이러한 지연이 해외조달인지 국내조달인지 등을 파악하여 조달 애로사항을 조치할 수 있다. 또한 부대정비, 야전정비, 창정비 수준에서 수리부속 예산의 확보로 인한 군수지연시간의 영향을 평가할 수 있다. 이외에 행정지연시간이 문제라면 군수 프로세스를 혁신하는 방법 등을 사용할 수 있을 것이다. 즉, 운영가용도는 무기체계의 연구개발 단계에만 활용하는 것이 아니라 실제 운영유지 단계에서 적절한 자원 관리와 군수 예산 배분을 위해 필요한 지표이다.

장비가동률은 작전 측면에서 전투준비태세를 측정하는 의미가 있고 운영가용도는 군수 자원관리와 배분 측면에서 의미가 있는 지표이다. 2009년부터 군에서 장비정비정보 체계가 작동하여 필요한 정비 및 보급 관련 정보 수집이 용이해졌다. 장비정비정보 체계에서 장비 정비와 수리부속의 부족으로 인한 불가동시간을 구분하여 자동으로 산출할 수 있다. 현행 장비정비정보 체계에서 추출할 수 있는 원천 자료를 의사결정지원에 활용할 수 있도록 장비정비정보 체계를 개선한다면 불가동시간과 운영가용도의 산출에 행정적으로 과도한 부담이 줄어들 것이다.

3. 기타 성과 지표 관련 쟁점

가. 사용자대기시간, 청구대기시간

사용자대기시간이나 청구대기시간을 산정하는 방식은 같다. 다만 사용자대기시간은 군수품의 최종 사용 부대인 편성부대 입장에서 청구 이후 최종 수령할 때까지의 대기시간을 산정하는 반면에 청구대기시간은 하위 군수지원부대가 상위 군수지원부대에 청구한 후 최종 수령할 때까지의 대기시간을 산정한다.

사용자대기시간 및 청구대기시간과 유사하지만 별도의 청구처리기간(ORT: Order Response Time)이라는 성과 지표가 있다. 이는 군수사령부가 지원하기로 되어 있는 부대에서 군수사령부에 청구한 후 해당 부대에 납품할 때까지 소요되는 시간이다. 이 청구처리기간을 단축하기 위해서는 청구 이후 해당 부대에 납품할 때까지 모든 청구, 창고 처리, 수송 등의 보급 프로세스의 효율화가 필요하다. 이런 측면에서 이 지표는 군수지원부대가 해당 지원부대에 대한 성과를 관리하는 데 사용할 수 있다.

나. 정비 기간, 정비복귀시간

정비 기간(RCT: Repair Cycle Time)은 정비가 필요한 완성장비가 제대별 정비 부대에 입고되어 정비 완료 후에 해당 부대로 복귀할 때까지 소요되는 시간이다. 정비 기간은 부대정비, 야전정비, 창정비로 구분하여 산정한다.

정비복귀시간(TAT: Turn Around Time)은 장비고장이나 예방정비를 위해 사용 부대에서 행정처리를 끝내고 정비를 의뢰한 후 정비 완료 후에 해당 부대로 복귀할 때까지 소요되는 시간이다.

두 지표의 차이는 정비를 위해 입고할 때까지의 시간을 포함하느냐 안하느냐의 차이이다. 정비복귀시간이 더 장기간이다. 미군은 TAT를 측정하여 사용하며 한국군은 해외정비나 외주 정비에 TAT를 사용하고 있다.

제2절 성과기반군수

1. 성과기반군수 개념

가. 성과기반군수의 배경

전투준비태세 측면에서 장비가동률을 일정 수준 이상으로 유지하는 것이 중요한데, 장비가동률 제고에 우선적으로 기여하는 것이 정비 능력이다. 과거에는 부대정비, 야전정비, 창정비를 군에서 직접 수행하였으나 야전정비나 창정비를 제작업체나 민간 정비전문업체에 위탁하여 운영하는 방향으로 변화되고 있다.

군에서 직영하는 정비지원보다 민·군 협력에 의한 정비지원은 다음과 같은 이유로 점차 증가되고 있다.

첫째, 군의 무기체계는 더욱 첨단화·복합화되며 또한 운영 수량은 줄어드는 반면에 무기체계의 종류는 다양해지고 있다. 이에 따라 군의 정비 계단을 2~3계단으로 줄이고 있지만, 다양한 정비 시설과 기술 인력을 확보해야 하며 따라서 군에서 창정비나 야전정비를 수행하는데 재정·인력·기술 등의 측면에서 제한 사항이 발생하고 있다.

둘째, 저출산과 국방개혁에 따라 병력이 감축되고 가용 자원이 부족하여 군수지원에 할당할 병력이 제한되고 있다. 따라서 외주정비와 수리부속 재고관리에 외부업체를 사용할 수밖에 없는 현실이 되고 있다.

셋째, 민간 분야는 SCM과 제3자 물류 등 수송 및 물류 기반 체계 및 관리에 있어 경쟁력이 급격하게 발전하여 이러한 민간의 우수한 기술과 능력을 활용해야 한다. 특히 소량의 복합 다기능 무기체계에 대해서는 개발업체, 민간 정비업체, 물류업체의 기술과 능력을 활용함으로 경제성을 도모할 수 있다.

넷째, 현재 군에서 수행하고 있는 민·군 규격 통일화 사업 확대 추세에 따라 공통품목에 대한 민간업체 정비지원을 적용함으로써 정비지원의 신뢰도, 가용도, 정비도, 정비지원의 신속성 및 경제성을 향상시킬 수 있다.

다섯째, 업체가 보유하고 있는 전문 기술 인력과 운영 데이터베이스를 활용하여 정비와 동시에 무기체계 성능개량을 수행할 수 있다.

여섯째, 방위산업 분야에 장기적이고 안정적인 정비 물량을 제공함으로 방위사업 가동률 향상으로 방산 활성화에 기여할 수 있다. 또한 방산업체에서 국내 정비 능력 확충을 통해 해외 정비 물량을 확보할 수 있게 되면 규모의 경제로 경제성을 달성하고 국가 경제적으로도 고용 증대 및 무역수지 개선에 기여할 수 있을 것이다.

미군은 장비에 대해 민군 경쟁 및 협력을 통해 정비를 할 수 있도록 1990년대부터 〈그림 15-2〉와 같이 계약자 군수지원(CLS: Contractor Logistics Support)을 적용하여 업체로부터 창정비 수준의 보급 및 정비지원을 제공받기 시작하였다.

〈그림 15-2〉 계약자 군수지원

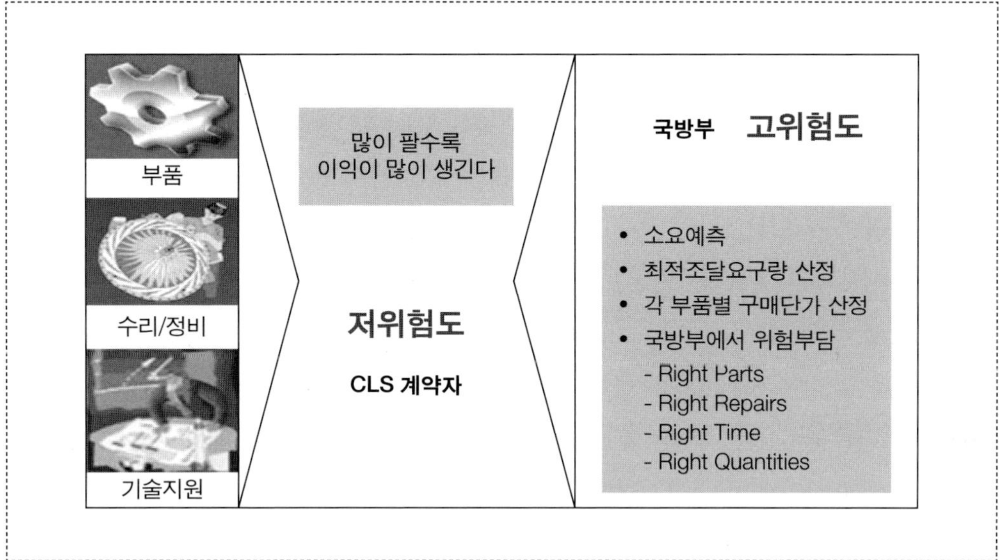

계약자 군수지원은 민간 계약자가 부품 공급, 수리 정비, 기술지원 등을 군에 제공하며, 군은 필요할 때마다 이를 이용함으로써 군은 무기체계 운용에 대해 일정 부분 위험성을 낮추는 반면에 업체는 이러한 서비스를 많이 팔면 팔수록 이익을 얻게 되는 구조이다. 군이 보급 및 정비지원을 업체로부터 제공받음으로써 군수지원 책임을 계약업체로 이관하여 군수 병력 및 시설 축소를 통한 예산 절감을 도모할 수 있다. 그러나 계약자 군수지원 제도는 군의 입장에서 아직도 정비 및 수리부속 소요예측과 결정에 상당한 위험이 있고, 수리부속을 개별단가로 구매하게 되므로 비용 상승을 초래하게 되었다.

계약자 군수지원 제도의 이러한 문제점을 해소하기 위해 미국은 2003년 이후 성과기반군수를 본격적으로 시작하였다. 미국은 2001년 QDR(Quadrennial Defense Review)과 DoD Policy for Fiscal Year 2003 등을 통해 방산업체에 성과기반군수 시작을 통보하고 적용을 요구하였다.

나. 성과기반군수의 내용

성과기반군수란 군은 무기체계 정비지원에 가장 적합한 업체에 명확한 책임과 권한을 주고 장기계약을 체결하여 무기체계의 성과 목표를 충족시키고, 무기체계 준비태세 최적화를 위해 고안된 민군 상생 협력의 통합된 군수지원 전략이다. 미 국방성 획득지침(DoD Directive 5000.1)에 따르면 성과기반군수는 사업관리자(PM: Program Manager)가 무기체계 준비태세를 향상시키고 총소유비용(TOC: Total Ownership Cost)의 절감을 위하여 실시해야 하는 원칙이 되고 있다.

성과기반군수는 정비, 수리부속 구매, 수송 용역 등 시스템 지원 요소를 개별적으로 확보하는 것이 아니라 군수지원 성과 결과(Performance Outcomes)를 구매한다. 이런 측면에서 성과기반군수는 기존의 재고기반군수(Inventory Based Logistics)와 근본적으로 다르다. 재고기반군수는 군에서 필요한 물품과 용역 소요를 군이 직접 산출하여 구매하고 재고를 관리하는 것을 의미하며 군은 거래의 양과 금액을 결정 및 조정하는 거래관리를 통하여 업체를 관리한다. 재고기반군수의 문제점은 군에서 구매하는 품목, 수량, 시기를 군이 결정함에 따라 업체로 하여금 성능개량과 연구개발에 투자할 이유가 없으며, 동시에 군은 구매 결정에 위험을 부담해야 한다. 또한 보급 능력에 중점을 두고 관리하기 때문에 군수지원에 투자되는 비용과 무기체계 준비태세의 연관성이 멀어지며 이로 인해 효율적인 군수지원이 제한된다.

성과기반군수는 다음 〈그림 15-3〉과 같이 업체로부터 군수지원 성과를 구매하기 때문에 업체가 효율적인 군수지원을 하게 되며 이로 인해 업체와 군 쌍방이 이익을 낼 수 있게 되는 구조이다.

〈그림 15-3〉 성과기반군수 계약지원

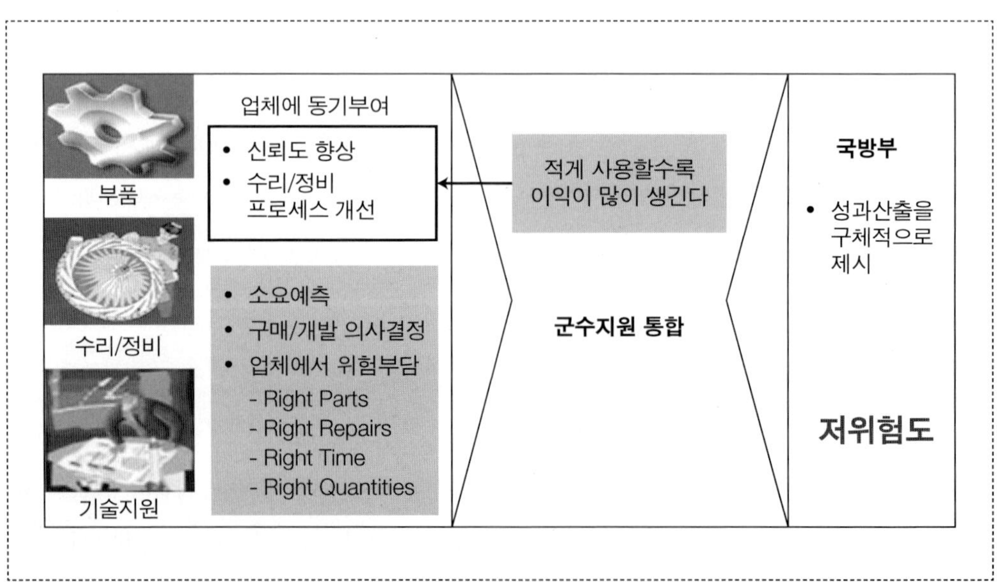

성과기반군수를 통해 성과를 구매하게 되면 업체는 장비와 부품의 성능개량, 품질관리, 공급사슬관리 분야 등에 노력할 수 있는 동기를 부여받게 된다. 또한 군수지원 성과에 따라 인센티브 혹은 벌금을 부여받게 되면 군수지원 요소를 통합적으로 운용하게 되고 지원 성과를 증대시킬 수 있다.

계약자 군수지원에서는 국방부가 소요예측, 조달 요구량 결정, 부품별 구매 단가 지원 등의 업무를 직접 수행함으로 국방부의 위험 부담이 높았던 반면에 성과기반군수에서는 업체가 국방부 대신 이러한 일들을 수행하게 함으로 국방부의 위험도가 줄어든다. 성과기반군수는 군수지원 성과에 따라 계약자의 이익이 결정되기 때문에 계약자는 이익을 높이기 위하여 품질관리, 기술 투자, 단종관리, 수·배송관리, 재고관리 등의 노력을 증가하게 되며 그 결과 무기체계의 가용도 및 신뢰도가 향상되고 군수지원 소요가 감소된다. 무기체계의 가용도와 신뢰도를 향상시키면 무기체계 전투준비태세가 향상되고, 군수 소요의 감소는 군수반응시간의 감소와 군수 비용의 절감이라는 효과를 가져오게 된다. 궁극적으로 군은 성과기반군수를 적용함으로 전투부대는 즉응성이 높은 군수지원을 제공받게 되고 업체와의 제휴를 통해 군이 보유하지 못하는 각종 첨단 기술을 도입함으로 무기체계의 신뢰도와 가용도를 제고시킬 수 있다.

성과기반군수는 무기체계에 대한 지원전략으로 무기체계 특성이 다르기 때문에 모든 사업에 동일한 성과기반군수전략을 적용할 수 있는 것이 아니다. 다음 〈그림 15-4〉와 같

〈그림 15-4〉 성과기반군수 유형

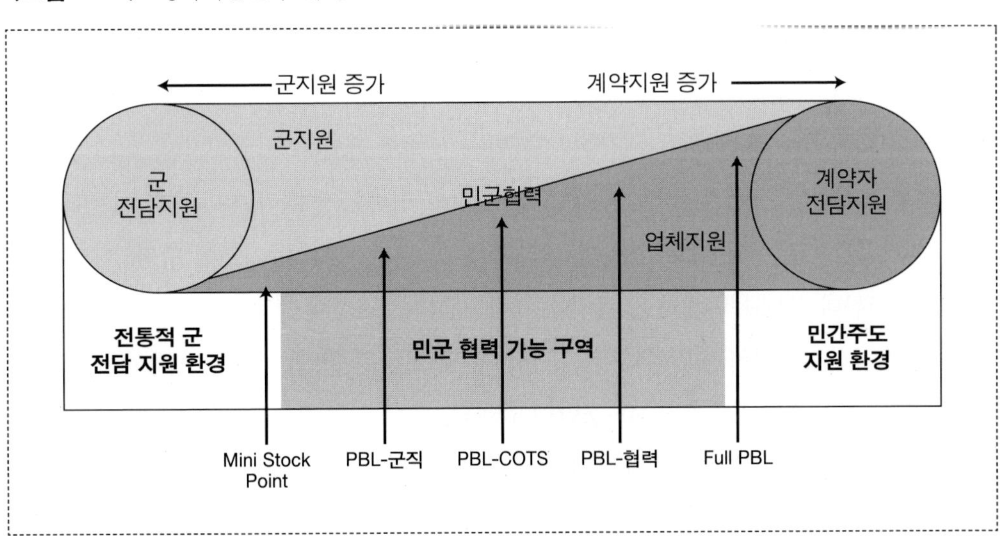

이 성과기반군수의 목적 달성을 위해 군과 업체의 제휴 관계 정도에 따라 성과기반군수에는 다양한 유형이 존재하게 된다.

특정 무기체계에 있어 민군의 경쟁력이 다르기 때문에 민군간 군수지원의 범위가 달라질 수 있다. 어떤 무기체계는 업체가 전담할 수 있으며 또한 어떤 무기체계의 일정 부분은 군이 직영하고 나머지는 업체가 군수지원을 할 수 있다. 성과기반군수의 유형을 결정할 때 무기체계 수명주기에서 어느 단계인지(연구개발 단계, 생산 단계, 운영유지 단계, 폐기를 앞둔 단계 등), 현존 지원 시설의 유무, 정비·보급창과 업체의 능력, 법률과 규정의 제한 사항 등을 고려해야 한다.

성과기반군수는 다음과 같이 Full PBL에서 Mini PBL까지 다양한 스펙트럼을 갖게 된다. 이런 유형에 따라 다양한 계약방식을 선택할 수 있다.

(1) 시스템 지원을 업체가 모두 전담하는 시스템 전체 지원협력(TSSP: Total System Support Partnership)
(2) 업체와 파트너십을 통한 협력(Industry Partnering)
(3) 서비스 지원 수준의 협약(Service Level Agreement)
(4) 정부와 업체 제휴(Government/Industry Partnering)
(5) 성과기반 신속군수지원(PALS: Performance-based Agile Logistics Support)
(6) 소규모 저장 관리 수준의 군수지원(PBL-MSP: Mini-Stock Point)
(7) 주공급자지원(PVS: Prime Vendor Support)
(8) 계약자 운송 체계(CDS: Contractor Delivery System)
(9) 공급자 직접배송(DVD: Direct Vendor Delivery) 등

이 중 비교적 단순한 구조를 갖는 PBL-MSP, PVS, CDS, DVD 등의 경우에는 공급되는 품목의 수에 기초하여 계약 대금이 지불되는 형태의 계약이 이루어진다. 비교적 복잡한 구조를 갖는 TSSP, IP, SLA, G/IP, PALS 등의 경우 성과를 구매하는 계약이 이루어진다.

성과기반계약은 성과 요구, 양자의 책임과 임무, 성과 지표, 동기부여 방안, 성과 측정 방법을 포함한다. 성과기반계약을 체결할 때에는 성과 목표, 책임, 신뢰도 달성 목표, 정비도 향상, 계약 조건, 지원 범위의 융통성, 생산자 및 보급원 고갈, 진부화, 성능개량, 인센티브 및 벌칙, 비용 절감 및 안정성을 포함해야 한다. 또한 업체 관심사항인 계약 항목을 최소화하고, 책임 소재, 위험 최소화, 5년 이상의 장기계약, 순자산회전율, 투명성 등이 주요 이슈가 된다.

2. 성과기반군수 성과 지표

가. 5개 분야 성과 지표

미군은 경영목표와 연관된 성과관리를 위해 미 국방부가 발간한 국방군수전략기획서(LSP: Logistics Strategic Plan)에 근거하여 전투력 발휘차원에서 운영가용도, 운영신뢰도, 장비 사용단위당 비용, 군수지원 소요시간, 군수활동 지원 소요의 5개 분야를 최상위 성과 지표로 정의하고 있다.

(1) 운영가용도(Operational Availability): 운영가용도는 주어진 임무에 대하여 시스템의 가용한 시간 또는 지속적인 운용유지를 위한 능력을 비율로 나타낸 것이다.

(2) 운영신뢰도(Operational Reliability): 운영신뢰도는 부여된 임무를 달성하기 위하여 요구된 기능을 고장없이 수행할 확률이다. 무기체계에 따라 소티(sortie), 운행 실적, 발사 수 등으로 산출 공식은 다음과 같다.

$$R_o = \frac{\text{임무시도건수} - \text{임무실패건수}}{\text{임무시도건수}}$$

(3) 장비 사용단위당 비용(Cost per Unit Usage): 장비 사용단위당 비용은 특정 무기체계의 운영유지비를 총 운용 수준으로 나눈 값을 의미한다. 무기체계에 따라 측정 단위는 비행이나 항해시간, 발사 수 및 주행거리 등 각 군 및 시스템별 고유 지표를 사용할 수 있다.

총 수명주기비용 = 소모품 + 에너지 + 수리부속 + 창정비 품목 + 계약자정비 + 야전정비 + 정비 인력 + 창정비 + 성능개량 + 초기획득단가

장비사용단위당 비용 = (소모품 + 에너지 + 수리부속 + 창정비 품목 + 계약자정비 + 야전정비 + 정비 인력 + 창정비)/측정 단위

(4) 군수반응시간(LRT: Logistics Response Time): 군수반응시간은 야전에서 군수지원 소요가 발생하는 시점부터 지원 시설에 청구하여 소요를 만족시키는데 소요되는 시간이다. 산출 공식은 다음과 같다.

$$\text{LRT} = \frac{\sum(\text{수령 일자} - \text{청구 일자})}{\text{총청구건수}}$$

(5) 군수지원 소요(Logistics Footprint): 무기체계 군수활동 지원 소요는 무기체계의 배치, 후속 지원 및 이동시 계약자가 지원하는 군수지원으로, 측정지표는 장비, 인력, 시설, 수송 자산 및 부동산 등을 의미한다. 군수활동 지원 소요는 다음 3개 요소 중에서 2개만 반영한다.

- 무게: 운용되는 소모품, 지원 장비, 에너지 및 예비 수리부속의 중량
- 인력: 장비 운영 및 수송을 위해 지역 내 운용인원의 수
- 부피: 운용되는 소모품, 지원 장비, 에너지 및 예비 수리부속의 부피

성과기반군수를 위한 성과 지표는 다섯 가지 지표 이외에 다양한 기준으로 표현될 수 있으며 다음과 같은 지표를 사용할 수 있다.

(1) 신뢰도/정비도/가용도 측면의 성과척도: 고장 간 평균시간(MTBF: Mean Time Between Failure), 수리복귀시간(Repair Turn Around Time), 생산 소요시간, 훈련시간 및 가용도
(2) 전투준비태세 측면의 성과척도: 작전 수행 가능, 부분 작전 수행 가능, 작전 수행 불가능
(3) 청구(requisition) 측면의 성과척도: 이월주문률, 청구반응시간
(4) 재고회전율(Inventory Turnover Rate) 관련 지표

나. 미국의 성과기반군수 성과 지표 발전

미군은 성과기반군수를 시행한 이후 다수의 규정과 가이드북을 통해 PBL 제도의 조기 정착을 위해 노력하였다. 2003년에 개정된 DoD Directive 5000.01은 사업관리자가 예비품 재고와 비용을 최소화하면서 체계의 가용성을 향상시키기 위해 PBL 전략을 개발하고 실행해야 한다고 규정하고 있다.[7]

미국 국방부는 구매력을 강화하고 산업 생산성을 향상시키기 위해 2010년부터 발행되고 있는 메모랜덤 BBP(Better Buying Power)에서 2015년 BBP 3.0까지 매 버전마다 비용과 성과의 균형을 위한 중요 정책으로 PBL을 강조하고 있다. 그리고 미국 국방부는 2016년 획득대학(DAU: Defense Acquisition University)과 공동으로 국방부의 지침, 기타 가이드북 등을 통합하여 PBL 가이드북을 작성함으로써 효과적인 계약을 체결할 수 있도록 PBL 관계자들의 이해를 돕고 있다.

---

7 U.S. Department of Defense, *The Defense Acquisition System*, (DOD Directive 5000.01, 2003)

미국은 PBL 실행에 있어 핵심 요소가 성과 지표라고 판단하고 요구되는 성과의 달성 여부를 측정할 수 있도록 관리기반을 발전시켜 나가고 있다. 운영가용도, 운영신뢰도, 장비 사용단위당 비용, 군수지원 소요, 군수지원 반응시간을 5대 상위 지표로 두고 사업관리자는 사업 특성에 맞게 상위 지표와 하위 지표를 설정하도록 하였다. PBL 가이드북에는 〈표 15-4〉와 같이 PBL 지원 수준과 적용 범위에 따라 성과 지표를 구분하여 사용할 수 있도록 하고 있다.

〈표 15-4〉 PBL 지원 수준과 적용 범위에 따른 성과 지표

IPS Elements/Level (지원 수준/적용 범위)	Supply Support (공급지원)	Maintenance, Planning & Management (정비, 기획 및 관리)	Sustaining Engineering (유지공학)
System (시스템)	Non-Mission Capable Supply(자재대기율)	Non-Mission Capable Maintenance (정비대기율)	Reliability (신뢰도)
Subsystem (하위 시스템)	Supply Material Availability (공급물자가용도)	Mean Maintenance Time(평균정비시간)	Mean Time Between Failure (고장 간 평균시간)
Component (구성품)	Perfect Order Fulfillment(주문이행률), On-Time Delivery (정시 도착률), Back Order Rate (후불률)	Repair Turn Around Time (수리 소요시간)	Engineering Response Time (기술 반응시간)

출처: USA DoD, 『PBL GUIDEBOOK』, 2016

또한 가이드 북에서는 〈그림 15-5〉과 같이 성과 지표를 계층화하여 상위 지표와 관련 있는 보조 지표를 함께 사용하도록 함으로써 군이 요구하는 성과를 보다 정확하게 측정할 수 있도록 하고 있다.

이러한 노력을 바탕으로 획득 사업은 사업별로 장비 특성과 추진 여건에 맞게 성과 지표를 다르게 적용하였고, 괄목할 만한 성과를 거두고 있다.[8]

8 Government Accountability Office, *Defense Logistics: Improved Analysis and Cost Data Needed to Evaluate the Cost Effectiveness of Performance Based Logistics*, GAO-09-41, 2008, pp.47-51.

〈그림 15-5〉 성과 지표 계층(시스템 수준 계약 예시)

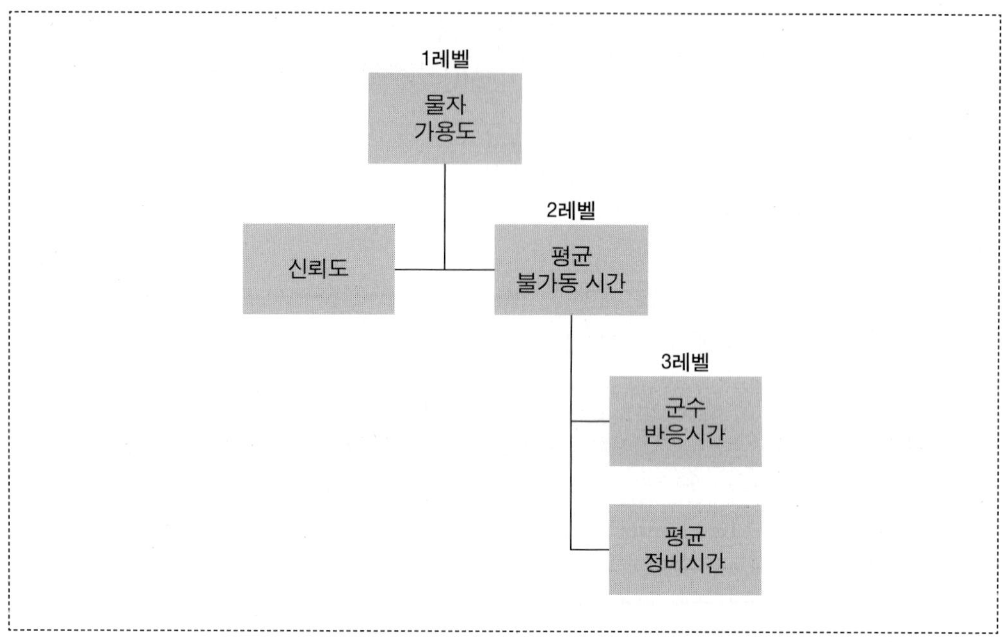

출처: USA DoD, 『PBL GUIDEBOOK』, 2016

미국 PBL 계약의 특징은 유인부계약 형태를 활성화하고 있으며, 연구개발부터 양산까지 단계별로 적용할 수 있는 계약 방법을 상세하게 분류하고 있다는 점이다. 연구개발 단계에서는 우리 군의 개산계약과 같이 비용정산형 계약을 체결하고, 시제품 생산 이후 원가 자료 파악 정도에 따라 확정고정가격계약을 체결한다. 그러나 일반 개산계약은 사용할 수 없게 연방획득규정(FAR: Federal Acquisition Regulation)에 명시하고 있다. 일반 개산계약은 계약 이행 후 실제 발생원가로 계약 금액을 확정하여 전액 보상하기 때문에 발생원가가 클수록 이윤이 증가되는 예산 낭비 구조를 갖고 있고, 원가 절감을 기대하기 곤란하기 때문이다. PBL 가이드북도 고정가(fixed price) 계약을 권장하고 있는데 이는 고정가계약이 계약 이행 과정에서 계약업체가 예산을 불필요하게 추가하는 폐해를 방지할 수 있기 때문이다.

최근에는 BBP을 근거로 계약업체가 합의한 성과 목표를 달성할 수 있도록 동기를 부여하는 인센티브가 PBL 계약의 핵심임을 강조하고 있다. 이에 따라 여러 가지 계약 방법을 검토한 후 사업 특성에 맞는 계약 방법을 선택하되 고정가 인센티브(FPI: Fixed Price Incentive) 계약과 원가정산 인센티브(CPIF: Cost Plus Incentive Fee) 계약에 많은 비중을 두고 있다.

참고 15-1 최근 미국 PBL 성과와 문제점

2017년 1월 기준 미국 국방부의 주요 획득 사업 중 65개가 고정가 인센티브계약 또는 원가정산 인센티브계약과 같은 인센티브계약을 사용하고 있다. 미국 육군은 PAC(Patriot Advanced Capability)-3 프로그램에서 고정가계약을 고정가 인센티브계약으로 변경하여 2014년부터 2016년까지 미사일 생산계약에서만 860만 달러의 비용을 절감하였다.[9]

PBL을 가장 먼저 시작하고 여건이 잘 갖춰진 것으로 알려진 미국 회계감사국도 성과 지표 및 예산 관련 문제점을 지적하고 있다. 특히, 무기체계 개발에 많은 예산이 투자된 것으로 알려진 F-35 전투기 사업은 성과 지표로 가용도(AVA: Air Vehicle Availability), 완전 작전가능률(FMC: Full Mission Capable Rate), 임무효과도(ME: Mission Effectiveness)를 사용하였다. 회계감사국은 스텔스 기능과 관련해서 가용도와 완전 작전가능률을 F-35 전투기를 운용하는 육·해(해병)·공군에서 각각 다르게 평가하고 있고, 임무효과도는 조종사에 의해 주관적으로 평가되기 때문에 적절한 성과 지표가 아니라고 판단하였다. 그리고 F-35의 시스템이 아직 성숙되지 않은 상태에서 미국 국방부가 정확한 원가와 기술 자료 없이 PBL 계약 체결을 준비하고 있어 과다한 지출이 우려된다고 하였다.[10] 이처럼 미국도 PBL 성과 지표와 예산에 대한 문제점이 최근까지 지적되고 있는 점을 고려할 때 우리 군이 성과기반계약에 철저한 준비가 필요하다는 점을 시사하고 있다.

토의문제

1. 전투준비태세 평가에서 군수 분야의 역할과 책임이 무엇인지 토의해보자.

2. 군수 분야에서 전투준비태세 평가는 장비, 물자 등에 대한 보유 수준이 중점이다. 전투준비태세 평가지표와 더불어 군수 성과 지표를 어떻게 연계하여 사용할 것인지 토의해보자.

3. 현행 사용하고 있는 지표 이외에 군에서 사용하고 있는 군수 성과 지표는 무엇인가? 이들이 어떻게 보완적으로 사용될 수 있는가?

4. 시스템 획득 단계에서 사용하는 지표와 운영유지 단계에서 사용하는 군수지표를 어떻게 통합 연계하여 사용할 것인지 토의해보자. 이들 지표를 통합 사용하는 것의 장점과 단점은 무엇인가? 전력화평가와 전력 운영분석 업무 및 성능개량사업과의 연계성 등을 고려하여 평가해보자.

---

9 Government Accountability Office, *Defense Contracting: DOD Needs Better Information on Incentive Outcomes*, GAO-17-291, 2017, pp.10-14.

10 Government Accountability Office, *F-35 Aircraft Sustainment: DOD Needs to Address Challenges Affecting Readiness and Cost Transparency*, GAO-18-75, 2017, pp.29-30.

5. 성과기반군수에서 Full PBL과 Min PBL의 유형을 비교해보자. 각 유형별로 어떠한 장비 특성과 성과기반계약이 적절한지 토의해보자.

6. 현행 군수의 성과관리 적용 실태를 연구해보고 어떤 점에 있어서 발전이 있어야 하는가? 전략 목표-성과 목표-성과 지표의 연계성과 성과 지표에 따른 성과계약 등에 대해 토의해보자.

참고문헌

국방부, 전투준비태세 평가업무 훈령, 국방부훈령 제2018-093호, 2018.11.

국방부, 군수지원 성과관리 훈령, 국방부훈령 제2047호 2017.6.28.

원봉연, 이상진, "성과기반군수 문헌연구 및 적용실태 분석을 통한 발전방향 연구," 한국방위산업학회지, 25권3호, 2018.9., pp.65-82.

이상진, "군수 물자 공급망 효율화 방안-성과기반군수와 연계하여," 국방대학교 안보문제연구소 안보연구시리즈, 10집4호, 2009.12.

이상진, "국방 예산과 연계한 장비가동률 성과 지표에 관한 연구," 국방대학교 안보문제연구소 안보연구시리즈, 11집4호, 2010.12.

이성윤, "장비 유지예산 진단 및 발전방향," 국방정책연구, 76호, 2007 여름, pp.43-80.

이혁수, 진아연, 김강현, 홍종현, 성과기반군수지원 사업 심층평가 연구, 한국국방연구원 연구보고서, 2018.9.

장기덕, 김준식, 최수동, 이성윤, 군수혁신; 선진화를 위한 도전과 과제, (한국국방연구원, 2005)

최수동, 선미선, "사용자 중심의 군수지원 성과 지표 개발에 관한 연구", 국방정책연구, 76호, 2007 여름, pp.11-42.

B.S. Blanchard, *Logistics Engineering and Management,* 6th ed., (Prentice Hall, 2004)

Government Accountability Office, *Defense Logistics: Improved Analysis and Cost Data Needed to Evaluate the Cost Effectiveness of Performance Based Logistics,* GAO-09-41, 2008

Government Accountability Office, *Defense Contracting: DoD Needs Better Information on Incentive Outcomes*, GAO-17-191, 2017

Government Accountability office, *F-35 Aircraft Sustainment: DOD Needs to Address Challenges Affecting Readiness and Cost Transparency*, GAO-18-75, 2017

US Department of Defense, *PBL Guide-Book: A Guide to Developing Performance-based Arrangements*, 2016

참고문헌

국방부, 전투준비태세 평가업무 훈령, 국방부훈령 제2018-093호, 2018.11.

국방부, 군수지원 성과관리 훈령, 국방부훈령 제2047호 2017.6.28.

권오철, 이종영, 정동욱, 조달입찰과 구매관리 실무, (학문사, 2006)

권호산, 이상진, "지휘관점에서의 전술군수운용을 위한 원칙고찰," 군수보, 152호(1995), pp.38-78.

김원수, 체계 경영학 사전, (법문사, 1992)

김준식, 김종탁, 정재만, 이덕노, 국방자원 운영혁신 방안 –추진전략 및 체계, 한국국방연구원 연구보고서 자00-1609, 2002.12.

김준식, 홍석진. 국방물류체계 발전을 위한 실천방안. 한국국방연구원 국방발전모노그래프 9, 2004

김진호, 이상진, 정성태, "항공기 예비엔진 및 모듈 재고 수준이 전시 운용가용도에 미치는 영향," 경영과학, 31권2호(2014), pp.33-48.

김철환, 송인출, 디지털시대의 경영관리: 시스템 엔지니어링, (문원출판, 2000)

김호용, 박성의, 물자 보급학, (노드미디어, 2013)

문성암, "군수시스템에서의 팬텀오더(Phantom Orders)에 관한 연구," 국방대학교 안보문제연구소 안보연구시리즈, 6집1호, 2005

문성암, 이상진, 이상용, 정진응, 군물류체계 개선방안, 국방부 정책 연구보고서, 2004.12.

박찬우, 김창곤, 이효성, "다단계 수리체계의 성능 평가를 위한 폐쇄형 대기행렬 네트워크 모형," 한국경영과학회지, 25권4호(2000), pp.27-44.

방위사업청, 무기체계 RAM 업무지침, 2013.10.

방위사업청, 방위사업개론 1판, (방위사업청, 2008)

서용성, 정상환, 박영택, "다단계 기계수리 문제의 (S-1,S) 예비품 재고 정책에 관한 연구," 품질경영학회지, 19권1호(1991), pp.129-141.

손병식, 군수학원론, (서울경제경영, 2013)

손병식, 국방구매공급관리, (범한, 2010)

오세민, 류제갑, 무기체계 신뢰성 제고를 위한 OMS/MP 작성/정립 방안 연구, 육군 교육사령부, 2008

우제웅, 이혁수, 선미선, 평시 수리부속 소요 산정 개념 연구, 한국국방연구원 연구보고서, 2008

원봉연, 이상진, "성과기반군수 문헌연구 및 적용실태 분석을 통한 발전방향 연구," 한국방위산업학회지, 25권3호(2018), pp.65-82.

육군군사연구소, 6.25전쟁의 실패사례와 교훈(개정판), 2013

육군 군수사령부, 군수지원분석 실무지침서, 2009.2.27.

육군기획관리 참모부, 이라크전에 대한 평가와 육군의 전력 증강 방향에 대한 연구, 2003.6.

육군본부, 병참작전 야전 교범 운용-6-12, 2017.6.30.

육군본부, 수리부속 야전 교범 42-0-5, 2014.2.10.

육군본부, 수송부대 야전 교범 43-7, 2013.2.18.

육군본부, 소요관리 야전 교범 4-10, 2011.4.1.

육군본부, 군수업무 야전 교범 4-0, 2009.6.30.

육군본부, ILS 종합발전계획, 2009.6.30.

육군본부, 군수지원분석 실무지침서, 2009.2.4.

육군본부, 조달관리 야전 교범 4-11, 2008.10.15.

윤혁, 이상진, "Vari-METRIC을 개선한 다단계 재고 모델의 효과측정," 경영과학, 28권1호(2011), pp.117-127.

이상진, "6.25전쟁에서 중국군 군수지원을 통해 본 전쟁과 군수(1)," 교수논총, 25권2호(69집, 2017), pp.165-193.

이상진, "국방 예산과 연계한 장비가동률 성과 지표에 관한 연구," 국방대학교 안보문제연구소 안보연구시리즈, 11집4호, 2010.12.

이상진, "군수 물자 공급망 효율화 방안-성과기반군수와 연계하여," 국방대학교 안보문제연구소 안보연구시리즈, 10집4호, 2009.12.

이상진, "자산가시화 및 전환보급 제도 발전방안 연구," 국방대학교 안보문제연구소 안보연구시리즈, 8집4호, 2007.8.

이상진, "합리적인 소요관리 방안 연구-소요 정확도 향상을 중심으로," 국방대학교 안보문제연구소 안보연구시리즈, 7집5호, 2006

이상진, "이라크전쟁에서의 전략군수," 국방연구, 46권2호(2003), pp.55-82.

이상진, "군수의 개념과 영역," 국방연구, 46권2호(2002), pp.231-259.

이상진, 신창훈, 윤진환, "수평보급을 고려한 다단계-다계층 재고 모델의 효과 분석," 경영과학, 35권2호(2018), pp.57-70.

이상진, 김성원, "한국형 헬기의 목표 운용가용도 달성을 위한 정비대체장비 최적 재고 수준 결정", 경영과학, 24권2호(2007), pp.81-93.

이성윤, "장비 유지예산 진단 및 발전방향," 국방정책연구, 76호(2007 여름), pp.43-80.

이영욱, 김호용, 군수관리개론, (노드 미디어, 2009)

이재천, 군사술과 군수, (도서출판 21세기, 1996)

이혁수, 진아연, 김강현, 홍종현, 성과기반군수지원 사업 심층평가 연구, 한국국방연구원 연구보고서, 2018.9.

장기덕, 군수관리의 이론과 실제, (한국국방연구원, 2012)

장기덕, 김준식, 최수동, 이성윤, 군수혁신: 선진화를 위한 도전과 과제, (한국국방연구원, 2005)

장기덕, 정길호, 최종섭, 이호석, 홍석진, 국방경영혁신: 선택과 도전, 한국국방연구원 연구보고서 자 05-2210, 2005.12.

전건욱 편저, 시스템 신뢰도, (두남, 2012)

정동욱, 조달이론 및 입찰실무, (교우사, 2005)

정성태, 이상진, "한계분석법과 유전알고리즘을 결합한 다단계 다계층 재고 모델의 적정 재고 수준 결정," 경영과학, 31권3호(2014), pp.61-76.

정용길, 종합군수지원 이론과 실제, (북코리아, 2008)

정진태, 방위사업학 개론, (21세기 북스, 2012)

주성종. 군수부대 재고 감축 방안-9종 수리부속을 중심으로, 한국국방연구원 연구보고서, 2000.12.

추욱호, 박명섭, 구매조달관리, (청구, 2004)

추장엽, 김진웅, 물적 유통론, (형설출판사, 1993)

최명진, 김호용, 양재경, 종합군수지원 개론, (양서각, 2013)

최수동, 선미선, "사용자 중심의 군수지원 성과 지표 개발에 관한 연구", 국방정책연구, 76호(2007 여름), pp.11-42.

최수동, 보급 수준 적정성 검토, 한국국방연구원 연구보고서, 1998.12.

허경, 국방조달관리, (국방대학교 참고서지, 2014)

Blanchard, B.S., *Logistics Engineering and Management,* 4th ed., (Prentice Hall, 1992), 삼성탈레스 (역), 군수공학 및 관리, (학연문화사, 2008)

Bowersox, D.J. and D.J. Closs, *Logistical Management: The Integrated Supply Chain Process,* (McGraw-Hill Book, 1996), 윤현덕, 박재원 (역), 물류관리론, (법영사, 1999)

Creveld, M. van, *Supplying War: Logistics from Wallenstein to Patton*, (Cambridge University Press 2004), 우보형 (역), 보급전의 역사, (플래닛미디어, 2010)

Defense Acquisition University, *System Engineering Fundamentals*, (001) 권용수 (편역), 시스템 엔지니어링 입문, (아이워크북, 2007)

INCOSE SEH Working Group, *System Engineering Handbook: A 'HOW TO' Guide for All Engineers, INCOSE2*, 민성기, 권용수, 김의환 (역), 시스템 엔지니어링 핸드북, (시스템체계공학원, 2006)

ISPA ASIAN Chapter, *International Society of Parametric Analysts: Parametric Estimating Handbook*, 강성진 외 6명 (역), 2005

Jones, J.J., *Integrated Logistics Support Handbook,* 2nd ed., (McGraw-Hill, 1995), 삼성탈레스 (역), ILS 핸드북, (학연문화사, 2008)

Kress, M., *Operational Logistics—The Art and Science of Sustaining Military Operations*, (Springer, 2002), 도응조 (역), 작전적 군수-군사작전을 유지하는 술과 과학, (연경문화사, 2007)

Pagonis, W.G., *Moving Mountains; Lessons in Leadership and Logistics from the Gulf War*, (Harvard Business School Press, 1994), 로지스올 (역), 산을 옮겨라, (삼양미디어, 2008)

Simchi-Levi, D.P., E. Kaminsky, and E. Simchi-Levi, *Designing & Managing the Supply Chain: Concepts, Strategies & Case Studies*, 3rd ed., (McGrow Hill, 2007), 김태현, 문성암 (역), 물류 및 공급체인 관리, 3판, (McGrow Hill Korea, 2008)

Ballou, R.H., *Business Logistics Management,* 4th ed., (Prentice Hall, 1999)

Barnes, T.A., *Logistics Support Training: Design and Development,* (McGraw-Hill, 1992)

Blanchard, B.S., *Logistics Engineering and Management,* 6th ed., (Prentice Hall, 2004)

Bowersox, D.J. and D.J. Closs, *Logistics Management: The Integrated Supply Chain Process,* (Prentice Hall, 1998)

Congressional Budget Office, *Moving U.S. Forces: Options for Strategic Mobility*, A CBO Study, February 1997

Coyle, J.J., E.J. Bardi and C.J. Langley Jr., *The Management of Business Logistics,* 6th ed., (West Publishing Company, 1988)

Dobler, D.W. and D.N. Burt, *Purchasing and Supply Management, Text and Cases,* 6th ed., (McGrow Hill, 1996)

Eccles, H.E., *Logistics in the National Defense,* (Greenwood Press, 1981)

Glaskowsky Jr., N.A., D.R. Hudson, and R.M. Ivie, *Business Logistics,* 3rd ed., (The Dryden Press, 1992)

Girardini, K., et. al., *Improving DoD Logistics*, Rand DB-148-CRMAF, 1996

Government Accountability office, *F-35 Aircraft Sustainment: DOD Needs to Address Challenges Affecting Readiness and Cost Transparency*, GAO-18-75, 2017

Government Accountability Office, *Defense Contracting: DoD Needs Better Information on Incentive Outcomes*, GAO-17-191, 2017

Government Accountability Office, *Defense Logistics: Improved Analysis and Cost Data Needed to Evaluate the Cost Effectiveness of Performance Based Logistics,* GAO-09-41, 2008

Harrison, A. and R. van Hoek, *Logistics Management and Strategy,* 2nd ed., (Prentice Hall, 2005)

Hillestad, R.J., *Dyna-METRIC: Dynamic Multi-Echelon Technique for Recoverable Item Control*, R-2785-AF, Rand, Santa Monica, 1982

Jones, J.J., *Integrated Logistics Support Handbook,* 2nd ed., (McGraw-Hill, 1995)

Kent Jr., J.L. and D.J. Flint, "Perspectives on the Evolution of Logistics Thought," *Journal of Business Logistics*, Vol.18, No.2, 1997, pp.15-29.

Langford, J.W., *Logistics Principles and Practices,* (McGraw-Hill, 1995)

L-3 Communications/Integrated Systems, *Depot Implementation Study Report No.G6282.00.81*, L-3 CIS Inc., 2002

Mattews, J.K. and C.J. Holt, *So Many, So Much, So Far, So Fast,* (Research Center US Transportation Command: U.S. Government Printing Office, 1996)

McGinnis, M.A., S.K. Boltic, and C.M. Kochunny, "Trends in Logistic Thought: an Empirical Study," *Journal of Business Logistics,* Vol.15, No.2, 1994, pp.273-303.

Muckstadt, J.A., "A Model for Multi-item, Multi-echelon, Multi-indenture Inventory System," *Management Science*, Vol.20(1973), pp.472-481.

Novack, R.A., L.M. Rinehart, and M.V. Wells, "Rethinking Concept Foundations in Logistics Management," *Journal of Business Logistics,* Vol.13, No.2, 1992, pp.233-267.

O'Malley, T.J., *The Aircraft Availability Model: Conceptual Framework and Mathematics*, Technical Report AF201, Logistics Management Institute, Washington, D.C., 1983

Patton Jr., J.D., *Logistics Technology and Management, The New Approach,* (The Solomon Press, 1986)

Pustay, J.S., *Defense Requirement and Resource Allocation,* NDU, Washington, D.C., 1982

Quinn, J.L., *Logistics Management Concepts and Cases,* (Wright-Patterson Airforce Base: School of Systems and Logistics, Air Force Institute of Technology, 1971)

Rambert, D.M. and J.R Stock, *Strategic Logistics Management*, 3rd ed., (Irwin, 1997)

Shafritz, J.M., Todd J.A. Shafritz, and D.B. Robinson, *The Facts on File Dictionary of Military Science* (Facts on File, Inc., 1989)

Sherbrooke, C.C., "METRIC: A Multi-echelon Technique for Recoverable Item Control," *Operations Research*, Vol.10(1968), pp.122-141.

Sherbrooke, C.C., *Optimal Inventory Modeling of System*, 2nd ed., (Kluwer Academic Publishers, 2004)

Sherbrooke, C.C., "VARI-METRIC: Improved Approximations for Multi-Indenture, Multi-Echelon Availability Models", *Operations Research*, Vol.34(1986), pp.311-319.

Shrader, C.R., *U.S. Military Logistics, 1607-1991: A Research Guide,* (Greenwood Press, 1992)

Slay, F.M., *Arificial Retrospection, The Distribution Enforcement Method*, IR806R1, Logistics Management Institute, Washington D.C., 2007

Slay, F.M., et. al., *Optimizing Spares Support: The Aircraft Sustainability Model*, Technical Report AF501MR1, Logistics Management Institute, Washington D.C., 1996

Slay, F.M., *VARI-METRIC: An approach to modeling multi-echelon resupply when the demand process is Poisson with a Gamma prior*, Technical Report AF301-3, Logistics Management Institute, Washington, D.C., 1980

TRADOC, *Action Officer Guide for the Development of the Operational Mode Summary/Mission Profile (OMS/MP) Version 1.7*, Army Capabilities Integration Center, 2013

US Department of Defense, *PBL Guide-Book: A Guide to Developing Performance-based Arrangements*, 2016

US TRANSCOM, *1999 Annual Command Report: Global Transportation in Peace and War*, 2000

Waddell, S.R., *United States Army Logistics: The Normandy Campaign, 1944,* (Greenwood Press, 1994)

White, E.T. and V.E. Hendrix, *Defense Acquisition and Logistics Management,* NDU, Washington D.C., 1984

Yoon, H., S.T. Jung, and S.J. Lee, "The effect analysis of multi-echelon inventory models considering demand rate uncertainty and limited maintenance capacity," *International Journal of Operational Research,* Vol.24, No.1, 2015

찾아보기

가

가격 목록 317
가격 및 가용성(P&A) 자료 308
가동시간 103
가변 안전 수준(VSL) 278
가용도 14
가용도 설계 71, 72
가용자산 272
가용자산 판단 270
간접접근 36
개념 설계 68, 69
개발능력문서(CDD) 120
개산계약 313
개조 122
거래실례가격 302
걸프전 31
결합체 125
경쟁계약 303
경제적 수리한계 365
경제적 주문량 모델 353
경험곡선 87
계약 가격 303
계약 방법 303
계약자 군수지원(CLS) 414
계약 특수 조건 303
계층 구조 374
계획 소요(PR) 268, 281
계획 정비 104
고객서비스 전략 328
고객요구사항(CA) 136
고비용 항목 177
고유가동도 108
고장 간 평균시간(MTBF) 65, 93
고장까지 평균시간(MTTF) 65, 103
고장률 94
고장 유형·영향·치명도 분석(FMECA) 65
고장정비 103, 104
고장정비 주기 103
고장 청구 273
고정가 인센티브(FPI) 422
고정 안전 수준(FSL) 278
공급사슬관리(SCM) 13
공급사슬관리협회(CSCMP) 14
공동계약 314
공통품목 414
공학적 추정 191
교체 간 평균시간(MTBR) 106
구매 13, 295
구매(조달) 물류 20, 322
구성품 125
국가부호(NCB) 263
국가재고번호(NSN) 231
국가품목식별번호(NIIN) 262
국내조달 298, 301
국방군수전략기획서(LSP) 419

국방 규격 259
국방조달 296
국외조달 298, 301
군급분류번호 263
군사소요 266
軍事術 25
군수관리 249
군수반응시간(LRT) 337, 419
軍需史 사례 연구 25
군수사 소요 판단 275
군수 성과관리 401
軍需術 25
군수정보시스템 337
군수 정의 23, 24
군수지연시간(LDT) 103, 105
군수지원 9, 61, 66, 249
군수지원분석(LSA) 14, 65
군수지원성 61
군수지원성 분석(LSA) 142
군수지원 소요 420
군수품 251
군수품관리법 251
군수품 목록화 256
군수품의 분류 252
군수품 표준화 256
군 표준 수송 및 이동절차 (MILSTAMP) 48
규격 257
규격별 분류 253
규격화 257
규정휴대량(PL) 82, 273, 274
급식·피복·일반물자 만족도 405
기능별 분류 253
기능 분석 70, 125
기동화 정비지원 250
기본휴대량(BL) 289
기술 교범 84
기술성능척도(TPMs) 73, 123
기술 자료 67
기술 자료 검증 74
기술 자료 묶음(TDP) 84, 306
기술지원협정(TAA) 227
기획관리체계(PPBEES) 248

나

납품 소요시간(DLT) 281
내구도 102
내륙터미널 392

다

다기능 통합 군수지원 250
다단계 보급 체계 284, 334
다중 중복 대기 시스템 101
단가계약 313
단년도 계약 312
단년도 회계제도 318
단위부대 소요 판단 273
단일단계 보급 체계 334, 336
달성(성취)가용도 108, 109
대기/준비시간 103
대분배 계통 39, 277
대외군사판매(FMS) 305
독립수요 352
동류전용 222, 261, 374
동시조달품목(CSP) 64, 82, 365
동원 382
동일품목 통합 조달 300

라

로지스틱스 11
로지스틱스 공학 11
로지스틱스 공학협회 (SOLE) 22
로지스틱스 관리 11
로지스틱스 관리협회(CLM) 14
로지스틱스 정의 20
로지스틱스 효용 27
로크레마틱스 325
린 로지스틱스 328

마

마모율 271
매개변수 추정 192

모둠발주법 283
목록 257
목록화 257
무기체계 255
무기체계 군수지원 9
무응찰 품목 318
물가상승률 적용가격 302
물류 11
물류관리협회(NCPDM) 14
물자대안 69
물자배당기준서(T/A) 268
물자소요 266
물자이동 및 불출 우선순위체계(UMMIPS) 307
물품 251
물품 분류 252
미래가치 205
민간예비항공단(CRAF) 43

바

반복투자비 192
발주 및 수송 시간(OST) 278
발주 방법 283
발주 시기 302
발주점법 283
방산물자 256
배송 13
병렬시스템 99
병참 12
보관 18, 21
보급 12, 247
보급소 분배 332
보급 수준 276
보급 수준 소요 268
보급조치율 342
보급지원 67
보급지원협정(CLSSA) 217, 220, 306
보급 추진 계통 323
보유 장비가동률 403
보충률 271
보충 청구 273
보호 수준(PL) 368
복구성 품목 271
복합운송 396
부대교체품목(LRU) 221
부대분배 332
부대정비 121
부대조달 296
부분 작전가능률(PMCR) 408
부분 작전 수행 가능 407
부분 최적화 31
부품 125
부품계측기법 152
부품 단종 218
부품 도태 218
부하분석기법 153
분할 납품 405
분해수리 122, 221
불가동시간 92
불출 소요시간 334, 335
불출예정 406
불출예정량(D/O) 272
비계획 정비 104
비순환 비용 230
비순환 수요 284
비용구조도(CBS) 166, 185
비용 대 효과 분석(COEA) 16, 18, 143
비용 요소 185
비용을 고려한 설계(DTC) 184, 187
비용정산형 계약 422
비용증감 요인 145
비용 추정 관계식(CER) 192
비인가저장품목(NASL) 275
비표준 연구개발 219
비표준장비 217
비표준품목 258
비행 대기선 시험차량 (FLTM) 221

사

사막의 방패작전 40
사막의 폭풍작전 41

사업관리자(PM) 416
사용성 설계 72
사용자대기시간(CWT) 404
사용자 운용 개념 (CONOPS) 120
사용자 품질 15, 28
사후관리(AS) 81
산술평균법 285
산업 동원 26
상세 설계 69
상세 설계검토(CDR) 228
상업구매 305
상용 품목 258
상충 관계 분석 145
상태별 분류 253
생산가능성 설계 72
생산능력문서(CPD) 120
생산 물류 20
생산 비용 64
생산 소요시간(PLT) 281
생산자 위험 75
생존성 설계 72
선단 호송 작전 387
선박 위험구역(SRA) 387
선박 집결지 387
선박 통제점(SCP) 387
설계 변경 요구 78
설계 변수(EC) 136
설계 품질 15, 28
성과기반계약 424
성과기반군수(PBL) 401
성능 15
성능개량 17, 181
성능 설계 71
소모 보충률 269
소모 보충 소요 268
소모성별 분류 253
소모성 품목 15, 271
소모율 270
소분배 계통 40, 277
소비자 위험 75
소비재 15
소싱전략 328
소요 15, 247, 265
소요 목표 281
소요보급률(RSR) 289
소요 판단 절차 269
소요 할당 70, 125
소유 효용 27
소프트웨어 양립가능성 74
속도관리 328
손익분기점 분석 197
수락시험 237
수로수송 390
수리 15
수리 단계 374
수리수준분석(LORA) 65, 164
수명 분포 93
수명주기 15
수명주기비용(LCC) 14, 177
수·배송 관리 18
수송 13, 247
수송관리 18
수송 능력 설계 72
수송·대기·전방이동(RSO) 383
수송 동원 43
수송 수단 18, 382
수송정보시스템(DTIS) 385
수송정보화 382
수송 터미널 382
수요 265
수요도별 분류 253
수요예측 13, 362
수요예측기법 285
수요예측 정확도 406
수요율 284
수요 제원 269
수요 채찍효과 335
수의계약 303, 312
수입예정량(D/I) 272
수평보급 250
순환 수요 284

순환장비 대체장비 275
시간 효용 27
시설 247
시스템 126
시스템 공학(SE) 14, 62, 117
시스템 공학 관리계획(SEMP) 69
시스템 분석 70
시스템 비기능적 요소 117
시스템 요구사항 117, 143
시스템 운영 소요 69
시스템 운용시간 103
시스템 원형 224
시스템 정비 개념 69
시스템 조합 127
시스템 최적화 70, 127
시스템 통합 70
시스템 통합연구실(SIL) 225
시스템 형상 123
시스템 효과 193
시용품목 258
시제품 78, 260
시차별부대전개제원(TPFDD) 45
시험가능성 설계 72
시험평가 73
신뢰도 14
신뢰도 설계 71, 72
신뢰도 예측 147, 155
신뢰도중심정비(RCM) 65, 171
신뢰도 충족 시험 74
신뢰도 할당 147
신뢰도 함수 93
실소요 272
실소요 산정 270
실제정비시간 103
실현가능성 분석 118
실현가능성 연구 69

아

안전 설계 72
안전 수준(SL) 278
야전수리품목(SRU) 221
야전정비 122
야전지원부대 소요 판단 274
약식 규격 259
양립가능성 74
양파껍질 벗기기 현상 224
연구개발 247
연구개발 비용 64, 178
연방보급분류(FSC) 263
연합군수 26
예방정비 103, 104
예방정비 주기 103
예비보유선단(RRF) 43
예비 설계 69
예비품 364
예정가격 303, 304
오파수락서(LOA) 306
오파요청서(LOR) 306
완전 작전가능률(FMCR) 408
완전 작전 수행 가능 407
용병술 36
운영가용도 108, 109
운영대체장비 408
운영 소요 119, 268
운영 수준(OL) 278
운영신뢰도 419
운영유지 비용 16, 179
운영 주기 103
운영준비 대체장비 275
운용 개념서(OCD) 119
운용 요구서(ORD) 120
운용형태종합/임무유형(OMS/MP) 119
원가 계산 302, 304
원가관리 296
원가 산정 303
원가정산 인센티브(CPIF) 422
원정 전장 39
유사장비 추정 191
유연성 설계 72
유인부계약 422
유지 24

유추법 191
유통 19
육로수송 388
음성지수 분포 93
이동 21, 381
이동관리 18, 382
이동소요연구(MRS BURU) 53
이동 자산가시화 339
이라크전 31
이상점 286
인가 소요 268
인가저장품목(ASL) 274
인력 시험평가 74
인코텀즈 309
일관수송체계 395
일괄 구매 허용 300
일반경쟁계약 300, 310
일반경쟁입찰 310
임무 시나리오 130
입찰 방법 303

자

자료의 정규화 205
자본재 15
자산가시화(TAV) 337, 338
자재소요계획(MRP) 352
자재 취급 18
작업구조도(WBS) 207, 231
작전가능률(MCR) 109, 407
작전군수 9, 31, 37
작전수송 382
작전운용성능(ROC) 80, 217
장기계속 계약 312
장비가동률 109
장비 사용단위당 비용 419
장비표(T/E) 268
장비할당표 81
장소 효용 27
재고 13, 19
재고 고려 요소 350
재고 관련 비용 352
재고관리 18, 350
재고관리 지표 406
재고 기능 350
재고기반군수 416
재고 기회비용 351
재고 보충 소요 269
재고 부족 비용 353
재고 수준 267, 276
재고 위치 351
재고 유지 비용 353
재고통제 18, 269, 350
재고회전기금 287
재생 주기 소요(RCR) 282
재전개일 41
재주문점 353
재주문점 결정 351
재청구점(RP) 279
저장 목표(SO) 279
적기조달률 406
적합 품질 15, 28
전개 시작일 41
전략 34
전략군수 9, 31, 37
전략물자 비축 26
전략수송 382
전력 운영분석 423
전력지원 체계 255
전력화평가 423
전문가 추정 192
전비품 252
전술 34
전술군수 9, 31, 37
전술수송 382
전시 소요 268
전역군수 39
전자입찰 300
전장순환통제 386
전쟁 비용 26
전쟁 예비 소요(WR) 270, 281
전쟁의 군사적 요소 34
전쟁의 일반적 요소 34

전체 최적화 31

전투준비태세 109, 402

절충교역 228, 305, 309

정규화 185

정기발주법 283

정보 34

정보기술 활용 전략 329

정부고시가격 302

정비 15, 247

정비 간 평균시간(MTBM) 65, 106

정비 기간(RCT) 404

정비대체장비(MF) 81, 275, 408

정비도 14

정비도 설계 72

정비도 설계 71

정비도 시범 74

정비도 예측 162

정비도 할당 159

정비복귀시간(TAT) 127, 218, 221, 413

정비 비용 102

정비 빈도 92, 102

정비 시간 102

정비의 악순환 218, 224

정비 인시(MLH) 102, 105

정시 도착률 405

정식 규격 259

제1종 오류 74

제2종 오류 74

제3자 물류(3PL) 321, 325

제공가능성 설계 72

제조 품질 17, 28

제품 251

제한경쟁입찰 311

제한표준품목 258

조달 247, 295

조달 가격 302

조달 계획 301

조달기금 318

조달단가상승률 406

조달 소요량 302

조달 소요시간(PROLT) 46, 281, 334, 335, 336, 405

조달 시기 302

조달애로 품목 318

조달 요구 302

조달원 관리 296, 303

조달 원칙 299

조달 지시 303

조달청조달 296

조달 판단 303

조달회전기금 318

조립품 125

종류별 분류 253, 254

종속수요 352

종합계약 314

종합군수지원(ILS) 14, 66

종합군수지원 계획서(ILS-P) 84

주문 비용 353

주문생산 방식 331

주임무 장비(PME) 218

주장비 16

주종별 분류 253

중앙재고통제소(CICP) 340

중앙조달 296

지명경쟁입찰 311

지속성 11

지연시간 105

지원성 분석 143

지원성 설계 72

지원 장비 양립가능성 74

지정판매(DO) 306

직렬시스템 98

직·병렬 혼합시스템 100

직불률 405

집중군수 328

차

창고관리 18

창정비 122

철도수송 389

청구대기기간(RWT) 404

청구량(RQN) 279

청구 목표(RO) 277, 279

청구 및 불출 우선순위 (IPD) 279
청구 소요 273
청구 소요시간 335
청구-수령 프로세스 46
청구처리기간(ORT) 413
체계 개발 78
체계개발동의서(LOA) 218
초기예비품(ISP) 223, 365
초도 소요 270
초도 청구 273
총괄판매(BO) 306
종비용가시도 179
총소요 산정 270
총소유비용(TOC) 17
총액계약 312
최소자승법 285
최적 주문량 결정 351
최초 운영 능력(IOC) 72, 79
추정 가격 304
추진 보급 332
치명도 분석 157

카

커뮤니케이션 34
컨테이너 394
컨테이너 수송 394
크로스 도킹 321, 326

타

탐색 개발 78
통상품 252
통제별 분류 253
통제보급률(CSR) 289
통합 근무지원 250
통합 수송정보 체계 250
통합 수송지원 250
투자비 178
특정조달 296

파

판매 물류 20
편성부대 소요 판단 273
편제장비가동률 403
평균 고장정비시간($\overline{M}$ct) 104
평균 불가동시간(MDT) 105
평균 실제정비시간($\overline{M}$) 105
평균 예방정비시간($\overline{M}$pt) 104
평시 군수 26
평시 소요 268
폐기가능성 설계 72
폐기 및 퇴역 비용 179
폐기 비용 64
폐기율(MR) 269, 271
폐기처리 132
포아송 분포 101
포장 18
표준 256
표준품목 258
표준품목 지정 258
표준화 256
품류 252
품명 252
품목 252
품목식별번호(IIN) 263
품목 재고 번호 261
품질 15
품질관리(QM) 305
품질기능전개(QFD) 124, 134
품질보증(QA) 305
품질보증 형태 303
품질의 집 134
피해율 269

하

하부 시스템 125
하부 조립품 125
하자보증 81, 89, 97, 157
학습곡선 85
한계분석법 143
한도액구매계약(BOA) 309
합동군수 26
합동작전 계획/실행시스템 (JOPES) 45
합동작전 계획체계(JOPS) 45

합동전개체계(JDS) 45
항공기수리부속긴급구매(AOG) 309
항공수송 43, 390
해병 사전배치 선단(MPS) 44
해병원정군(MEF) 44
해병원정여단(MEB) 44
해상관리청(MARAD) 43
해상 사전배치 선단(APF) 44
해상수송 43
해상터미널 393
행정 소요시간(ALT) 281
행정지연시간(ADT) 103, 105
현가 계산 205
현보유 재고 현황 406
현장 위주 보급지원 250
현재고량(O/H) 272
협력과 정보공유 전략 329
형상 257
형상관리 256, 257
형상 식별 260
형상 자료유지 260
형상 통제 260
형상 확인 260
형태 효용 27
호송 작전 382
확정계약 309, 313
환경 충족 시험 74
획득 295
획득군수 14
획득 비용 177
후불 350, 359
후속군수지원 218
흐름 21
희망수량경쟁입찰 311

기타

3PL(Third Party Logistics) 321
CFS/CFS 운송 397
CFS/CY 운송 397
CY/CFS 운송 397
CY/CY 운송 397
C등급 402
FEDLOG 비용 자료 231
METT-TC 요소 269
n개중 k개 작동 시스템 102
PBL 가이드북 420
α 위험 75
β 위험 75

A

AAM(Aircraft Availability Model) 374
acceptance test 237
Achieved Availability 66, 108
acquisition 295
Acquisition Logistics 14
ADT(Administrative Delay Time) 105
ALT(Administrative Lead Time) 281
Analogy Estimation 191
AOG(Aircraft On the Ground) 309
APF(Afloat Prepositioning Force) 44
AS(After Service) 81
ASL(Authorized Stockage List) 274
ASM(Aircraft Sustainability Model) 374
assembly 125

B

backorder 350
BL(Basic Load) 289
BOA(Basic Ordering Agreement) 309
BO(Blanket Order case) 306
break-even point 197
bullwhip effect 335
Business Logistics 13

C

CA(Customer Attribute) 136
CAD(Computer Aided Design) 73

CAE(Computer Aided Engineering) 73

CALS(Computer Aided Logistics Support) 73

CAM(Computer Aided Manufacturing) 73

campaign logistics 39

cannibalization 222

capital goods 15

catalog 257

Category Level 402

CBS(Cost Breakdown Structure) 166

C-DAY 41

CDD(Capability Development Document) 120

CDR(Critical Design Review) 228

CER(Cost Estimating Relationship) 192

CICP(Central Inventory Control Point) 340

CLM(Council of Logistics Management) 14

CLS(Contractor Logistics Support) 414

CLSSA(Cooperative Logistics Supply Support Arrangement) 220, 306

coalition logistics 26

COEA(Cost & Operational Effectiveness Analysis) 143

commodity 252

communication 34

compatibility 74

component 125

condemnation 132

configuration 123, 257

CONOPS(CONcept of OPerationS) 120

consumable goods 15

Cost per Unit Usage 419

CPD(Capability Production Document) 120

CPIF(Cost Plus Incentive Fee) 422

CRAF(Civil Reserve Air Fleet) 43

Criticality Analysis 157

cross docking 326

CSCMP(Council of Supply Chain Management) 14

CSP(Concurrent Spare Part) 365

CSR(Controlled Supply Rate) 289

customer service strategy 328

CWT(Customer Waiting Time) 404

D

Dead Line 273

demands 265

dependent demand 352

Depot maintenance 122

D/I(Due In) 272, 406

DLT(Deliverly Lead Time) 281

DO(Defined Order case) 306

D/O(Due Out) 272, 406

DTC(Design To Cost) 184, 187

DTIS(Defense Transportation Infomation System) 285

durability 102

Dyna-METRIC 374

E

EC(Engineering Characteristic) 136

echelon 374

effectiveness system 193

Engineering Estimation 191

EOQ(Economic Order Quantity) 278, 353

ERP(Enterprise Resource Planning) 329

expeditionary warfare 39

experience curve 87

Expert Opinion Estimation 192

F

failure rate 94

FCL(Full Container Load) 396

feasibility analysis 118

Fill Rate 405

flow 21

FLTM(Flight Line Test Module) 221

FMCR(Fully Mission Capable Rate) 408

FMECA(Failure Mode Effect Criticality Analysis) 65

FMS(Foreign Military Sales) 305

focused logistics 328

form utility 27

FPI(Fixed Price Incentive) 422

FSC(Federal Specification Class) 263

FSL(Fixed Safety Level) 278

Fully Mission Capable 407

G

global optimization 31

H

house of quality 134

I

IIN(Item Identification Number) 263

ILS(Integrated Logistics Support) 14

INCOTerms 309

indenture 374

independent demand 352

industrial mobilization 26

Inherent Availability 66, 108

intelligence 34

Intermediate maintenance 122

In-transit TAV 339

Inventory Based Logistics 416

inventory holding cost 353

inventory level 276

inventory shortage cost 353

IOC(Initial Operational Capability) 72

IPD(Issue Priority Designator) 279

ISP(Initial Spare Part) 223, 365

IT utilization strategy 329

J

JDS(Joint Deployment System) 45

joint logistics 26

JOPES(Joint Operation Planning and Execution System) 45

JOPS(Joint Operation Planning System) 45

L

lateral transshipment 250

LCL(Less Than Container Load) 396

LDT(Logistics Delay Time) 105

lean logistics 328

LMSR(Large Medium-Speed Roll on-Roll off) 54

LOA(Letter of Acceptance) 306

LOA(Letter Of Agreement) 218

logistical art 25

logistics 11, 34

Logistics Engineering 14

Logistics Footprint 420

Logistics Management 13

logistics supportability 61

LORA(Level Of Repair Analysis) 65

LOR(Letter of Request) 306

LRT(Logistics Response Time) 337, 419

LRU(Line Replaceable Unit) 221

LSA(Logistics Supportability Analysis) 142

LSA(Logistics Support Analysis) 14, 65

LSP(Logistics Strategic Plan) 419

M

make-to-order 331

MARAD(MARitime ADministration) 43

Marginal Analysis 143

Material Requirement 266

MCR(Mission Capable Rate) 110, 407

$\overline{M}$ct(Mean Corrective Maintenance Time) 104

MDT(Mean Down Time) 105

MEB(Maritime Expeditionary Brigade) 44

MEF(Maritime Expeditionary Force) 44

METRIC(Multi-Echelon Technique for Recoverable Item Control) 370

MF(Maintenance Float) 81, 275, 408

MIL-HDBK-217E 152

MIL-HDBK-472 162

MIL-HDBK-502 62

Military Logistics 13

Military Requirement 266

MILSTAMP(Military Standard Transportation and Movement Procedures) 48

MLH(Maintenance Labor Hours) 105

MIME(Multi-Indenture Multi-Echelon) 374

mobilization 382

mock-up 224

MOD-METRIC 374

moving 381

MPS(Maritime Prepositioning Squadron) 44

$\overline{M}$pt(Mean Preventive Maintenance Time) 104

MR(Mortality Rate) 269

MRP(Material Requirement Planning) 352

MRS BURU(Mobility Requirement Study-Bottom Up Review Update) 53

MTBF(Mean Time Between Failure) 65, 93

MTBM(Mean Time Between Maintenance) 65, 106

MTBR(Mean Time Between Replacement) 106

MTM/D(Million Ton Miles Per Day) 53

MTTF(Mean Time To Failure) 65, 103

N

NASL(Non Authorized Stockage List) 275

NCB(National Codification Bureau) 263

NCPDM(National Council of Physical Distribution Management) 14

NIIN(National Item Identification Number) 262

non-recurring 230

non-recurring demand 284

normalization 185

NSN(National Stock Number) 231

O

OCD(Operational Concept Document) 119

off-set trade 305

O/H(On Hand) 272, 406

OL(Operating Level) 278

OMS/MP(Operational Mode Summary/Mission Profile) 119

On Time Delivery 405

Operational Availability 66, 108

Operational Float 408

operational logistics 37

Operational Reliability 419
optimal quantity 353
ordering cost 353
ORD(Operational Requirement Document) 120
ORF(Operational Readiness Float) 275
Organizational maintenance 121
ORT(Order Response Time) 413
OST(Order & Shipping Time) 278
outlier 286
overhaul 221

P

P&A(Price & Availability) 308
Parametric Estimation 192
part 125
Partially Mission Capable 408
PBL(Performance Based Logistics) 401
peacetime logistics 26
peeling onion 224
performance improvement 17
physical distribution 13
place utility 27
PL(Prescribed Load) 273
PLT(Production Lead Time) 281
PMCR(Partially Mission Capable Rate) 408
PME(Primary Mission Equipment) 218
PM(Program Manager) 416
possession utility 27
PPBEES(Planning Programming Budgeting Executing Evaluating System) 248
price list 317
primary equipment 16
procurement 295
product 251
PROLT(PROcurement Lead Time) 281, 335, 405
protection level 368
PR(Programmed Requirement) 281
purchase 295

Q

QA(Quality Assurance) 305
QFD(Quality Function Deployment) 124, 134
QM(Quality Management) 305
quality of conformance 28
quality of design 28
quality of manufacturing 28
quality of use 28
quartermaster 12

R

RAM(Reliability Availability Maintainability) 14
RCF(Repair Cycle Float) 275
RCM(Reliability Centered Maintenance) 65, 171
RCR(Repair Cycle Requirement) 282
RCT(Repair Cycle Time) 404
R-Day 41
RDO(Rapid Decisive Operation) 49
ready, readiness 11, 24
recurring demand 284
recurring investment cost 192
Redeployment Day 41
reorder point 353
repairable 271
requirement 15, 265
Requirement Analysis 65
Requirement Objective 281
retail pipeline 40, 277
RFID(Radio Frequency IDentification) 329
right condition 299

right cost 299

right place 299

right product 299

right quality 299

right quantity 299

right time 299

right way 299

ROC(Required Operational Capability) 217

RO(Requisition Objective) 277, 279

RP(Reorder Point) 279

RQN(Requisition Quantity) 279

RRF(Ready Reserve Force) 43

RSO(Reception Staging Onward movement) 383

RSR(Required Supply Rate) 289

RWT(Requisition Waiting Time) 404

S

scheduled maintenance 104

SCM(Supply Chain Management) 13

SCP(Shipping Control Point) 387

segment 252

SE(System Engineering) 14, 62

SIL(System Integration Lab) 225

single echelon 334

SL(Safety Level) 278

SOLE(Society Of Logistics Engineering) 22

SO(Stockage Objective) 279

source of supply 296

sourcing strategy 328

spares 364

specification 257

SRA(Shipping Risk Area) 387

SRU(Shop Repairable Unit) 221

standard 256

standardization 256

stockpile 26

stock position 351

strategic logistics 37

strategy 34

strategy of collaboration and information-sharing 329

sub-assembly 125

sub-optimization 31

sub-system 125

supply 12

supply level 276

supply pipeline 323

Supply Support 67

supportability analysis 143

sustain 24

sustainability 11

synthesis 127

system 16, 126

T

TAA(Technical Assistance Agreement) 227

tactical logistics 37

tactics 34

T/A(Table of Allowances) 268

TAT(Turn Around Time) 127, 221, 413

TAV(Total Asset Visibility) 338

TDP(Technical Data Package) 84, 306

Technical Data 67

T/E(Table of Equipment) 268

time utility 27

TOC(Total Ownership Cost) 17, 64

TPFDD(Time Phased Force Deployment Data) 45

TPMs(Technical Performance Measures) 73, 123

U

UMMIPS(Uniform Materiel Movement and Issue Priority System) 307

unscheduled maintenance 104

Vari-METRIC 374

velocity management 328

vicious cycle of passing 224

VISA(Voluntary Intermodal Sealift Agreement) 43

VMI(Vendor Managed Inventory) 329

VSL(Variable Safety Level) 278

W

warranty 81, 89, 97, 157

WBS(Work Breakdown Structure) 207, 231

whole sale pipeline 39, 277

WR(War reserve Requirement) 281

저자 **I 이상진** (sangjlee@mnd.go.kr)

서울대학교 경영학과(경영학사)
미국 샌프란시스코대학(MBA)
미국 위스콘신(메디슨)대학(경영학박사)
미국 해군대학원, 텍사스(달라스)대학 방문학자
한국 국방경영분석학회 회장 역임
방위사업추진위원회 전문위원 역임
국방선진화추진위원회 위원 역임
군수혁신위원회 위원(현재)
국방대학교 교수(1993~현재)
국방대학교 산학협력단장, 교수부장, 관리대학원장 역임

군수(Military Logistics)

저 자 이상진
발 행 일 2019년 8월 20일 1쇄
발 행 처 **한경사**
발 행 인 이계남
등록사항 제10-1951호 2000년 4월 14일
주 소 서울시 마포구 신수로 59-1 3층
전화번호 02_717_7264~5
팩스번호 02_717_7226
홈페이지 hankyungsa.co.kr
전자우편 hankyungsa@hanmail.net
I S B N 978-89-6844-204-9 (93390)
가 격 35,000원